油砂成矿地质条件、富集规律与勘探开发技术

——准噶尔盆地油砂矿勘探开发实践

匡立春 薛新克 黄文华 等著

石油工业出版社

内 容 提 要

本书以准噶尔盆地风城油砂矿为例,系统总结了准噶尔盆地尤其是风城地区近年来油砂矿藏勘探取得的重要成果。全书根据准噶尔盆地风城地区油砂矿藏的勘探、开发实践和相关研究成果,以油砂矿藏地质特征的精细描述和油砂矿藏勘探开发过程中的关键技术设计两大核心内容为主线,从油砂矿所在地层的构造背景、地层特征、沉积和沉积相特征阐述了风城地区油砂矿藏形成的地质背景;通过对大量油砂储层镜下薄片、测井响应和地球化学特征的分析,展示了风城地区油砂矿藏类型、储集作用、富集规律及预测和评价方法;基于多年的勘探开发实践,论述了风城地区油砂矿藏勘探开发的工艺技术和开发方案的设计部署,相关内容涉及油藏工程、钻井工程、采油工程、地面工程以及环保工程的工艺设计及部署方案。

本书可供从事油气勘探的科研工作者、技术管理人员以及高等院校师生参考。

图书在版编目(CIP)数据

油砂成矿地质条件、富集规律与勘探开发技术:准噶尔盆地油砂矿勘探开发实践/匡立春等著. —北京:石油工业出版社,2016.7

(准噶尔盆地油气勘探开发系列丛书)

ISBN 978 - 7 - 5183 - 1350 - 1

Ⅰ. 油…

Ⅱ. 匡…

Ⅲ. 准噶尔盆地 - 油砂 - 勘探 - 研究

Ⅳ. TE343

中国版本图书馆 CIP 数据核字(2016)第 139741 号

出版发行:石油工业出版社

　　　　(北京安定门外安华里 2 区 1 号　　100011)

　　　网　　址:www. petropub. com

　　　编辑部:(010)64523543　　图书营销中心:(010)64523633

经　　销:全国新华书店

印　　刷:北京中石油彩色印刷有限责任公司

2016 年 7 月第 1 版　2016 年 7 月第 1 次印刷

787×1092 毫米　开本:1/16　印张:21

字数:533 千字

定价:120.00 元

《油砂成矿地质条件、富集规律与勘探开发技术——准噶尔盆地油砂矿勘探开发实践》

编写人员

匡立春　薛新克　黄文华　宋渝新

吴宝成　王小军　周伯玉　王建新

牛　伟　马　亮　王东学　谢宗瑞

序

准噶尔盆地位于中国西部,行政区划属新疆维吾尔自治区。盆地西北为准噶尔界山,东北为阿尔泰山,南部为北天山,是一个略呈三角形的封闭式内陆盆地,东西长700千米,南北宽370千米,面积13万平方千米。盆地腹部为古尔班通古特沙漠,面积占盆地总面积的36.9%。

1955年10月29日,克拉玛依黑油山1号井喷出高产油气流,宣告了克拉玛依油田的诞生,从此揭开了新疆石油工业发展的序幕。1958年7月25日,世界上唯一一座以石油命名的城市——克拉玛依市诞生。1960年,克拉玛依油田原油产量达到166万吨,占当年全国原油产量的40%,成为新中国成立后发现的第一个大油田。2002年原油年产量突破1000万吨,成为中国西部第一个千万吨级大油田。

准噶尔盆地蕴藏着丰富的油气资源。油气总资源量107亿吨,是我国陆上油气资源当量超过100亿吨的四大含油气盆地之一。虽然经过半个多世纪的勘探开发,但截至2012年底石油探明程度仅为26.26%,天然气探明程度仅为8.51%,均处于含油气盆地油气勘探阶段的早中期,预示着巨大的油气资源和勘探开发潜力。

准噶尔盆地是一个具有复合叠加特征的大型含油气盆地。盆地自晚古生代至第四纪经历了海西、印支、燕山、喜马拉雅等构造运动。其中,晚海西期是盆地坳隆构造格局形成、演化的时期,印支—燕山运动进一步叠加和改造,喜马拉雅运动重点作用于盆地南缘。多旋回的构造发展在盆地中造成多期活动、类型多样的构造组合。

准噶尔盆地沉积总厚度可达15000米。石炭系—二叠系被认为是由海相到陆相的过渡地层,中、新生界则属于纯陆相沉积。盆地发育了石炭系、二叠系、三叠系、侏罗系、白垩系、古近系六套烃源岩,分布于盆地不同的凹陷,它们为准噶尔盆地奠定了丰富的油气源物质基础。

纵观准噶尔盆地整个勘探历程,储量增长的高峰大致可分为西北缘深化勘探阶段(20世纪70—80年代)、准东快速发现阶段(20世纪80—90年代)、腹部高效勘探阶段(20世纪90年代—21世纪初期)、西北缘滚动勘探阶段(21世纪初期至今)。不难看出,勘探方向和目标的转移反映了地质认识的不断深化和勘探技术的日臻成熟。

正是由于几代石油地质工作者的不懈努力和执著追求,使准噶尔盆地在经历了半个多世纪的勘探开发后,仍显示出勃勃生机,油气储量和产量连续29年稳中有升,为我国石油工业发展做出了积极贡献。

在充分肯定和乐观评价准噶尔盆地油气资源和勘探开发前景的同时,必须清醒地看到,由于准噶尔盆地石油地质条件的复杂性和特殊性，随着勘探程度的不断提高，勘探目标多呈"低、深、隐、难"特点，勘探难度不断加大，勘探效益逐年下降。巨大的剩余油气资源分布和赋存于何处，是目前盆地油气勘探研究的热点和焦点。

由新疆油田公司组织编写的《准噶尔盆地油气勘探开发系列丛书》历经近两年时间的努力，今天终于面世了。这是第一部由油田自己的科技人员编写出版的专著丛书，这充分表明我们不仅在半个多世纪的勘探开发实践中取得了一系列重大的成果、积累了丰富的经验，而且在准噶尔盆地油气勘探开发理论和技术总结方面有了长足的进步，理论和实践的结合必将更好地推动准噶尔盆地勘探开发事业的进步。

系列专著的出版汇集了几代石油勘探开发科技工作者的成果和智慧，也彰显了当代年轻地质工作者的厚积薄发和聪明才智。希望今后能有更多高水平的、反映准噶尔盆地特色地质理论的专著出版。

"路漫漫其修远兮，吾将上下而求索"。希望从事准噶尔盆地油气勘探开发的科技工作者勤于耕耘，勇于创新，精于钻研，甘于奉献，为"十二五"新疆油田的加快发展和"新疆大庆"的战略实施做出新的更大的贡献。

新疆油田公司总经理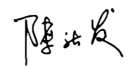
2012.11.8

前　言

　　油砂亦称焦油砂或沥青砂,是一种含有沥青、砂石、黏土、水等的混合物,与常规油气相比,其特征为黏度高,流动性差。随着常规油气勘探难度越来越大,非常规油气资源——油砂的开发利用日趋重要。根据"十一五"期间国土资源部新一轮油砂资源评价结果,中国油砂油资源量为 59.7×10^8 t,主要分布于准噶尔、塔里木、柴达木、四川、鄂尔多斯、松辽等盆地中,在已发现矿带中,新疆准噶尔盆地西北缘条件较好,为最有利的开发区之一,埋深 $0 \sim 500$ m 的油砂资源量为 14.30×10^8 t。

　　世界油砂资源丰富的国家主要有加拿大、俄罗斯、委内瑞拉、尼日利亚、美国等。加拿大无论资源和技术均处于世界领先水平,世界上所探明油砂资源的95%集中在加拿大艾伯塔省阿萨巴斯卡(Athabasca)、皮斯河(Peace River)和科尔德湖(Cold Lake)地区。其中阿萨巴斯卡流域的油砂是世界上最大的已知油砂资源区,埋藏很浅,深度一般不超过610m,产层平均厚度17m,具有极好的储集性能,孔隙度在30% ~40%之间,重量含油率可达10% ~18%,可开采沥青 270×10^8 t,其中20%适用大规模露天开采,2011年总产量 5332×10^4 t。

　　目前油砂的开发利用还仅限于少数国家,加拿大已有两家公司(Syncrude、Suncor)有大规模的工业生产,年开采油砂1亿多吨,用热碱水抽提,得到重油1千多万吨,再通过焦化、加氢等方法精炼,生产出汽油、柴油等。其他如美国、俄罗斯和委内瑞拉等国也都开展了油砂研究和小规模的开发利用。

　　国内油砂矿现场开展小规模试验的主要有新疆的乌尔禾和红山嘴地区、吉林套堡油田、内蒙古图牧吉油砂矿。2005年在风城乌尔禾开展了现场干馏工艺对比试验,现场放大试验效果达到室内效果的80%。当含油率达到8%时,放大试验可以实现25t油砂产1t油效果,当含油率大于6.5%时,可实现30t油砂产1t油效果。2006年选择红山嘴地区红砂6井区作为中试试验场,11月5日采用电加热水洗分离装置成功分离出了第一桶油砂油。分离温度80℃,洗油效率80%以上,最大处理能力 $10 \sim 15$ t/d,产油0.8t/d,在分离油砂的同时,还对油田污泥进行了试验,85℃下一次分离后的洗油效率达到90%,二次水洗后的油砂可以达到环保要求。

　　吉林套堡油田主要是采用携砂冷采采油技术,是国内携砂冷采做的最好的油田之一。主要产油区为92区块,井深为300m左右。年产油 4.5×10^4 t,几乎全部采用螺杆泵携砂冷采,采到地面上的油砂经过沉降后将油、水和砂进行分离,沉积下的砂再经过水洗将吸附在砂子上的油分离出。

内蒙古图牧吉油砂矿发现于1997年。该油砂矿探明储量约 350×10^4 t,具有埋藏浅(6～50m)、油品好(室温下黏度1000mPa·s)、含油率高(一般在8%～14.5%之间,部分高达21%)的特点。而且油砂粒度大、黏土含量低,油砂表面有水膜,表现为亲水性。2005年该油砂矿首次进入开采试验,2006年建成了年产能(3～5)$\times 10^4$ t的油砂油分离工厂及综合利用基地。

新疆准噶尔盆地西北缘油砂资源规模和品位为全国条件最优,较落实的油砂储量 2.3×10^8 t,是中国石油新疆油田公司今后发展的重要领域,其中风城油砂矿是我国近年来发现的最大油砂矿。2011年以来,为深入贯彻落实中央"新疆资源利用最大化"工作精神,中国石油和各级地方政府高度重视新疆油砂矿综合利用工作,可实现油砂资源规模、高效开发,进一步壮大地方经济实力。2012年新疆油田公司对储量规模最大、品质最好的风城油砂矿进行了勘探和露天开采及处理小型试验。

固体油砂矿的勘探、矿床地质特征描述、储量计算方法、矿藏综合评价等方面与常规油气资源有很大的区别,在国内没有标准、规范、先例可借鉴,是个崭新的研究领域。新疆油田公司通过对风城油砂矿藏的精细描述,落实了探明和控制地质储量,为风城油砂矿的高效开发提供了依据;并通过现场试验和技术攻关,确定了合理开采方式,形成了针对准噶尔盆地西北缘的勘探、评价、现场选样和储量计算等系列技术和方法,这些勘探技术和方法可以为国内外类似油砂矿勘探开发提供有益的参考。

油砂矿作为一种特殊矿藏,其勘探、评价和开发方法与常规油气不同。在长期对油砂矿勘探开发实践的摸索中,形成了一套针对固体油砂矿藏的地质勘探、现场选样、储量计算和开发方法等,具体而言,取得了以下重要进展。

(1)深入分析了准噶尔盆地西北缘油砂矿的成矿富集规律及特征,评价油砂的资源量,指出了油砂勘探的有利方向。

通过对风城油砂矿等的地质精细描述和成藏规律研究,指出了准噶尔盆地西北缘复杂斜坡逸散型油砂成矿模式,认为该区构造发育、样式多变,形成的油砂矿一般规模较大,是我国油砂勘探的重要目标。通过分析西北缘油砂分布与油源、生烃中心、稠油藏的关系,指出了该区油砂分布规律:① 油砂分布于盆地或凹陷斜坡边缘,处于油气长期运移、散失的部位;② 平面上,油砂位于稠油藏上倾部位;③ 剖面上,油砂主要分布在上部地层(白垩系、侏罗系)中。分析了准噶尔盆地西北缘油砂成矿的地质条件,认为不整合面和断层为油砂形成提供了高效运移通道,盆地边缘砂体为油砂提供了良好的储集空间,后期构造抬升和降解稠化作用促进了油砂形成。提出了西北缘油砂的有利勘探方向:① 盆地边缘扇体;② 河道砂体和滨湖砂体发育部位;③ 与不整合面接触的砂体发育带;④ 边缘同生断层;⑤ 后期挤压逆断层附近;⑥ 油砂露头与下倾稠油区的过渡地带。估算了准噶尔盆地西北缘重点地区油砂的资源量,其中风城地区油砂资源潜力最大。

(2)总结了油砂成矿机制和成矿模式,指出了油砂成矿的五种地质条件和三种富集主控因素。

在对准噶尔盆地西北缘风城油砂矿和其他地区油砂矿形成过程等进行深入剖析的基础

上,提出了油砂四种形成机制,认为油砂中的稠油或沥青主要是由于生物降解、水洗、游离氧化、轻烃挥发等冷变质作用造成油质中极性杂原子重组分——胶质、沥青质富集的结果,其中以生物降解作用最为明显。总结了油砂矿形成的五种地质条件:① 丰富的油源;② 高效的运移通道;③ 有效储集体;④ 后期构造抬升;⑤ 原油稠化作用。油砂矿的形成存在三种主控因素:有效运移通道、有效储集体和后期构造抬升。通过与国内其他地区油砂矿的对比,认为我国油砂的分布与盆地类型和构造部位有关,通常与稠油和常规油有伴生关系。考虑油砂矿的成因及构造部位,我国油砂矿的构造成因类型分为三种类型,分别为斜坡逸散型、古油藏破坏型和次生聚集型。

（3）通过对储量规模最大的风城油砂矿进行的精细勘探和开采试验,取得了一系列先进的油砂矿勘探和开发技术。

① 油砂成矿条件及富集规律研究技术。

野外露头地质调查,开展基础地质研究,制定稳定和不稳定油砂矿体的勘探与评价井距,开展了重点目的层精细构造解释、风城油砂矿区中生界侏罗—白垩系沉积体系研究、储层宏观及微观特征研究,解剖油砂矿藏类型,建立了挤压型盆地的成矿模式,该模式区别于国外缓倾单斜盆地的成矿模式,有力指导了准噶尔盆地西北缘油砂矿的勘探和评价。

② 地层划分、砂层对比技术。

由于油砂赋存区储层非均质性强,简单的地层对比无法实现对该矿藏的准确描述。因此,应用层序地层学理论并结合岩性、电性及沉积旋回特征,利用本区野外露头、钻井、取心、测井等资料,建立基干剖面,明确对比原则和划分方案,建立了基于层序地层的等时地层格架,在地层格架的约束下,以砂层组为单元,进行基于辫状河流相、辫状河三角洲相模式指导下的砂体对比、刻画。

③ 矿藏精细描述技术。

利用单孔岩性、含油产状、重量含油率资料,结合钻井曲线制作全区油砂对比剖面图,研究油砂层的空间展布、连通性、矿体规模、品位、隔夹层分布等特征,确定油砂垂向及平面分布规律,研究层间、层内和平面非均质性,进一步分小层对油砂储层进行综合评价,为油砂矿的高效开发提供了有力技术支撑。

④ 三维建模技术。

非常规油砂矿床勘探开发过程中应用三维建模技术是一个崭新的研究课题。运用三维地质建模研究平台,依据现有区域地质认识,将地震、钻孔岩心数据、化验分析、测井等各种地质信息多层次交互应用,利用基于序贯指示模拟油藏仿真技术,精细刻画油砂矿体关键参数的三维空间分布规律。可以直观形象地展现出地下油砂矿床的富集规律。为指导风城油砂矿综合高效开发,提高油砂开发水平摸索出一条新的途径。

⑤ 小井距钻孔全井段取心油砂识别技术。

在油砂评价阶段,油砂分布较稳定的区域按照200m井距勘探,不稳定区域加密50m井距钻孔。直接利用岩心资料描述泥岩、砂岩、砂砾岩等各种岩性,饱含油、富含油、油浸以及油斑等含油产状,通过现场选样实践和室内筛选评价,确定了适用于油砂样品的检测分析项目和具体选样技术要求,合理确定选样项目,样品分析项目的准确性、代表性能够满足地质认识,形成一套室内、室外相结合,取心、化验相结合的油砂体识别技术。

⑥ 油砂有效厚度划分标准建立技术。

通过风城油砂矿现场钻井勘探和室内资料分析整理,结合地区实际情况对油砂品位划分了三个等级,有效厚度下限标准的确定方法包括岩心含油产状法和重量含油率法,建立油砂有效厚度划分标准为重量含油率≥6%,主要为饱含油、富含油和部分油浸级岩心,该方法为油砂储量计算和资源评价奠定了基础。室内水洗分离试验和现场小试试验结果,证实了该方法的适用性,在本地区油砂矿体精细描述和储量计算中得到应用。

⑦ 重量含油率法计算探明储量技术。

针对油砂埋藏较浅,胶结疏松,在抽提时严重破碎,孔隙度、饱和度数据误差大,利用常规油气容积法难以精确计算储量的特点,储量计算方法一般采用重量含油率法。通过现场勘探和室内技术攻关,针对国内外油砂品位及地质特征的差异,借鉴固体矿产及煤炭储量计算方法,通过在风城油砂矿探明储量计算中的摸索,形成了一套适用于国内油砂矿的储量计算方法。

⑧ 发展了油砂矿露天开采技术和水洗分离工艺技术。

目前国际上开采油砂的方法主要有两种:一是露天开采法(埋藏 <75m);二是钻井热采方法(埋藏 >75m),蒸汽吞吐和 SAGD 是目前油砂井采的主体技术。目前国际上露天开采技术在加拿大和委内瑞拉两国已经投入工业性应用,并且取得了比较好的效果,但在中国尚处于起步和初步试验阶段。为了尽快对风城油砂开展实质性试验研究,取得风城油砂露天开采的直接经验,2012 年新疆油田公司就对埋藏较浅的 3 号矿开展了露天开采现场试验,采用热碱水水洗分离工艺技术分离油砂油,发展了油砂矿露天开采技术,为其他地区油砂矿的开采提供了经验。

⑨ 分析了油砂水洗分离机理,研制了水洗分离化学药剂配方,优化了油砂分离工艺。

油砂中抽提物(沥青)的萃取是油砂矿床开采工艺最重要的环节,也是商业性评价的基础。实验室油砂萃取模拟试验,为确定不同性质油砂的萃取方法、油砂含油率、干馏油品的物理性质等参数提供了可靠的基础,特别是为现场实地开采提供了系统可靠的依据。目前通过开展风城油砂水洗分离室内化验及研究工作,确定出了适合风城油砂分离的药剂体系,通过分离实验分析得知,加热温度、试剂质量分数、加热分离时间、剂砂质量比对油砂分离效果的影响比较大,室内实验油砂出油率可达到 90.0% ~94.8%。通过水洗分离装置的设计和现场分离试验的成功应用,确定了可靠的油砂分离工艺,在节能降耗、降低分离成本方面发挥了重要作用。

⑩ 发展和完善了油砂矿 SAGD 规模化开采技术。

考虑新疆油田油砂资源埋深特点及物性特征等因素,结合国外油砂开采成熟经验,近年在准噶尔盆地风城油田开展 SAGD 规模化热采试验,形成了从 SAGD 钻井、采油和地面等各环节工程设计方案。通过上述方案试验提高了对油砂整体开采技术认识,为技术的配套完善奠定了基础。SAGD 技术在新疆油田公司的成功应用,说明了该技术方案的可行性,为今后继续加大 SAGD 技术攻关力度,形成完善的配套技术,实现磁导向轨迹控制的国产化等关键技术奠定了基础,进一步降低开发成本,达到油砂矿开采的最大经济性。

通过对准噶尔盆地风城地区油砂矿藏综合地质和勘探、开发技术工艺的研究,完成了准噶尔盆地风城油砂矿藏精细描述,建立了油砂三维空间展布模型;详细查明了油砂矿体的边界、规模和开采技术条件,探明沥青油地质储量 $4247.68 \times 10^4 t$,控制储量 $8164 \times 10^4 t$;同时,编制完成《油砂矿地质勘查规范》和《油砂储量计算规范》两个规范初稿,为类似油砂矿藏描述及探明储量计算提供借鉴,形成了一套固体油砂矿藏的地质勘探、现场选样、储量计算方法以及油砂分离工艺和开采技术。该成果是风城油砂矿综合开发利用的基础和资源保证,对地方经济以及新疆油田公司的持续稳定发展具有十分重要意义。

本书是集体智慧的结晶,中国石油天然气股份有限公司、新疆油田公司及中国石油大学(北京)等科研院所的广大科研人员参与了研究工作,在此一并表示衷心的感谢。

油砂矿的研究及勘探开发实践是当今非常规油气勘探领域和石油地质研究的一个热点和难题。由于执笔人水平有限,有关项目的创新性成果还没有完全反映出来,书中肯定会存在某些局限性和不足之处,敬请专家和读者批评指正。

CONTENTS 目录

第一章　油砂矿勘探开发现状

第一节　油砂相关概念

油砂亦称焦油砂或沥青砂,是一种含有沥青或焦油的砂或砂岩,通常是由沥青、砂粒、水、黏土等矿物质组成的混合物,具有高密度、高黏度、高碳氢比和高金属含量特征,属于非常规石油资源(固体矿藏)。油砂油又称沥青砂油或天然沥青,是指从油砂矿中直接开采出的或从油砂中经初次提炼的、黏度极高(油藏条件下黏度大于 50000mPa·s)的石油。油砂矿是由地质作用形成的油砂自然富集物,出露地表或近地表(埋深一般小于 300m),主要以露天、巷道或井采方式开采。

油砂沥青是指从油砂矿中开采出的或直接从油砂中初次提炼出的尚未加工处理的石油。目前所发现的世界上 85% 的油砂集中在加拿大艾伯塔省北部地区,主要集中在阿沙巴斯克(Ashabasca)、科尔德湖(Cold Lake)和皮斯河(Peace River)三个油砂区,面积分别达 $4.3 \times 10^4 km^2$、$0.729 \times 10^4 km^2$ 和 $0.976 \times 10^4 km^2$。

随着世界对烃类需求的不断上涨,未来能源的巨大缺口在很大程度上要依靠包括油砂在内的非常规油气来弥补。油砂已经成为常规油气资源的重要替代资源,对于油砂的开发利用,目前还仅限于少数几个国家:加拿大、美国等。

稠油、油砂与常规油气具有共生或过渡的关系,油砂和稠油资源丰富的盆地也是常规油气资源丰富的盆地,诸如艾伯塔盆地、伏尔加—乌拉尔盆地和东委内瑞拉盆地等。导致油砂矿藏形成的稠化作用主要包括生物降解、轻烃挥发、水洗、游离氧氧化等冷变质作用,这些作用造成了油质中极性杂原子重组分(胶质和沥青质)的富集,形成了油砂矿藏的主要地球化学特征。

不同的国家对油砂资源有不同的分类标准。加拿大及美国等西方国家把油藏条件下黏度大于 10000mPa·s 的石油称为油砂油或天然沥青。当无黏度参数值可参考时,把相对密度大于 1.0 作为划分油砂油的指标。重质油则是指密度变化在 $0.934g/cm^3$($20°API$)~$1.00g/cm^3$($10°API$)之间的石油。原苏联对稠油和天然沥青的定义和研究自成体系,黏度为 50~2000mPa·s,相对密度在 0.935~0.965、油含量大于 65% 的原油称为高黏油,高于上述界限值的均称为沥青(软沥青、地沥青、硫沥青等)。

由于世界各国和组织对重油及沥青砂定义差别较大,因此,1982 年 2 月在委内瑞拉召开的第二届国际重油及沥青砂学术会议上提出了统一的定义和分类标准(表 1-1),并达成共识。

表 1-1　重油及沥青砂的定义和分类标准[*]

分类	第一指标	第二指标	
	黏度(mPa·s)	相对密度(15.6℃)	重度(15.6℃)(°API)
重油	100~10000	0.934~1.00	20~10
沥青	>10000	>1.00	<10

[*] 联合国培训计划署(UNTAR)推荐的重质原油及沥青分类标准。

国内油砂的界定如下:在油层温度条件下,黏度大于10000mPa·s的称为油砂油,或者密度大于0.95g/cm³的原油称之为油砂油。油砂油比一般原油的黏度高,由于流动性差,需经稀释后,才能通过输油管线输送。

油砂矿藏中的原油从原地下储集体中运移至地表后,一般已脱气,呈固体或半固体状态。油砂矿藏既不同于固体矿藏,又不同于常规油气藏,因此,对油砂矿的评价就有其特殊性,必须采用特殊评价方法。

我国对油砂的勘探工作目前可分为普查、详查和勘探三个阶段。联合国资源储量分类框架中的地质研究阶段分为踏勘、普查、一般勘探和详细勘探四个阶段,对比发现,前三个阶段分别相当于我国的普查、详查和勘探阶段。

油砂资源量、油砂地质储量均是指油砂油的量。油砂地质储量的大小是进行经济评价的重要依据,也是编制油砂矿开发方案的物质基础,因而准确地评估油砂矿中油砂油储量是一项十分重要的工作。

目前国内外通行的油砂资源储量计算方法主要为体积法,并可进一步细分为重量法(含油率法)和容积法(含油饱和度法)。风城区块油砂埋藏较浅,大部分样品在抽提时严重破碎或松散,孔隙度、饱和度数据误差大,而含油率及岩石密度参数较易获取,因此采用重量法(含油率法)。其计算采用下列公式:

$$N = 100AH\rho_y w$$

式中　N——油砂沥青地质储量(或资源量),10^4t;

　　　A——纯油砂面积,km^2;

　　　H——纯油砂厚度,m;

　　　ρ_y——油砂岩石密度,t/m^3;

　　　w——含油率,f。

根据国际上对油砂资源储量分类框架(图1-1)及我国油砂勘探开发现状将油砂储量分为三级,即探明储量(Proven)、控制储量(Probable)、预测储量(Possible)。各级储量是一个与地质认识、技术和经济条件有关的变量,不同勘探开发阶段所计算的储量精度不同,因而在进行勘探和开发决策时,要和不同级别的储量相适应,以保证经济效益。

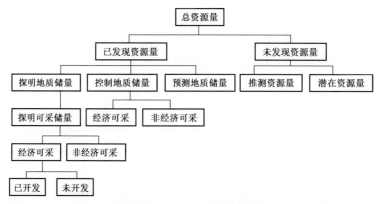

图1-1　油砂矿储量分类体系图

第二节 国内外油砂勘探开发现状

一、全球油砂分布

全球油砂沿两个带展布,环太平洋带和阿尔卑斯带。环太平洋带:东委内瑞拉盆地、艾伯塔盆地、列那阿拿巴盆地和中国东部诸盆地;阿尔卑斯带:印度坎贝海湾、欧洲诸盆地和中国西部盆地(图1-2)。

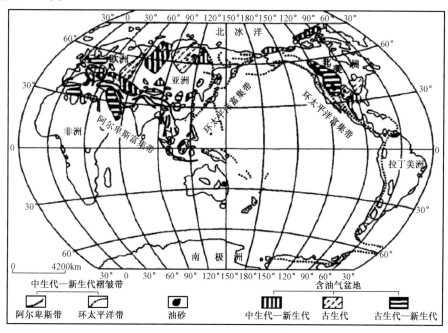

图1-2 世界油砂分布图(据 BGR,1998)

世界上油砂资源丰富的国家有:加拿大、委内瑞拉、美国、俄罗斯、中国(表1-2)。BGR(1998)估计全世界有 6580×10^8 t 油砂油,商业产量主要在加拿大的艾伯塔盆地。世界上所探明的油砂资源的95%集中在加拿大艾伯塔省北部阿萨巴斯卡河流域、皮斯湖以及艾伯塔省和萨斯喀彻温省交界处的科尔德湖地区,目前已经探明的油砂和重油资源达 4000×10^8 m³(合 3406×10^8 t),相当于整个中东地区的石油蕴藏量。其中阿萨巴斯卡流域的油砂是世界上最大

表1-2 世界主要油砂资源分布

国家	油砂资源量(10^8t)	相对比例(%)	资料来源
加拿大	2329.0	45.8	ERCB,2009
俄罗斯	952.0	18.7	单玄龙,2007
委内瑞拉	323.8	6.4	贾承造,2007
美国	85.7	1.7	贾承造,2007
中国	59.7	1.2	贾承造,2007

的已知油砂资源,产层平均厚度为17m,具有极好的储集性能,孔隙度在30%～40%之间,重量含油率可达10%～18%,估计地质储量达1827×10^8t(Kramers和Mossop,1987)。加拿大的油砂埋藏很浅,深度一般不超过610m,其中大约9%的油砂层接近地表,有很高的采收率。

加拿大油砂资源量巨大,油砂资源量约为2.9×10^{12}bbl。加拿大油砂主要分布在艾伯塔盆地,盆地面积30×10^4km^2。盆地西南构造复杂,地层总厚度约6000m,几乎从泥盆系至上白垩统均有油气藏分布。油砂分布在盆地东翼浅部的白垩系下部,总体处于不整合面之上。其中阿萨巴斯卡、科尔德湖、沃巴斯卡和皮斯河4个最大的油砂矿,地质储量合计在1.3×10^{12}bbl以上。阿萨巴斯卡是艾伯塔盆地中最大的油砂矿,估算地质储量9200×10^8bbl。加拿大有两家公司(Syncrude和Suncor)在进行大规模工业化生产,采用热碱水抽提,每年得到稠油0.7×10^8bbl,再通过焦化、加氢等方法精制,生产出汽油、柴油等产品,可以满足加拿大国内对油品需求的1/3,成为加拿大石油工业一大支柱。

俄罗斯油砂分布广泛,各含油气盆地几乎均有发现,资源量约为0.7×10^{12}bbl。其90%的潜在油砂资源集中于古老地台区的隆起带和断裂带。主要分布在蒂曼伯朝拉、伏尔加—乌拉尔、滨里海、西伯利亚等盆地中。

美国油砂资源量约为690×10^8bbl,主要富集于阿拉斯加洲和犹他洲,各占总数的30%以上。例如,加利福尼亚洲文图拉盆地Oxnard油田,资源量近50×10^8bbl。产油砂层位为中新统Modelo组、Conejo组和上新统Pico组。

国外的油砂多分布于前陆盆地。早期的克拉通边缘盆地如艾伯塔盆地和尤因塔盆地,白垩纪以来逐渐演化为前陆盆地,属于落基山前陆盆地群(Macqueen等,2001;Elise等,2002;单玄龙等,2011),油砂富集在前陆盆地缓坡斜坡带高部位。再如东委内瑞拉盆地属板块聚敛前与小洋盆连通的盆地,后期发生板块碰撞,形成前陆盆地格局,重油富集在前陆盆地缓坡斜坡带高部位,即奥里诺科重油带所在的位置(Alayeto等,1974;Parnaud等,2001;Audemard等,2001)。伏尔加—乌拉尔盆地属于早期的克拉通边缘盆地,二叠纪以来演化为前陆盆地,乌拉尔山隆起,使盆地内前缘坳陷中的烃源岩埋深迅速增加,油气生成、运移达到顶峰,其中运移至前缘隆起带上的部分油气,因上覆盖层封闭性较差,遭受氧化、生物降解作用,发生稠化形成油砂。而由于构造运动形成的隆起带、断裂带以及不整合面则是油砂勘探的有利标志(Anfort等,2001;Lyatsky等,2004;Frances,2006;Qiang等,2007)。

二、中国油砂分布

中国的油砂资源相当丰富,虽未经系统勘查,但就目前所知,新疆的准噶尔盆地、吐哈盆地和塔里木盆地,青海的柴达木盆地,内蒙古的松辽盆地西部、二连盆地和中口子盆地,四川盆地,西藏的羌塘盆地,广东的三水、茂名盆地,云南的景谷盆地,广西的百色盆地、楚雄盆地,以及贵州麻江和翁安等地区均有分布(图1-3)。各盆地的油砂资源特征见表1-3。与国外油砂资源相比,中国油砂资源较丰富,但其具有分布范围大、层位多、厚度小、含油率低的特点(单玄龙等,2007)。

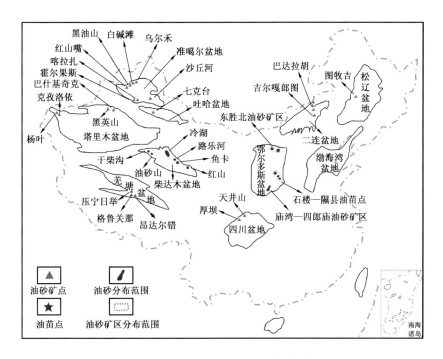

图1-3 中国主要油砂分布图(据单玄龙等,2007)

表1-3 中国主要油砂资源特征(据薛成等,2011)

地区	名称	储层					油砂资源量
		层位	厚度(m)	空隙类型	含油率(%)		(10^8 bbl)
新疆	准噶尔盆地	J—K	2~10	砂岩粒间孔、溶孔	6~13		18.9
	塔里木盆地	O,S	20~40				126
青海	柴达木盆地	J—N	100	砂岩粒间孔、溶孔	10		—
贵州	麻江油砂	S_{1-2}	5~15	砂岩次生溶孔	2~5		63
		O_1h	—	白云岩溶孔、洞、缝	不均匀		
	翁安油砂	$\mathbb{C}_1m$	5~20	砂岩次生溶孔	2~4		20.2
浙江余杭	泰山油砂	$\mathbb{C}_1h$	8~16	砂岩溶孔、原生残余孔	1~2		1.9
		Z_2x	—	白云岩溶孔、洞、缝	不均匀		
		Z_2x	39~40	砂岩原生残余孔	2		
内蒙古	图牧吉油砂	K	0.8~2.1		13		2.5
	二连盆地	K	4.2~24		9~12		—
	中口子盆地	K					—
西藏	羌塘盆地	J					—
	伦坡拉盆地	E—N					—
云南	中和油砂	T_3	5	砂岩粒间孔	7~15		—
	龙街油砂	J_2、T_3	—	砂岩粒间孔			—
	小古山油砂	J_2	—	泥岩裂缝			—

地区	名称	储层				油砂资源量 (10^8 bbl)
		层位	厚度(m)	空隙类型	含油率(%)	
云南	景谷盆地	E				—
广东	茂名、三水盆地	E				—
广西	百色盆地	E				—
合计						232.5

我国油砂资源丰富,分布遍及各大含油盆地(表1-4)。据测算,我国油砂油地质资源量为 59.7×10^8 t,其中可采资源量达 22.58×10^8 t,位居世界第五位(全国油砂资源评价,2009)。据目前数据,我国油砂最富集的地区是准噶尔盆地、柴达木盆地、鄂尔多斯盆地和松辽盆地(薛成,2011)。由于构造运动在我国各含油气盆地的表现形式和影响程度的差异,导致其油砂的资源规模和产出赋存状态也不尽相同。我国东部地区的含油气盆地为裂谷盆地,如松辽盆地和二连盆地,构造运动方式以沉降作用为主,分布于盆地边部的斜坡带油砂层产状较平缓、分布稳定,且有一定规模、含油也较好,开发利用价值大(法贵方,康永尚等,2012;单玄龙 2007)。中西部地区的含油气盆地多为压扭性质的复合叠加型沉积盆地,中新生代以来,受燕山运动和喜马拉雅运动的影响改造,前陆盆地都较为发育,构造挤压变形较强烈。油砂资源一般分布在前陆盆地的山前一带,以单个构造聚集为特征,油砂层产状较陡,横向埋深变化大;纵向上,油砂层数多,但含油性不稳定。这类地区的油砂资源总量较大,具有较好的开发前景。

表1-4 中国主要盆地油砂产出层位(据薛成等,2011)

盆地	产出层位	埋深(m)	含油率(%)	储量(10^8 t)
准噶尔	中三叠统克拉玛依组、上侏罗统齐古组、下白垩统吐谷鲁群	0~300	3~18	7.59
塔里木	下二叠统、三叠系、中侏罗统、白垩系、中新统	0~500	5~10	
柴达木	古近系、新近系	0~500	5~11	2.94
羌塘	中侏罗统布曲组	0~500	0.5~9.5	2.51
鄂尔多斯	上三叠统延长组、白垩系	0~500	3~6	
四川	下泥盆统、中上侏罗统	0~500	3~10	1.79
松辽	上白垩统姚家组、嫩江组	0~200	8~21	0.54

我国含油气盆地基本定型于中—新生代,现今盆地构造格局定型于燕山运动期和喜马拉雅运动期,受此影响,油砂亦主要分布于中—新生界中。

我国油砂资源主要分布在西部大型挤压盆地中,油砂地质资源量为 42.63×10^8 t,可采资源量为 15.86×10^8 t。且埋深小于100m的油砂为 11.84×10^8 t,埋深为100~500m的油砂资源为 29.02×10^8 t。

西部挤压盆地是在欧亚大陆形成过程中以及欧亚大陆板块与印度板块碰撞过程中形成的,经历多期构造运动,盆地内构造挤压变形较强烈。盆地大多发育多套烃源岩、储层和区域性盖层。长期的构造、沉积演化,在盆地内发生多期的成藏、再破坏事件。因此,在纵向上,自古生界至新生界都有油砂分布,在横向上,地表油砂分布与重油、常规油关系密切,从深层—浅层—地表,呈现常规油—重油—油砂的分布规律(陈永武等,2005)。

新生代以来,西部地区造山作用明显,早期形成的各种油气藏遭受破坏,油气发生再次运移,在构造活动强烈的盆地边缘的山前带、大型隆起带或生油坳陷的隆起构造上形成油砂。油砂的主要岩性为粉砂岩、中—细砂岩、砂砾岩、底砾岩等,含油率为3%～10%(薛成等,2011)。

准噶尔盆地是我国油砂资源最丰富的大型含油气盆地。其油砂主要分布在西北缘乌尔禾、白碱滩、黑油山、红山嘴地区的中三叠统克拉玛依组、上侏罗统齐古组和白垩系吐谷鲁群等。油砂分布范围广,含油砂层多(3～14层),厚度较大(1.5～26.15m),含油率较高(3%～18%),油砂品质好,大面积出露地表,可进行露天采掘(臧春艳等,2006)。

塔里木盆地油砂在盆地周边和盆地中都有发现。其中,库车坳陷和塔西南坳陷资源量较多,开发利用潜力也较大;塔东南坳陷地表含油显示较少,有待进一步勘探。柴达木盆地中油砂以盆地内出露地表的构造为聚集单元,主要分布在柴西和柴北缘两个地区,含油砂层多(2～30层),厚度较大(0.4～20m),为含油性较好的细砂岩和中砂岩。羌塘盆地油砂在隆鄂尼和昂达尔错有一定规模,地表露头显示明显,以轻质油为主,分布面积巨大,但含油性差,推测是被破坏的古油藏。西部地区油砂具有分布范围广、含油砂层多、厚度大、含油率高、品质好等特点,并且大面积出露地表,可进行露天工业开采。

第三节　典型油砂成矿条件及富集规律

一、加拿大油砂成矿条件及富集规律

加拿大油砂资源量巨大,油砂资源量约为 2.9×10^{12} bbl。主要分布在艾伯塔盆地,盆地面积为 $30 \times 10^4 km^2$(图1-4)。盆地西南构造复杂一侧,地层总厚度约6000m,几乎从泥盆系至

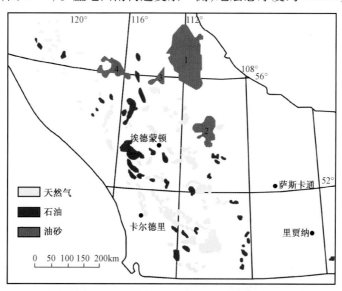

图1-4　艾伯塔前陆盆地油气田分布图

1—阿萨巴斯卡油砂矿;2—科尔德湖油砂矿;3—沃巴斯卡油砂矿;4—皮斯河油砂矿

上白垩统均有油气藏分布。油砂分布在盆地东翼浅部的白垩系下部,总体处于不整合面之上。其中阿萨巴斯卡、科尔德湖、沃巴斯卡和皮斯河 4 个最大的油砂矿,地质储量合计在 1.3×10^{12} bbl 以上。阿萨巴斯卡是艾伯塔盆地中最大的油砂矿,估算地质储量为 9200×10^8 bbl,也是唯一的一个出露地表的油砂矿,进行了露天地表开采(贾承造,2007)。

艾伯塔油砂成矿条件为:

(1)有利的烃源岩。

丰富的烃源岩是形成油砂矿的物质基础。地球化学证据(Deroo,McCrossan 等,2001)表明,艾伯塔油砂的烃源岩为富有机质的白垩系页岩,该页岩的 TOC 值为 1% ~2%(瓦尔特等,1986)。

(2)烃类运移通道及动力机制。

烃类运移的通道及动力机制影响油砂成矿的规模与分布。通常情况下,运移通道包括不整合面、砂体和裂缝等,不整合面、严重岩溶化通道及河流相砂体是艾伯塔烃类运移形成油砂矿的主要运移通道。白垩纪落基山山前挤压形成了大量的不整合面,并且使泥盆系石灰岩发生强烈的岩溶作用,为烃类的运移提供了良好的运移通道(GuyPlint 等,2001)。并且白垩系 McMurray 组河道砂体也是烃类运移至浅部的重要通道。正是这些良好的烃类输导体系,使烃类远距离运移,使艾伯塔油砂矿成为可能。同时,足够的烃类运移动力也是必不可少的。烃类从烃源岩通过不整合面和河道砂体运移至少 360km 到达阿萨巴斯卡,运移至少 80km 到达皮斯 River(图 1-5)。其运移动力主要来源于落基山山前挤压,使白垩系埋深加大,流体压力场出现差异。并且,严重岩溶化为不整合面下部的 Devonian 石灰岩提供了一个十分活跃的水动力系统,使早期形成的黏度低、密度小的烃类开始长距离运移,最终形成油砂矿。

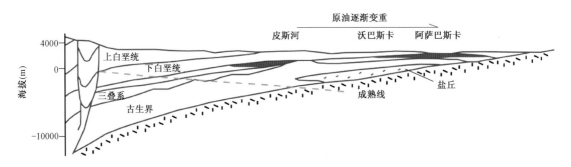

图 1-5　西加拿大盆地综合剖面图(据 Jardine,1974)

(3)降解稠化。

石油进入储层之后的整个稠变过程,实质上是一个由深层向浅层,由与地表水不连通的系统到与地表水连通的系统周期性运移的过程。这一过程表现为运移、聚集、再运移、再聚集。石油随之变得越来越重、越稠,甚至最终成为固体沥青。

艾伯塔油砂的形成,首先是烃源岩生烃之后,烃类在长距离运移过程中重量较轻的 HC 物质逐渐散失。运移到浅部时,在生物降解的作用下导致原油黏度及密度进一步升高,并使烃类不能移动。地球化学研究表明(Deroo 等,1974),原油的降解在盆地边缘最为严重。在阿萨巴斯卡处原油的密度为 8°API。而在距该点西南方向 400km 的 Bellshill Lake 原油的密度为 26°API(SteveLarter 等,2004)。

（4）储集条件。

位于烃类运移方向上的砂体分布规模,控制了油砂矿的资源规模。致密盖层及局部构造遮挡作用形成了油砂富集区带,必要的保存条件减缓了烃类的进一步氧化。挤压型盆地斜坡区三角洲相、滨岸相及河流相等砂体,具有高孔隙度、高渗透率的特点,有利于形成大型油砂矿。

艾伯塔油砂主要分布于两类层系之中,第一类是白垩系油砂矿,第二类是白垩系底不整合面之下的古生界碳酸盐岩中的重油。下白垩统 Mannville 地层的 McMurray 组和 Clearwater 组对油砂成矿起了关键的控制作用。McMurray 组是 Boreal 海从北部开始向陆地涌入而形成的三角洲和海湾沉积。到了 Clearwater 组沉积时期,海侵已遍布全区,形成了海相泥岩,局部地区沉积了滨岸砂岩。以阿萨巴斯卡油砂矿为例,McMurray 组底部不整合面为烃类运移通道,并且不整合面下部严重岩溶化的泥盆系碳酸岩也为烃类运移的重要通道(James D. P. 等,1977)。McMurray 组本身分为上、中、下三段。下段 5~10m 厚,底部为向上粒度变细的河道砂体,顶部为薄层状的页岩和碳质页岩;中段为 55~65m,底部为 20~30m 厚向上粒度变细的河道砂体,顶部为离岸页岩夹砂岩透镜体;上段分为两部分,下部为湖相、半咸海湾相和河漫滩沼泽相沉积物,上部为向上变粗的海相沙坝沉积和海绿石砂岩沉积。位于不整合面之上的砂体,为油砂成矿提供了良好的储层,区域性海侵页岩为油砂成矿提供了良好的盖层,这是艾伯塔油砂富集成矿的关键。

综上,在油砂成矿模式中,丰富的油源,良好的砂体作为储层,不整合面和河道砂体等构成烃类运移的输导体系,必要的盖层封闭,以及烃类降解稠化是控制油砂成矿的主要因素。挤压型盆地具有良好的油砂富集成矿要素组合,是油砂富集成矿的有利盆地。根据油砂成矿在挤压型盆地中的位置,可以将其成矿模式划分为两种类型:第一种是构造简单的缓倾单斜成矿模式;第二种是构造相对复杂的受压盆缘成矿模式(赵群等,2008)。

艾伯塔油砂属于缓倾单斜油砂成矿矿模式(法贵方等,2012)(图 1-6)。一般只发育少量小规模的正断层。盆地一般在白垩纪至新迈纪发育三角洲沉积,在盆地深部沉积富含有机质的烃源岩。不整合面和长距离分布的河道砂体为烃类运移的主要通道。古三角洲砂体被广布的海相所覆盖,形成区域性盖层,阻碍了烃类的纵向运用,使烃类在古三角洲与河道砂体中发

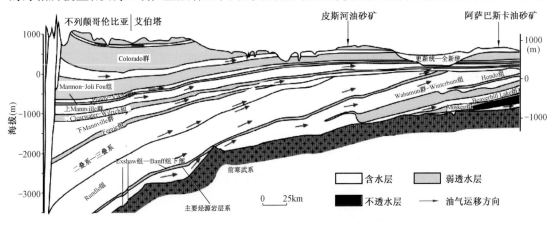

图 1-6 艾伯塔盆地缓倾单斜油砂成矿模式示意图

生侧向运移。烃类的主要运移方向沿单斜上倾方向,聚集于单斜的隆起区及盆地边缘。并且砂体在盆地边缘出露地表,与大气连通。大气降水直接进入砂体,单斜内水动力相对活跃。一方面水动力作用促进了烃类的运移;另一方面,大气降水对烃类具有水洗作用,并使细菌进入储层使烃类降解稠化,烃类变稠变重,最终形成油砂。

二、委内瑞拉油砂成矿条件及富集规律

委内瑞拉是世界上油砂资源最丰富的国家之一,其常规石油储量为 780×10^8 bbl,加上油砂储量,已探明的石油总地质储量为 3160×10^8 bbl。其油砂主要集中分布于著名的东委内瑞拉盆地的奥里诺科(Orinoco)重油带和马拉开波盆地的重质油藏地区,其中奥里诺科带已探明油砂油储量为 2380×10^8 bbl(图 1 - 7)。

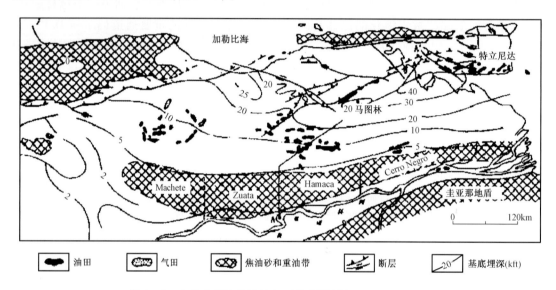

| ⬛ 油田 | ⬬ 气田 | ⬬ 焦油砂和重油带 | ⤳ 断层 | ⟋20⟍ 基底埋深(kft) |

图 1 - 7　东委内瑞拉盆地油气田分布图(据 Roachifer,1986)

委内瑞拉油砂成矿条件为:

(1)有利的烃源岩。

委内瑞拉盆地重油和油砂的油源为上白垩统海相生油岩,包括马拉开波盆地的 La Luna 层和东委内瑞拉盆地 Guayuta 组的 Querecual 层和 San Antonio 层,这些生油岩是在厌氧或近厌氧条件下沉积的(瓦尔特,1986)。

(2)烃类运移通道及动力机制。

东委内瑞拉盆地奥里诺科重油带和油砂形成的运移通道类型及动力机制与西加拿大盆地相似(Demaison G. J.,1977)。其运移通道主要分布于南翼的早渐新世不整合面,但不存在像西加拿大盆地的岩溶化石灰岩层。当烃源岩埋深加大,开始生烃,烃类在压力梯度的作用下,向浅部运移,形成了目前的奥里诺科重油带。烃类从北部海相生油岩运移了 100 ~ 190km 到达南部的奥里诺科地区(Dusseault M. B.,2001)(图 1 - 8)。

(3)降解稠化。

奥里诺科重油带原油来自北部海相生油岩,烃类在运移过程中,轻组分 HC 首先被分离,当烃类运移到浅部时,受到雨水带入的细菌降解,原油黏度及密度升高。在奥里诺科重油带,

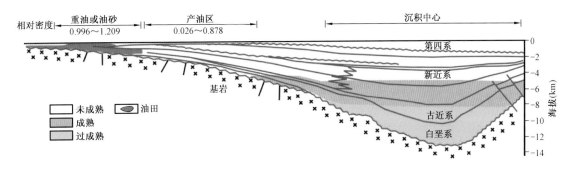

图 1-8　东委内瑞拉盆地综合剖面图(据 Roaclifer,1986,修改)

重油及油砂随着生物降解程度增加去甲基三萜烷和菲的分布发生变化,原油和油砂遭受了严重的生物降解。该重油带特重油聚集在低于 1066m 的浅层油藏,在奥里诺科北缘,Greater Oficina 地区南部及 Temblador 和 Jobo 地区,部分降解和严重降解的原油为聚集在 914～1524m 之间的油藏。东委内瑞拉盆地的北部(Quiriquire,Manresa 和 Orocuat 油田)和该盆地东北部的 Quanoco 地区还有一些重油和特重油聚集。石油卟啉不受地下生物降解作用的影响,而在 Guanoco 油砂中却发现了这些分子在地表受到破坏。因此可以推测,在该地区氧化作用强度超过生物降解程度(Cassa F. 等,1989)。

(4)储集条件。

奥里诺科重油和油砂主要分布于前陆斜坡区古近—新近系三角洲环境沉积的砂体。Oricina 组为南北向展布的受潮汐和海浪影响的加积三角洲砂体,构成该区良好的储集体(Dusseault M. B.,2001)。古近—新近系可划分为三套水进水退沉积旋回,旋回 1 由下向上分为 5 个次级单元。如图 1-9 所示,单元 I 在南部基本无沉积,仅有若干河流向北穿过,后期被滨岸和点坝砂岩所覆盖。再向北,为大面积的泥质岩占 50% 以上的层系沉积,属于三角洲平原沉积,其间由河道相砂岩分隔,砂岩沉积向北变宽,构成广阔的砂岩分布带。再向北,成为较窄的穿过三角洲平原的分支河道沉积。在三角洲前缘相,砂岩分布变宽。奥里诺科重油和油砂主要富集于单元 I 的水退层系。单元 II 为海相泥质岩,为重油和油砂的富集提供良好的盖层(Francisco J.,1977)。奥里诺科重油带与艾伯塔油砂储集条件基本相似,该沉积底部没有厚层的岩盐或蒸发岩,火山岩地盾与砂岩储层相接触(Dusseault M. B.,2001)。

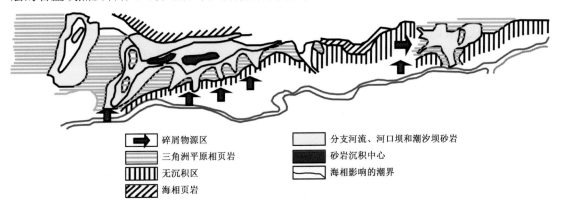

图 1-9　地层单元 I 进积层三角洲体系展布特征(据 Latreille 等,1983)

东委内瑞拉盆地北部油砂矿为构造抬升型模式(法贵方等,2012;图1-10)。这种成矿模式往往发生在前陆盆地褶皱冲断带浅部位,先期已形成的常规油气聚集,在后期的构造活动中遭受逆冲抬升作用,抬升至近地表地区或出露地表,从而遭受强烈的地表氧化、水洗和生物降解等作用形成油砂。该种成矿模式形成的油砂矿规模受先期油气聚集规模和后期逆冲抬升范围控制,规模一般较小。

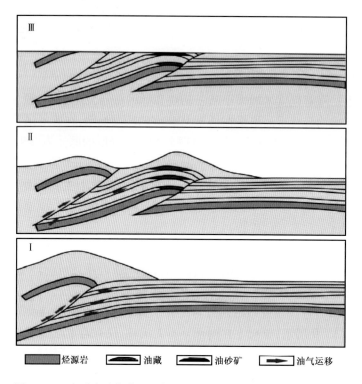

图1-10 东委内瑞拉盆地北部油砂矿构造抬升型成矿模式示意图

第四节 油砂矿开发技术现状

由于流动性差等因素,油砂矿开采的方法与常规石油及天然气有很大不同,石油及天然气是通过钻井从多孔隙岩石中收集并使用油泵抽出而获得,油砂则是从沥青、砂石、水和黏土组成的混合物中使用萃取工艺分离出石油,然后生产出高质量的"合成原油"产品。国外油砂开采技术大致可以分为三种:露天开采法、就地开采法、井下巷道开采法。

一、露天开采法

露天开采可以分成相互衔接的两个部分:采矿(Mining)和萃取(Extraction)。露天开采主要适用于埋藏较浅(小于75m)的近地表油砂,如图1-11所示。它具有资源回收率高、劳动效率高、可用大型自动化机械设备、生产安全的特点。露天开采所需的设备、费用及油砂油的采收率较其他方法好,技术上较为成熟,在加拿大及委内瑞拉等都已形成大规模工业开采。

多年来,油砂的露天开采技术已经取得的重要进步如下:

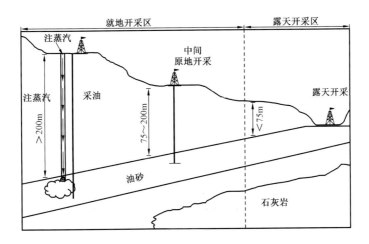

图 1-11 加拿大艾伯塔油砂开采方式与埋深关系图

（1）利用卡车和铲车开采油砂,增加了开采的灵活性,同时降低了成本;

（2）用水力运输管道系统代替了传送带系统,使油砂达到管输要求,并简化了把沥青和砂分离开来的萃取过程,确保最佳条件、降低能量的需求;

（3）实现了可移动式矿区采矿技术,这项技术就是将整个采出的矿藏运到提炼厂,然后再把地层砂返回到采矿区,生产操作范围小,降低项目费用并能满足大提炼厂的需求;

（4）在萃取阶段,降低了加工的温度。

二、就地开采法

对于埋藏较深（大于75m）的油砂,因需要剥离的盖层过大,成本过高,而无法应用露天开采技术,这些埋藏较深的油砂约占油砂储量的85%以上,需要就地开采技术。就地开采又分为冷采法和热采法,目前热采法比较成熟的技术有蒸汽吞吐法、SAGD法、注入溶剂法、井下就地催化改质开采、水热裂解等开采方法。

1. 出砂冷采技术

出砂冷采是加拿大近年发展起来的一项新的油砂开采技术。

其主要原理是:（1）通过出砂冷采在油藏中形成"蚯蚓"孔及"蚯蚓"孔网络,使油层孔隙度和渗透率大幅度提高,极大地提高了油砂油的流动性;（2）稳定的泡沫油使原油密度变得很低,从而使黏度很大的油砂油得以流动;（3）由于油层中产出大量砂粒,使油层本身的强度降低,在上覆地层压力的作用下,油层将发生一定程度的压实作用,使孔隙压力升高,驱动能量增加;（4）远距离的边底水可以提供一定的驱动能量。出砂冷采技术有投资少、日产油量高、开采成本低和不伤害地层等优点而得到广泛应用。据统计,加拿大已有20多家石油公司采用了这项技术,其中 Husky、Suncor、Mobil 和 Texaco 等大型石油公司均已大规模采用这项技术。出砂冷采技术潜力巨大,是一项很值得研究和推广的技术。

2. 蒸汽吞吐和蒸汽驱技术

蒸汽吞吐是一种相对简单和成熟的注蒸汽开采油砂的技术。蒸汽吞吐的机理主要是加热近井地带原油,使之黏度降低,当生产压力下降时,为地层束缚水和蒸汽的闪蒸提供气体驱动力。该技术工艺施工简单,收效快,它是20世纪80年代在委内瑞拉发展起来的,注入的助剂主要有天然气、溶剂(轻质油)及高温泡沫剂(表面活性剂)。近几年蒸汽吞吐技术的发展主要在于使用各种助剂改善吞吐效果。目前这项技术在美国、委内瑞拉、加拿大广泛应用。

加拿大循环蒸汽强化法(Cyclic Steam Stimulation,简称CSS)是蒸汽吞吐技术的拓展,它主要采用定向井和水平井结合注入高压力的蒸汽,加热地层,降低沥青的黏度,使其流动,如图1-12所示。CSS分阶段性:首先通过垂直井筒注入高压蒸汽;接着关井激励地层;最后开井生产。除了加热地层,高压蒸汽还可以在储层中产生裂缝,改善流体的流动状况。

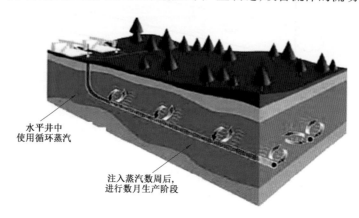

水平井中
使用循环蒸汽

注入蒸汽数周后,
进行数月生产阶段

图1-12 循环蒸汽强化法(CSS)

蒸汽驱是目前大规模工业化应用的热采技术,其机理主要是降低油砂油黏度,提高原油的流度。蒸汽相不仅由水蒸汽组成,同时也含烃蒸汽,烃蒸汽与水蒸汽一起凝结,驱替并稀释前缘原油,从而留下较少、较重的残余油。该技术的特点是:采油速度快、采收率高和经济成本低。

蒸汽吞吐及蒸汽驱在油砂开采中发挥了非常重要的作用,尤其蒸汽加溶剂、N_2辅助蒸汽吞吐效果更加显著。油砂开采的大部分产量是靠该方法实现的。

3. 蒸汽辅助重力泄油技术(SAGD)

目前,国际上油砂油就地开采项目所采用的开采技术主要为蒸汽辅助重力泄油技术(SAGD),被认为是近10年来所建立的最著名的油藏工程理论,是由罗杰·巴特勒博士于1978年首先提出的。其机理是在注汽井中注入蒸汽,蒸汽向上超覆在地层中形成蒸汽腔,蒸汽腔向上及侧面扩展,与油层中的原油发生热交换,加热后的原油和蒸汽冷凝水靠重力作用泄到下面的水平生产井中产出,现在已得到了广泛的应用。在加拿大,近年来所做的就地开采项目主要为SAGD项目。

水平井蒸汽辅助重力泄油技术(SAGD)主要有以下几个特点:利用重力作为驱动原油的主要动力;采收率高;采油速度快;累计气油比高;对油藏非均质性极不敏感。

4. 地下水平井注气体溶剂萃取技术(VAPEX)

该方法是蒸汽辅助重力泄油方法的一个发展。它使用混合气体注入,包括甲烷、二氧化碳、丙烷、丁烷,混合比例依据储层和岩性而定。重油和沥青被这些注入的气体溶解,其中较轻的组分被抽提出来,形成的稀释液的流动性比原油和沥青的流动性更好。稀释后的原油流向油藏底部,从位于注气井侧边的水平井采出。采出液在地面经过加热很容易分离出来,分离出来的烃类气体又可以再注入地层。

该工艺的主要优点是:与 SAGD 相比,VAPEX 所需设备便宜、操作简单,而且气体溶解具有选择性,它只溶解在油层,不溶于水,因此适用范围广。

5. 井下催化改质开采技术

井下催化改质方法相当于将地面炼油厂搬到了地下,通过油田开采中常用的砾石充填或压裂作业中支撑剂注入的方式将固体催化剂(如商业用的传统 Ni—Mo 或 Co—Mo 加氢催化剂)放置到油层中的生产井附近,向地层中注入氢气或合成气。通过就地燃烧原油产生就地改质所需要的高温,使油气流过加热的催化剂层开采。

美国专利报道了超重油井下改质的方法,将足够的蒸汽、供氢剂、甲烷注入地层,作催化剂,通过氢转化作用实现井下改质。该项技术难度较大,有两个瓶颈没有突破:一是催化剂技术研究,二是原油如何大规模与催化剂反应。

6. 水热裂解开采技术

关于油砂的水热裂解反应,最早始于加拿大。20 世纪 80 年代初,Hyne、Viloria 等人论述了高温蒸汽与重油油藏之间化学作用问题,使油砂油在水蒸汽的作用下发生脱硫、脱氮、加氢、开环等一系列反应,统称为油砂油的水热裂解反应。

水热裂解开采油砂技术是在注蒸汽或火烧油层基础上,以合适的方式向油层加入某种催化剂,同时添加其他助剂,通过促进油砂油水热裂解反应,使油砂油中某些组分,尤其是胶质和沥青质重质组分中某些化合物裂解改质,或改变油砂油的分子聚集状态,进而降低油砂油黏度,增加油砂油的流动性。

水热裂解开采油砂技术具有很高的潜在价值,是未来经济高效开采油砂的新途径。

7. 火烧油层技术

火烧油层技术的原理主要是:向油层注入空气或者氧气,在一定的部位点火,使其发生燃烧,利用燃烧产生的热量将重油加热,达到将油采出的目的。

采用火烧油层方法开采高黏度稠油或沥青砂,其优点是能够把重质原油开采出来,并通过燃烧部分裂解重质油分,采出轻质油分。这种方法的采收率很高,可达 80% 以上。其难点是实施工艺难度大,不易控制地下燃烧,且高压注入大量空气的成本太高。

8. 微波采油技术

微波处理稠油、油砂能改变稠油和油砂中油的各组分含量,从而改善油砂油的性质,将油从油砂中分离出来,是一个被广泛研究的方向,许多文献和专利探讨了微波处理稠油、油砂、油页岩的方法和机理。

微波采油技术是将大功率的微波天线下放到要作用的油砂层位置,或用传输的方法将微波传到地下,微波在油层中传播时,由于岩石骨架对微波的损耗较小,大部分能量被最靠近微波源处油层岩石孔隙中的油和束缚水吸收,油温和水温升高,油的黏度降低,使原油可以流动,把原油采出。

随微波设备的性能和可靠性的提高,特别是磁控管的可靠性的提高,微波作为一种新的油砂开采方式会很快得到广泛应用。

三、巷道开采法

当油砂埋藏较深,无法采用露天开采时,可采用井下巷道开采法。巷道开采的原理就是对于埋藏较深的油砂,先打一口竖井,然后在油砂层掘进集油巷道,再利用水力冲洗法或螺旋钻机法进行油砂开采,并进行油、砂的粗略分离,最后通过水力系统把少量泥浆和油砂油输送到地面。

井下巷道开采在加拿大、德国的维泽和海德、法国的佩歇尔布龙、原苏联的雅列加和巴库、罗马尼亚的德尔纳等地区都曾采用。

加拿大油砂地下开采公司(OSUM)2000 年研制了大型隧道挖掘机,对埋藏较深、不宜露天开采的焦油砂,先打一个垂直竖井至焦油砂层底。然后在下面进行水平式挖掘。其挖掘费用不高于露天开采。该技术的核心是一台全屏蔽式采矿机,将采出矿料中的废料回填在其后部。表 1-5 列举了油砂矿开发技术的几个主要历程。

表 1-5　油砂矿开发技术的主要发展历程

年份	技术方法
1966	循环蒸汽强化法(CSS)
1978	热水剂循环开采技术
1979	第一口水平井
1982	蒸汽辅助重力泄油技术(SAGD)
1990	三维地震蒸汽分析技术
1995	无源地震检测技术
2000	循环注入技术
2005	液体辅助蒸汽提高采收率技术(LASER)
2006	地下水平井注气体溶剂萃取技术(VAPEX)
	出砂冷采技术(Cold Floe)
2007 年至今	井底空气喷射技术(Toe to heel air injection)
	井底催化改质开采技术、水热裂解开采技术等

第五节　油砂分离技术现状

目前国外油砂分离技术主要有三种:热水洗法、有机溶剂萃取法和热解干馏法。油砂的分离方法根据油砂结构不同所采用的分离方法也不同,一般水润型油砂适合水洗分离,油润型油砂适合有机溶剂萃取分离或热解干馏分离。热化学水洗法与 ATP 干馏法分离油砂将会成为未来地面油砂分离的主要方法,其中,仍然以化学水洗为主。但随着油价的不断上涨,ATP 干馏技术将会有一个蓬勃发展的时期。

一、油砂热水洗法

目前,加拿大地面油砂的分离主要是采用热水/表面活性剂,通过热碱、表面活性剂的作用,改变沙粒表面的润湿性,使沙粒表面更加亲水,实现沙粒与吸附在上面的沥青分离,分离后的沥青油上浮进入碱液中,而石英砂沉降在下部,以达到分离的目的。热化学水洗分离工艺流程如图 1 – 13 所示。

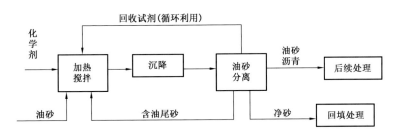

图 1 – 13 油砂热水洗分离流程图

二、油砂有机溶剂萃取法

油砂有机溶剂萃取分离主要是利用物质的相似相溶原理来实现油砂沥青的回收。利用有机溶剂萃取砂中的胶质沥青质,然后进行蒸馏以达到分离的目的。这种方法是用有机溶剂与油砂相接触,将溶解的沥青油与石英砂分离,萃取剂可以循环使用。溶剂法适用于理论及实验室研究阶段。

该方法对油砂的质量要求不高,可以是含油量高的湿油砂,也可以是含油量小或者是干油砂。相对于水洗法而言,其适用性更广,而且洗油的效率更高。该方法的缺点也是最大的问题即环境污染严重。因此,该方法很少被用于工业化生产。溶剂萃取分离油砂的工艺流程示意图如图 1 – 14 所示。

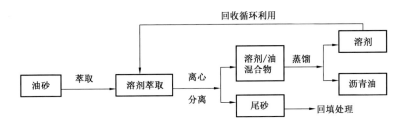

图 1 – 14 溶剂法萃取油砂工艺流程示意图

三、油砂热解干馏分离法

有关油砂热解分离技术,加拿大艾伯塔省油砂技术管理局主要思路是实现油砂中重质组分的轻质化。Aostar Taciuk Process 简称 ATP 工艺,原理是采用 250℃以上的高温进行裂解,经过高温处理后,沥青的质量得到很大改进,分子量变小,胶质减少,高温处理过程中发生的最重要的变化就是轻质油的产生。图 1 – 15 为油砂热解干馏工艺流程。

20 世纪 90 年代加拿大开始将 ATP 技术应用于油砂的开采,由 AOSTA 和 UMATAC 公司共同开发研究油砂热解可行性研究。这项技术在过去 17 年经过了不断的发展改进,在 Calgary 东南的 ATP 实验工厂中已经处理了超过 1.7×10^4 t 油砂,显示了 ATP 方法在技术上是分离和初级改质的有效方法。

油砂矿分离技术发展历程见表 1 – 6。

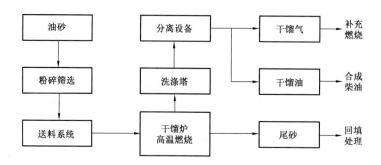

图 1-15 油砂干馏热解工艺流程图

表 1-6 油砂分离技术发展历程（据曹鹏等，2012）

年份	技术方法	优缺点
1980	阳离子表面活性剂的水溶液	要求温度 50~80℃，分离成本较高
1984	化学驱油剂，单碱萃取	要求温度 50~81℃，分离成本较高
1993	热碱水悬浮液	要求温度 50~82℃，分离成本较高
2002	利用煤油和甲基异丁基甲醇（MIBC）进行混合	25℃条件下即可完成，初次采收率可以达到98%
2003	真空热解法	热解要求在高温（450~500℃）条件下进行，大大增加了油砂分离成本
2008	利用含有少量碳的过氧化氢水溶液（3%~6%）和纯过氧化氢溶液的表面活性剂，采用缓慢搅拌的方式来进行油砂分离	要求温度 40~80℃，分离成本较高
2009	超声波技术	超声波能穿透多相介质的每一个角落，到达介质的表面（小裂缝、密闭的孔隙），油砂分离更彻底
	Hyunjo 发明的一种用于油砂分离的装置	能够回收溶解剂并进行循环再利用，以降低成本
	Harvey 发明的一种用于油砂分离化学合成物，这种化合物与含氮化合物或醇类化合物混合可以提高油砂分离效率	能够有效提高油砂分离效率
2010	超临界流体	降低了碳氢组分在黏土矿物上严重的吸附作用，解决了溶剂损失的问题，提高油砂分离效率
	丹佛浮选机	应用温度为 35℃，有效降低了分离成本
	离子液体（Ⅱ,8）	在油砂分离过程中无水的参与，但需要少量的离子液体，而且萃取后可以回收再利用，因此这一工艺过程具有较大的工业开发潜力，但是需要进一步的实验观察研究
	聚硅酸盐微凝胶	适用温度 25~90℃，优点是减少了有毒物质及尾矿的排放，有利于保护环境
	二氧化碳稀释技术	此方法可提高产量，且保护环境

第二章 油砂成矿条件及主控因素

在对风城油砂矿精细地层划分对比、构造、储层、油砂矿床特征研究的基础上,解剖分析了风城三个油砂矿体的边界、形态、产状、规模、矿藏质量、品位和流体性质,建立了三个油砂矿三维可视化空间展布模型,并分析了风城油砂成矿条件及富集规律特征,建立了中国西部挤压型盆地的油砂矿成矿模式。该模式区别于国外缓倾单斜盆地的成矿模式,有力指导了准噶尔盆地西北缘油砂矿的勘探与评价。通过与国内其他地区代表性油砂矿地质特征和成藏条件的综合对比分析,总结了中国油砂矿的成因分类及富集的主要控制因素。

第一节 风城油砂矿特征及主控因素

一、油砂矿藏特征

1. 矿藏类型

准噶尔盆地西北缘风城油砂矿富集于盆地挤压一侧斜坡区,区内逆断层发育,构造相对复杂,烃源岩沉积位于前陆坳陷中。由于挤压作用影响,斜坡较陡,延伸距离也相对较短,发育辫状河相和三角洲前缘亚相砂体,砂体物性好。由于受多期构造活动影响,不整合面及逆断层发育,形成了多套储盖组合。

从露头观察及钻孔、钻井资料可见,不整合面及断裂附近砂体发育的区域含油性较好。1号矿砂体大面积发育,储集物性较好;且该区构造活动较强,发育多条逆断层,从白垩系清水河组有效厚度等值线图可以看出,在砂岩范围内油砂层的展布主要受断裂及不整合面控制,通常在断层附近 $0.5 \sim 1.5$ km 范围内砂体含油率较高,且随着埋深变浅,由 $K_1q_2^3$ 到 $K_1q_2^1$ 小层,含油性也变差,综合分析认为 1 号油砂矿藏类型为岩性构造油砂矿藏(图 2 – 1)。

2 号矿整体埋深较浅,其中在重 32 井北断裂南部的重 32 断块含油面积小且分散,浅部原油黏度高且能量低,遇到封堵性稍强的断层则呈小规模聚集于断层下盘,重 32 井北断裂北部埋深更浅,断裂不发育,油砂主要沿不整合面向上运移,综合来看 2 号矿是一个受构造和超覆不整合控制的构造岩性体矿藏(图 2 – 2)。

3 号矿是一个受构造和超覆不整合控制,目前已遭剥蚀破坏的河流砂岩体矿藏,地形地貌对油砂具有宏观上的控制作用。残留台地为油砂保留区,含油率较高,台地间的冲积平原为油砂侵蚀区;埋藏较浅或出露地表的边缘区,含油率较低,3 号矿主要为构造岩性矿藏(图 2 – 3)。

2. 矿藏埋深

矿藏埋深是决定开采方式的一个关键参数。从经济效益出发,油砂矿埋藏深度小于 75m,为浅层油砂矿,适合露天开采;埋藏深度为 75 ~ 500m,适合就地热采或井下巷道开采;埋藏深

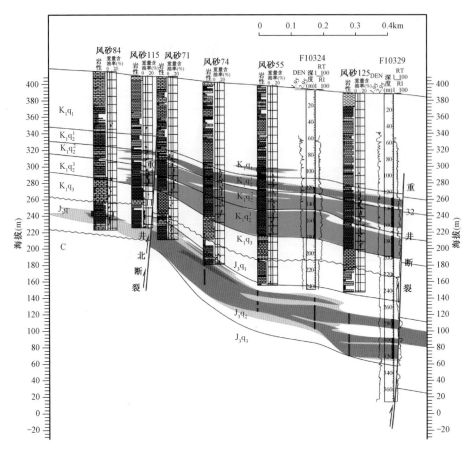

图 2 - 1　1 号矿过风砂 84 井—F10329 井油砂层对比图

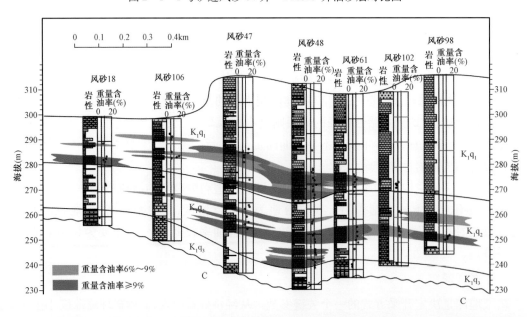

图 2 - 2　2 号矿过风砂 18 井—风砂 98 井油砂层对比

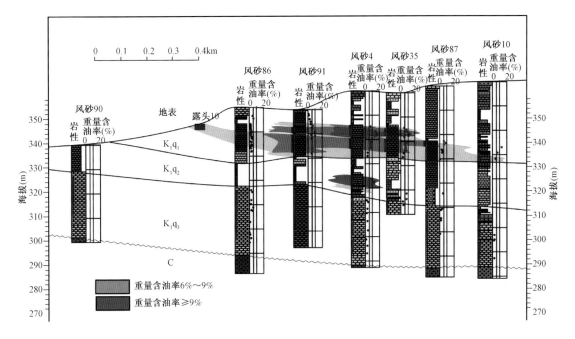

图 2-3　3 号矿过风砂 90 井—风砂 10 井油砂层对比图

度大于 500m,目前工艺技术难于开采。风城 1 号矿风砂 72、73 断块埋深相对较浅约 50~100m,平均 80m;南部由风重 007 断块到重 1 断块埋深逐渐增大为 130~370m,平均 190m;2 号矿风砂 16 井区埋深浅为 20~35m,平均 30m;南部的重 32 断块埋深相对较大为 70~170m,平均 110m;3 号矿风砂 4 井区埋深为 2~20m,平均 14m(图 2-4 至图 2-6)。

3. 油藏压力及温度

由于本区白垩系清水河组未取得油层压力与温度资料,借用风城油田重 18 井区齐古组超稠油油藏建立的原始地层压力梯度和地温梯度关系。

压力梯度关系式为:

$$P_i = 3.5504 - 0.0095H \qquad (2-1)$$

式中　P_i——原始地层压力,MPa;

　　　H——油藏中部海拔,m。

地温梯度关系式为:

$$t = 17.178 + 0.0123D \qquad (2-2)$$

式中　t——地层温度,℃;

　　　D——地层深度,m。

1 号矿风砂 72 断块白垩系清水河组油藏中部埋深为 98m(海拔 267m),油藏地层温度为 18.38℃,地层压力为 1.01MPa,压力系数为 1.04;风砂 73 断块 K_1q 油藏中部埋深为 136m(海拔 229m),油藏地层温度为 18.85℃,地层压力为 1.37MPa,压力系数为 1.01;风重 007 断块 K_1q 油藏中部埋深为 172m(海拔 193m),油藏地层温度为 19.29℃,地层压力为 1.72MPa,压力

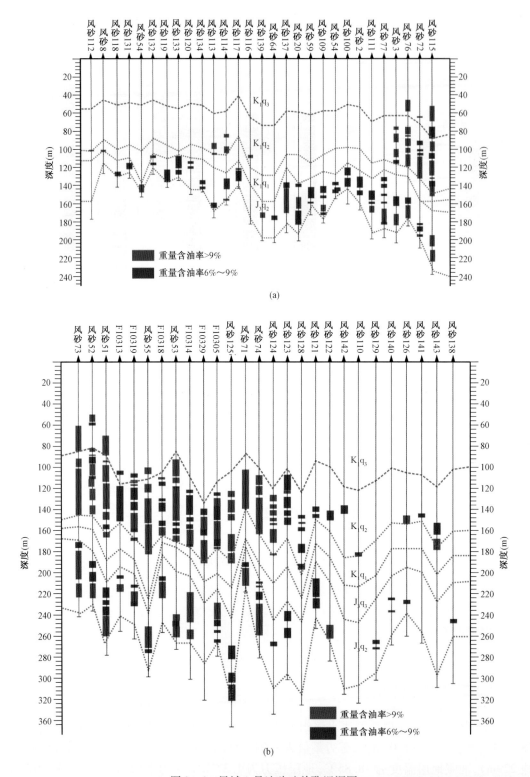

(a)

(b)

图 2-4　风城 1 号油砂矿单孔埋深图

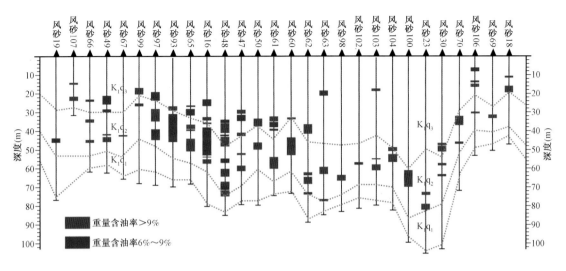

图 2 - 5　风城 2 号油砂矿单孔埋深图

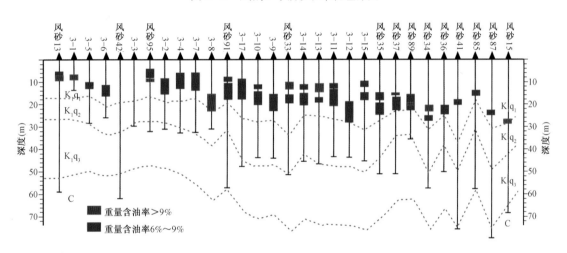

图 2 - 6　风城 3 号油砂矿单孔埋深图

系数为 1.00;重 1 井区 K_1q 油藏中部埋深为 234m(海拔 131m),油藏地层温度为 20.06℃,地层压力为 2.31MPa,压力系数为 0.99(表 2 - 1)。

表 2 - 1　风城白垩系清水河组温度、压力数据

区块	深度(m)	海拔(m)	地层温度(℃)	地层压力(MPa)	压力系数
风砂 72 断块	98	267	18.38	1.01	1.04
风砂 73 断块	136	229	18.85	1.37	1.01
风重 007 断块	172	193	19.29	1.72	1.00
重 1 井区	234	131	20.06	2.31	0.99
重 32 井区	116	257	18.60	1.11	0.96

2号矿重32井区K_1q油藏中部埋深为116m(海拔257m),油藏地层温度为18.60℃,地层压力为1.11MPa,压力系数为0.96(表2-1)。

2号矿风砂16井区、3号矿风砂4井区白垩系清水河组埋藏浅,接近地表,其温度、压力特征与地表相似。

4. 流体性质

1号矿白垩系清水河组取油样1井1层,原油密度为0.979g/cm³,含蜡量为1.06%,凝固点为41.8℃,50℃时地面脱气原油黏度为266000mPa·s(表2-2)。2号矿白垩系清水河组取油样1井1层,原油密度为0.9845g/cm³,含蜡量为9.22%,50℃时地面脱气原油黏度为146000mPa·s(表2-2)。3号矿白垩系清水河组油砂油黏度较高,在高温水洗状态下呈坨状聚集,流动性差,50℃时地面原油密度为1.0662g/cm³,85℃地面脱气原油黏度为885000mPa·s(表2-2)。

表2-2 1、2、3号油砂矿矿藏地面原油性质表

区块	层位	原油密度(g/cm³)	50℃黏度(mPa·s)	含蜡量(%)	凝固点(℃)
1号矿	K_1q	0.979	266000	1.06	41.8
2号矿	K_1q	0.9845	146000	9.22	
3号矿	K_1q	1.0662(50℃)	885000(85℃)	5.82	70

通过对1、2、3号油砂矿油砂分布及原油分析数据的研究表明,1号油砂矿为岩性构造矿藏,2、3号矿均为构造岩性矿藏。矿藏埋深相对较浅,其中1号矿的风砂72、风砂73断块,2号矿和3号矿埋深多在100m以浅,油藏温度多分布在18~20℃的范围内,地层压力约1.0~2.3MPa,原油黏度较高。其中1号矿原油黏度平均为266000mPa·s,2号矿原油黏度平均为146000mPa·s;3号矿原油黏度最高,85℃时原油黏度约为885000mPa·s。整体上看1、2、3号矿藏油砂油均呈现高密度、高黏度的特点。

二、油砂矿成藏条件及富集规律

1. 成藏条件

准噶尔盆地西北缘烃源岩主要有玛湖凹陷的上二叠统下乌尔禾组、下二叠统风城组和佳木河组。其中风城组为海陆过渡环境的残留海—潟湖相沉积,其岩性为黑灰色泥岩、白云质泥岩,有机质类型好、丰度高、厚度大,处于成熟—高成熟阶段,为一套发育较好的烃源岩;下乌尔禾组分布于克—乌断裂、夏红北断裂下盘,为灰绿色、灰色砾岩和灰褐色泥岩交互层,含炭化植物碎屑和薄煤层,属山麓河流洪积—湖沼沉积,具有一定生烃潜力。准噶尔盆地西北缘地区的佳木河组也具备一定生烃能力。较好的烃源岩为风城地区稠油及浅部油砂成藏提供物质基础。

西北缘斜坡区的侏罗系和白垩系,由于处于频繁的振荡沉积阶段,发育了众多的储盖组合。其中受断层遮挡的不整合面附近的砂体是重油和油砂富集的有利区。以风城浅部油砂为例,侏罗系齐古组沉积中晚期地层为一套辫状河流相河道—心滩—河漫滩微相沉积,区块东南

部沉积厚度大。综合岩性、砂泥比、岩石粒度、分选和圆度等各项指标,判断其沉积微相为心滩,向北东和南西渐变为河道滞留沉积和河漫滩沉积。白垩系底砾岩为一套山麓环境下的近源沉积,从北往南底砾岩层渐厚,其总体沉积环境为河流湖泊环境,发育河道—心滩—河漫滩沉积微相至滨湖—浅湖沉积亚相。白垩系砂岩沉积时期,水体加深,湖面增大,为河流—湖泊沉积环境,以辫状河三角洲前缘亚相沉积为主,水下分流河道砂体发育,砂岩在区块内沉积较厚,相对保存完整,局部地区受到后期的强烈剥蚀。

综合来看,风城地区白垩系水下分流河道砂体发育,埋藏较浅,孔渗性好,与封堵性较好的逆断层及上覆盖层相配合构成了良好的储集条件。

准噶尔盆地乌尔禾—夏子街地区多层的不整合面与断层等运移通道相互沟通,形成有效输导体系,为油气运移提供运移通道(图2-7)。风城地区油砂油主要运移通道横向上为白垩系与侏罗系或石炭系的不整合面,纵向上为断裂体系。多次构造活动,烃源岩多次生烃,油气多期运移并且相互混合,形成目前西北缘油砂矿特征。

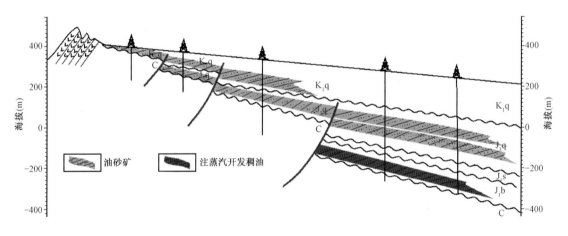

图2-7 风城地区油砂、超稠油成藏模式图

风城地区油砂矿油层埋藏浅,油砂储集体超覆在基岩山麓边缘,有的甚至直接暴露在地表。由于氧气的介入,地表水的浸渍和大量细菌的活动导致了原油受到微生物降解、水洗和分子扩散等物理化学蚀变,改变了原油的化学组成和物理性质。油层越接近地表遭受氧化、水洗、生物降解蚀变作用的时间就越长,对原油的破坏程度也就越大。原油中的轻质组分不断消耗而变得越来越稠,所以从深层到浅层再到地表,原油一般呈现常规油—重油—油砂的分布规律。

2. 油砂分布规律

1) 不同沉积微相其含油性差异较大

风城地区白垩系主要发育砂岩和砾岩沉积,砂岩储层分布主要受沉积微相控制,不同的沉积微相物性特征存在差异,其含油性也明显不同。从该区各亚段的含油面积与沉积微相叠合平面图(图2-8至图2-11)可以看出,1、2号油砂矿区内与各亚段含油面积对应的沉积微相均为三角洲前缘水下分流河道沉积;其中 K_1q_1 段在工区西部主要为辫状河流相沉积,在2、3

号矿处对应沉积微相为心滩沉积,该范围内含油性较好,与含油面积吻合;相反,在水下分流河道间,前三角洲以及滨浅湖微相发育的部位含油性极差。综合来看,心滩与河道微相的砂体沉积厚度较大,利于油砂富集,因此本区油砂分布的有利区域主要为水下分流河道及水下分流河道间微相。

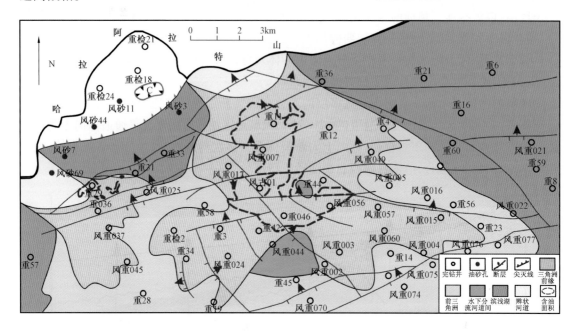

图 2-8　风城地区 $K_1q_2^3$ 亚段沉积微相与含油面积叠合平面图

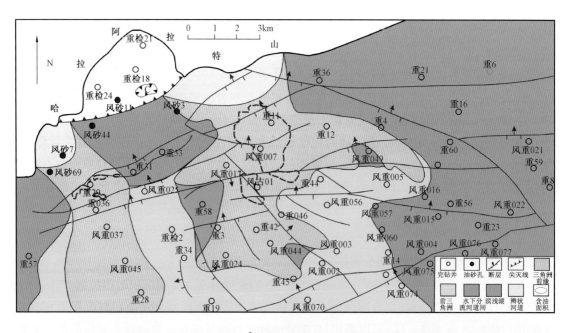

图 2-9　风城地区 $K_1q_2^2$ 亚段沉积微相与含油面积叠合平面图

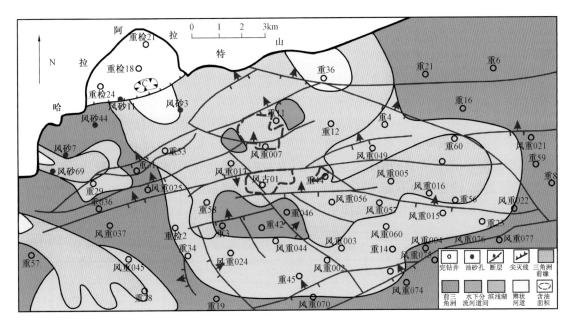

图 2-10 风城地区 $K_1 q_2^1$ 亚段沉积微相与含油面积叠合平面图

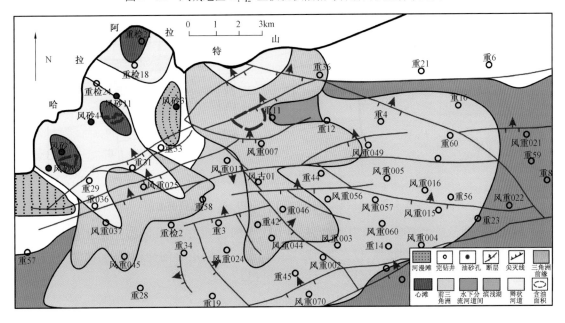

图 2-11 风城地区 $K_1 q_1$ 段沉积微相与含油面积叠合平面图

2) 断裂和不整合面控制油气的分布

风城地区油砂矿油主要运移通道横向上为白垩系与侏罗系或石炭系的不整合面,纵向上为断裂体系,大量的不整合面与断层等运移通道相互沟通,形成有效输导体系。风城油砂受断裂控制明显,分布在断层附近 1~3km 范围内,断裂附近油砂有效厚度大,含油率较高。断裂对油气的控制还表现为同一砂体内,由于浅部原油黏度高且能量低,在封堵性较强的地区无法突破断层的封堵压力,导致原油无法进入上盘砂体,只能在封堵性较弱的地区突破断层封堵作用形成油砂矿。在油源充足的条件下同一砂体内,油砂的富集规模和范围主要受控于断层封堵作用的大小和原油运聚能量的大小。

风城 1 号油砂矿平面上被重 43 井西、重 1 井北、重 32 井东和重 11 井北等断裂切割成 9 个断块单元,油气沿断层运移使各断块靠近断层的部位含油率较高。在钻孔取心过程中,发现白垩系清水河组清一砂层组(K_1q_1)与清二砂层组(K_1q_2)相比较同样发育三角洲砂体,但大部分砂体不含油或者重量含油率较低,主要是由于清一砂层组(K_1q_1)相对于清二砂层组(K_1q_2)距离不整合面较远,没有有利的烃类运移通道,并且白垩系清水河组本身埋藏较浅,浅部原油黏度高、能量低,运移动力不足,影响了清一砂层组(K_1q_1)油砂的富集规模和范围。因此,白垩系清一砂层组(K_1q_1)的油砂含油面积远小于清二砂层组(K_1q_2)(图 2 – 12)。

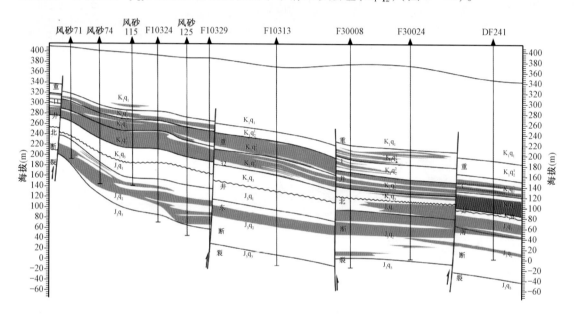

图 2 – 12　风城地区过风砂 71 井—DF241 井油藏剖面图

风城西区 2 号矿主要受重 32 井北断裂、重 031 井断裂和重 32 井断裂三条北东走向逆断裂控制,该区储层非均质性较强,仅在靠近断层的局部区域储层含油性较好,向西北方向油气沿着重 32 井北断裂向更浅层的储层中运移(图 2 – 13)。

3)储层岩性和物性是影响含油性的关键因素

根据钻井岩心观测和岩石薄片鉴定统计,风城地区白垩系油砂储层岩石类型包括中、细砂岩、粉砂岩和砂砾岩等,以中、细岩为主。白垩系底部岩性为砾岩和砂砾岩,砾岩中砾石大小不均,与砂岩相比含油率较低,部分层段虽然达到油砂工业品位,但很分散、厚度很薄,不具有开发价值。岩性分层统计及岩心描述表明,上部白垩系油砂岩性较单一,以砂岩和砂质砾岩为主,作为主力储层的主要岩石类型为中砂岩、细砂岩及较粗的砂质砾岩,其中砂质砾岩含油率相对较低(图 2 – 14)。

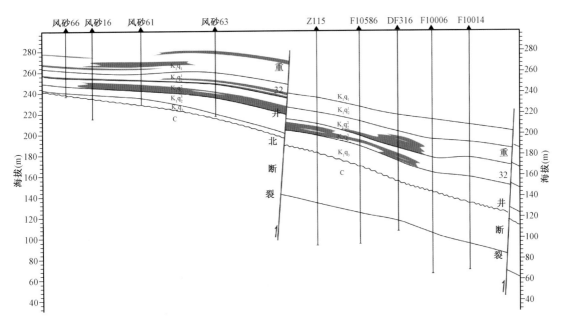

图 2 - 13　风城地区过风砂 66 井—F10014 井油藏剖面图

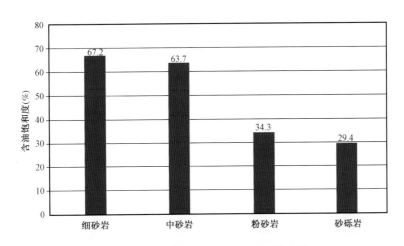

图 2 - 14　风城地区含油性—岩性关系图

储层岩性主要受控于沉积相的展布,1 号矿白垩系清水河组为辫状河三角洲前缘亚相沉积,砂体类型以辫状河三角洲前缘水下分流河道为主,主要分布在 $K_1q_2^1$、$K_1q_2^2$ 小层中,以中、细砂岩为主;2、3 号油砂矿白垩系沉积相类型主要为辫状河流相沉积,发育心滩沉积砂体,规模相对较小。

根据物性分析资料,1 号矿白垩系含油砂岩平均孔隙度为 34.31%,平均渗透率为 1089.65mD,含油率较高(6.08% ~21.74%);2 号矿白垩系含油砂岩平均孔隙度为 34.52%,平均渗透率为 1622.46mD,含油率中等(6.07% ~13.89%);3 号矿白垩系含油砂岩平均孔隙度为 29.29%;平均渗透率为 725.08mD,含油率中等(6.04% ~17.18%)。含油砾岩和砂砾岩孔隙度 6.67% ~37.1% ,平均 20.66%;渗透率为 5.4 ~1264.58mD,平均 649.29mD,含油率较低（2.0% ~ 6.0%）。齐古组含油砂岩孔隙度为 22.01% ~ 38.08%，平均 29.53%；渗透率为 51.89 ~ 8468.87mD，平均 954.5mD，含油率较高（6.03% ~ 17.2%）。

总体来说，风城地区油砂矿储层具有较高的孔隙度和渗透率，储层物性条件较好，有利于油砂的富集与储存。

4）油砂含油性好坏与油砂埋藏深度相关

总体上，出露地表或埋藏较浅的油砂，含油性较差，埋藏较深的油砂，含油性较好。风城地表油砂是国内目前发现规模最大的油砂露头，分布范围约 7.97km²，地表油砂主要包括油砂山区和 413、423 和 415 高地四个区域（图 2 - 15 至图 2 - 18）。其中裸露严重的油砂山区以及

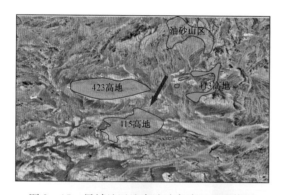

图 2 - 15　风城地区地表油砂高清卫星影像图

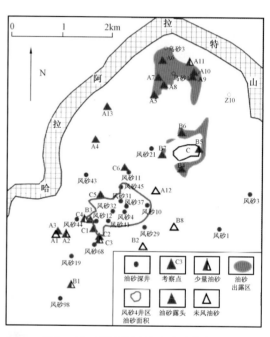

图 2 - 16　风城地区地表油砂分布图

图 2 - 17　风城地区地表油砂露头分布图

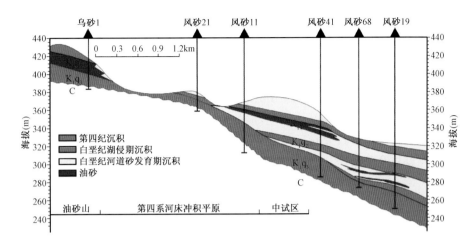

图 2 – 18　过乌砂 1 井—风砂 21 井—风砂 19 井钻孔油砂剖面图

413 和 423 高地,油砂含油率低(2% ~ 5%),没有工业开采价值;415 高地北斜坡带的二级阶地上,残留台地和残留丘为油砂保存区,含油率较高(6% ~ 12%),埋藏较浅(5 ~ 12m),适合做小型试验。含油率与砂岩储层物性有密切关系,物性又受砂岩粒度影响。油砂山地区油砂岩性主要为岩屑砂岩,粒度以细砂岩为主,粉砂岩次之;粒度越粗、含油性越好(砂砾岩除外)。

沉积相对油砂的宏观影响明显。主河道受石炭系基底地形控制,主河道区砂体厚度大,泥岩夹层少,主河道两边砂体厚度减薄,泥岩夹层增多。

储层的非均质性影响油砂的含油丰度。均质性高的油砂含油性好,均质性低的油砂含油性差。多数情况下,发育块状或水平层理的砂岩均质性要好于发育交错层理的砂岩。

综合来看,该区油砂富集主要受控于沉积微相类型、断裂和不整合面位置、岩性、物性特征及埋藏深度几个因素。油砂主要富集于心滩和水下分流河道微相发育的部位,在靠近断层及不整合面部位的油砂富集程度较高,细砂岩的孔渗性及含油性最好,说明岩性、物性较好的部位有利于油砂的富集;通常埋藏在地表及浅层的油砂易于遭受氧化,地表水的淋滤以及微生物的分解,使得含油率大幅降低,而埋藏较深的油砂则保存较好,含油率也相对较高。

第二节　红山嘴—黑油山油砂成矿地质条件及富集主控因素

一、红山嘴油砂分布

红山嘴油砂矿区位于准噶尔盆地西北缘,克拉玛依市东南方向 15 ~ 30km 处,区域构造位于乌尔禾—克拉玛依断裂西北盘(上盘),总体为一向南东倾斜的单斜构造,地层倾角 1°~ 3°。油砂呈带状分布于盆地边缘,长约 18km,宽 2 ~ 4km,面积约 50km²。矿区地面为戈壁沙丘,生长有少量植被,地面海拔 275 ~ 355m。矿区东侧紧靠克拉玛依—独山子公路,区内还有南北向和东西向的多条油田公路穿过,交通十分方便。

红山嘴区油砂主要分布于白垩系清水河组下部砂岩及底部砾岩段(图 2 – 19 至图 2 – 22),其下伏的侏罗系齐古组是稠油层。白垩系含油砂地层为一倾向南东,并向盆地边缘老山超覆的平缓单斜。地面地质调查和浅钻揭露表明,红山嘴白垩系清水河组油砂分布面积大、层位稳定、产状缓,但单层厚度小、泥岩夹层多。油砂主要出露于冲沟两侧,部分冲沟中油砂已被剥蚀。由西向东主要分布于红山梁沟、化石沟、石蘑菇沟、大油泉沟、蚊子沟,其中石蘑菇沟、大油泉沟油砂厚度及含油率最好。位于大油泉沟附近钻探的红砂6井揭露的油砂层数多、厚度大(图2-21),含油较富的砂岩4层共24.7m,在29.8m处含油率高达13.6%;其次为红砂15井,含油较富的油砂3层共15.4m,含油稍差的油砂2层共5.6m,含油率3.1%~13.6%,平均含油率7%。白垩系清水河组油砂分布面积大、层位稳定、产状缓(1°~3°),单层厚度0.5~5m。纵向上厚度较大的有5~7层,累计厚度0.5~48.9m(图2-22);埋深100m以浅的油砂平均厚度9.7m,100~300m的油砂平均厚度14.6m,泥岩夹层多。

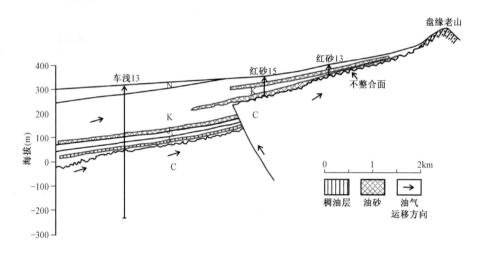

图2-19 红山嘴区块浅层油砂矿床剖面图

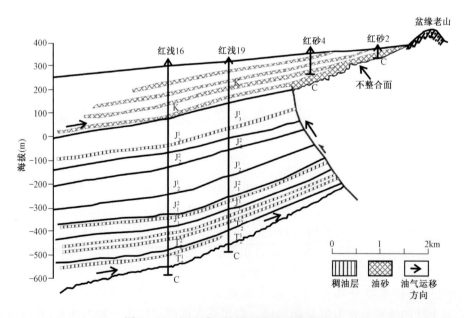

图2-20 红山嘴区块浅层油砂矿床剖面图

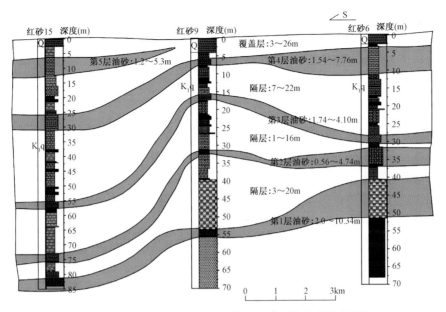

图 2-21 红砂 15 井—红砂 9 井—红砂 6 井油砂层对比图

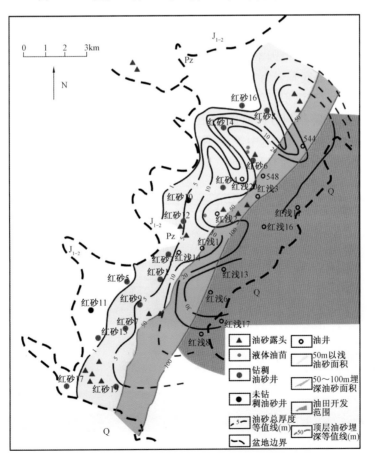

图 2-22 红山嘴区油砂总厚度及埋藏深度等值线图

红山嘴油砂和油砂抽提物理性质分析结果表明,油砂岩石平均密度为 2.08g/cm³。油砂孔隙度很高,达到 33.9%,有效孔隙度为 31.4%。油砂油的密度相对较高。红山嘴浅井油砂油密度为 0.983g/cm³,重度为 12.43°API,属于重油范畴,黏为 1000 ~ 10000mPa·s。

二、黑油山—三区油砂分布

黑油山位于克拉玛依中心城区东北 2km 处,山高 13m,面积约 0.2km²。黑油山上有多处石油泉眼向地面溢出石油,油质黏稠,色泽黝黑。

黑油山是一座地下原油长期外溢后风化而成的沥青山。大约在 1Ma 前,由于地壳运动,使得地下丰富的石油溢出地面,加之克拉玛依的风沙很大,露出地面的黏稠石油同狂风裹挟的沙砾、尘土混杂凝结,慢慢地固化成沥青丘,日复一日,年复一年,平坦的地面渐渐隆起,越突越高,最终形成了今天的黑油山。

黑油山—三区油砂主要分布在中三叠统克拉玛依组,在下侏罗统八道湾组也有分布。地层总体倾向南东,倾角为 2° ~ 10°。发育三条北东向大致平行于盆缘老山的大型逆断层,局部发育小型褶皱或背斜。地面地质调查和浅钻揭露表明,黑油山—三区三叠系克拉玛依组上段油砂分布面积大、油砂单层厚度大(5 ~ 11m),含油率高,但横向变化大(图 2 –23 至图 2 –25)。

三、红山嘴—黑油山油砂富集的主控因素

红山嘴和黑油山都处于准噶尔盆地西北缘,油砂都分布于侏罗系和白垩系中,因此具有相似的油砂成矿条件及富集主控因素。以红山嘴地区油砂矿为例,红山嘴地区白垩系主要为三角洲及滨浅湖沉积,下部底砾岩为三角洲冲积扇沉积,中上部为三角洲平原沉积,含油砂体主要为三角洲平原分流河道沉积。红山嘴地区发育有 3 个分流河道,由东北—西南方向依次为:大油泉沟分流河道、石蘑菇沟分流河道、红山梁沟分流河道。分流河道沉积以中厚层砂岩为主,砂体稳定,圆度中等到好,分选中等,砂体形状呈条带状,沉积序列由下向上变细。红山嘴这种物性较好的河流砂体成为有利的油气储集空间。

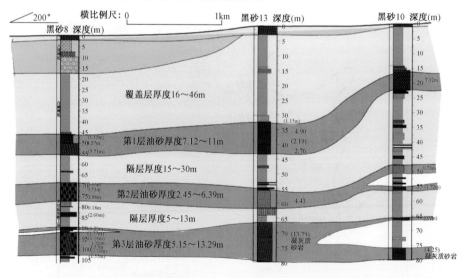

图 2 –23　黑砂 8 井—黑砂 12 井—黑砂 10 井油砂层对比图

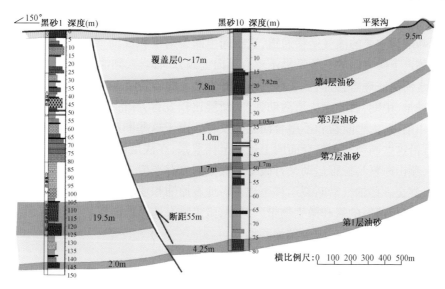

图 2 - 24 黑砂 1 井—黑砂 10 井—平梁沟露头油砂层对比图

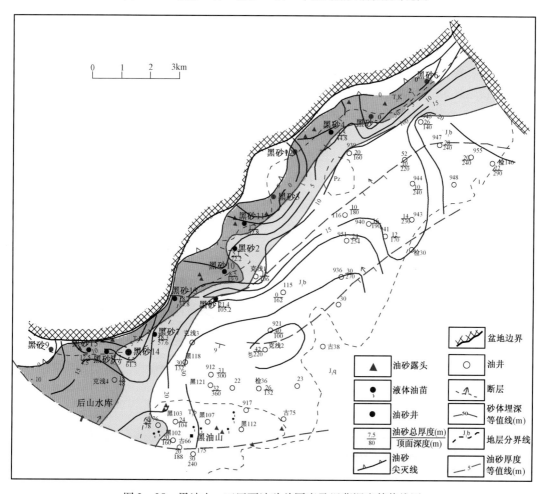

图 2 - 25 黑油山—三区西油砂总厚度及埋藏深度等值线图

红山嘴油砂矿位于盆地边缘,这里不整合面和断层比较发育。石炭系不整合面及侏罗系、三叠系的逆断层为主要的油气运移通道,这些同生断裂对沉积及油气运移有着控制作用。原油从生油凹陷由下倾方向的三叠系沿不整合面向上倾方向运移,到油砂区后,先充满与不整合面接触的清水河组底砾岩,再向上运移进入底砾岩之上的砂岩层。

燕山运动早、中期,西北缘构造活动强烈,断层比较发育,深部断裂复活向上断至侏罗系,尤其在盆地山前带,大型断裂和不整合面尤为发育。由于这些断裂的获得深部古油藏遭受破坏,部分油气沿这些断裂和不整合面向上运移至侏罗系,在浅层的侏罗系再次聚集成藏;油气聚集成藏后,燕山—喜马拉雅运动又打破了油气藏的原有平衡,使油气运移到盆地边缘的白垩系聚集成藏,甚至一些油气沿断裂运移至地表。地表原油和埋藏深度较浅的油藏中,浅层地下水或地面大气水把溶解的氧和微生物带入其中,微生物有选择地消耗某些烃类,使原油遭受水洗和生物降解双重作用,形成现今稠油和油砂。

第三节　二连盆地包楞油砂成矿地质条件

一、油砂矿基本概况

二连盆地油砂矿主要分布于巴音都兰凹陷包楞地区、吉尔嘎郎图、巴达拉胡地区(图 2-26)。其中吉尔嘎郎图、巴达拉胡地区油砂矿地表均有出露、包楞地区油砂矿被第四系覆盖。包楞地区是二连盆地油砂资源主要分布的三大地区之一。巴音都兰凹陷位于二连盆地东北部,距阿尔善油田 60km,面积 1200km²。包楞构造位于巴音都兰凹陷中央洼槽带北部,整体呈断背斜形态,面积 160km²。是被断裂复杂化的反转背斜构造,已有多口钻井钻遇油砂,油砂层主要分布于白垩系腾格尔组腾一段中。1977 年 9 月解放军水文普查 ZK5 钻孔取心发现了 73.94m 的油砂,单层最大厚度 25m。1978 年 10 月 6 日,地质部"内蒙东部地区石油勘探指挥所"所属的三普在 ZK5 附近相继钻探了锡1、锡2、锡3 井,其中锡1 井和锡3 井均见到良好油气显示,证实了包楞构造油砂分布具有一定的分布范围。

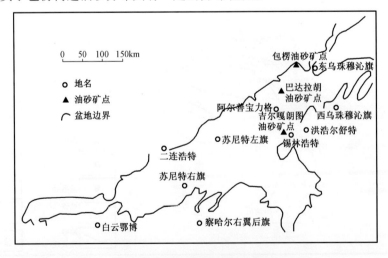

图 2-26　二连盆地油砂分布图

二、油砂矿特征及评价

（1）包楞油砂层纵向分布集中，横向分布稳定，单层厚度大。

从目前收集的资料统计显示，包楞地区多口钻井钻遇油砂，钻遇油砂层主要分布于白垩系腾格尔组腾一段中。钻井揭示油砂厚度（埋深小于 200m）（图 2－27）：ZK5 井，74m 油砂；巴地 4 井，86m；巴 32 井，55m；巴 39 井，75m。该区油砂埋深 70～200m，厚度 30～90m，埋深大于 200m 的油砂暂未统计。统计显示包楞地区油砂层横向分布稳定，纵向上连续、集中（图 2－28），单层厚度大，多井单层厚度大于 10m。包楞油砂矿具有一定规模，埋藏浅，未出露地表，属于非构造隐蔽型油砂矿藏，具有较大的勘探价值。

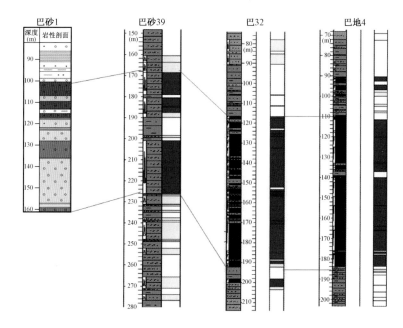

图 2－27　钻遇油砂井柱状图

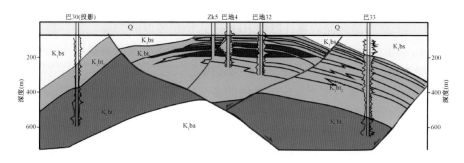

图 2－28　包楞构造带巴 30 井—巴地 4 井—巴 33 井油藏剖面图

以巴砂 1 井为例，由于钻遇地层的沉积环境主要为水下扇，岩性粗、胶结松散，取心难度大。从现有的油砂岩心分析，主要为多期次水下扇沉积，相变快、周期短，粒径为大砾岩—砾岩—砂砾岩—粗砂岩—细砂岩—油页岩，含油性为饱含油—富含油—含油—微含油，饱含油岩性主要为含砾粗砂岩、砂质细砾岩等。

（2）含油段岩性粗，油质稠，含油率高。

含油储层主要分布于腾一段上部及腾二段，岩性主要为砾岩、砂砾岩、含砾砂岩、砂岩及粉砂岩等。巴砂1井钻遇4层油砂，总厚度23m，其中饱含油3层15m，富含油1层8m，岩性为含砾粗砂岩、砂砾岩及细—中砾岩。

实验分析结果，巴砂1井含油率较高，最高10.1%，最低1.85%，平均6.2%；其中饱含油层段，含油率平均为8.3%；富含油层段，含油率平均为4.2%。巴32、巴地4、ZK5井分析结果，油质稠，原油黏度大于3000mPa·s，密度大于0.95g/cm³，沥青质含量40%以上（表2-3）。

表2-3　包楞构造带原油性质统计表

井号	井段 （m）	层位	密度 （g/cm³）	黏度 （mPa·s， 50℃）	凝固点（℃）	含蜡 （%）	含硫 （%）	胶沥青 （%）
巴32	175.4~185.4	$k_1bt_1^{上}$	0.9859	5900	43	2.19	0.9	71.87
巴地4	140~164.2	$k_1bt_1^{上}$	0.962	3649	17	4.6	0.63	56.2
ZK5	117.5~177.5	$k_1bt_1^{上}$	0.9731	6619	22	2.23	0.56	49.26
巴27	1137.2~1148	$k_1bt_1^{上}$	0.9201	934.19	12	5.14	1.02	54.94
	1253.2~1275.8	$k_1bt_1^{上}$	0.9001	131.53	29	7.88	0.28	37.66
巴23	1860~1917.9	$k_1ba_1^{上}$	0.8697	21.78	33	17.7	0.096	8.4
巴43	964~979.6	$k_1bt_1^{下}$	0.917	231.34	20	16.7	0.59	43.4

根据以往岩心分析结果，包楞工区油砂实测孔隙度为21.7%~29.8%，平均26.3%；电测孔隙度为：20.7%~23.9%；渗透率40~3338mD，平均851mD。巴砂1井区块含油面积1.7km²，有效厚度40m，有效孔隙度25%，含油饱和度65%，地面原油密度0.974g/cm³，体积系数1.02，计算地质资源量1055×10⁴t。

三、包楞地区油砂成矿地质条件

（1）巴音都兰北洼槽暗色泥岩发育，生油岩厚度大，有机质丰度高。

暗色泥岩主要集中发育于阿四段、腾一段、腾二段，其中有机质丰度高、厚度大、类型好，且进入成熟阶段。巴23井暗色泥岩累计厚度1006m，占地层厚度的75%。腾一段有机碳含量为2.3%~5.99%，氯仿沥青"A"为0.13%~0.44%。包楞地区烃源岩有机质丰度属好烃源岩标准，有机质类型为Ⅱ₂—Ⅱ₁型，成熟门限为1350m（图2-29）。

（2）发育扇三角洲前缘和水下扇扇中成因的多套砂体，为良好的储集体。

陡带、斜坡两侧分别发育水下扇、扇三角洲沉积体系。阿尔善组沉积时期的巴33水下扇，腾一组沉积时期的巴27扇三角洲和腾二组沉积时期的巴43水下扇的扇中、扇三角洲的前缘辫状水道都是储层的有利相带，包楞构造带处于这些有利的沉积相带中，并且埋藏浅，物性好。

（3）构造南北分区、东西分带，有利于油气运移。

包楞地区腾二段沉积时期开始抬升，逐渐形成断鼻构造，赛汉组沉积时期后又整体抬升剥蚀定型。西南部为包楞背斜构造带，东部为洼槽区，西部为斜坡带。形成了东南断、西北超的单断箕状地质结构，后期反转强烈，有利于油气向包楞背斜带及斜坡带运移（图2-30）。

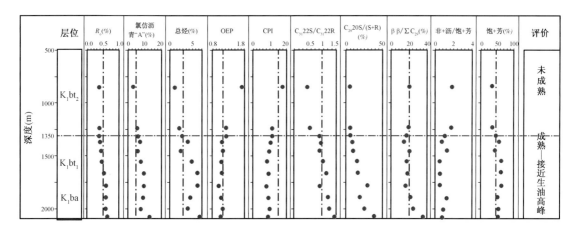

图 2 - 29 巴音都兰凹陷烃源岩热演化剖面图

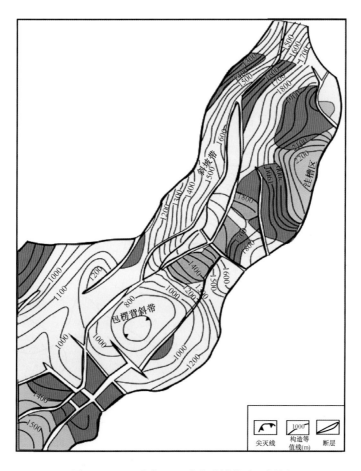

图 2 - 30 巴音都兰凹陷北洼槽构造区划图

（4）构造发生反转，近地表形成油砂矿。

巴音都兰凹陷构造演化经历了初始张裂期（阿尔善组沉积阶段）、断陷期（腾格尔组沉积中—晚期)、坳陷期(腾二段沉积时期)、回返抬升期(赛汉组沉积末期)。在腾二段沉积时期包楞地区逐渐抬升,使阿尔善组和腾一段地层产状发生反转,形成背斜形态;赛汉塔拉组沉积时期持续抬升,背斜核部遭受严重剥蚀,之前形成的油藏遭受破坏,油气再次运移至包楞背斜高部位,在背斜核部及围斜翼部形成多种类型油藏,近地表形成油砂矿(图2-31)。

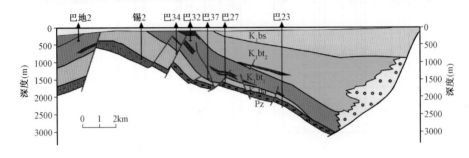

图2-31　巴音都兰凹陷包楞构造带油砂成矿模式图

第四节　内蒙古巴达拉湖油砂成矿地质条件

一、地质概况

巴达拉湖油砂露头位于内蒙古锡盟东乌旗阿拉坦合力公社巴达拉湖大队145°方位,1.5km处,低山包顶部,构造上属二连盆地内阿拉坦合力凹陷东南部(图2-32)。

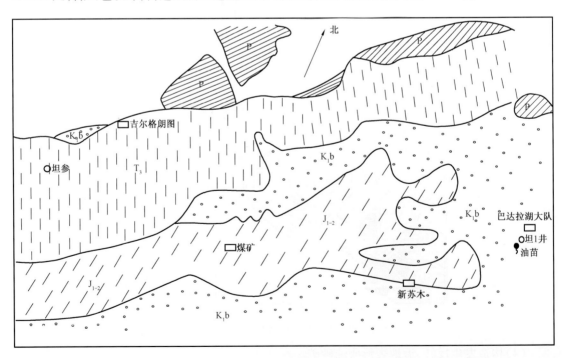

图2-32　巴达拉湖油砂露头位置

油砂露头位于坦 1 井西南 500m,地层走向北东 55°,倾向北西 35°,倾角 40°,有 7 层油砂,含油砂层段厚 32.4m,油砂累计厚度 6.67m(图 2 - 33)。油砂层位属下白垩统巴彦花群腾格尔组中下部,油苗地区横跨三个凹陷。

探槽东侧剖面油层视厚度:1 号油砂层,0.62~0.90m;2 号油砂层,1.15~1.27m;3 号油砂层,1.10m/2 层(0.20~0.90m,0.30~0.80m);
4 号油砂层,0.60~0.85m;5 号油砂层,0.75~0.85m;6 号油砂层,0.18~0.30m;7 号油砂层,0.72~1.40m

图 2 - 33 巴达拉湖油砂探槽剖面图

巴达拉湖油砂露头区二维测网为 2km×2km~5km×6km,采集年度为 1986 年。部分测线为阿北凹陷和巴音都兰凹陷的二维测线的延长线穿过该区。三个凹陷之间阿北凹陷和巴音都兰凹陷都已见工业性油气藏并部分投入开发,阿拉坦合力凹陷钻井 2 口(坦 1 井和坦参 1 井)。1986 年 4 月至 6 月钻探了坦 1 井,于 346.5~535.0m 发现荧光显示 2 层 7.5m。坦 1 井 5~582.5m 井段地层岩性以灰褐—深灰色泥岩为主,层位为腾一段下部。

二、油砂露头区地层岩性特征

坦 1 井所钻地层,除下白垩统巴彦花群赛汉塔拉组因受剥蚀不存在,其余各层均有沉积,坦 1 井钻探所揭露的巴彦花群,仍然具有区域上巴彦花群的特征。坦 1 井钻遇地层,自上而下为第四系、下白垩统巴彦花群腾格尔组、阿尔善组、中下侏罗统阿拉坦合力群。自上而下简介如下:

1. 第四系

埋藏深度 3.9~5.5m,厚度为 1.60m,为浅棕黄色砂质黏土,以中—细砂为主,含少量砾石,呈松散状,未成岩,该组与下伏下白垩统腾格尔组呈不整合接触。

2. 白垩系下统腾格尔组

埋藏深度 5.5~567.5m,厚度为 562m。由于地层出露地面,严重剥蚀,只残留有该组中下部,为大段灰、深灰、灰黑色泥岩,局部夹灰色砂砾岩。可分为上下两段:上段埋藏深度为 5.5~342.0m,为灰、深灰、灰黑色泥岩,夹细砾岩、砂岩、泥质粉砂岩,底部为灰色白云质泥岩,电性特征表现为砂砾岩呈尖锋状中阻;下段埋藏深度为 342~567.5m,具有上粗下细的特征,上部为灰、绿灰色泥岩与灰色砂砾岩互层,下部为灰色粉砂岩、泥质粉砂岩与灰色泥岩呈不等厚互层,与下伏阿尔善组为不整合接触。

3. 下白垩统阿尔善组

埋藏深度为 567.5~1293.5m,厚度为 726.0m。为大套灰、杂色砂砾岩,局部夹砾状砂岩、粉砂岩及薄层灰色泥岩。与下伏中下侏罗统阿拉坦合力群为区域不整合接触。

4. 中下侏罗统阿拉坦合力群

埋藏深度为 1293.5~1723.0m,钻厚 429.5m(未穿)。为一套含煤地层,具有上粗下细的组合特征。可分上下两段：上段 1293.5~1468.0m 为大套灰色砂砾岩，夹薄煤层和灰色砂岩；下段 1468~1723m，为深灰色泥岩、灰黑色碳质泥岩、灰黑色煤层及灰色砂砾岩不等厚互层。

三、油砂形成条件分析

坦 1 井泥质岩累计厚度为 567.5m，占全井的 32.5%。

从表 2-4 所见，腾格尔组的泥岩厚 429.0m，占全井泥岩的 76.3%，说明坦 1 井主要生油岩分布在腾格尔组。

表 2-4　泥质岩厚度统计表

层位	井段（m）	地层厚度（m）	泥质岩（m）	占地层比例（%）
腾格尔组	5.5~567.5	562.0	429.0	76.3
阿尔善组	667.5~1393.5	726.0	10	1.40
阿拉坦合力群	1293.5~1723.0	429.5	118.5	27.6
合计	5.5~1723.0	1717.5	557.5	32.5

1. 露头区烃源岩为成熟的优质烃源岩，原油属于自生自储型

从坦 1 井及露头区腾一段暗色泥岩的生油指标来分析，可知巴达拉湖地区腾一段是很好的烃源层。

1）母质类型好

$\sum C_{21}^+ / \sum C_{22}^+$ 为 1.2~2.5，氢指数为 190~700mg/g，降解潜率为 20%~77%，生油潜量为 1~22mg/g。综合判断，腾格尔组有机质的母质类型为腐泥型（Ⅰ型）。

2）有机质丰度高

根据坦 1 井的资料，该井腾一段暗色泥岩中的有机质含量介于 0.39%~2.76% 之间，平均 1.73%；氯仿沥青"A"含量最小为 627μg/g，最大为 4531μg/g，平均 2176μg/g；生油潜量为 1.09~21.9mg/g，平均为 12.41mg/g。这些指标说明腾格尔组的生油岩为好生油岩。油苗露头的有机质含量介于 2%~4% 之间，氯仿沥青"A"含量介于 2380~5163μg/g 之间。

3）成熟度高

坦 1 井在 100~120m 和 300~332m 两段地层中取样，分析的干酪根镜煤反射率平均值均为 0.86%，OEP 为 0.8~1.2。该井接近地面的腾格尔组暗色泥岩成熟度较高。因此，巴达拉湖地区的暗色泥岩已经成熟，本身具有生油能力，油苗的原油即不是来自阿北凹陷，也不是来源于巴音都兰凹陷，而是来自本地生油层。

2. 腾一段原始沉积厚度大，原型盆地面积广

从坦 1 井的分层可知，除很薄的表层外，钻遇第一套地层即为腾一段，其残余厚度为 567.5m，其中暗色泥岩厚度为 429.0m，占全井泥岩的 76.3%。根据地震剖面推断，腾格尔组暗色泥岩残余的分布面积约为 140km²，若只有这样小的湖盆面积，在二连断陷盆地不可能形成这样好的烃源岩，因此，在腾一段沉积时期，露头区所在的阿拉坦合力凹陷与阿北凹陷应为统一的汇水盆地。

首先两者具有相似的古生物特征，根据巴达拉湖地区坦 1 井资料与和阿北凹陷其他井的资料对比可以看出,在古生物组合特征上,两地区具有相似的特征。介形虫组合以巴达拉湖女星介为主,次为达尔文介、多形圆形介,并有赛音山达女星介出现;在孢子花粉组合上,两地区均以裸子类花粉占绝对优势,蕨类次之。裸子花粉以单沟类、松科及古松柏花粉为优势分子,占80%以上,而蕨类分子虽然占总量的20%,但缺少优势分子,其中分布较普遍的分子有海金沙科,无突肋纹孢属及光面三缝孢属等。第二,两区的生油岩具有相同的母质类型,同属腐泥型生油岩,且相应层段的饱和烃谱图相似。第三,从EH239测线可以看出,从阿北凹陷到阿拉坦合力凹陷存在三条成因类似、产状相近的阶梯状断层,并且几个断阶的地层产状相同;但是到了腾二段沉积中后期,该区强烈抬升,尤以欣苏木断层活动剧烈,以此为界将阿北凹陷与阿拉坦合力凹陷分开,形成现今的阿北凹陷。

3. 巴达拉湖地区后期经历了较强烈的抬升剥蚀,原生油藏被破坏形成现今的油苗

根据坦1井腾一段在100～120m与300～332m两个生油岩样品的镜煤反射率(R_o = 0.86%),以及其他成熟度指标来分析,其生油层处于高成熟状态,表明巴达拉湖地区腾一段的原始埋藏深度较大,否则其生油层绝不会有如此高的成熟度。以0.86%的R_o值推算,坦1井100～120m或300～332m井段深处地层的古地温应在100℃以上。若以古地温100℃、古地温梯度5.4℃(阿北凹陷)推算,坦1井相应层段的古埋藏深度应在2000m以上,表明该地区在地质历史时期经历了强烈的抬升剥蚀,其形成时间应与巴音都兰凹陷的巴1号背斜、包楞背斜同期,使得抬升区遭受剥蚀,形成的油藏遭受不同程度的破坏,尤以巴达拉湖地区严重,造成该区的露头油苗显示。

四、巴达拉湖白垩系露头油砂资源评估

从油砂出露点的南北两侧的断层分析(图2-34),虽然各断块与油砂区具有相似的成藏背景及条件,但并未发现油砂露头,因而有可能沿各断阶形成未破坏的稀油油藏或破坏程度较低的稠油油藏。坦1井在346.5m处的腾一段砂砾岩中见7级荧光显示,而其上倾方向即为巴达拉湖油苗。对埋藏深度300m以浅资源进行评估(表2-5)。以坦1井为油水边界,预测该区油砂面积为3.0km²、油砂资源量为441×10⁴t;由于油砂地层为一单斜构造,100m以浅约为300m以浅油砂资源量的三分之一,即147×10⁴t。

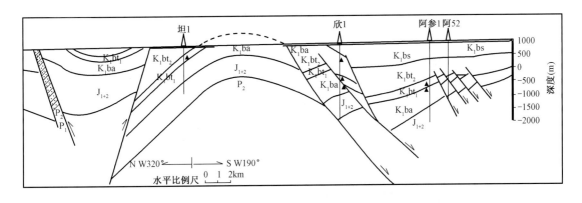

图2-34 油砂出露点的南北两侧构造剖面

表 2-5　巴达拉湖白垩系露头油砂资源评估

资源计算单元	油砂面积 （km²）	孔隙度 （%）	油砂厚度(m)	含油饱和度 （%）	原油密度 （g/cm³）	体积系数	地质储量 （10⁴t）
300m 以浅	3.0	21	10.5	36	0.9	1	441
100m 以浅	1.0	21	10.5	36	0.9	1	147

第五节　松辽西斜坡油砂成矿地质条件及富集主控因素

一、松辽西斜坡油砂分布概况

目前松辽盆地北部已探明的浅层稠油油藏主要包括大庆葡南的黑帝庙稠油油藏,吉林镇赉的套保油田,以及齐齐哈尔的平洋油田等。近年在松辽盆地西斜坡内蒙古自治区扎赉特旗图牧吉镇西南部和镇赉大岗发现了油砂矿,图牧吉油砂矿已投入开采5年,主要赋存于姚二—姚三段和嫩一段下部,对应于大庆油田的萨尔图油层。

图牧吉镇西南部油砂埋深小于40m,最浅处距地表仅7m,埋藏之浅在松辽盆地十分罕见;镇赉大岗油砂埋深约140~210m,含油率较高,最高可达59.6%,可见松辽盆地西斜坡油砂具有良好的勘探前景。

松辽盆地油砂主要分布于盆地西部斜坡的盆缘超覆带——白城—富拉尔基地区。目前在图牧吉和镇赉大岗地区均发现了油砂。20世纪80年代,在西斜坡图牧吉地区,当地居民打水井发现了油砂,目前已经投产5~6年。2007年开始对镇赉大岗油砂矿进行勘探。

镇赉大岗距离镇赉县26km,勘探区面积为97.72km²,油砂主要赋存于嫩江组,埋深140~210m,油砂累计厚1~9m。根据含油率可分为油砂Ⅰ和油砂Ⅱ,油砂Ⅰ的含油率在2%~20%之间,平均6.65%;油砂Ⅱ的含油率大于20%,平均30%。

二、图牧吉油砂矿地质特征

图牧吉位于松辽盆地西部斜坡超覆带的西部边缘(图2-35),面积约400km²,基底为向东倾的平缓斜坡。受基底形态控制,上覆地层整体仍为一个平缓的东倾单斜,地层倾角较小,一般小于2°。构造简单,断裂不发育,构造线大致南北向平行展布。由于基底形成后,图牧吉处于盆地边缘,在侏罗纪至白垩纪中期,地层长期处于剥蚀状态。白垩纪中期中后阶段,随着湖盆范围的扩大,本区沉积了一套青山口组至嫩江组的砂泥岩建造。白垩系逐层超覆于基底之上,形成了又一个不整合面。本区块自上而下地层有:第四系河流相或洪积相松散砂砾;灰黑色嫩江组泥岩,该套泥岩自西向东变厚、倾角较小,形成了很好的盖层;其下为嫩一段及姚家组的含油砂岩层,对应于大庆油田的萨尔图油层组。

1. 地层层序和储层特征

本区第四系河流相或洪积相砂体,与下伏灰黑色泥岩呈突变接触(图2-36)。泥岩有机碳含量为2.74%,与大庆地区嫩江组泥岩完全对应,证实该套泥岩为嫩江组沉积时期形成。该组泥岩之下,为一套粉砂岩、细砂岩、砂砾岩的沉积组合。由于受井深限制,所有的井均未钻遇基底,但结合已有资料分析,在萨尔图油层组下,本区还少量存在着青二、青三段沉积,其下

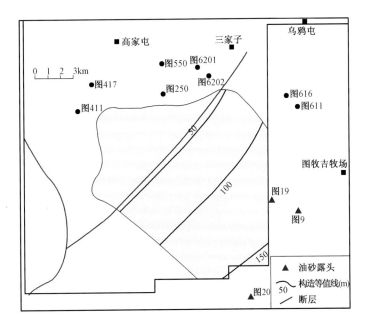

图 2-35 松辽盆地图牧吉地区油砂分布图

即为基底。该套砂泥岩组合基本继承了下伏基底的构造特征，为倾角较小的东倾、东南倾地层，主体砂泥岩自西向东变厚。

图牧吉地区油砂层属萨尔图油层组。根据区块内萨尔图油层组沉积旋回、韵律及含油性，将其划为三个砂组（Ⅰ、Ⅱ、Ⅲ），油砂主要分布在Ⅰ、Ⅱ砂组内。Ⅰ号砂组为主要含油层位，主要岩性为细砂岩，矿物成分以长石、岩屑为主，含量约50%～70%，其次为石英，含量为20%～40%。储集性好的砂体粒度为0.1～0.2mm，粒度过大或过小都会影响储层储油性。岩石类型为岩屑质长石砂岩，其次为长石质岩屑砂岩，胶结物以泥质为主，含少量钙质。岩石结构松散，胶结性差，总体物性较好。Ⅱ号砂组在区块西南部4号区主要为细砂岩，而在区块北部519区块以及6号区主要为砂砾岩。

松辽盆地西斜坡地区从北往南依次发

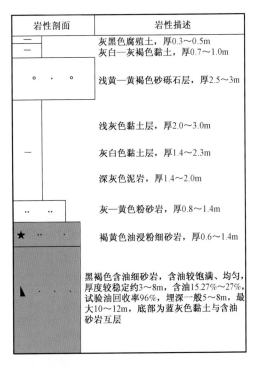

岩性剖面	岩性描述
	灰黑色腐殖土，厚0.3～0.5m
	灰白—灰褐色黏土，厚0.7～1.0m
	浅黄—黄褐色砂砾石层，厚2.5～3m
	浅灰色黏土层，厚2.0～3.0m
	灰白色黏土层，厚1.4～2.3m
	深灰色泥岩，厚1.4～2.0m
	灰—黄色粉砂岩，厚0.8～1.4m
	褐黄色油浸粉细砂岩，厚0.6～1.4m
	黑褐色含油细砂岩，含油较饱满、均匀，厚度较稳定约3～8m，含油15.27%～27%，试验油回收率96%，埋深一般5～8m，最大10～12m，底部为蓝灰色黏土与含油砂岩互层

图 2-36 图牧吉油砂矿综合柱状图

育雅鲁河、淖尔河、图牧吉河和洮儿河，为西斜坡区带来了丰富的河流砂体，为油砂发育提供了物源基础。嫩一段的4大水系形成了西部超覆带的有利砂体，目前发现的油砂主要在图牧吉砂体,少量在龙江砂体。本区块处于英台沉积体系,储层物源主要来自西部和西北部。砂体主要呈条带状或透镜体状分布,东部则形成了厚度较大的块状砂岩体。区块北部、西北部砂体厚度大,粒度粗,砂砾岩发育,而519区块南侧则为一明显的砂岩低值区。砂体厚度变化趋势与所处的沉积相带密切相关。平面上,同一套砂组的发育程度相差很大,变化剧烈,相对而言在区块西部Ⅰ砂组较稳定,但受第四系剥蚀影响局部缺失。Ⅱ砂组沉积时期,区块北部、西北部位于主流带上,砂体厚度较大,粒度粗,砂砾岩发育。Ⅰ砂组沉积时期,砂体主要分布在区块的西侧与西南侧,东部则为明显的低值区。由此可见,Ⅰ、Ⅱ砂组的分布并不一致,说明所处的沉积环境和物源的供给条件相差较大。

图牧吉区块在姚家组沉积时期,处于英台水系西侧,与南部白城水系之间,靠近英台水系一侧受其影响较大。Ⅲ砂组沉积时期,本区块西北部,为辫状河流相沉积,形成了一套混杂的砂砾岩沉积,在6号线附近为主河道,形成了大段的厚层块状砂岩体,为扇状三角洲底部沉积。区块南部水体较深,主要为水下分流河道相、河口坝相。Ⅱ砂组沉积时期,区块东、南和西部水体进一步加深,湖进范围进一步扩大,东部和南部成为一套以泥岩为主的深湖相沉积,区块西南为水下分流河道沉积。Ⅰ砂组沉积时期,东部和南部已基本为湖相沉积,Ⅰ砂组不发育。北部Ⅰ砂组发育较差,多为薄层席状砂微相。区块西南部,Ⅰ砂组发育河口坝及水下分流河道,两翼发育席状砂,连片性较好,但许多地区被剥蚀。

2. 油砂特征

纵向上看,本区块内主要含油层位为Ⅰ砂组,少量在Ⅱ砂组,含油产状多为油浸以下,整体上呈现上油下水的特点。但由于油水分异较差,油砂体下部含水较多,全区无统一的油水界面。

在扫描电镜下观察,可见砂粒表面覆盖大量油膜,粒间充填油,松散的砂粒被油膜粘连在一起,油呈胶状。经对油砂矿取样分析,保存封闭条件好的储层中,其原油性质与松辽盆地南部接近。烷烃含量为38.5%～58.4%,芳烃含量为12.4%～22.1%,非烃和沥青质含量为15.5%～42.3%。原油品质与套堡油田相差不大,烷烃与沥青质含量相近。图牧吉油砂芳烃含量低,黏度、含蜡量和凝固点均低于套堡油田。局部因氧化或地下水侵蚀、细菌分解等作用,油质变差,黏稠度增高,导致比重较大、胶质含量高。

色谱对比发现,图牧吉油砂与来28井和富718井原油具有亲缘关系,都来自嫩江组和青山口组烃源岩。样品的气相色谱—质谱分析表明,富718井、来28井和英12井原油正构烷烃完好,芳烃组分中萘和菲系列化合物保存完整,为正常原油。图牧吉油砂由于受到严重生物降解,饱和烃组分中正构烷烃完全消失,支链烷烃也大部分被消耗,其生物降解程度达到PM8级。

图牧吉地区油砂油品质较好,具有密度大、黏度高、胶质含量高、沥青含量低、凝固点低的特点。埋藏浅,饱含油、富含油砂层在8～13m之间,饱含油砂含油率为14.54%～18.16%,平均16.02%,含水率为2.34%;富含油砂含油率为9.82%～13.59%,平均11.01%,含水率为3.19%;油浸砂含油率为4.22%～7.79%,平均5.94%,含水率为7.67%(图2-37)。

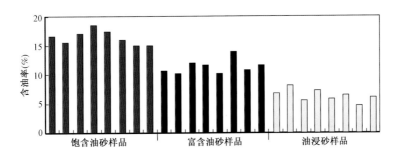

图 2 – 37　图牧吉油砂含油率分布图

三、松辽西斜坡油砂成矿有利地质条件

1. 套保以西地区具备大型地层圈闭形成的有利条件

1）西部嫩一、嫩二段厚层灰绿色泥岩直接超覆于基岩之上,具备地层尖灭及超覆遮挡条件

在套保以西地区基岩之上的暗色地层为青山口组,通过区域沉积相规律研究及地层精细对比,认为基岩之上 46.5m 灰绿色泥岩应为嫩一、嫩二段。其理由是:(1)嫩一、嫩二段为整个西部斜坡区稳定的半深湖—深湖相厚层暗色泥岩;(2)南 11 井灰绿色泥岩段与相邻的白 63 井嫩一、嫩二段具极好的对比性。

湖盆中心在研究区外的北东部,其总体规律是由北东至南西颜色变浅,厚度变薄,但皆为稳定的暗色泥岩。按此规律,位于最西南部的南 11 井泥岩厚度变薄、泥岩颜色变浅,由半深湖变为浅湖。南 11 井的灰绿色泥岩段与白 63 井嫩一、嫩二段的岩性和厚度十分相似,只是埋藏深度不同,也应为嫩一、嫩二段。这说明青山口组及姚家组地层尖灭后,被厚层质纯的浅湖相泥岩超覆,且直接超覆于基底(石炭—二叠系石英粗面岩)之上,封堵能力较好,形成良好的地层超覆遮挡。

2）嫩一、嫩二段厚层泥岩形成极好的区域盖层

由于已证实位于湖侵方向南西部的南 11 井仍为 46.49m 的纯浅湖泥岩,因此可以预测,位于其北东方向的套保以西地区泥岩厚度与质量至少不比南 11 井差。嫩一、嫩二段半深湖—深湖相厚层暗色泥岩至姚家组尖灭时并未变成近岸砂体,而是变为浅湖相厚层灰绿色泥岩,从而将整个姚家组覆盖,形成极好的区域盖层。

3）在主砂带的西南部和东北部存在红色泥质淤积相,可形成侧向岩性遮挡

研究证实,通榆、白城水系间姚家组大面积稳定分布的红色泥质淤积可直接延伸到西部地层尖灭处,因为最西部的白 84 井仍极发育。而该红色泥质淤积带恰好位于地层圈闭的西南部,可形成大面积岩性遮挡。在主砂带的东北部,也存在红色泥质淤积相沉积区,因此不但能形成上倾岩性尖灭油藏,而且还能在主砂带的东北方向形成岩性遮挡(图 2 – 38)。

2. 大型"人"字形沟谷体系通过对白城水系影响,控制河道沉积,进而控制砂体平面分布

在松辽盆地南部西斜坡地区,发现一条由基底控制的大型沟谷体系,沟谷基底岩性主要为变质岩、火山岩以及少量的花岗侵入岩,沟谷宽 2～6km。该沟谷体系具有向两侧上超充填的结构,沟谷中央地层厚度明显大于两侧高部位。由于流体侵蚀作用,地震剖面上具有明显的同

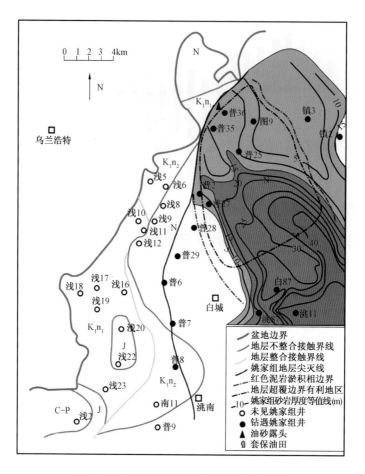

图 2 – 38　松辽盆地西斜坡超覆带综合图

向轴终止及破碎现象。通过对基底的刻画,该沟谷体系整体呈东西向展布,在白城以东地区分为两支,一支延伸到白城地区,另一支延伸至图牧吉方向(图 2 – 39),在平面上呈"人"字形展

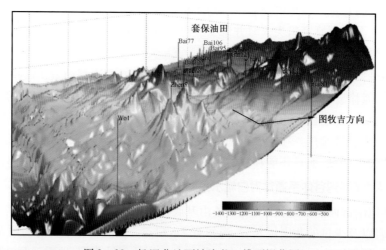

图 2 – 39　松辽盆地西坡沟谷三维可视化图

布,其中到图牧吉地区的沟谷总长度达 120km,到套保地区的沟谷约 70km。构造控制沉积,沉积反映构造。西斜坡"人"字形沟谷体系对松南西斜坡白城水系的展布起着重要的控制作用,从泉头组到姚家组,白城水系长期沿此沟谷体系发育(图 2-40)。

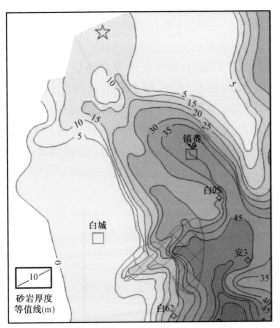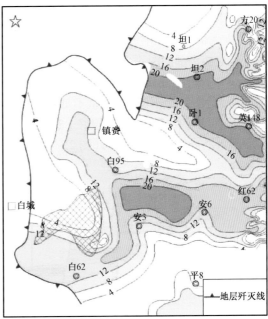

图 2-40 沟谷体系对砂岩展布的控制作用(左为泉头组,右为姚家组)

通过岩相、相序、测井及地震资料的研究,西斜坡"人"字形沟谷体系充填有河流相(辫状河)和湖泊相两种类型。泉头组—姚家组沉积时期,主要以辫状河的心滩及滞留沉积等微相构成,岩相主要为砾岩相和砂岩相。其中砾岩相主要分布在河道底部,分选及磨圆性较差,是构成滞留沉积的主体;砂岩相是"人"字形沟谷体系充填的主体,以长石砂岩、岩屑砂岩为主,具平行层理、板状交错、槽状交错层理。嫩江组沉积初期,由于松辽湖泊面积扩大,整个西斜坡地区主要以湖泊相沉积为主,"人"字形沟谷体系亦被深湖亚相、滨浅湖亚相泥岩所覆盖,主要岩相为泥岩相,具水平层理、夹薄层粉细砂岩,含植物碎屑和湖泊相化石,常发育生物扰动构造。

西斜坡地区泉头组—嫩江组泥岩本身没有生烃能力。油源对比表明,套保油田和图牧吉油砂区等"源外"油气藏油源主要来自中央凹陷带青山口泥岩。松南西斜坡油气田的分布、成因及油气显示规模与此沟谷体系有着重要关系,沟谷体系的末端分别发现了套保油田和图牧吉油砂区,油气主要来自齐家—古龙凹陷南侧和长岭凹陷的北部,油气运移路径与沟谷展布基本一致。目前在该沟谷体系上的探井只有少数几口,但都获得了较好的油气显示或获得了少量油流,并且其油气显示的规模明显大于西坡其他地区。在该沟谷体系上完钻的 AN6 井,油气显示厚度达 103m,泉四段—姚家组几乎所有砂岩都有油气显示,目前在该沟谷体系末端发现的套保油田及图牧吉油砂区,资源量相当可观。图牧吉油砂矿的油砂资源和套保油田探明储量已达近亿吨,说明该沟谷体系是油气由东向西运移的优势通道。

四、西部斜坡带油砂矿成藏模式与主控因素

1. 油砂矿成藏模式

本区主要含油层为萨尔图层最上部的Ⅰ砂组,而Ⅱ砂组虽然厚度大、物性好,但含油较差,主要原因是其上覆泥岩盖层薄,没有形成很好的遮挡。可见,Ⅰ砂组含油主要以侧向运移方式,其上大面积嫩江组泥岩盖层为其长距离运移提供了很好的先决条件。

区块西南部的图4-1井位于4号区的构造高点,Ⅰ砂组上部嫩江组泥岩盖层保存很好,近25m厚,其Ⅰ、Ⅱ砂组均很发育,但取心结果显示,其含油性很差,仅Ⅰ砂组顶部有1m左右的含油显示,说明油源供给严重不足。而与其相隔仅2km的图4-13井,位于较低部位,却钻遇了近4m厚的油砂,且品质很好。这说明油气大致由南东方向向上倾北西方向运移,先充满位置较低的砂体,再继续运移(图2-41)。因而,处于位置较低、储盖组合较好的砂体含油丰度较高。

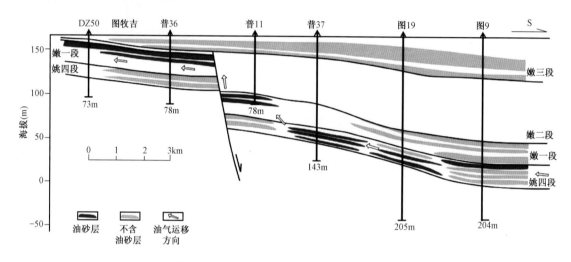

图2-41 松辽盆地西斜坡油砂成藏剖面图

松辽西斜坡属于简单斜坡逸散型油砂成矿模式。由于构造不发育,油气运移的主要通道是河道砂体,因此油砂分布及成矿主要受河流砂体控制。松辽盆地西斜坡区油气运移的主要通道是河流砂体,输导层侧向运移至斜坡边缘,由于埋深减小、温度和压力降低、生物降解及地层水交替作用形成稠油及油砂矿(图2-42)。图牧吉油砂矿即是这一成矿模式的典型实例。

2. 油砂矿富集主控因素

1)沉积相带控制作用

西部斜坡带油砂的主要岩性为细砂岩,胶结较差,结构松散,属三角州前缘沉积,以席状砂、水下分流河道、河口坝为主要沉积微相。区块的主要含油层Ⅰ砂组沉积时期是以湖进为主要沉积背景,且主要沉积相带为三角州前缘席状砂、水下分流河道相。

从砂体分布范围及粒度分析判断,在该套砂体沉积时期,水体相对较深,河流及湖泊水动力条件均较弱。受物源供给、水动力条件制约,砂体规模普遍较小,粒度细,横向变化迅速,分流河道间沉积复杂,因而造成了砂体连通性、连片性较差的特点,使得横向对比难度大。油藏

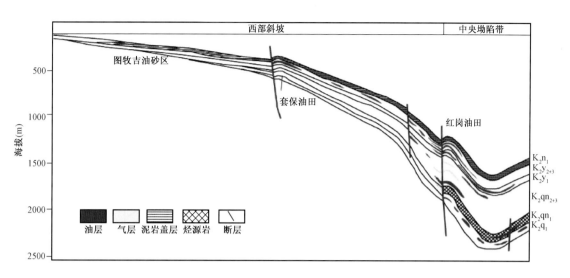

图 2-42 松辽西斜坡油砂成藏剖面图

类型属于岩性圈闭油藏,储层压力小,运移功能不足,从而形成了平面上油水分布变化复杂的现象。

在姚家组沉积时期,图牧吉区块处于松辽盆地西部超覆带的英台沉积体系。由于古地形高差大、距物源较近,英台沉积体系具有丰富的地载物质,并且降雨量多,形成一个大的扇三角洲沉积而且濒临深湖坳陷深水区,从西向东伸入湖中。洪水季节洪水携带大量碎屑物质顺坡而下,入湖后沿湖底呈块体流直接插入浅湖—半深湖区,形成砂、砾的粗碎屑沉积;枯水季节接受浅湖或半深湖的泥质沉积,在湖滨形成洪积—湖相交替的特殊岩性组合,规模小,相带狭窄,河流相不发育,以河口沙坝和水下沙州(滨外沙坝)沉积为主,浊积物发育,但缺少前缘席状砂。

嫩江组之上的第四系沉积主要以河流相和洪积相为主,主河道呈东西向分布。河道主砂体控制油砂平面分布。嫩一段底沉积时期,水体快速扩张,距物源较近,形成四个冲积扇,向盆内延伸较短(图 2-43)。油砂发育区通常是砂体发育较好的滨浅湖相、河口坝、水下沙州、辫状河流相中的边滩、心滩沉积环境。在这些环境中,砂体的粒度适中,分选性、磨圆都较好,孔隙度高,利于原油的运移和保存。

2)储层封盖条件控制作用

储层封盖条件对油气的保存起着非常重要的作用,油砂也不例外。封盖条件越好,油砂中油气逸散越少,受氧化和后期破坏作用越轻。嫩江组沉积时期,其底部沉积的灰黑色泥岩是该区块的主要盖层。从区域对比可知,在第四系沉积时期,存在近东西走向的规模较大的河流,该河流对嫩江组泥岩盖层的侵蚀强烈。作为区块主要盖层的嫩江组底部灰黑色泥岩很薄,储层封盖的沉积厚度总体较小。由于油砂埋藏浅,且十分疏松,地下潜水的侵蚀也较强,故而在泥岩盖层缺失处形成的油砂矿,其油变稠,油质也明显变差。盖层较好处形成的油砂油质较好。第四系强烈剥蚀作用使本已复杂的油砂分布进一步复杂化。

在整个西部斜坡区,构造不发育,仅发育少量小规模断层和低幅度构造。根据钻井资料,在图牧吉油砂矿东南下倾方向推测出一条北东向正断层(图 2-44),断距 20~35m,在断层西

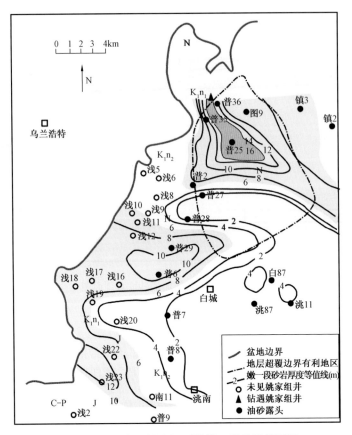

图 2-43 松南西斜坡超覆带嫩一段砂岩等厚图

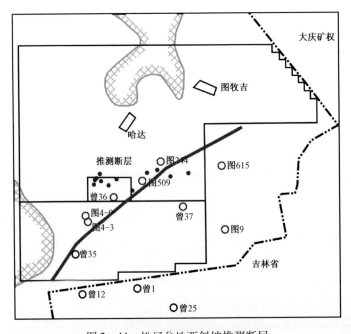

图 2-44 松辽盆地西斜坡推测断层

北侧,油砂埋藏深度小于50m,断层东南侧油砂埋深在45~150m之间。断层下降盘的姚家组、嫩一段的稠油沿断层进一步上升,运移至上升盘的嫩一段砂体中形成图牧吉油砂矿。

松辽盆地西斜坡推测断层呈北东—南西走向,穿过该区块的东南角。图牧吉地区分布有嫩一段和姚家组两套油层,在图牧吉和普36井见嫩一段油层,普36井、普37井、图20井和图21井的姚二段和姚三段含油。普36井和普35井嫩一段底分别埋深38m与71m,相差33m,水井236与水井211油砂顶深分别为21m与45m,相差24m。该区基底为东倾的平缓斜坡,受基底形态的控制,上覆地层整体上仍为一个平缓的东倾单斜,地层倾角一般小于2°(图2-44)。

低幅度构造是该区的一种圈团类型,在一些井点呈现为微型小背斜、小型鼻状构造与局部斜坡微构造。这种类型的圈闭,在局部构造高部位,或者是在砂岩层侧向上变差或尖灭,使泥岩在侧向上形成封堵,上覆有好的盖层,可以形成含油层。

第六节　中国油砂矿构造成因分类与成矿模式

一、中国油砂矿构造成因分类

胡见义等(1996)将重质油藏按成因分为四种类型:风化削蚀重质油藏、边缘氧化重质油藏、次生运移重质油藏和底水稠油重质油藏。尽管油砂矿与重质油藏有许多成因上的联系及相似之处,但重质油藏的分类方法并不完全适合油砂矿的分类。在总结我国十几个盆地油砂矿地质特征的基础上,考虑油砂矿的成因及构造部位,把我国油砂矿的构造成因类型分为以下五种类型(表2-6):

表2-6　我国油砂矿构造成因分类表

油砂矿床类型	矿床亚型	典型实例
斜坡逸散型	简单斜坡逸散型(不整合样式、地层超覆样式和储层上倾尖灭样式)	松辽西斜坡
	复杂斜坡逸散型(背斜样式和断层遮挡样式)	准噶尔南缘喀拉扎背斜油砂
		准噶尔盆地西北缘
次生集聚型	次生集聚型	四川厚坝、西藏伦坡拉古近—新近系次生油砂、克拉玛依油砂山沥青丘、玉门石油沟第四系次生油砂
古油藏破坏型	低凸起遮挡型	辽河西部稠油藏
	中央隆起带抬升型	二连盆地包楞油砂
	古油藏破坏型	麻江古油藏沥青、塔里木盆地柯坪隆起带油砂

斜坡逸散型油砂矿通常是由于生油凹陷及深部的原油沿断裂、不整合面、输导层等通道运移至斜坡浅部、近地表砂岩或松散堆积物中,受氧化或生物降解作用后形成。油藏类型以地层型或地层—岩性型为主。在盆地后期抬升过程中,盆地边缘急剧上升,油气沿边缘斜坡带地层不整合面或稳定砂体向上倾方向运移,进入盆地边缘地层水交替带后,原油发生严重生物降解作用。沿地层倾斜方向自下而上,原油生物降解程度和物理性质有一个明显的变化规律,下倾部位原油具有原生性,上倾部位原油均发生不同程度生物降解作用,油质变重变稠。同时由于

后期构造抬升,早期形成的古油藏抬升而接近地表,或者古油藏盖层封堵条件遭受不同程度破坏,天然气和轻质组分大量溢散。斜坡逸散型可进一步划分为简单斜坡逸散型和复杂斜坡逸散型。

简单斜坡逸散型常见于断层、褶皱不发育的盆地或凹陷,例如松辽西斜坡的图牧吉油砂、白城—镇赉西油砂有利区。简单斜坡逸散型常见以下三种矿床样式:(1)不整合样式,储层在不整合面处向地表间接开启,达到不整合面处的原油发生稠变作用,愈来愈稠,因而在不整合面之下的储层及不整合面附近的储集空间形成油砂矿藏;(2)地层超覆型,分布于斜坡的高部位,主要依赖基底不整合面与超覆沉积的浅部储层及地表松散沉积物沟通,在相应部位形成油砂矿;(3)储层上倾尖灭型,储层主要是物性较好的砂岩层,上方及上倾方向泥岩封盖条件好,储集体的侧方或下方均有作为连通通道的断层相配合,在储层上倾尖灭方向形成稠油或油砂。

复杂斜坡逸散型常见于断层、褶皱发育的盆地或凹陷,如准噶尔盆地西北缘油砂。常见有背斜聚集矿床样式和断层遮挡矿床样式,前者在褶皱发育的盆地或凹陷边缘,原油沿储层或背斜核部断裂聚集在背斜核部及两翼形成油砂矿,如准噶尔南缘喀拉扎背斜油砂;后者在褶皱发育的盆地或凹陷边缘,由于边缘逆冲断层的遮挡,使得断层下盘形成品质较好的稠油藏及油砂矿,如准噶尔西北缘九区稠油、风城重32井区油砂。

次生集聚型油砂矿是由于后期断裂构造活动,早期形成的古油藏发生破坏,沿不整合面或断裂运移至近地表砂岩或松散堆积物中聚集,再受氧化或生物降解、稠化后形成次生集聚型油砂矿。这类油砂矿具有埋深浅、物性好、油气丰度高等特点,并与下伏的原生油藏有密切亲缘关系,譬如西藏伦坡拉古近—新近系次生油砂、克拉玛依油砂山沥青丘、玉门石油沟第四系次生油砂。

古油藏破坏型油砂矿包括低凸起遮挡型、中央隆起带抬升型和直接破坏型。古油藏破坏型油砂矿是由于低凸起遮挡作用,使得在盆地或凹陷的低凸起下倾一侧形成品质较好的稠油藏及油砂矿,如辽河西部稠油藏。中央隆起带抬升型油砂矿通常发育在盆地中央隆起带,是油气运移的长期指向,在隆起的两侧斜坡及隆起主体带上,容易形成油藏,但如果中央隆起带后期抬升遭受剥蚀,这些油藏则容易进一步形成稠油藏及油砂,如二连盆地包楞油砂。直接破坏型油砂矿是由于构造抬升使古油藏储层裸露或在近地表,受氧化或生物降解、稠化后形成,如贵州麻江油砂和塔里木盆地柯坪隆起带油砂。

二、中国油砂矿形成的地质条件

依据对地表出露的49个重点油砂矿形成条件的详细解剖,总结出我国油砂成矿的四个主要地质条件。

1. 充足的原油供给

油砂油有三种来源:(1)古油藏中原油通过断层或不整合面运移至地表或浅部储层中;(2)古油藏被构造运动直接抬升至地表或浅部,油砂油就是古油藏中残留的部分原油;(3)盆地中烃源岩生成的原油通过断层、不整合面或输导层直接长距离运移到盆地的隆起区或斜坡带上的地表或浅部储层中。油砂油的形成无论是原油的长距离运移,还是地表或浅部原油的散失等,都会造成原油的大量损失,因此,形成具有一定规模油砂矿的盆地均发生过较大规模的油气聚集。油砂油富集区通常位于大型含油气盆地的隆起区或油气运移聚集长期指向的边缘区,油源供给充足,譬如准噶尔盆地西北缘、松辽西斜坡、塔里木盆地的库车坳陷、塔西南坳陷和巴楚—柯坪等地区形成的油砂矿。

2. 优势运移通道

通过优势通道,油气向特定区域汇集—散失,形成油砂矿。准噶尔盆地西北缘的油砂矿,生油中心生成的原油由下倾方向沿不整合面向上倾方向运移;到油砂区后,先充满与不整合面接触的清水河组底砾岩,再向上运移进底砾岩之上的砂岩层。松辽盆地西斜坡油砂矿是生油凹陷中形成的原油沿断层和不整合面运移至浅层—地表形成。

3. 聚集和散失共同作用

油砂油首先是大量油气运聚过程中或之后,在构造活动等作用下,轻油散失,重质油残留原地成矿。轻油油砂是在干旱条件下,潜水面位于地下 100 多米以下,轻质油经优势通道运聚,在成矿区内聚集,漂浮于潜水面之上成矿。由于储层直接出露地表,潜水面也随季节波动,轻质油以挥发方式在不断散失,干沥青是古油藏破坏后的残留物。

4. 构造改造成矿为主

油气的运聚、散失都与构造活动密切相关,已调查的多数油砂矿均为构造改造成矿成因。在含油气盆地演化过程中,特别是盆地回返期,盆地边缘抬升,内部隆起带形成,油气发生大规模运移。如果缺少盖层,油气直接向地表运聚、散失,就可能形成油砂矿。构造活动还会破坏已有油藏,使早期古油藏中的原油再次运聚—散失,或油藏抬升遭受破坏,残留的油藏形成油砂矿。

三、中国油砂矿富集控制因素

1. 构造运动对大型油砂矿的控制作用

油砂的形成和展布与中、新生代构造运动有着紧密的关系,尤其是阿尔卑斯构造运动对全球油砂的形成与分布起着至关重要的作用。它们的展布受控于全球新生代造山褶皱带的分布。中、新生代构造运动导致古油藏遭受破坏,常规油运移进入浅部甚至地表,遭受生物降解、水洗和游离氧的氧化形成油砂。全球油砂沿两个带展布,即环太平洋带和阿尔卑斯带。东委内瑞拉盆地、艾伯塔盆地、列那—阿拿巴盆地的油砂均归属太平洋富集带。印度坎贝海湾和欧洲诸盆地的稠油和油砂均归属阿尔卑斯带。在任何含油气地区,无论油砂资源赋存于何处,其空间展布均遵守着同一规律,即展布于盆地(或凹陷)的边缘斜坡、凸起之上或边缘以及断裂构造带的浅部层系。绝大部分的油砂资源赋存于白垩系和古近—新近系中,而古生界赋存的该类资源则以天然沥青为主,这与构造活动的破坏与氧化有关。

2. 盆地常规油及稠油资源对大型油砂矿的控制作用

盆地在其地质历史的演化过程中,具有相当规模的常规油气聚集是形成稠油、油砂资源的前提。依据物质平衡原理进行的统计,常规油必须损失自身 10% ~90% 的数量,才能成为重油或沥青。其中成熟常规油需损失 50% ~90%,低熟常规油因原始相对密度、黏度值高,损失量要小,一般为 10% ~50%。

足够数量的石油由非连通系统进入连通系统,遭受各种稠变因素的作用,并在有相当数量原油的连通系统中聚集。最终才可在连通系统中形成重油油砂。在整个油砂的形成过程中,连通系统内石油总供给量等于生油岩总排驱量与非连通系统总聚集量之差。总供给量包括连通系统内的保存量(未开始遭受稠变并聚集的量)和散失量(非稠变因素造成的损失量)。

上述两方面的特征及其相互的配置关系决定了最终油砂资源的形成、分布与规模的大小，也决定了油砂资源与稠油及常规油资源有着成因、分布上的关系。在一个盆地或凹陷中，油源愈充足，区域盖层愈完整，则其油气聚集的丰度就愈高。但是，在这一前提下，后期构造运动的发生和运动的方式与特征则是重油沥青资源形成与聚集的必要条件。因为只有它才能造成盆地区域盖层的局部缺失或遭受断层的切割，使油气由非连通系统泄漏进入连通系统。泄漏进入连通系统的石油愈多，在连通系统内创造的封盖条件愈好，愈有利于重油、油砂资源的大规模形成。

大型油砂矿均产于稠油资源丰富的盆地，例如准噶尔盆地、松辽盆地、二连盆地、渤海湾盆地的稠油资源丰富，相应的油砂矿规模也比较大。

3. 运移通道及输导层对油砂成矿的控制作用

位于深处的原油及稠油只有运移至较浅部位才能形成油砂，因此不整合面、断裂体系、孔渗较好的输导层对形成油砂矿有重要的控制作用。

1)不整合面对油砂成矿的控制作用

准噶尔盆地西北缘斜坡区发育地层不整合油气藏。研究表明，在多组地层之间呈不整合接触，在不整合面附近地层的孔隙度和渗透率明显增大，因而是油气运移的主要通道。

由于不整合面是一个风化剥蚀面，长期的风化、淋滤作用，使得溶蚀孔隙十分发育，所以在不整合面附近往往发育有储集条件较好的储层。另外，不整合面也是地层水运移、活动的重要通道，含有机酸、无机酸的地层水可改造不整合面上下的储层，使其成为油气聚集场所。

油砂分布与地层不整合紧密相关。准噶尔盆地西北缘的油砂大多分布在石炭系与侏罗系、白垩系不整合面附近。例如红山嘴、白碱滩和乌尔禾地区的油砂，往往在储集砂体与石炭系不整合面接触的部位，油砂品质最好。红山嘴地区油砂主要分布在白垩系清水河组底部不整合面附近向老山超覆尖灭的位置上，特别是在石炭系老地层"天窗"或"潜山"靠盆地一侧，油砂厚度变大，含油性变好，如红山嘴石蘑菇沟。深部油源沿断裂上升至不整合面，再沿不整合面运移至侏罗系、白垩系砂岩层中形成油砂。

2)断裂体系对油砂成矿的控制作用

准噶尔盆地是晚古生代以来形成的叠合盆地，自石炭纪至今，盆地依次经历了晚海西、印支、燕山、喜马拉雅等构造运动，形成了多种形式、多种类型的构造组合。

(1)大型断裂控制油砂矿的分布。

以红山嘴白垩系油砂为例。该区位于克拉玛依—乌尔禾断裂(以下简称克—乌断裂)西北盘(上盘)，白垩系含油砂地层总体为一向南东倾斜的平缓单斜构造，地层倾角为1°~3°。白垩系向盆地边缘老山石炭系超覆。克—乌断裂南东盘(下盘)构造等值线变密，深度变深，但油砂主体部位均位于断裂上盘。此外，克—乌断裂在白垩系中断距变小，对总体构造线走向影响不大。深部的稠油沿盆地边缘的大型石炭系内部断裂上升到石炭系不整合面，再运移到白垩系中形成油砂，这些盆缘逆冲断层控制了油砂的分布。

（2）小型局部断裂控制油砂矿的富集。

局部小型断裂为稠油的运移提供了良好通道和局部遮挡，为油砂成矿富集形成了良好条件。以红山嘴红砂 6 井区油砂为例，在红砂 6 井区，白垩系含油砂地层总体为一向南东倾斜的平缓单斜构造，两条逆断层构成的"人"字形构造，把油砂体分为红砂 6、红砂 25 两个断块，断距 5 ~ 12m（图 2 - 45）。

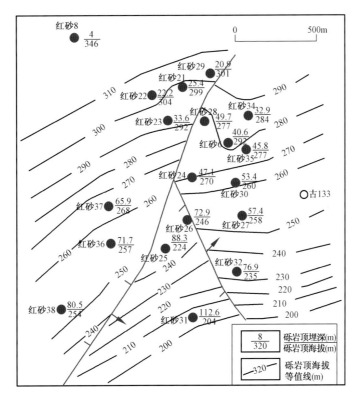

图 2 - 45　红砂 6 井区局部构造与油砂富集的关系

红砂 6 井区两条"人"字形逆断层对油砂形成、分布及埋深具有控制作用。断层构成了稠油向上运移的通道，它把运移至石炭系、白垩系不整合面及底砾岩中的稠油再次运移至上部的砂岩中，因此，位于断层面附近的红砂 21、红砂 28、红砂 6、红砂 25 井油砂含油率较高，特别是红砂 21 井有稠油流出井口。沿断裂走向分布有许多油泉，故名"大油泉沟"。此外，两条逆断层构成的"人"字形构造，把油砂分为红砂 6、红砂 25 两个断块，使得红砂 30、红砂 27、红砂 25 等井处于断块构造高部位，有利于形成品质较好的油砂。

（3）输导层对油砂成矿的控制作用。

准噶尔盆地西北缘白垩系清水河组底砾岩厚度大，底砾岩胶结松散，渗透性好，成为稠油产层以及油砂成矿的良好输导层。原油由下倾方向的三叠系沿不整合面向上倾方向运移，到油砂区后，先充满与不整合面接触的清水河组底砾岩，再向上运移进入底砾岩之上的砂岩层。但由于油源距离远和油量的限制，砂岩只充满了边缘部分，而向下倾方向油砂很快尖灭。

4. 储集砂体对油砂成矿的控制作用

准噶尔盆地西北缘物性较好的河流及冲积扇砂体成为有利的储集空间。

1）扇体对油砂成矿的控制作用

西北缘斜坡区多物源供给和多水流系统时空演化的特点,造就了沉积体系的多样性。除主要生烃区和几套区域盖层外,高砂(砾)/泥比是该区剖面的基本特征。沉积相模式基本上可归纳为稳定边缘缓坡型相模式和不稳定边缘陡坡型相模式两种。在陡坡型相模式中,成带的冲积扇、扇三角洲等沉积相及其叠置成为主要的油气聚集体,而在缓坡型相模式中,河湖相和扇三角洲相是良好的储集单元。近半个世纪的油气勘探产生了"扇控论"的观点,对指导西北缘的油气勘探起到了重要作用,三叠—侏罗系(洪)冲积扇、扇三角洲和水下扇受到同沉积断裂活动和不整合面的控制。该区有利的沉积相带——断崖扇体、洪冲积扇体、扇三角洲体为油气聚集提供了良好空间,成为稠油及油砂富集的良好场所。

以三区西三叠系油砂为例。该区发育5个规模大小不等的(洪)冲积扇体,扇体主体部位砂砾岩厚度大,形成了较好的稠油藏,上倾的扇体根部则埋深浅,形成油砂(图2-46)。油砂的发育部位受扇体控制,如黑砂13井区位于扇体根部,砂体发育,厚度5～20m,粒度偏粗,多为含砾粗砂岩、砂砾岩,油砂单层厚度大。

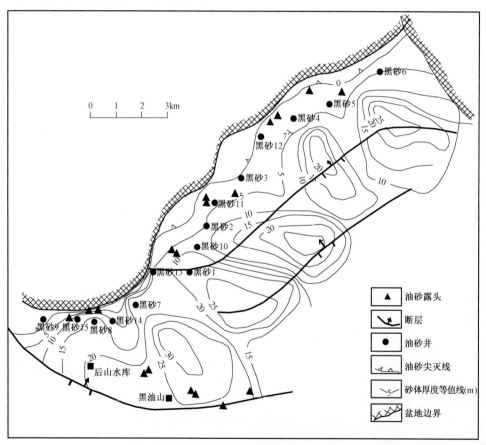

图2-46 黑油山—三区西三叠系扇体分布图

2）河流砂体对油砂成矿的控制作用

在准噶尔盆地西北缘,侏罗系齐古组稠油油藏及油砂的分布受河流沙堤的控制作用最为明显。以风城地区为例,侏罗系齐古组发育三层砂体,为辫状河心滩沉积(图2-47)。该区稠油藏及油砂的分布就分布在辫状河心滩砂体中,向北部齐古组逐步尖灭,因而稠油藏和油砂也不复存在。

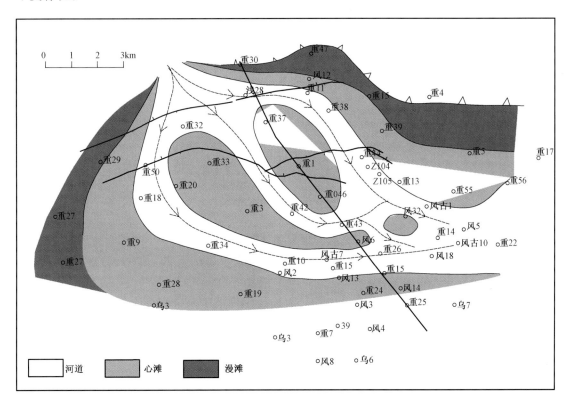

图2-47　风城地区侏罗系齐古组 G22 砂层沉积相图

5. 后期构造抬升—稠化对油砂成矿的控制作用

伴随后期构造抬升,会形成一系列断裂及褶皱,为原油向上运移及稠油成藏、油砂成矿提供了必要条件。后期构造抬升有利于原油稠化形成油砂,也使得原来埋藏深度大的油藏变浅、稠化,最终形成油砂。

油砂沥青的黏度及密度都很大,只有经过稠化作用才能形成严格意义上的油砂,稠化作用是油砂形成过程中一个必不可少的条件。国内有不少油砂矿点,其稠化作用不彻底,因而多为轻质油砂、含油率低、易挥发,不属于严格意义上的油砂,无法按油砂矿进行开采。

第三章 风城油砂矿精细地质特征描述

由于油砂赋存区储层非均质性强,简单的地层对比无法实现对该矿藏的准确描述。因此,应用层序地层学理论并结合岩性、电性及沉积旋回特征,对工区内 156 口油砂钻孔、328 口钻井进行了地层精细划分与对比,并经过全区闭合对比,建立了本区的高精度等时地层格架。利用全区已完钻的 156 个钻孔、63 口钻井和各类化验分析资料进行了地质综合研究,开展了重点目的层精细构造解释、风城油砂矿区中生界白垩—侏罗系沉积体系研究、储层宏观及微观特征研究。详细查明了三个油砂矿床的地质特征,以及矿体的形态、产状、规模、矿石质量、品位和开采技术条件,建立了油砂三维展布模型。

第一节 区域构造背景和地层分布

一、区域构造背景

准噶尔盆地西北缘油砂矿是在长期的地史演化过程中形成的,早期油藏遭到破坏,油气沿着克—乌断裂发生多次运移,向上至推覆体上盘超覆尖灭带形成次生油藏,再经轻质组分散失、水洗氧化以及剧烈的生物降解作用,最终形成油砂矿藏。风城油田位于乌夏断褶带的夏红北断裂上盘中生界超覆尖灭带上,乌夏断褶带为滑脱型褶皱——前缘断层相关背斜带构造模式,受前缘二叠系两条隐伏断层的影响,基底内凹凸相间排列,埋深向南东方向增大。乌夏断裂带自石炭纪末期以来,经历了晚海西运动、印支运动、燕山运动的继承发育,燕山末期最终覆盖定型。

燕山运动早中期,西北缘地区构造活动强度较石炭—二叠纪大为减弱,为陆内坳陷的填充消亡期,但在乌夏断裂带仍有继承性活动,东部山前地区逆断层活动较强。早侏罗世—中侏罗世早期,西北缘处于构造活动的宁静期,除北部哈拉阿拉特山东倾部分仍处较高地势外,全区稳定下沉,在原来的叠瓦冲断楔之上发育了稳定的楔顶沉积,具有超覆特征;侏罗纪晚期出现近东西向的伸展环境;侏罗纪末期,伴随着盆地一次区域性构造活动,乌夏断裂带北部推覆区断裂再次活化,造成斜坡区以外的褶皱区相对抬升,中、上侏罗统遭受不同程度剥蚀。

侏罗纪沉积时期沉降中心主要位于风城地区东部和夏子街地区,气候由潮湿向半干旱转变,依次发育了侏罗纪八道湾组、西山窑组煤系烃源岩和三工河组河流、湖泊相泥质烃源岩。沉积充填经历了冲积扇—辫状河—辫状平原—三角洲—扇三角洲—湖相沉积的过程,大部分地区均为粗碎屑物覆盖,大片砾岩主要出现在风城、夏子街地区。

白垩纪构造活动较弱,即燕山晚期,盆地边缘缓慢隆升,遭受剥蚀,盆内相对下降,除工区西北部的哈拉阿拉特山主体仍有抬升活动外,乌夏断裂带主体断裂和褶皱活动基本停止,构造运动主要表现为间歇性沉降活动,白垩系及后来的新生界地层平稳充填,由东南向西北依次低角度超覆沉积在下伏古构造背景上,地层南厚北薄并逐渐尖灭,至今仍保留着水平产状。

二、地层特征

风城地区地层自下而上在古生界石炭系基底之上依次沉积了二叠系、三叠系、侏罗系和白垩系。油砂矿主要分布在白垩系清水河组和侏罗系齐古组中，稠油油藏主要分布在侏罗系中，其发育了下侏罗统八道湾组、三工河组和上侏罗统齐古组，缺失中侏罗统西山窑组和头屯河组，上侏罗统和下侏罗统之间为角度不整合接触。侏罗系与上覆白垩系清水河组和下伏三叠系(南部区域)、二叠系(中部区域)及石炭系(北部区域)均为不整合接触。各层序沉积厚度、主要岩性、岩电组合、界面特征及层间接触关系见表3－1。其中白垩系清水河组(K_1q)和侏罗系齐古组(J_3q)为油砂目的层。

表3－1　风城地区地层及岩性简况表

地层			层位代号	地层厚度(m)	岩性岩相简述
系	统	组(段)			
白垩系	下统	清水河组	K_1q	0～250	辫状河流及三角洲相，中上部岩性为灰色泥岩、泥质粉砂岩、粉砂岩、细砂岩，底部为灰绿色砂砾岩，与下伏地层不整合接触
侏罗系	上统	齐古组	J_3q	0～238	辫状河流相，岩性为中细砂岩、细砂岩、砂质泥岩、泥岩和砂砾岩，与下伏地层不整合接触
	下统	三工河组	J_1s	0～95	辫状河流相，岩性为厚层红绿色泥岩、薄层粉砂岩
		八道湾组	J_1b	0～130	辫状河流相，顶部煤层及碳质泥岩夹少量粉细砂岩，中部细砂岩、含砾砂岩发育，与下伏地层不整合接触
三叠系	上统	白碱滩组	T_3b	0～148	入湖三角洲相，岩性为细砂岩、泥质粉砂岩和泥岩
	中统	克拉玛依组上段	T_2k_2	0～39	辫状河流相，岩性为中粗砂岩、砂质小砾岩、砂质泥岩
		克拉玛依组下段	T_2k_1	0～50	冲积扇，岩性为不等粒砂砾岩、不等粒砾岩、中粗砂岩
	下统	百口泉组	T_1b	0～88	冲积扇，岩性为不等粒砂砾岩、不等粒砾岩、中粗砂岩，与下伏地层不整合接触
二叠系	上统	乌尔禾组	P_2w	0～430	冲积扇，岩性为砾岩、砂质不等粒砾岩、砂质泥岩、泥岩
		夏子街组	P_2x	0～100	冲积扇，岩性为砾岩、泥质砂岩，与下伏地层不整合接触
	下统	风城组	P_1f	0～150	火山喷出相，岩性为火山岩、白云质凝灰岩
		佳木河组	P_1j	0～585	火山喷出相，岩性为火山岩、火山角砾岩，与下伏地层不整合接触
石炭系			C	500(未穿)	火山喷出相，岩性为火山岩、火山角砾岩、火山角砾凝灰岩

1. 侏罗系齐古组(J_3q)

齐古组在重32井北断裂和重30井断裂以北上盘区域尖灭缺失，下盘残余厚度为0～227.5m，岩性主要为泥岩、泥质粉砂岩、细砂岩、中细砂岩、含砾砂岩及砂砾岩。根据岩性、电性及旋回特征可分为 J_3q_1（剥蚀，局部发育）、J_3q_2 和 J_3q_3 三个砂层组,各段底部发育砂岩和砂砾岩,具有明显的正旋回特征,电性特征上,各层段上部为低阻、高伽马、中高密度、自然电位平直,下部中高阻、低密度、低伽马、自然电位幅度差较高的特点,底部发育薄层砂砾岩,电性特征比较明显,电阻率曲线呈中幅指状,密度较大,声波时差小的特点。

2. 白垩系清水河组（K_1q）

在油砂矿区范围内,清水河组沉积厚度为 $0\sim250m$,顶部为灰色、灰绿色泥质粉砂岩、泥岩与砂岩互层,中部为灰色、灰黑色含砾中—细砂岩夹泥岩、钙质砂岩,底部为一套灰绿色砂砾岩沉积。电性特征呈现中上部为低阻、高伽马、中低密度、自然电位异常不明显特点;中下部为砂砾岩,电性上表现为高阻、高伽马、中高密度,自然电位变化较大的特征。底界砂砾岩全区发育,大多数井曲线特征明显,电阻率曲线呈中幅箱形,自然电位呈中低幅的负异常,密度较大,声波较小,与齐古组界限处由高值到低值渐变;个别井电阻率和自然电位曲线特征不明显,但密度和声波特征较明显,对应性较好,界面清楚。

白垩系清水河组（K_1q）为一套不完整的三级层序,发育低水位体系域和湖侵体系域,可划分出 3 个准层序组,根据其岩性、电性特征将其分为清一段（K_1q_1）、清二段（K_1q_2）和清三段（K_1q_3）。

第二节　白垩系油砂矿地层对比及地层格架的建立

油砂矿目的层为白垩系清水河组,以前对风城地区的油砂钻孔及部分钻井进行了初步的分层,将白垩系清水河组分为三个段。但在地质研究过程中发现油砂赋存区储层非均质性强,简单的分为三个段,无法实现对该矿藏的准确描述。因此,需要对砂层组发育特征进一步细分到亚段。因清二段（K_1q_2）物性、含油性最好,沉积厚度大,为主要的含油层段,将其细分为 $K_1q_2^1$、$K_1q_2^2$ 和 $K_1q_2^3$ 三个亚段（图 3 - 1）。

一、地层划分对比原则及方法

风城油田白垩系清水河组（K_1q）主要为辫状河和辫状河三角洲两种沉积相,岩性变化较大,且旋回性明显,因此在划分过程中,根据清水河组的沉积特点以及层序地层关键界面的识别,遵循时间界面的划分原则,在整个工区内根据标准层划分对比油层组,利用沉积旋回对比砂层组,根据岩性及厚度特征考虑横向相变等特征对比单砂层。

1. 砂组及小层地层划分对比方案的确定

主要通过自然伽马、自然电位、密度和电阻率等测井曲线来确定层序边界特征。自然伽马主要用来判定泥岩含量;自然电位曲线主要用来识别砂泥岩和地层的自旋回和异旋回;电阻率曲线反映地层电阻率的变化。研究表明,以前对 K_1q 地层的划分对比方案及标准层的选取比较合理,K_1q_2 砂层顶泥岩标准层,以及 K_1q_3 砂层底部的砂砾岩标志层全区分布,其沉积厚度变化规律易于掌握,岩性、电性特征明显且稳定。这对于该区地层划分对比十分有利,且小层的划分在一定程度上也真实地反映了砂体的发育和空间展布特点。由于研究过程中发现主要的含油层段清二段（K_1q_2）层内隔夹层发育,非均质性强,将其作为一个整体来对其进行研究过于笼统,描述精度达不到预期效果,因此,根据单井沉积旋回发育特征,再结合岩性、厚度等划分标准决定将 K_1q_2 进一步划分为三个亚段来进行对比。

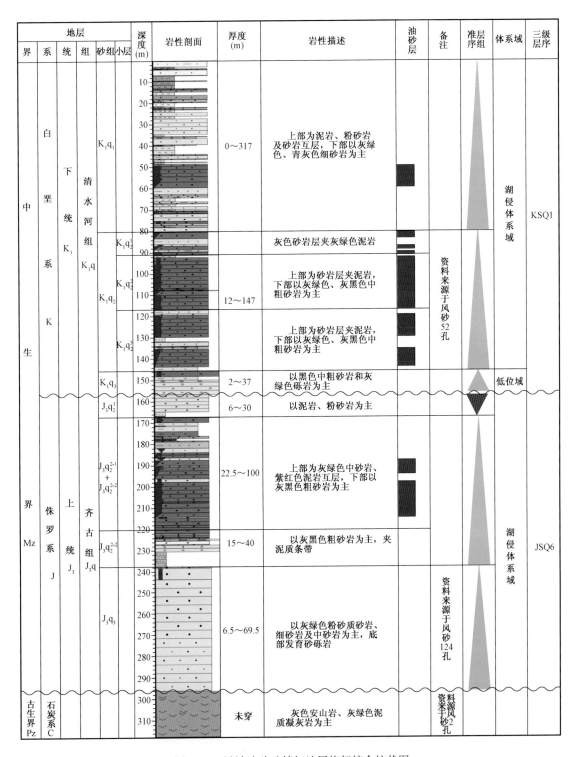

图 3 - 1 风城油砂矿精细地层格架综合柱状图

2. 地层划分对比步骤

(1)充分熟悉了解区域地质特征,确定白垩系沉积标志层,利用该标志层进行区域地层的划分与对比,找准白垩系与齐古组的分界面,建立白垩系的区域地层格架;

(2)在上述基础上根据清水河组地层的岩性、电性组合特征确定细分层标准,建立贯穿全区的骨架对比剖面;

(3)准确核实后将骨架对比剖面上的井作为标准井向周边其他井扩展,建立连井地层对比详细剖面,进行地层划分与连井地层对比,最终达到全区地层对比的闭合。

3. 地层划分对比剖面分布

结合 K_1q 地层发育特点,通过取心井岩心观察描述、测井资料、录井资料、钻井资料及单井相分析的相互结合,利用 petrel 软件建立了 7 条骨架对比剖面,其中包括东西向剖面 2 条、南北向剖面 5 条(图 3 - 2),并分区块分别建立了 79 横 67 纵共 146 条详细对比剖面(图 3 - 3)。在对比过程中,充分利用穿层井及资料井,共完成了 328 口钻井的小层划分与对比,以及风城 1 号 68 口油砂钻孔 K_1q_2 单砂层细分与对比工作。

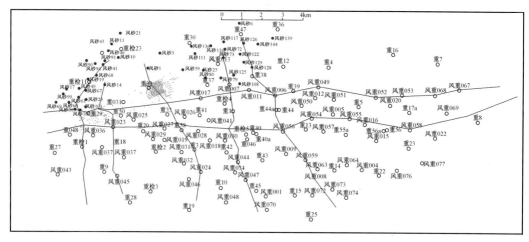

图 3 - 2 地层划分与对比骨架剖面位置

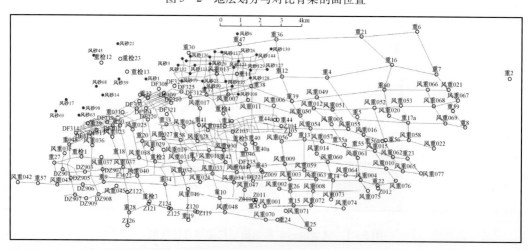

图 3 - 3 连井地层划分与对比详细剖面位置图

4. K_1q 地层划分与对比标志层及标准层

本次研究根据风城地区目的层 K_1q 油层组的岩性、电性等特点,分别在目的层 K_1q_2 顶部和 K_1q_3 底部寻找到两套具有特殊性且分布面积广的对比标准层及标志层,与前期划分对比过程中使用的标准层基本一致。其特征明显,分布稳定,划分对比效果较好。其岩性、电性、分布范围等特征如下。

1)K_1q_2 顶部泥岩标准层

厚度为 1.3～7.8m,一般 3～5m,主要由泥岩、粉砂质泥岩和泥质粉砂岩组成;在研究区内由北往南呈逐渐增厚的趋势,东西方向上表现为东部及西部稍厚,中部较薄;电性特征上表现为高自然伽马值、低电阻率的特征(图 3-4)。

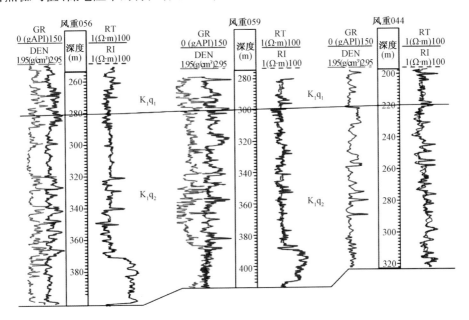

图 3-4 K_1q_2 顶部标准层电性特征图

2)K_1q_3 底部砂砾岩标志层

厚度为 0～33.5m,变化相对较大,岩性由砂砾岩、砾岩组成,其沉积厚度主要受物源控制,物源来自于西北部的哈拉阿拉特山,在靠近物源的地方砂砾岩沉积厚度较大,向南部、东南部地区逐渐减薄最终全部相变为泥岩。电性特征明显易于识别,表现为高电阻率、高密度的特征(图 3-5)。

3)$K_1q_2{}^2$ 顶部和 $K_1q_2{}^3$ 顶部泥岩辅助标志层

$K_1q_2{}^2$ 顶部泥岩段厚度为 0.2～4.6m,一般 1～2.5m,$K_1q_2{}^3$ 顶部泥岩段厚度 1.3～5.5m,一般 2～3.5m,主要由泥岩、粉砂质泥岩和泥质粉砂岩组成。电性特征表现为自然伽马为高值段,电阻率曲线表现为低值段(图 3-6)。

二、区域地层划分与对比

在对白垩系进行精细划分对比前,首先要弄清白垩系清水河组与侏罗系齐古组在岩性、电

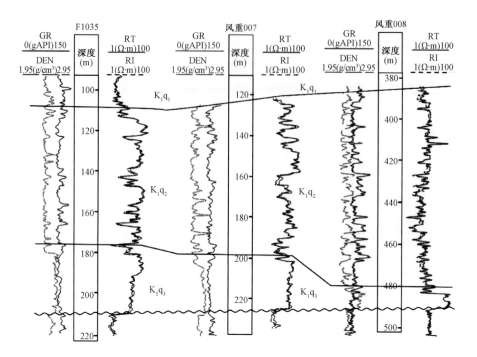

图 3-5　K_1q_3 底部标志层电性特征图

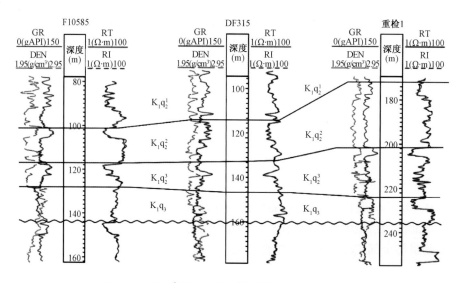

图 3-6　$K_1q_2^2$ 顶部和 $K_1q_2^3$ 顶部标志层电性特征图

性上的差异,找准两个时期沉积的地层分界面,建立好贯穿全区的区域地层格架,才能为精细小层划分与对比打好基础。

　　研究表明,白垩系底部为一套底砾岩沉积,特征明显,易于识别,可以作为划分清水河组与齐古组的标志层。并根据此特征对工区内部评价井进行了初步的划分。图 3-7 和图 3-8 分别为过南北、东西向的两条地层对比剖面。

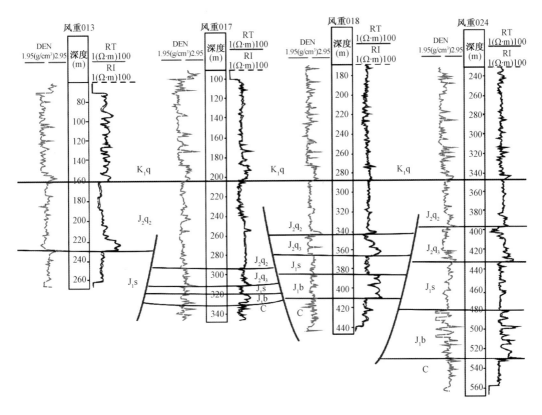

图 3-7 风城地区过风重 013 井—风重 024 井区域地层对比剖面图

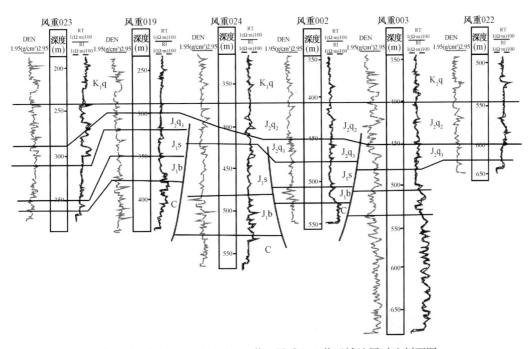

图 3-8 风城地区过风重 023 井—风重 022 井区域地层对比剖面图

白垩系与侏罗系为不整合接触，侏罗系为湖侵体系域，顶部以泥岩和粉砂岩沉积为主，而白垩系底部发育低位域，沉积了一套薄层底砾岩，全区稳定分布，在测井曲线上特征明显，表现为高阻、高密度；找准标志层底砾岩的位置即为白垩系的底界。

在区域地层对比基础上，从骨架对比剖面井出发，逐渐对比详细剖面，利用层序地层学思路及沉积旋回厚度对比方法，最终对全区328口井进行了地层划分与对比，利用 Petrel 软件进行多方向剖面的闭合检查，确保了对比的准确性。

通过取心井岩心观察描述、测井曲线（GR、SP、RT、DEN 等）形态、录井资料等综合分析研究表明，白垩系清水河组底部的砂砾岩粒度粗，含油性差，形成于较强的水动力环境；中部为中—细砂岩夹泥岩，由多期正旋回叠加而成，含油性相对较好；向上变为泥岩与粉砂岩、砂岩互层，物性含油性均变差（图3-9）。

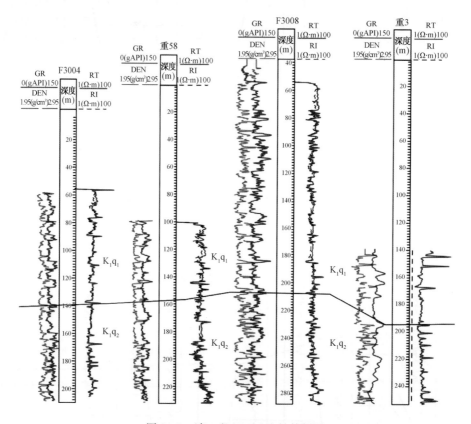

图3-9　清一段（K_1q_1）电性特征图

清水河组（K_1q）划分为 K_1q_1、K_1q_2 和 K_1q_3 三个段，其中清一段（K_1q_1）的顶部向西北方向被剥蚀，仅在东南地区部分井中才能对其进行划分。

1. 清一段（K_1q_1）

由于测井资料不全，导致人部分区域内无法划分出 K_1q_1 的顶，判别出该砂层组顶部为一套泥岩层，在测井曲线上表现为高自然伽马、低电阻率的特征，这与浅层较松散的沉积物特征差异明显。底部为一套砂岩层，岩性为细砂岩、泥岩、粉砂质泥岩互层，沉积厚度 0~102m，平均75m，整体沉积趋势为在 3 号油砂矿北侧、西侧高部位遭受剥蚀，厚度逐渐减薄至尖灭，在北部老山附近有小范围残留，而向东南方向逐渐增厚。清一段物性、含油性相对差。

2. 清二段（K_1q_2）

在全区均有发育，岩性以中—细砂岩为主，夹有泥岩、泥质粉砂岩；沉积厚度 12～147m，平均厚度 76.5m，由西北向东南方向沉积厚度逐渐增大，在西北部靠近哈拉阿拉特山的风砂 90 及风砂 17 孔一带沉积厚度为全区最薄，向山底逐渐减薄至尖灭，其中在工区最西北角的风砂 21 孔东面有一石炭系天窗出露地表；在东南部的重 55—风重 007 井、风重 009—重 25 井一带沉积厚度最大，均高于 115m，次为 DZ908 井附近，沉积厚度在 100m 以上；从测井曲线上来看，该砂层组主要发育三套自下而上由粗变细的正旋回，顶部为一稳定的泥岩层标志层，底部为砂岩沉积（图 3－10）。

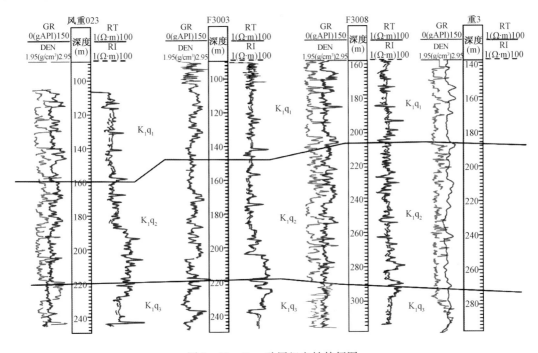

图 3－10　K_1q_2 砂层组电性特征图

3. 清三段（K_1q_3）

该层主要为砂砾岩沉积，顶部为一套不稳定泥岩层，厚度变化较大。与下伏齐古组呈不整合接触，底部砾岩段电性特征明显，表现为高阻、高密度，曲线形态呈箱形全区分布（图 3－11）。沉积厚度 2.72～37m，平均厚度 18m，在工区中部 DF313—重 13—重 16 井一带沉积较厚，厚度大于 25m，向东北部的重 6 井附近、南部的重检 3—风重 024—重 19 井和重检 5—F3087 井一带、西北部的风砂 17 井附近逐渐减薄至 10m 以下，向东南方向逐渐相变为泥岩，该层含油性差。

三、清水河组内部亚段划分与对比

K_1q_2 砂层组含油性较好，为本次研究的主要目的层位，为进一步提高研究精度，满足后期

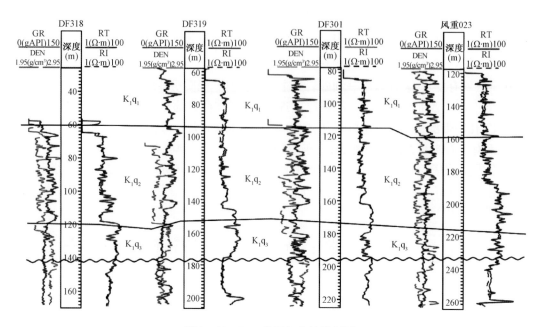

图 3-11　K_1q_3 砂层组电性特征图

开发需求,需对其进行小层划分对比。小层划分对比过程中,主要考虑了沉积旋回,即在标志层及辅助标志层的约束下,根据砂体旋回开展对比。K_1q_2 主要发育了三套砂体,砂体顶部均为一套泥岩,共形成三套下粗上细的正旋回。根据旋回特征可将 K_1q_2 砂层组细分为:$K_1q_2^1$、$K_1q_2^2$ 和 $K_1q_2^3$ 三个亚段。

1. $K_1q_2^1$ 亚段

全区广泛分布,由一下粗上细正旋回构成,沉积厚度 0.7~61.35m,平均厚度 23m,在北部的重30 井、风砂 57 附近的沉积厚度最小,向东南方向逐渐增大,其中在风重 053、风重 050 井及重 43 井一带厚度均在 40m 以上,为全区最厚部位;岩性主要以泥岩、粉砂质泥岩和泥质粉砂岩为主,含油性差;部分地区包括重 1 井北断裂以南岩性以砂岩、中砂岩以及细砂岩为主,含油性变好。

2. $K_1q_2^2$ 亚段

全区稳定分布,地层厚度 11.3~50m,平均厚度 24.1m,岩性下粗上细,在工区西北部的 2、3 号油砂矿及 1 号油砂矿北部沉积厚度较薄,向东南方向增大,其中风重 068 井、风重 073 井附近沉积最厚,厚度大于 45m,岩性主要以中细砂岩为主,泥岩和泥质粉砂岩少量分布。含油性好,为主力油层之一。

3. $K_1q_2^3$ 亚段

全区广泛分布,地层厚度 12.23~48m,平均厚度 29.3m,全区沉积趋势为由西北向东南方向逐渐增厚,在东南部及南部的重 8 井—风重 074 井一带、风重 018 井—重 45 井一带和DZ909 附近沉积厚度最大,均大于 40m,岩性主要以中细砂岩,细砂岩以及粗砂岩,泥岩和泥质粉砂岩少量分布,底部常见含砾中细砂岩或砾岩,该层为白垩系油砂矿储量最大的含油层系。各亚段电性特征如图 3-12 所示。

三个砂层组中 K_1q_3 的沉积厚度最薄。区域上看由北至南方向整个风城地区白垩系清水

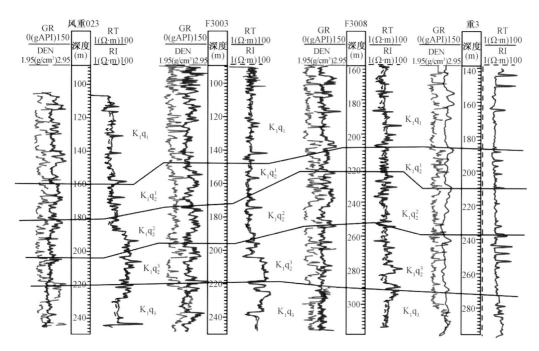

图 3 - 12　$K_1q_2^1$、$K_1q_2^2$、$K_1q_2^3$亚段电性特征图

河组的沉积厚度逐渐增大,其中 K_1q_3 呈逐渐减薄的趋势,在北部越靠近哈拉阿拉特山沉积厚度最大,向南逐渐减薄相变为泥岩,这也证实该区的物源是来自于北部的哈拉阿拉特山,向南远离物源,水流搬运能力有限,因此砾岩逐渐减少;K_1q_1、K_1q_2 则向南呈逐渐增厚的趋势。由东向西白垩系清水河组地层逐渐增厚,K_1q_3 在研究区中部 DF241、风重 056 井附近沉积厚度薄,K_1q_1、K_1q_2 均呈逐渐增厚趋势。各层沉积厚度见表 3 - 2。

表 3 - 2　风城白垩系油砂矿沉积厚度统计表

地层		沉积厚度（m）			
段	亚段	砂层组	单层		清水河组
			范围	平均	
K_1q_1		75	0 ~ 102	75	
K_1q_2	$K_1q_2^1$	76.5	0.7 ~ 61.35	23	169.5
	$K_1q_2^2$		11.3 ~ 50	24.1	
	$K_1q_2^3$		12.23 ~ 48	29.3	
K_1q_3		18	0 ~ 33.5	18	

四、制表、建立数据库

地层划分对比完成后,读取每口井所分各层的储层参数,包括亚段的顶底深度、砂层厚度及砂层顶底面,并确定每口井亚段的油层有效厚度,然后建立分层基础数据库。

地层划分对比主要利用 Petrel 软件,首先确立对比标准层、标志层以及辅助标志层,在全区范围内选取 7 条骨架剖面,在区域对比的基础上,对其进行细分层。根据白垩系清水河组的岩性特征、电性特征、沉积旋回等将其分为清一段（K_1q_1）、清二段（K_1q_2）和清三段（K_1q_3），其中 K_1q_2 又进一步可以分为 $K_1q_2{}^1$、$K_1q_2{}^2$ 和 $K_1q_2{}^3$ 三个亚段。然后将骨架剖面中的井作为标准井，对其周围的井进行划分对比，最终制作 146 条连井剖面图，并完成全区 156 口钻孔，328 口油砂钻井的地层划分与对比。根据分层数据分别编制了清二各亚段和清三段的地层沉积厚度图。清三段主要为砂砾岩沉积，全区发育，沉积厚度 0～33.5m，平均 18m，在研究区北部风砂 73 断块、风重 007 断块附近沉积厚度相对较大；$K_1q_2{}^3$ 亚段沉积厚度 12.23～48m，平均 29.3m，由西北向东南沉积厚度逐渐增厚；$K_1q_2{}^2$ 亚段沉积厚度 11.3～50m，平均 24.1m，比 $K_1q_2{}^3$ 亚段稍薄，由北向东南方向逐渐增厚；$K_1q_2{}^1$ 亚段沉积厚度 0.7～61.35m，平均 23m，厚度变化较大，工区东部沉积厚度大；K_1q_1 段在 3 号油砂矿北侧、西侧高部位逐渐减薄至尖灭，在北部老山附近有小范围残留。

第三节　油砂矿构造特征精细描述

在利用测井资料对地震层位进行标定的基础上，结合全区 328 口井的分层资料对风城地区进行了精细解释和构造特征研究，详细分析了各断裂的剖面及平面展布特征，并绘制了各砂层组底界构造等值线图（等值线间距为 5m）。

一、构造形态特征

研究区主体被风 501 和风 501 井区西块三维覆盖，风城 2、风城 3 号油砂矿区域无三维资料覆盖，两块三维资料面积分别为 205.29km²、71.28km²，面元 12.5×25m（图 3-13）。

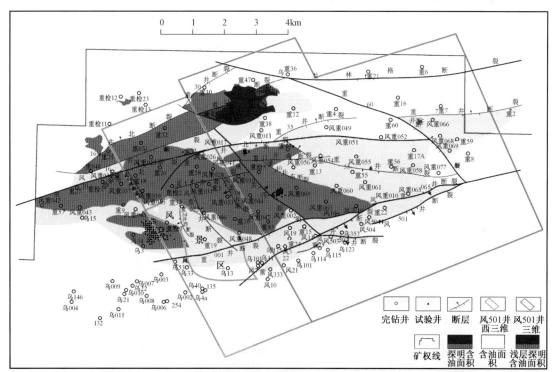

图 3-13　风 501 井区—风 501 井西三维地震工区

　　乌尔禾—夏子街断裂带在印支运动后初步奠定了目前北高南低的构造格局,此后的构造运动中多次发生了断裂活动和构造的变化,但是基本保持了已形成的北高南低的构造形态;白垩系清水河组构造形态及断裂展布基本继承了齐古组的发育特征,为一东南倾的单斜,地层倾角5°~8°(图3-14),西部和北部方向受石炭系老山控制,地层在山前超覆尖灭。从东西方向上地震剖面来看(图3-15),东西向构造起伏不明显,仅在工区中部重1断块附近形成一规模较小的浅洼区。研究区整体为一个大的逆冲推覆构造,内部次级断裂发育。

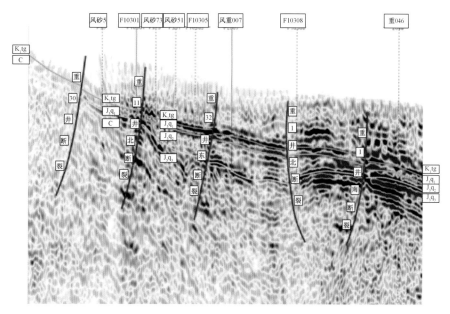

图3-14　风城地区风砂5井—重046井地震剖面图

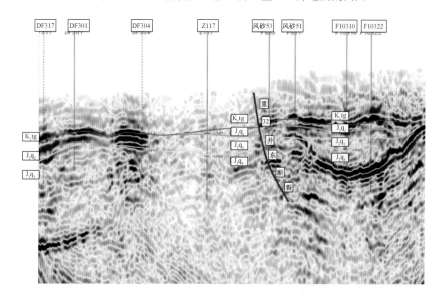

图3-15　风城地区过DF317—F10322井地震剖面图

二、断裂发育特征

由于清水河组埋深相对浅,地震资料分辨力有限,故只能识别规模相对较大的断层,对一些次级小断裂则不易识别。研究工区位于盆地靠山一侧,遭受强烈挤压,在挤压力的作用下,该区发育了大量的逆冲断层,主要为北西、北东向延伸的断裂。北西向断裂受北东向断裂切割,将工区分为数个断块。

1. 断层发育特征

全区发育断层共计23条,其中重018井断裂、重34井西断裂为正断裂,其余均为逆断层,断距在5~50m之间,继承了齐古组的断裂发育特征。对构造、沉积、成藏起着重要作用的断裂为乌兰克林断裂、重22井断裂、重32井北断裂、重32井东断裂、重30井断裂、重1井北断裂、重1井南断裂、重11井北断裂、重32井断裂和重43井西断裂。这些断裂将整个风城油田切割为众多断块,控制地层的分布,影响沉积的变化,同时控制着油砂矿藏的分布,影响着油砂物性变化。主要断裂特征描述如下(表3-3)。

表3-3 风城油砂矿主要断裂要素表

区块	断裂名称	断裂性质	断开层位	垂直断距(m)	断裂产状		
					走向	倾向	倾角(°)
1号矿	乌兰林格断裂	逆	K、J、C	20~50	NW	NE	60~70
	重30井断裂	逆	K、J、C	15~35	NE	NW	70~75
	重11井北断裂	逆	K、J、C	15~35	NE	NW	70~75
	重32井东断裂	逆	K、J、C	10~25	NW	NE	65~75
重1井区	重43井西断裂	逆	K、J、C	15~25	SE	NE	30~50
	重1井北断裂	逆	K、J、P	20~40	E	S	70~80
	重1井南断裂	逆	K、J、C	15~20	E	N	30~50
	重35井断裂	逆	K、J	10~20	NE	NW	70~75
重32井区	重32井北断裂	逆	K、J、C	15~35	NE	NW	70~75
	重32井断裂	逆	K、J、C	15~35	NE	NW	70~75
	重20井北断裂	逆	K、J、C	15~35	NW	NW	70~75
	重18井断裂	逆	K、J	5~10	SE	NE	60~80
其他	重3井断裂	逆	K、J	10~15	EW	N	60~80
	风重032井断裂	逆	K、J	5~10	SN	W	60~80
	风重018井断裂	正	K、J	10~15	NW	W	60~80
	重34井西断裂	正	K、J	5~10	SN	W	60~80
	风重001井断裂	逆	K、J、C	10~15	NE	NW	60~70

(1)乌兰林格断裂:位于工区北部偏东方向,为一条大型逆掩推覆断裂。在工区内其走向由西向东,延伸长度为14.7km,断面形态呈舒缓坡状(即"躺椅"),断面北东倾,倾角上下陡(20°~35°),中间缓(10°~15°)的典型逆掩断裂。该断裂控制了三叠系、侏罗系的沉积尖灭,其主要的活动期为三叠系沉积时期。

(2)重22井断裂:该断裂位于工区东南部,为近东西走向北西倾的逆掩断裂。在工区内,其走向变化是先呈东北向,继而转为东西向,倾向老山方向。延展长度为20.87km,该断裂为控制白垩系清水河组沉积厚度的重要断裂,在工区东南部断层下盘沉积厚度大。

(3)重32井北断裂:该断裂前期为风16井北断裂,位于工区西北部哈拉阿拉特山前,断面倾向北西向,走向北东向。断裂对清水河组起重要控制作用,断裂上盘抬升至地表,遭受剥蚀,导致齐古组不发育,清水河组减薄。重30井断裂断距在剖面上较少,从区域构造分析,该断裂与重32井北断裂曾为同一条断裂,后期被重32井东断裂切割。

(4)重32井东断裂:位于工区北部,延展长度为2.94km,其走向变化先呈西北向,继而逐渐转为东北向,倾向北面。早期与重43井西断裂为同一条断裂,侏罗纪末期被东西走向的断裂切割而成,断裂上、下盘沉积厚度不一致,下盘相对较厚。

(5)重1井北断裂:位于工区中部,走向东西,断面倾向朝南,在工区内延展长度为18.7km。断距20~40m,白垩系底部有挠曲,该断裂将1号矿区分为风重007断块及重1断块,对重1断块的油气聚集起到至关重要的作用。

(6)重1井南断裂:该断裂或为重1井北断裂的反冲逆断裂,但某些剖面的特征反映出,该断裂形成于二叠纪末期,延展长度5.84km。在白垩系断距约15m,断裂特征明显,白垩系底界波组有明显的破碎。

(7)重11井北断裂:该断裂位于工区北部1号矿内,与重32井东断裂和乌兰林格断裂相交,走向北东方向,断面北西向倾斜,该断裂为1号矿浅层钻孔区域内油砂聚集的主控因素。

(8)重32井断裂:位于工区西部的2号矿内,为一北西倾逆断裂,北偏东走向,该断裂形成于石炭纪末期,在断裂上盘白垩系,大部分为杂乱反射,下盘反射连续,地层较全。重32断裂与重32北断裂及重32井东断裂,围成重32断块。

(9)重43井西断裂:该断裂位于工区中部,走向南东,断面倾向北东,在白垩系中断距小,约15~25m,分别被重1井北断裂及重1井南断裂切割,对重1断块油砂富集成矿起到一定的控制作用。

2. 断裂平面分布特征

工区内发育大量逆冲断裂,主要分布在中部;以北西走向断层为主,断裂交切关系复杂,整体表现为北西走向断层被北东走向断层所切割,由北向南形成多级断阶带(图3-16)。其中F10301—风重007井—重1井所在的断阶带和风砂101井—DF316井—风重036井断阶带为本次研究的重点区域,分别控制风重007断块、重1断块及重32断块的构造特征。受重1井北断裂及重1井南断裂的影响,重1井所在断块构造位置较高,为一地垒;而风重007断块则受重32井东断裂及重井北断裂控制,形成一地堑。重32断块受重031井断裂及重32井断裂所控制,遭受抬升形成地垒。

在小层划分对比基础上,再结合断裂空间展布特征,分别绘制各段的底面构造图。该区的构造形态及断裂展布特征主要利用钻井资料并结合少量的地震资料来研究,白垩系构造形态特征与齐古组基本保持一致,均为一东南倾的单斜,倾角较小5°~8°,工区内主要发育北东、北西向的逆断层,其中乌兰克林断裂、重30井断裂、重32井北断裂对工区起主要控制作用,北东、北西向的断层相互切割将工区分为数个断块。

1)白垩系吐谷鲁群K_1q地面构造

白垩系吐谷鲁群K_1q_3、K_1q_2、K_1q_1底界构造形态为一向东南倾单斜(图3-17至图3-19),西部和北部方向受石炭系老山控制,地层在山前超覆尖灭。侏罗系齐古组J_3q_2底界构造形态同为一向东南倾的单斜(图3-20),地层受重32井北断裂、重30井断裂和乌兰林

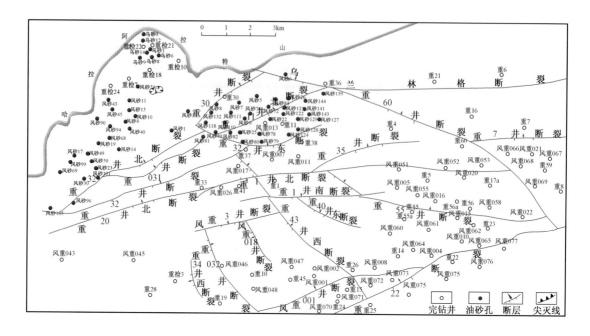

图3－16　风城白垩系清水河组断裂平面分布特征图

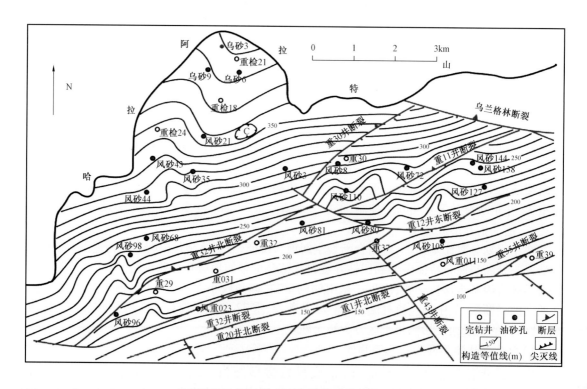

图3－17　白垩系 K_1q_3 底界构造图

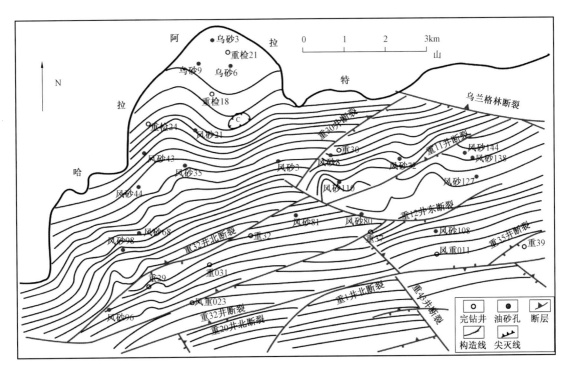

图 3-18　白垩系 K_1q_2 底界构造图

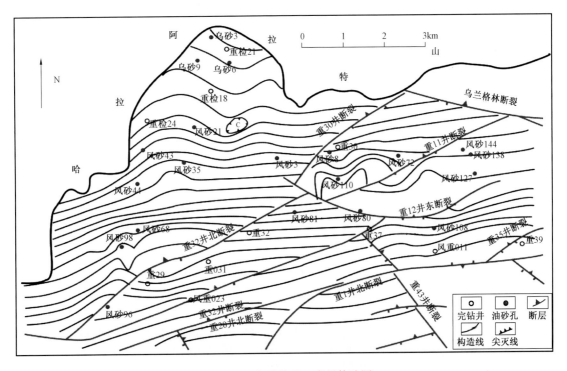

图 3-19　白垩系 K_1q_1 底界构造图

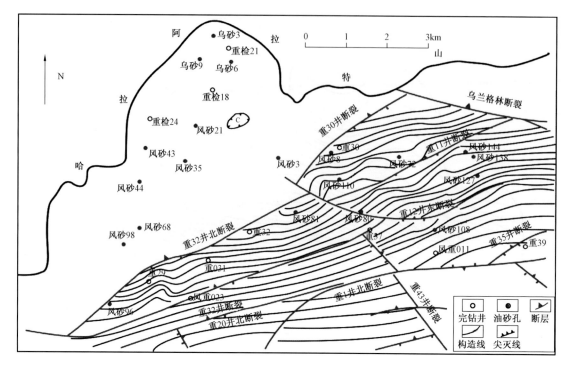

图 3-20　侏罗系 J_3q 底界构造图

格断裂控制,断裂上盘无侏罗系沉积,白垩系直接超覆沉积在石炭系基底之上。工区内发育多条断裂,多为北西向和北东向逆断裂,断裂的相互切割将工区分成数个断块。乌兰林格断裂形成于石炭纪末期,为一条大型逆掩推覆断裂,倾向北东,走向北西,在工区内延伸长度为3.90km;重11井北断裂根据区域构造分析,与重32井北断裂曾为一条断裂,后期被重32井东断裂切割;重32井北断裂、重32井断裂和重20井北断裂呈断阶式从南向北依次抬升,断距15～35m,断裂走向北东、倾向北西;重43井断裂为一北东倾逆断裂,断距20～40m,走向北西,该断裂被重1井北断裂和小断裂切割成三段;重35井断裂为一北西倾重1井南断裂,走向北东,断距10～25m;重1井北断裂为全区唯一南倾的逆断裂,断距20～40m,走向正东西。

　　风城1号油砂矿是一被乌兰林格断裂、重30井断裂、重11井北断裂、重32井东断裂、重43井断裂、重1井北断裂和重35井断裂切割在三个断块内的矿体。以上断裂均对风城1号油砂矿起到封堵遮挡作用,矿体北部和东部区域主要受岩性和物性控制。

　　2)清水河组三段(K_1q)底面构造

　　K_1q_3 砂层组继承了侏罗系的构造特征,整体为一由西北向东南倾的单斜,东面海拔高于西侧,西北部海拔最高,在乌砂3井附近约386m,向东南方向逐渐降低至-158m左右。在工区中部重1断块遭受抬升,形成一小凸起,1号矿北部的风砂74—风砂125孔一带为一凹陷,全区构造起伏小,地势较平坦。清二段(K_1q_2)底面构造形态继承了 K_1q_3 砂层组特征,为一东南倾单斜,西北部哈拉阿拉特山脚下的乌砂3井附近海拔值最大约390m,向东南方向海拔值逐渐降低至-150m,全区构造形态稳定,起伏变化不明显,其中在重1断块附近由于受到断层的抬升,使得重1呈一凸起,1号矿北部风砂72断块及风砂73断块内地势略有起伏,全区断层发育形态与 K_1q_3 基本一致。清一段(K_1q_1)砂层组断裂发育,其形态及展布特征完全继承了

K_1q_2 砂层组的特征，整体为一东南倾单斜，在西北部靠近山体一端抬升至地表遭受剥蚀，3 号矿附近海拔最高，约 350m，向东南方向海拔逐渐降低至海平面以下。在工区中部重 1 断块附近断裂上盘受到抬升地势略高，形成一小规模凸起；重 32 断块同样位于断裂上盘，遭受抬升，构造相对较高。全区构造起伏较小，地势相对平坦。

根据各井(孔)对应层的海拔数据分别做了 K_1q_1、K_1q_2 和 K_1q_3 三个层段的底界构造等值线图，可以看出三个层段的构造形态与断裂展布特征基本一致(图 3 - 20)。

三、不同构造背景下的油砂层分布特征

构造特征从宏观上会影响油砂层的稳定程度和有效砂层的分布。风城油砂矿勘探实践揭示，在不同的构造背景下，油砂层具有不同的地质特征。

简单构造背景下，油砂层沿走向和倾向的产状变化不大，断层稀少，油砂层通常没有或很少受岩浆岩的影响，油砂层特征表现为产状接近水平，很少有缓波状起伏，或者为缓倾斜至倾斜的简单单斜、向斜或背斜及方向单一的宽缓褶皱。在简单构造背景控制下，油砂层分布稳定，油砂厚度变化很小，变化规律明显，结构简单，全区可采或大部分可采。

中等构造背景下，油砂层沿走向、倾向的产状有一定变化，断层较发育，有时局部受岩浆岩的一定影响。主要包括：产状平缓，沿走向和倾向均发育宽缓褶皱，或伴有一定数量的断层；呈简单的单斜、向斜或背斜，伴有较多断层，或局部有小规模的褶曲及倒转；有时也呈急倾斜或倒转的单斜、向斜和背斜或为形态简单的褶皱，伴有稀少断层。在此构造背景下，油砂层分布较稳定，油砂层厚度有一定变化，但规律性较明显，结构简单至复杂，全区可采或大部分可采，可采范围内厚度变化不大。

复杂构造背景下，油砂层沿走向、倾向的产状变化很大，断层发育，有时受岩浆的严重影响，油砂层地质特征表现为受几组断层严重破坏的断块构造；在单斜、向斜或背斜的基础上，次一级褶曲和断层均很发育；有时呈现为紧密褶皱，但伴有一定数量的断层；油砂层分布不稳定，油砂层厚度变化较大，具突然增厚、变薄现象，无明显规律，结构复杂至极复杂，全区可采或大部分可采。

极复杂构造背景下，油砂层的产状变化极大，断层极发育，有时受岩浆的严重破坏。油砂层的地质构造特征通常表现为紧密褶皱，断层密集出现；或呈形态复杂特殊的褶皱，伴随断层发育，同时还可能受岩浆的严重破坏；油砂层分布极不稳定；油砂层厚度变化极大，呈透镜状，一般不连续，很难找出规律，可采块段呈零星分布。

第四节　风城油砂矿沉积相特征及精细描述

沉积特征是油砂矿藏地质特征研究的一项重要内容，是建立矿藏地质模型及进行油砂矿藏综合评价的基础，正确描述砂体成因类型、几何形态及空间分布规律，对于指导油砂矿藏下一步开发具有十分重要的意义。以前对风城地区白垩系清水河组的沉积相研究认为清水河组沉积时期工区内主要发育河流、辫状河三角洲和湖泊沉积体系。在此基础上，利用工区岩心资料、测井资料，采用综合研究方法进行了深入细致的沉积微相研究，揭示了风城油砂矿所在层系沉积相平面和剖面分布特征。

一、沉积相类型及主要相标志

在系统、详细岩心描述的基础上，通过颜色、岩性、结构、粒度、沉积构造特征以及垂向沉积序列的组合关系研究，对本区 14 口井的岩心进行了详细分析，识别沉积微相类型及其与测井

曲线之间的关系,建立各种类型沉积微相的测井相模式,进行全区测井相分析,结合砂岩厚度及砂地比分析,划分了全区沉积微相分布(图3-21)。

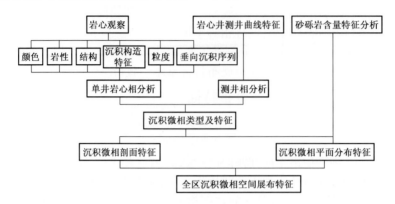

图3-21 沉积微相研究流程图

为了深入研究目的层段各砂层的微相特征,首先需要开展单井的砂体微相分析,以识别出主要的相标志。

1. 岩性标志

1)颜色

颜色是沉积岩最直观、最醒目的标志,它反映沉积物沉积时的气候和氧化—还原条件。岩心观察照片显示,研究区K_1q_3砂层组主要为砂砾岩,颜色主要为灰色、灰绿色,偶含黄褐色黄铁矿,反映其主要形成于弱氧化—弱还原环境;K_1q_1和K_1q_2泥岩颜色包括灰色、灰绿色,砂岩颜色则包括浅灰色、深灰色等,具有水下还原—弱还原环境的特点。

2)岩石类型及其组合

岩石类型是沉积环境及其水动力条件的良好标志,不同沉积体系的岩石类型及岩石组合特征是不一样的。根据岩心观察及薄片资料,本区K_1q_3砂层组岩性主要为一套砂砾岩沉积,向东南方向渐变为泥质粉砂岩和泥岩沉积,反映水动力条件较强,砾石成分主要为石英及长石;K_1q_2、K_1q_1砂层组岩性以中—细粒砂岩为主,其次为粉细砂岩、粉砂岩,砂岩碎屑成分以岩屑为主,次为石英、长石,反映其对应的水动力减弱。

2. 结构

K_1q_3砂层组粒度粗,为中—细砾岩,砾径范围$0.2\sim9cm$,平均$3.5cm$,分选差、圆度中等—差、呈次棱角状,胶结程度中等,接触方式主要为点接触,其次为线—点接触,结构特征反映本区K_1q_3砂层组形成于水体较浅的弱氧化—弱还原环境,水动力强,为近源沉积。K_1q_2砂层组沉积物粒度较细,粒径多分布在$0.1\sim0.5mm$范围内,分选较好,圆度中等,次圆状为主,其次为次棱角状,呈颗粒支撑,胶结类型以孔隙型为主,结构特征反映沉积物搬运距离相对较长,水体稳定,形成于弱还原环境。K_1q_1砂层组粒度细,分选较好,次圆状,形成于还原环境中。

3. 沉积构造

沉积构造是沉积期介质与能量条件比较直接的反映,在分析沉积环境的过程中具有重要的作用。根据取心井的岩心资料,本区K_1q_3砂层组中沉积构造相对较单一,主要发育冲刷充填构造,砾石呈定向排列,由多个下粗上细的正旋回构成(图3-22);K_1q_2及K_1q_1砂层组中发育丰富的沉积构造,包括层理构造、冲刷充填、截切等层面构造,其中砂岩、粉砂岩中可见平行层理、斜层理、块状层理、浪成交错层理、槽状交错层理、波状层理等,砂体底部发育各种规模的冲刷面,冲刷面上充填大量下伏地层形成的泥砾,粒径一般为0.2~3cm。粉砂岩与泥岩薄互层中常发育水平层理、砂泥韵律层理、透镜状层理及变形构造等(图3-23)。沉积构造系列反映该区K_1q_2砂层组具有牵引流和波浪共同作用的特征,环境位于近岸地带。

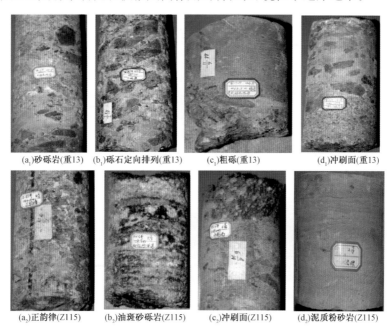

(a₁)砂砾岩(重13)　(b₁)砾石定向排列(重13)　(c₁)粗砾(重13)　(d₁)冲刷面(重13)

(a₂)正韵律(Z115)　(b₂)油斑砂砾岩(Z115)　(c₂)冲刷面(Z115)　(d₂)泥质粉砂岩(Z115)

图3-22　K_1q_3砂层组主要沉积构造

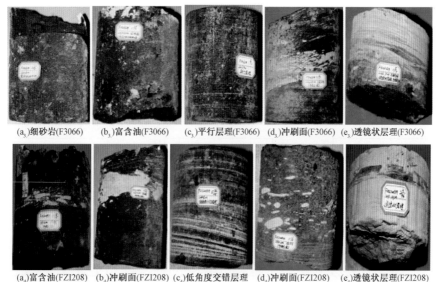

(a₃)细砂岩(F3066)　(b₃)富含油(F3066)　(c₃)平行层理(F3066)　(d₃)冲刷面(F3066)　(e₃)透镜状层理(F3066)

(a₄)富含油(FZ1208)　(b₄)冲刷面(FZ1208)　(c₄)低角度交错层理(FZ1208)　(d₄)冲刷面(FZ1208)　(e₄)透镜状层理(FZ1208)

图3-23　K_1q_2和K_1q_1砂层组主要沉积构造

4.粒度分布特征

碎屑岩的粒度分布受沉积时水动力条件的控制,是原始沉积状况的直接标志,可直接提供沉积时的水动力条件。其中砂岩的概率累计曲线可较好地区分砂体的搬运性质、水流强弱及有无回流的特点(图3-24)。

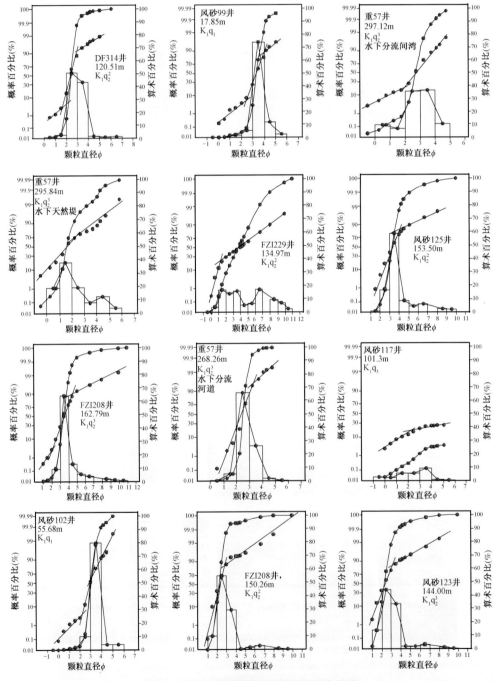

图3-24 K_1q 砂层组的主要粒度概率曲线

研究区 K_1q_2 和 K_1q_1 砂层组粒度概率曲线以两段式为主,含有悬浮和跳跃较细组分,部分井点发育三段式,既有悬浮和跳跃较细组分又有滚动搬运的粗组分,斜率较陡,分选相对较差。三角洲前缘砂岩粒度概率曲线斜率较陡,细截点为 $(2.5 \sim 3)\Phi$。

本区清一段及清二段的 C—M 图呈现双流态特征,既可见牵引流的 P—Q—R—S 段,又可见浊流沉积的部分段。其中 PQ 段以悬浮搬运为主,含少量滚动搬运组分,QR 段代表递变悬浮沉积,为水流底部涡流的沉积,RS 段为均匀悬浮沉积,是粒径和密度不随深度变化的完全悬浮,反映三角洲沉积的特征。三角洲前缘部分,既受到水下分支河道的水动力,表现出一定牵引流的特征,而且又受到湖泊水体的阻碍,因此沉积物 C—M 图又表现出部分数据点平行于 $C = M$ 基线的特征(图 3 - 25)。

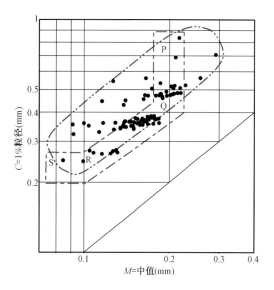

图 3 - 25　K_1q 砂层组的粒度 C—M 图

5. 沉积韵律

本区白垩系清水河组整体上表现为一个自下而上由中细砾岩、细砂岩至粉砂岩、泥岩的一个大的正旋回。其中 K_1q_3 砂层组内部发育多套垂向上叠置的小正旋回,旋回底部为冲刷充填界面,砂砾岩粒度粗向上逐渐变细(图 3 - 22d_1、a_2、c_2),为多期水动力叠加的结果;K_1q_1 和 K_1q_2 砂层组内部也为多个正韵律的叠加,底部为冲刷面(图 3 - 23d_3、b_4、d_4),岩性由中细砂岩向上逐渐变为泥质粉砂,偶见反韵律沉积,反韵律底部发育截切面,截切面下部为砂岩,上部突变为泥岩。

6. 古生物化石

本区目的层白垩系清水河组岩心中生物化石较少,偶见植物碎屑,黄铁矿晶体发育较多,反映近岸沉积环境。

7. 沉积相划分

根据对区域沉积背景、前人研究成果及取心井大量沉积相标志的综合分析,认为研究区 K_1q_3 砂层组为冲积扇扇中亚相沉积;K_1q_2 和 K_1q_1 砂层组为一套辫状河入湖后形成的湖泊三角洲沉积。并进一步将辫状河流相划分为河道亚相和河漫滩亚相;将辫状河三角洲划分为三角洲平原、三角洲前缘亚相。

二、主要沉积微相类型及特征

1. 沉积微相类型及测井相响应

通过对风城地区白垩系清水河组取心井岩性、结构、沉积构造、层序特征、粒度特征、电测曲线形态等分析,对重 1 井区以及重 32 井区共 14 口井进行了单井相分析,将目的层白垩系清水河组共分为 3 类大相,14 种微相(表 3 - 4)。

表3-4 风城地区白垩系清水河组沉积微相类型划分表

相		亚相	微相	分布层位
三角洲	辫状河三角洲	辫状河三角洲平原	分流河道	K_1q_1、K_1q_2
			分流河道间	K_1q_1、K_1q_2
		辫状河三角洲前缘	水下分流河道	K_1q_1、K_1q_2
			水下分流间湾	K_1q_1、K_1q_2
河流相	辫状河	河道	河道滞留沉积	K_1q_1
			心滩	K_1q_1
		河漫滩	天然堤	K_1q_1
冲积扇		扇根	主槽、槽滩、漫洪带	K_1q_3
		扇中	辫流水道、辫流水道间、辫流砂岛	K_1q_3
		扇缘	扇缘席状沉积	K_1q_3

通过对区内14口取心井的岩—电关系研究表明,在K_1q砂层中以自然伽马、自然电位和电阻率曲线与取心井段的地层岩性、电性组合和沉积相序列的分析结果拟合最好,其中尤以自然电位、自然伽马曲线的形状和幅度大小与地层岩性有很好的对应关系,因而以自然电位及自然伽马曲线特征建立测井相模式,辫状河三角洲前缘水下分流河道主要表现为SP、GR呈钟形或箱形的特征,水下天然堤呈低幅齿状形态,水下分流间湾的自然电位表现为靠近基线较平直段,自然伽马曲线呈高值(图3-26)。

2. 主要沉积微相特征

根据沉积环境和沉积特征将辫状河流相分为河道亚相和河漫滩亚相,河道亚相包括河道滞留沉积和心滩微相,河漫滩亚相主要为天然堤微相;将辫状河三角洲分为三角洲平原和三角洲前缘,三角洲平原中包括分流河道和分流河道间微相,三角洲前缘中包括水下分流河道和水下分流间湾微相。各微相主要特征如下:

(1)河道滞留沉积:位于河床底部,由水流的冲洗使得上游搬来或侧向侵蚀形成的砾石及碎屑堆积而成,呈透镜体状;以砂砾岩沉积为主,粉砂及泥质少,砾石成分复杂,整体呈块状构造,砾石略呈定向排列,底部可见冲刷充填构造。

(2)心滩微相:多沉积于河床中部,由水动力作用形成,沉积物粒度相对较粗,且成熟度低,槽状交错层理发育,在低水位时期发生细粒物质的垂向加积作用。

(3)天然堤亚相:位于河床两岸,由洪水期水位升高、河水携细粒物质溢出河道形成,主要由粉砂岩、泥质粉砂、泥岩组成,粒度细;层理以小型波状层理为主,泥岩部位常发育水平纹层。

(4)分流河道:由主河道分叉形成若干个分流河道,沉积特征类似于河道沉积,但其水动力明显比主河道要小,沉积物以含砾砂岩,砂岩为主,呈正韵律,底部见冲刷面,发育交错层理、平行层理。

(5)分流河道间:位于分支河道间相对凹陷部位,沉积物粒度细,以粉砂质泥岩、泥岩沉积为主,水平层理较为发育。

(6)水下分流河道:为陆上分支河道的水下延伸部分,在向湖(海)延伸过程中,河道加宽,深度减小,分叉增多,流速减缓,堆积速度增大;沉积物以中—细砂岩为主,常发育平行层理,槽

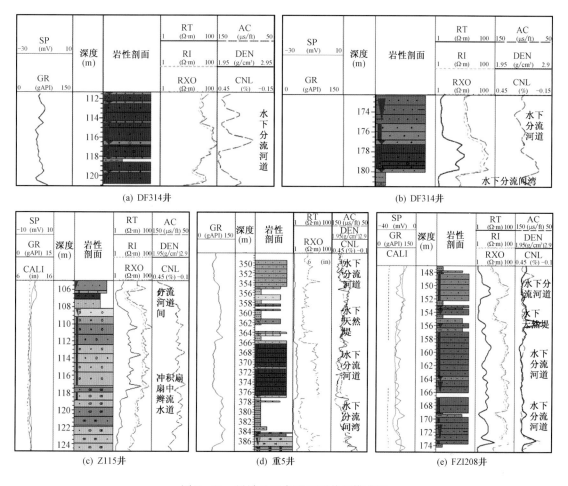

图 3 - 26 风城地区白垩系测井相模式图

状交错层理,波状层理及冲刷充填构造。

(7)水下分流河道间:为水下分支河道间相对凹陷的湖(海)湾地区,以黏土沉积为主含少量粉砂和细砂,并含少量碳屑。

3. 沉积微相展布特征——单井相分析

根据岩心观察结合粒度、薄片资料,对研究区内的重 1 井区附近的取心井重 11、FZI208、重 37、风砂 201、风砂 202、F3066、F4006、重 13、重 5,重 32 井区附近的取心井 Z115、DF314、风砂 216、重 57、重 18 井共 14 口进行单井相分析。

DF314 井位于重 32 井区,目的层取心段为清二段(K_1q_2),共计 3 次取心,取心段深度为 111.5 ~ 121.04m。岩心观察结果表明该段以灰褐色含砾中细砂岩沉积为主,含油级别多为富含油、饱含油,发育平行层理及冲刷充填构造,呈正韵律,向上砂岩中有泥质粉砂岩夹层,在泥质粉砂岩夹层中发育有波状层理。分析认为第 2、第 3 次取心段沉积相主要为水下分流河道微相;第 1 次取心段中泥质粉砂岩沉积部位为水下分流河道间微相(图 3 - 27)。

F3066 井位于 1 号矿南部的重 1 井区,目的层取心段为清二段(K_1q_2)、清三段(K_1q_3),取

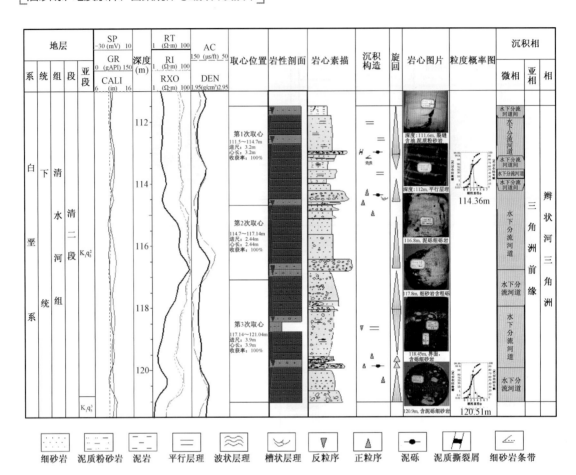

图3-27　风城地区DF314井单井相分析图

心深度为226.13~232.08m、259.43~259.72m。岩心观察结果显示清三段(K_1q_3)岩性为灰色细砾岩,砾石成分复杂,分选磨圆差,砾径下粗上细呈正韵律,砾石间含少量的黄铁矿,底部为一冲刷充填界面,判定其为冲积扇的扇中亚相,主要发育辫流水道沉积。清二段(K_1q_2)岩性为黑褐色细砂岩偶含泥砾,含油级别230m以深为富含油,向上变为油浸级别,发育平行层理及块状层理,判定其为水下分流河道微相,顶部变为灰绿色粉砂质泥岩,发育波状层理,分析认为其为水下分流河道间微相(图3-28)。

重57井位于重32井区,取心层位为清二段(K_1q_2),取心深度268.1~270.63m、295.4~299.54m。岩心观察结果显示清二段(K_1q_2)岩性以泥质粉砂岩及粉砂质泥岩等细粒沉积为主,上部为灰褐色富含油细砂岩,内部发育多个下粗上细的正韵律,底部为冲刷充填界面,可见生物扰动构造及黄铁矿晶体,判定其形成的沉积环境为水下分流河道间沉积(图3-29)。

Z115井位于重32断块,取心层位主要为清三段(K_1q_3),其次包括清二段(K_1q_2)底部一小段。取心深度为105.2~122.25m,为连续取心,清三段(K_1q_3)岩性主要为灰色砂砾岩,砾径0.5~6cm,分选差,呈次棱角状,胶结致密,内部由多个正韵律叠加,底部有冲刷面,说明该段为冲积扇扇中辫流水道沉积;清三段(K_1q_3)向清二段(K_1q_2)过渡段由泥质粉砂岩逐渐向泥岩转化,至K_1q_2段变为褐色富含油细砂岩,且发育交错层理,综合判定其为冲积扇扇中辫流水道间沉积(图3-30)。

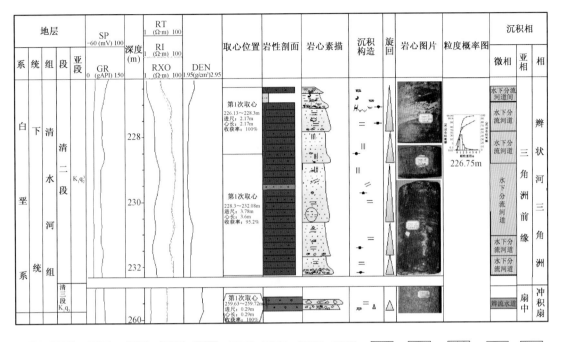

图 3-28 风城地区 F3066 井单井相分析图

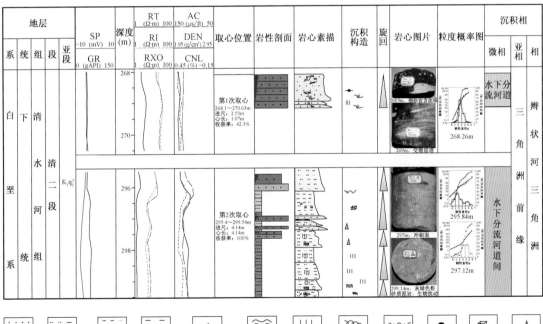

图 3-29 风城地区重 57 井单井相分析图

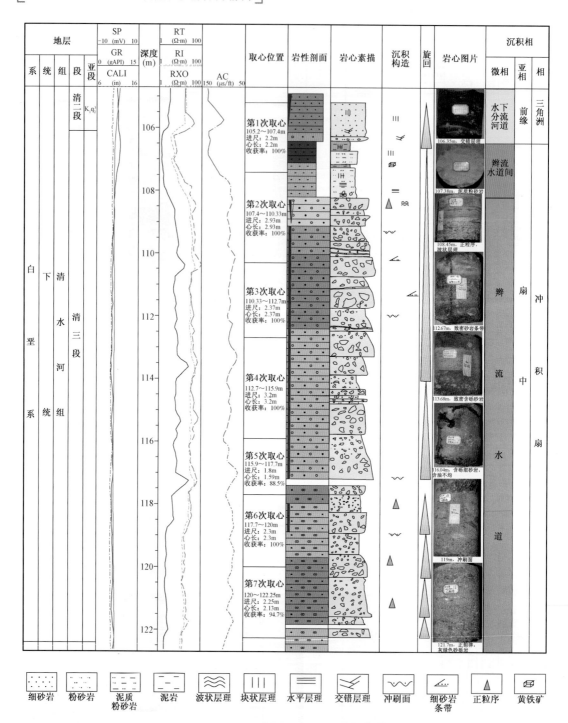

图 3-30 风城地区 Z115 井单井相分析图

重 37 井位于重 1 井区,取心井段为 K_1q_3 段,取心深度 181.49～192.15m,岩性以砂砾岩为主,砾石成分复杂,分选差,内部由多个正韵律叠加而成,含少量的黄铁矿晶体,判定该段沉积环境为冲积扇扇中辫流水道沉积(图 3-31)。

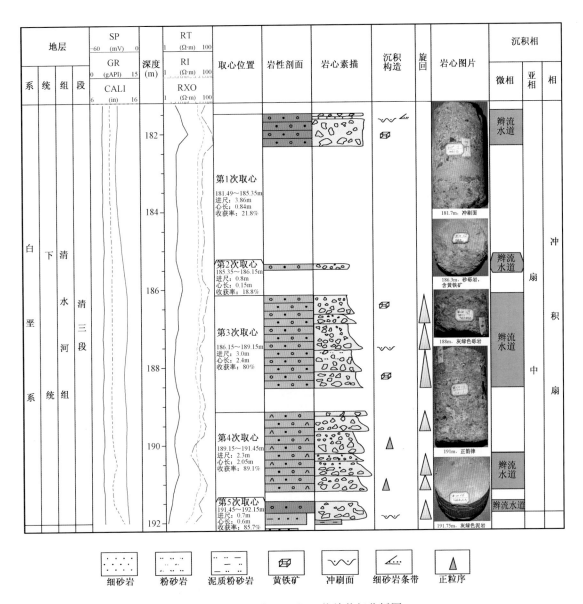

图 3-31 风城地区重 37 井单井相分析图

重 5 井位于重 1 断块以东,本次观察取心层位为清二段(K_1q_2)、清三段(K_1q_3),取心深度为 349.45～388.02m,岩心观察及分析结果显示清三段(K_1q_3)底部为砾岩沉积,向上逐渐变为泥岩,对应的沉积微相为冲积扇扇中辫流水道沉积及辫流水道间微相;清二段(K_1q_2)底部为泥岩,向上变为褐黑色富含油细砂岩,偶含泥砾,平行层理较发育,反映水动力增强,沉积环境由心滩微相逐渐过渡为沉积物性较好水下分流河道微相,再向上沉积物粒度再次变细,由泥质粉砂逐渐变为泥岩,反映其沉积环境转变为水下分流河道间沉积。

FZI208 井位于重 1 断块北部一号矿内,取心层位为清二段(K_1q_2),取心深度范围 147.5～174.6m,取心进尺 27.1m,通过观察显示该段沉积物以灰黑色饱含油细砂岩为主,由多个下粗上细的正旋回构成,旋回底部常常发育冲刷充填界面,且含灰色泥砾,平行层理、波状层理及交错层理发育,泥岩发育部位可见生物扰动构造,且含少量黄铁矿晶体。粒度概率曲线上可以看出以三段式为主,跳跃组分较发育,反映水动力相对强,综合判定该段为辫状河三角洲前缘亚相,发育水下分流河道及水下分流河道间沉积(图3-32)。

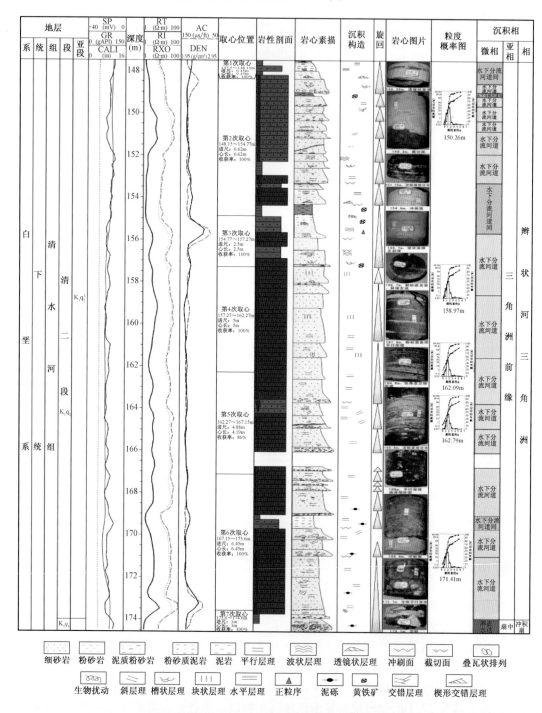

图3-32 风城地区FZI208井单井相分析图

4. 砂体及沉积相剖面展布特征

在上述 14 口单井相分析基础之上,以这几口取心井为基础结合工区内其他井,共建立了 2 条砂体对比剖面图及沉积微相剖面图(图 3－33 至图 3－36),对该区白垩系沉积微相的剖面展布特征进行研究。由图可知,风城地区西部 2、3 号矿地层较薄,砂岩厚度也较薄,1 号矿地层及砂体厚度较大,总体上,砂体横向连通性较好。结合单井相分析及砂体对比剖面,绘制了沉积微相剖面图。

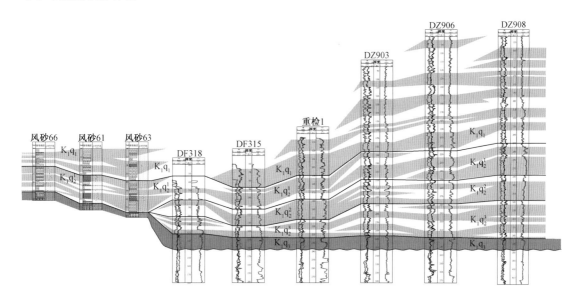

图 3－33 风城地区过风砂 66 井—DZ908 井砂层对比图

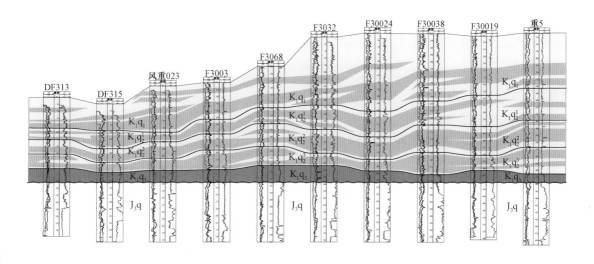

图 3－34 风城地区过 DF313 井—重 5 井砂层对比图

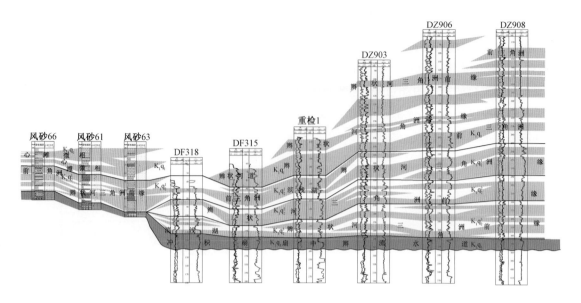

图 3 - 35　风城地区过风砂 66 井—DZ908 井沉积相剖面图

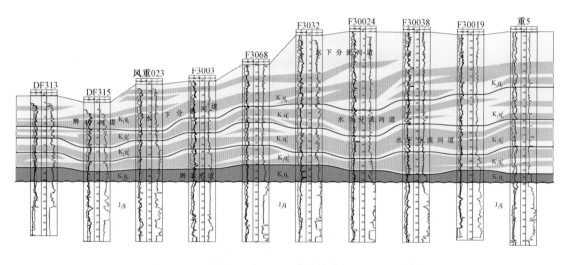

图 3 - 36　风城地区过 DF313 井—重 5 井沉积相剖面图

三、砂体及沉积相平面展布特征

1. 砂体展布特征

K_1q_3 段主要发育砂砾岩,全区连片分布,总体上,在 1 号矿、重 1 井区、2 号矿以及靠近西北边缘老山附近的砂砾岩厚度较大,南部砂砾岩厚度较薄,砂体厚度反映出冲积扇的形态特征。$K_1q_2^3$ 亚段主要发育细砂岩、粉砂岩,砂岩厚度 10～34m,砂厚高值带呈朵状分布,在重 1 井区砂体厚度较大(图 3 -37)。$K_1q_2^2$ 亚段主要发育细砂岩、粉砂岩,砂岩厚度 8～30m,砂厚高值带呈朵状分布,在重 1 井区及重 1 井区南部砂体厚度较大。$K_1q_2^1$ 亚段砂体在工区东部及 2 号矿厚度较大,在 1 号矿和 3 号矿厚度较薄。K_1q_1 段砂体在工区东南部砂体厚度较大,北部砂体厚度较小。

— 92 —

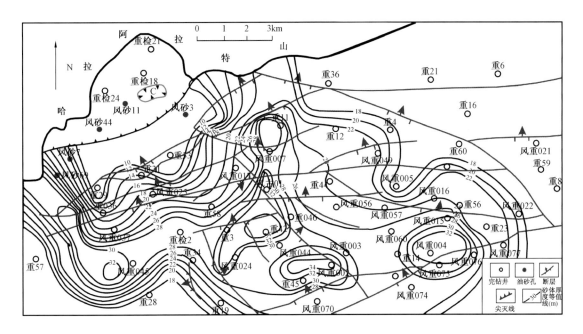

图 3 – 37　风城地区白垩系清水河组 $K_1q_2^3$ 砂体厚度等值线图

2. 砂地比分布特征

$K_1q_2^3$ 亚段在 1 号矿砂地比最高,其次在 2 号矿南部及重 1 井区南部较高,总体上砂地比高值呈朵状分布,能较好地反映出辫状河三角洲的展布形态(图 3 – 38)。

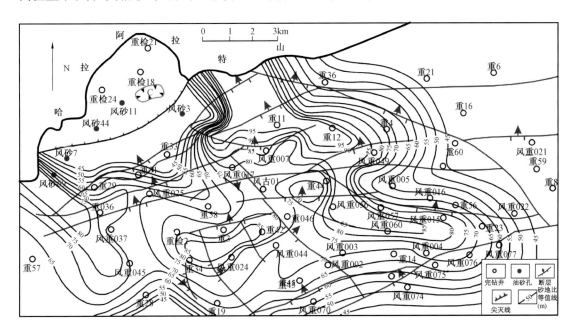

图 3 – 38　风城地区白垩系清水河组 $K_1q_2^3$ 砂地比等值线图

$K_1q_2^2$ 亚段砂地比特征与 $K_1q_2^3$ 亚段相似,在 1 号矿砂地比最高,其次在 2 号矿南部及重 1 井区南部较高,总体上砂地比高值呈朵状分布,能较好地反映出辫状河三角洲的展布形态,三角洲继承性较强。$K_1q_2^1$ 亚段在 1 号矿砂地比最高,向南逐渐减小,砂地比高值呈朵状分布。

K_1q_1 段在 1 号矿、2 号矿及 3 号矿北部靠近老山附近砂地比高,向南逐渐变低,反映出沉积物来源于北部凸起,总体上砂地比高值呈朵状分布。

3. 沉积相平面分布特征

K_1q_3 沉积微相平面展布:该层全区发育砂砾岩沉积,面积广且厚度大,岩心观察结果表明砂砾岩颗粒粗,分选磨圆差,故判定其为冲积扇的扇中亚相。

$K_1q_2^3$ 沉积微相平面展布:该层沉积亚相主要为辫状河三角洲前缘沉积,全区内发育两个三角洲朵体,其中 1 号矿附近三角洲规模相对较大,主要沿着风砂 5—风砂 73—风砂 201 井一带展布,在 DF235 井附近分支为两条河道,分别沿着 F3032 井—风重 032 井一带、重 39—风重 060—风重 010 井一带分布,在两个分支河道间为水下分流间湾沉积。在工区西部重 32 断块附近为一小型三角洲,由西北部至风砂 216 井附近为辫状河三角洲前缘亚相,逐渐渐变为三角洲前缘亚相,主要沿着 DF315、重检 1、风重 023、DZ909 井一带延伸,发育水下分流河道沉积,河道末端为前缘席状砂微相,其他部位为滨浅湖亚相沉积(图 3–39)。

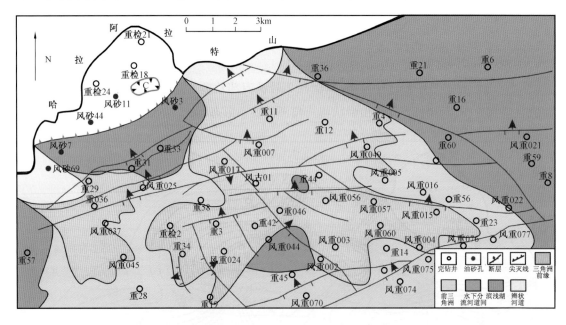

图 3–39 风城地区白垩系清水河组 $K_1q_2^3$ 沉积相平面分布图

$K_1q_2^2$ 沉积微相平面展布:该层内主要发育辫状河三角洲前缘亚相沉积,1 号矿附近沿着风砂 5—F3033—风重 030—风重 034 井一带发育辫状河水下分支河道沉积,展布方向由北向南,在末端分支为 6 条小的河道,其中在风重 049 井、DF221 井以及风重 026—风重 031 井一带发育分流河道间沉积;西部的重 32 井区附近为另一个小型三角洲,沿着重 29—风重 037—风重 045 井一带由北向南展布,主要发育水下分流河道沉积,河道末端发育前缘席状砂微相(图 3–40)。

$K_1q_2^1$ 沉积微相平面展布:本层主要发育 3 个辫状河三角洲扇体,其中 1 号矿附近规模较大,主要发育辫状河三角洲前缘亚相,延伸方向由北向南,北部主要沿着 DF316—风砂 54—

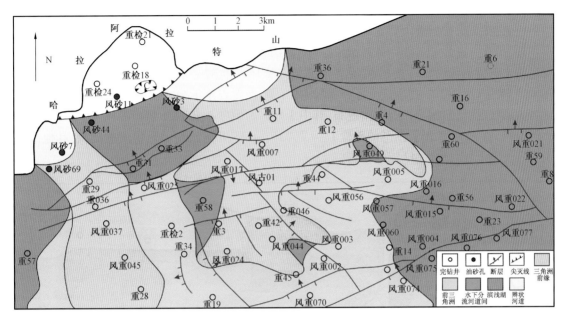

图 3 – 40 风城地区白垩系清水河组 $K_1q_2^2$ 沉积相平面分布图

F10326 井一带展布,其中在风砂 54 井附近分支为两条水下分支河道,分别沿 DF311—风重 028—F3022 井一带和重 13—F4006—风重 020 井一带发育,在两条河道间发育水下分支河道 间微相,1 号矿南部沿着分流河道末端发育前缘席状砂沉积;工区西部 2 号矿风砂 16 井区内 发育一小型三角洲,在风砂 18—风砂 23 井一带为辫状河水下分流河道沉积,末端为前缘席状 砂沉积;此外工区西南部的重 27 井、DZ908 井一带砂地比相对较高,研究表明为一小型辫状河 三角洲,主要发育水下分流河道沉积。其他部位为滨浅湖沉积(图 3 –41)。

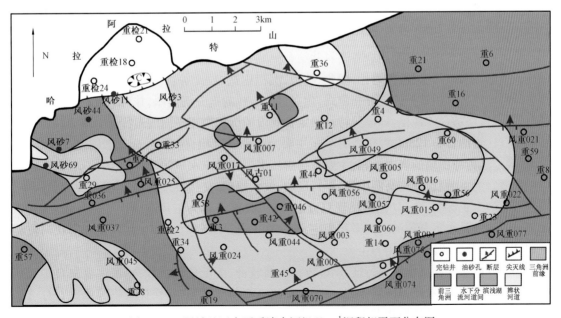

图 3 – 41 风城地区白垩系清水河组 $K_1q_2^1$ 沉积相平面分布图

K_1q_1 沉积微相平面展布:该区物源主要来自于北部,根据砂体平面分布特征以及岩心观察结果表明,在 1 号矿附近主要发育辫状河三角洲前缘亚相,以水下分流河道微相为主,主要分布在重 36 井—风砂 113 孔—风砂 56 孔—风重 011 井—风重 044 井一带;在 1 号矿水下分流河道的末端为前缘席状砂微相,主要沿着重 4—重 16—重 57—重 45—风重 018 井一带分布;在风砂 55 孔、风砂 127 孔附近两条分支水道的分叉处发育水下分支河道间微相。2、3 号矿矿区内为辫状河沉积,河道由北向南展布,其中 3 号矿的风砂 4 井区、2 号矿的风砂 16 井区发育心滩微相,重 32 断块以及南部的重检 1、风重 023、重 33 井附近均为辫状河道沉积;其他部位发育滨浅湖沉积(图 3-42)。

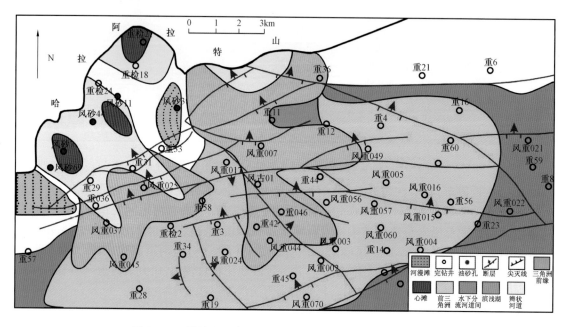

图 3-42　风城地区白垩系清水河组 K_1q_1 沉积相平面分布图

该区的沉积微相主要利用岩心资料并结合测井资料来进行划分,从单井相的岩心观察与描述入手,分别对目的层段的岩性、颜色、结构、沉积构造、粒度等特征进行研究,划分单井相,然后分别确定各沉积微相的测井相模式,建立过取心井的连井剖面图,并对未取心井沉积微相进行划分,最终结合砂地比,砂厚等特征确定各亚段的沉积微相平面展布特征。本区共观察取心井 14 口,含油岩心 128m,观察表明 K_1q_3 主要为砂砾岩沉积,粒度粗,分选磨圆差,沉积厚度较大,判定其为冲积扇的扇中亚相,主要发育辫流水道和辫流水道间两种微相;K_1q_2、K_1q_1 岩性以中细砂岩为主,颗粒分选磨圆中等,平行层理、波状层理、交错层理发育,常见冲刷充填构造,内部发育多个正旋回,C—M 图上呈现双流态特征,故判定其为三角洲前缘亚相沉积,主要以水下分流河道及水下分流河道间微相为主,其次在 K_1q_1 风砂 16、风砂 4 井区发育辫状河流相沉积,以心滩及分流河道微相为主。

综合分析该区的沉积演化特征,K_1q_3 段湖平面较低,为低位域沉积,物源主要来自工区西北部哈拉阿拉特山,水动力极强,水流携带大量的砾石向全区搬运,快速堆积导致砾石分选磨圆差,该层主要发育冲积扇相沉积,以辫流水道沉积为主;到 $K_1q_2^3$ 沉积时期湖平面快速上升,没过整个工区,该时期对应湖侵体系域,在1号矿北部及2号矿西北部分别为两处物源,辫状河携带大量的泥砂经过短距离的搬运直接进入湖盆中,形成辫状河三角洲前缘亚相沉积;至$K_1q_2^2$沉积时期,持续进行湖侵,水体继续加深,向物源方向推进,导致三角洲前缘亚相沉积范围缩小,但整体依然以辫状河三角洲前缘亚相为主,其次为辫状河三角洲平原亚相;$K_1q_2^1$时期湖平面略有下降,为一湖退体系域,湖平面向工区南部降低,辫状河三角洲前缘沉积范围增大;至K_1q_1沉积时期为高位域早期,呈进积式沉积,湖平面下降,三角洲前缘规模缩小,工区西北部发育辫状河流相沉积。

第五节　油砂矿储层精细描述

一、岩石学特征

1. 宏观岩石学特征

通过对岩心观察与描述和岩石薄片资料分析表明,清水河组总体为一套碎屑岩沉积,岩性以砂岩为主,次为砾岩、砂砾岩和泥岩(图3－43)。

(a) 细砂岩　　(b) 泥砾岩　　(c) 砂砾岩　　(d) 泥岩

图3－43　白垩系清水河组宏观岩石学特征

1)砂岩

砂岩为粒度在0.0625～2mm之间的碎屑岩,在工区内为分布最广、厚度最大的一类岩石,主要分为细砂岩、中细砂岩、极细砂岩,其中以细砂岩为本区的主要储层岩石类型。颜色多为灰色、深灰色、灰褐色。砂岩的成分以石英、长石为主,岩屑次之,胶结中等—致密。砂层主要分布在K_1q_2和K_1q_1砂层组,连片分布,厚度较大,呈正粒序,发育块状层理、波状层理、平行层理和交错层理;颗粒分选、磨圆中等;总体来看,结构成熟度中等。

2)砾岩

砾岩主要由粒度大于2mm的粗碎屑颗粒组成,本区砾岩主要包括砂砾岩和泥砾岩两类,以泥砾岩为主约占60%,颜色主要为浅灰色和灰绿色,砂砾岩呈深灰色和绿灰色。砾岩主要分布在K_1q_3砂层组中下部,K_1q_2砂层组中含少量砾岩且多分布在冲刷面和泥岩垮塌界面附近,砾石胶结中等,分选磨圆差,多呈正粒序,定向排列。

3）泥岩

本区泥岩主要包括纯泥岩、灰质泥岩及粉砂质泥岩等,颜色以灰绿色和浅灰色为主,多发育水平层理和块状层理,且常见黄铁矿晶粒,反映其形成于还原环境,纯泥岩胶结疏松,含钙时较致密。泥岩层主要分布在 K_1q_1、K_1q_2 砂层组,其中在 $K_1q_2^1$、$K_1q_2^2$、$K_1q_2^3$ 小层顶部均发育有一套薄泥岩层,K_1q_1 砂层组中泥岩层厚度相对较大;此外部分地区在 K_1q_3 砂层组顶部也可见泥岩层。

2. 微观岩石学特征

利用收集到的岩石薄片资料,分 1、2、3 号矿三个研究单元分别对其岩石成分、粒度、填隙物、孔隙等微观特征进行研究。

1）碎屑组分及岩石分类

根据 12 口井 69 块岩石薄片资料,1 号矿 K_1q_1 砂层组及 $K_1q_2^1$、$K_1q_2^2$、$K_1q_2^3$ 小层储层岩性主要为灰色、深灰色细粒、细中粒岩屑砂岩,其次为极细细粒岩屑砂岩;K_1q_3 砂层组则主要为长石岩屑砂岩、灰绿色小砾岩及深灰色砂质砾岩(图 3 - 44)。其中砂岩碎屑成分中石英含量 11.0% ~ 45.0% ,平均 21.9%;长石含量 10.0% ~ 35.0% ,平均 22.1%;岩屑含量 35.0% ~ 78.0% ,平均 56.0% ,岩屑以凝灰岩为主(18.0% ~ 61.0% ,平均 41.6%) ,其次为霏细岩、千枚岩、安山岩、泥岩、云母、硅质岩、花岗岩、石英岩岩屑;碎屑颗粒主要为次棱角—次圆状。分选以好为主,次为中等,接触方式以点接触为主,次为线接触。杂基主要为泥质,含量微量 ~ 7.0% ,平均 3.65%。胶结物主要为方解石,其次为黄铁矿,含量微量约 6.0% ,平均 1.7%。胶结类型以孔隙型为主,次为压嵌型。胶结程度中等—致密。砾岩中砾石成分 60.0% ,原岩以泥岩为主,砂质成分 33% ,以凝灰岩为主,其次为石英、长石、霏细岩等,杂基主要为泥质,含量 4.5%。胶结物含量微量,主要为黄铁矿。

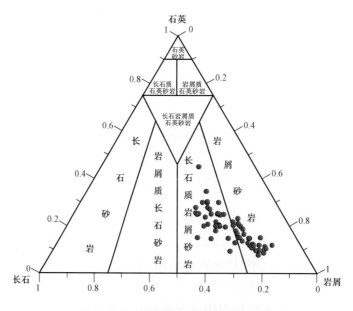

图 3 - 44 1 号矿岩石矿物组分三角图

根据11口井30块岩石薄片资料,2号矿白垩系清水河组储层岩性主要为灰色、深灰色极细粒细粒长石岩屑砂岩、细粒长石岩屑砂岩、细粒岩屑砂岩及灰绿色小砾岩(图3-45),其次为极细粒岩屑砂岩。其中砂岩碎屑成分中石英含量15.0%~40.0%,平均22.85%;长石含量16.0%~31.0%,平均23.4%;岩屑含量40.0%~59.0%,平均53.75%,岩屑以凝灰岩为主(25.0%~63.0%,平均49.7%),其次为硅质岩、霏细岩、千枚岩、泥岩、花岗岩、石英岩、云母岩屑;碎屑颗粒主要为次棱角状,其次为次圆状。分选好、差各占一半。接触方式以点接触为主。杂基主要为泥质,含量2.0%~5.0%,平均3.7%。胶结物含量3.0%~4.0%,平均3.3%,主要为方解石,其次为黄铁矿、方沸石。胶结类型以压嵌型为主,胶结程度中等。砾岩所做样品较少,砾石成分66.0%以凝灰岩为主,其次为玄武岩、泥岩、花岗岩、方沸石等,砂质成分30%,以凝灰岩为主,其次为石英、长石、霏细岩等,杂基主要为泥质,含量3.0%。胶结物含量为微量,主要为方沸石。

根据8口井32块岩石薄片资料,3号矿白垩系清水河组储层岩性主要为灰色、深灰色细粒长石岩屑砂岩及灰绿色小砾岩,其次为极细粒岩屑砂岩(图3-46)。其中砂岩碎屑成分中石英含量8.0%~31.0%,平均17.9%;长石含量14.0%~34.0%,平均25.5%;岩屑含量40.0%~69.0%,平均56.6%,岩屑以凝灰岩为主(17.0%~72.0%,平均47.8%),其次为硅质岩、霏细岩、千枚岩、泥岩、花岗岩、石英岩、云母岩屑;碎屑颗粒主要为次棱角状,其次为次圆状。分选以好为主。接触方式以点接触为主。杂基主要为泥质,含量2.0%~5.0%,平均4.0%。胶结物含量1.0%~3.0%,平均2.3%,主要为方解石,其次为黄铁矿、方沸石。胶结类型以压嵌型为主。胶结程度中等。砾岩中砾石成分60.0%,以凝灰岩为主,其次为玄武岩、泥岩、花岗岩、方沸石等,砂质成分36%,以凝灰岩为主,其次为石英、长石、霏细岩等,杂基主要为泥质,含量3.0%。胶结物含量微量,主要为方沸石(表3-5)。

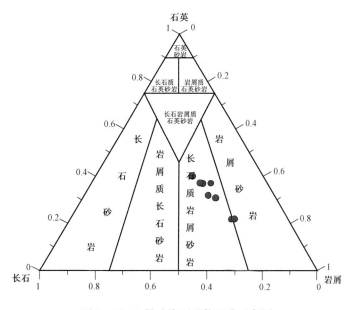

图3-45 2号矿岩石矿物组分三角图

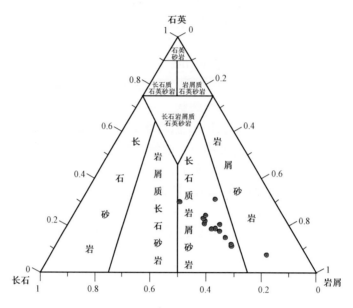

图 3 - 46 3 号矿岩石矿物组分三角图

表 3 - 5 风城油砂矿白垩系清水河组储层岩性特征统计表

区域	岩性	碎屑成分		分选	接触方式	杂基	胶结物	胶结类型	胶结程度
		石英(%)	长石(%)						
1 号矿	中砂—极细砂—细砂岩	21.9	22.1	好	点接触	泥质	方解石	孔隙	中等
2 号矿	极细砂—中砂—细砂岩	22.85	23.4	中等—好	点—线接触	泥质	方解石	孔隙—压嵌	中等
3 号矿	中砂—极细砂—细砂岩	17.9	25.5	好	点接触	泥质	方解石	压嵌	中等

2）粒度分析

1 号矿白垩系清水河组根据全区 20 口井 100 块样品分析统计（表 3 - 6），碎屑岩粒度主要分布在 0.25 ~ 0.063mm 之间，岩性为细砂、极细砂岩和中砂，细粉砂级以下黏土含量为 5.73%（图 3 - 47a）。2 号矿白垩系清水河组根据 3 口井 9 块样品分析统计，碎屑岩粒度主要分布在 0.25 ~ 0.063mm 之间，岩性为细砂和极细砂岩，细粉砂级以下黏土含量为 5.9%（图 3 - 47b）。3 号矿白垩系清水河组根据 11 口井 12 块样品分析统计，碎屑岩粒度主要分布在 0.25 ~ 0.125mm 之间，岩性以细砂为主，细粉砂级以下黏土含量为 7.41%（表 3 - 4 至表 3 - 6，图 3 - 47c）。

表3-6 1、2、3号矿碎屑岩粒度统计表

区块	层位	砂（mm）						黏土（mm）		
		粗砂	中砂	细砂	极细砂	粗粉砂	合计	细粉砂	<0.0039	合计
		1~0.5	0.5~0.25	0.25~0.125	0.125~0.063	0.063~0.03		0.03~0.0039		
1号矿	K₁q	2.1	20.87	45.16	21.81	5.22	95.37	5.01	0.72	5.73
2号矿	K₁q	0.64	13.23	53.66	22.6	4.562	94.69	4.408	1.49	5.9
3号矿	K₁q		19.55	50.96	19.63	2.46	92.6	6.33	1.08	7.41

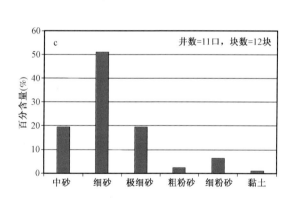

图3-47 1号矿（a）、2号矿（b）和3号矿（c）清水河组碎屑岩粒度直方图

二、储集空间特征

1. 储集空间类型

根据铸体薄片分析资料,1号矿白垩系清水河组储层孔隙类型以原生粒间孔为主(85.0%~100.0%,平均94.8%)(图3-48),其次为剩余粒间孔(1.0%~15.0%,平均4.95%),见少量粒内溶孔。粒间孔径一般42~389.2μm,平均200.7μm,目估面孔率12.58%,孔喉配位数0.06~0.76。

2、3号矿白垩系清水河组储层孔隙类型以原生粒间孔为主(55.0%~100.0%,平均84.1%),其次为剩余粒间孔(3.0%~45.0%,平均18.4%)(图3-49和图3-50)。粒间孔径一般42~389.2μm,平均200.7μm,目估面孔率15%,孔喉配位数0.19~1.65。

F3066井，228.47m，细砂岩，原生粒间孔   FZI229井，120m，细砂岩，
90%，剩余粒间孔10%   原生粒间孔100%

图 3 - 48   1 号矿白垩系储层孔隙类型照片

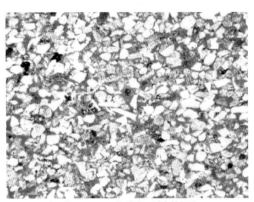 

风砂62井，38.64m，细砂岩，原生粒间孔100%   DF314井，112.06m，原生粒间孔90%，剩余粒间孔10%

图 3 - 49   2 号矿白垩系储层孔隙类型照片

风砂35井，16m，细砂岩，原生粒间孔100%

图 3 - 50   3 号矿白垩系储层孔隙类型照片

2. 孔隙结构特征

根据毛细管压力曲线形态及其特征参数，本区储层可分为 3 类 6 型（表 3 - 7）。

表 3 - 7　风城油砂矿储层分类及评价表

压汞曲线类别	样品数	孔隙度（％）	平均渗透率（mD）	孔喉均值(φ)	分选系数	偏度	退汞效率(％)	饱和度中值压力（MPa）	饱和度中值半径（μm）	排驱压力（MPa）	最大孔喉半径（μm）	平均毛细管半径（μm）	储层评价
Ⅰ a	4	33.4	2710	6.82	3.16	0.94	15	0.09	10.86	0.01	43.41	18.27	极好
Ⅰ b	9	36.9	4300	6.15	2.83	1.31	4.78	0.06	13.30	0.01	58.43	20.77	好
Ⅱ a	12	35.2	1670	7.46	3.03	0.71	14.8	0.14	6.57	0.02	42.48	11.02	较好
Ⅱ b	38	34.1	1481	7.06	2.95	0.92	4.75	0.21	8.56	0.02	48.52	13.05	中等
Ⅲ a	17	34.2	1187	8.10	2.93	0.74	9.40	0.29	3.75	0.03	36.90	7.62	较差
Ⅲ b	7	33.7	825	8.82	2.68	0.45	15.8	0.47	2.00	0.08	29.50	5.92	差

（1）Ⅰ类：分选好，略粗歪度类型，属于好储层，又可进一步分为 $Ⅰ_a$ 型和 $Ⅰ_b$ 型（图 3 - 51）。

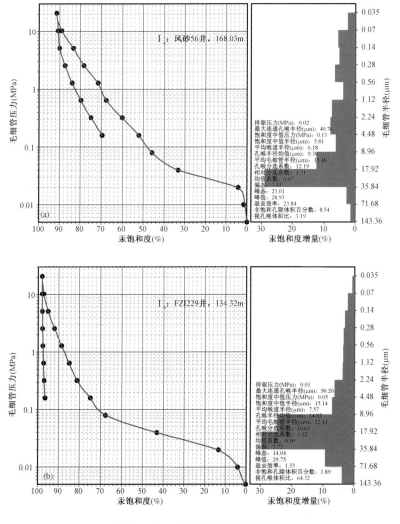

图 3 - 51　Ⅰ 类储层压汞分析图

I_a 型储层为研究区内白垩系的极好储层类型,岩心分析平均孔隙度为33.4%,平均渗透率为 $2710 \times 10^{-3} mD$,排驱压力低,为 0.01 ~ 0.02MPa,饱和度中值压力低,为 0.02 ~ 0.10MPa,平均为 0.09MPa,退汞效率在5.42% ~23.84%之间,为中细砂岩储层,主要发育于1号矿和2号矿中。

I_b 型储层为白垩系好的储层,其岩心平均孔隙度为36.9%,渗透率分布范围在 2870×10^{-3} ~ $5000 \times 10^{-3} mD$ 之间,平均渗透率为 $4300 \times 10^{-3} mD$。排驱压力,在 0.01 ~ 0.02MPa 之间,饱和度中值压力低,为 0.03 ~ 0.08MPa,平均为 0.06Mpa,退汞效率低,在 0.71% ~14.08%,平均退汞效率为4.78%,主要发育于1号矿和2号矿中。

(2)Ⅱ类:分选中等—好,略偏细歪度类型,属于中等储层,又可进一步分为 $Ⅱ_a$ 型和 $Ⅱ_b$ 型(图 3 – 52)。

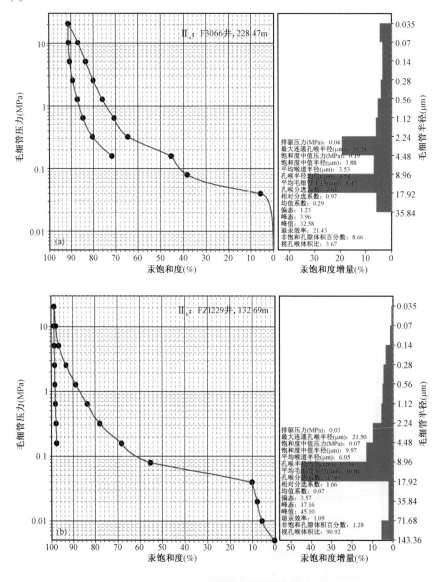

图 3 – 52　Ⅱ类储层压汞分析图

Ⅱ$_a$型:较好储层,平均孔隙度35.2%,平均渗透率1670×10^{-3}mD,排驱压力低,饱和度中值压力中等,平均0.14MPa,退汞效率平均14.8%,主要发育于2号矿和3号矿中。

Ⅱ$_b$型:中等储层,平均孔隙度34.1%,平均渗透率1481×10^{-3}mD,排驱压力低,饱和度中值压力中等,平均0.21MPa,退汞效率平均4.75%,主要发育于2号矿和3号矿中。

(3)Ⅲ类:分选好,偏细歪度类型,属于差储层,可进一步分为Ⅲ$_a$型和Ⅲ$_b$型(图3-53)。

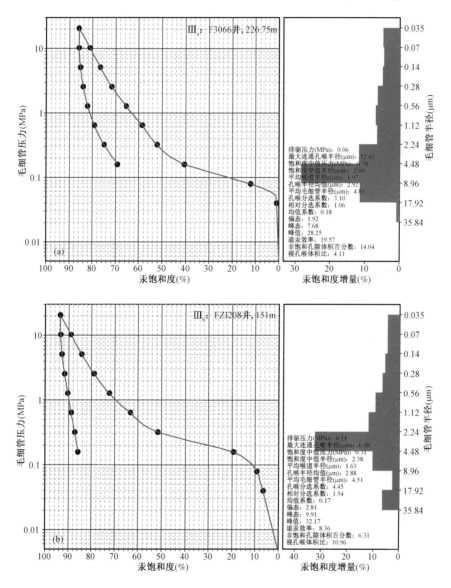

图3-53 Ⅲ类储层压汞分析图

Ⅲ$_a$型:较差储层,平均孔隙度34.2%,平均渗透率1187×10^{-3}mD,排驱压力中等,饱和度中值压力中等,退汞效率平均9.4%,主要发育于2号矿和3号矿中。

Ⅲ$_b$型:差储层,平均孔隙度33.7%,平均渗透率825×10^{-3}mD,排驱压力较高,饱和度中值压力较高,平均0.47MPa,退汞效率平均15.8%,主要发育于2号矿和3号矿中。

三、储层物性

1. 物性分布特征

根据岩心物性分析资料(表3-8),1号矿白垩系清水河组12口井459块样品油砂层孔隙度26.3%～41.6%,平均34.31%;渗透率71.6～8490.18mD,平均1089.65mD(图3-54)。

表3-8 1、2、3号矿物性统计表

区块	层位	平均孔隙度(%)	平均渗透率(mD)
1号矿	K_1q	34.31	1089.65
2号矿	K_1q	34.52	1622.46
3号矿	K_1q	33.99	725.08

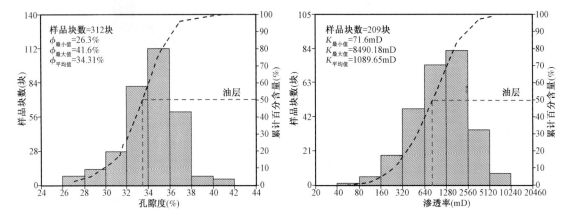

图3-54 1号矿白垩系清水河孔渗直方图

2号矿白垩系3口井43块样品油砂层孔隙度26.6%～38.9%,平均34.52%;渗透率359～5000mD,平均1622.46mD(图3-55);3号矿白垩系清水河组2口井19块样品油砂层孔隙度12.4%～36.6%,平均33.99%;渗透率302～2120mD,平均725.08mD(图3-56)。

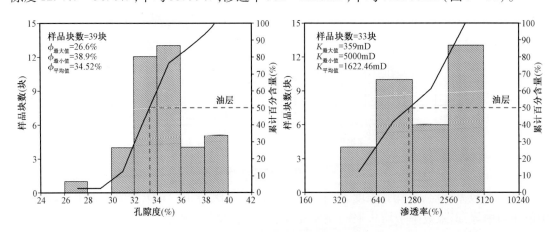

图3-55 2号矿白垩系清水河子孔渗直方图

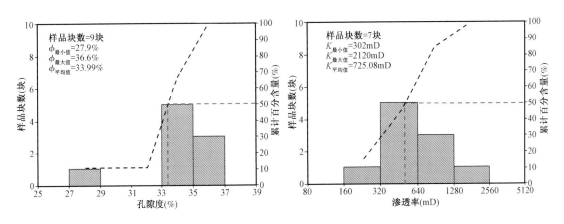

图 3-56　3 号矿白垩系清水河组孔渗直方图

2. 物性影响因素

1) 岩性是控制储层物性的主要因素

利用分析化验中的岩石薄片资料及物性分析资料,对工区内不同岩性及对应孔、渗特征进行研究,对比细砂岩、中砂岩及砂砾岩的物性参数,指出该区储集性能最好的岩性(图 3-57)。

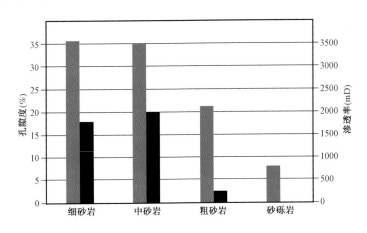

图 3-57　风城地区 K_1q 岩性—孔隙度渗透率关系图

统计结果表明,研究区内各岩性对应物性参数如下,细砂岩:孔隙度 32.5% ~ 41.5%,平均 35.6%;渗透率 503 ~ 5000mD,平均 1860mD。中砂岩:孔隙度 25.7% ~ 36.6%,平均 32.7%;渗透率 169 ~ 3950mD,平均 1230mD。极细砂岩:孔隙度 29.2% ~ 34.9%,平均 31.1%;渗透率 40.9 ~ 699mD,平均 240mD。砂砾岩:孔隙度 6.67% ~ 37.1%,平均 10.3%;渗透率 1.55 ~ 3520mD,平均 70mD。如图 3-58 所示,由细砂岩—中砂岩—极细砂岩—砂砾岩,孔隙度和渗透率均逐渐降低,其中物性最好的为细砂岩,其次为中砂岩,砂砾岩物性最差,因此细砂岩为本区最主要储层岩性类型。

2) 不同沉积微相其物性差异较大

分别统计 1 号矿和 2 号矿所有取心井对应段的物性参数,对比不同沉积微相的孔隙度、渗

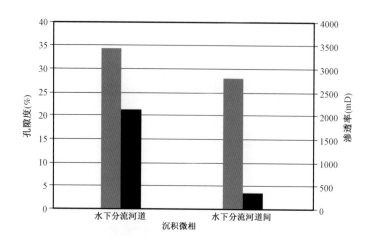

图 3-58 风城 1 号矿沉积微相—孔隙度渗透率关系图

透率值的大小,最终确定在 1、2 号矿区内物性最好的沉积微相类型及其对应的孔隙度、渗透率的大小。

1 号矿内有孔渗分析数据的取心井共 7 口包括:风砂 201、风砂 202、F3066、F4006、重 11、FZI208 和重 37 井,根据其岩心观察结果,表明 1 号矿内 K_1q_1、K_1q_2 砂层组主要发育水下分流河道、水下分流河道间微相,再结合分析化验资料中的孔、渗分析数据,统计结果表明:

(1)水下分流河道微相:孔隙度范围 22.4% ~ 41.3%,平均 34.4%;渗透率值范围:108.1 ~ 17197.05mD,平均 2086.7mD。

(2)水下分流河道间微相:孔隙度范围 2.2% ~ 37.73%,平均 28.1%;渗透率值范围:0.159 ~ 1120mD,平均 403.7mD。

从图 3-58 中可以看出 1 号矿内孔、渗物性最好的的沉积微相为水下分流河道微相,相比之下水下分流河道间微相对应的物性较差,其储集性能也相对较差,在本区被视为无效储层。

2 号油砂矿内有孔渗分析数据的井共有 4 口,包括:重 32 断块内的 DF314、风砂 216 井及其周边的重 18、重 57 井。K_1q_1、K_1q_2 主要发育天然堤、心滩微相,K_1q_3 则主要发育河道滞留微相,孔渗物性特征如下:

(1)天然堤:孔隙度范围 2.9% ~ 33.3%,平均 18.3%;渗透率值范围 0.018 ~ 546mD,平均 145mD。

(2)心滩:孔隙度范围 31.4% ~ 38.9%,平均 34.7%;渗透率值范围 359 ~ 5000mD,平均 2760.9mD。

(3)河道滞留沉积:孔隙度范围 18.03% ~ 24.92%,平均 20.49%;渗透率值范围309.22 ~ 684.91mD,平均 452.24mD。

根据图 3-59 可知,从心滩—河道滞留—天然堤微相孔渗性逐渐降低,故 2 号矿范围内心滩微相发育的地方为孔渗性最好的部位,储集性能最好。

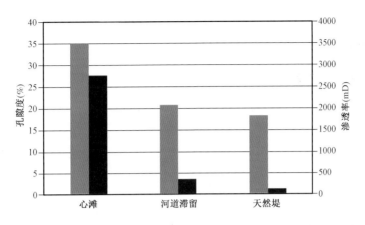

图 3 - 59　风城 2 号矿沉积微相—孔隙度渗透率关系图

四、黏土矿物成分及敏感性分析

根据 X 射线衍射和扫描电镜,对 1 号矿白垩系清水河组 5 口井 35 块样品进行统计分析,黏土矿物成分以蜂巢状、不规则状伊/蒙混层矿物为主(含量 43% ~92% ,平均 71.7%),部分伊/蒙混层矿物包裹整个碎屑颗粒,其次为伊利石(含量 3% ~37% ,平均 11.8%)与绿泥石(含量 3% ~25% ,平均 10.2%)。二者含量相当,此外还含有少量粒间蠕虫状高岭石(含量 1.0% ~15% ,平均 4.3%)。扫描电镜下可以看出自生矿物为少量的立方体黄铁矿晶体及粒状沸石类矿物,见长石碎屑颗粒溶蚀现象(图 3 -60、图 3 -62a 和表 3 -9)。

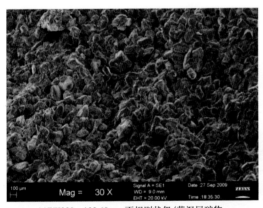

(a)FZI229,132.69m,不规则状伊/蒙混层矿物

(b)风砂201,153.97m,蠕虫状高岭石、油浸

图 3 -60　1 号矿白垩系岩心扫描电镜照片

通过对 2 号矿白垩系清水河组 7 口井 17 块样品进行统计分析,该区黏土矿物成分以蜂巢状、不规则状伊/蒙混层矿物为主(含量 22% ~92% ,平均 61.9%)(图 3 -61、图 3 -62b、表 3 -9),其次为伊利石(含量 2% ~38% ,平均 10.8%),和绿泥石(含量 2% ~26%)观察,样品遭受严重油浸。碎屑颗粒均被油膜包裹,油膜见有干裂现象。自生矿物见有零星分布的黄铁矿晶体。

(a)DF314，112m，蜂巢状伊/蒙混层矿物   (b)风砂62，66.24m，严重油浸，自生矿物见黄铁矿

图 3-61　2 号矿白垩系岩心扫描电镜照片

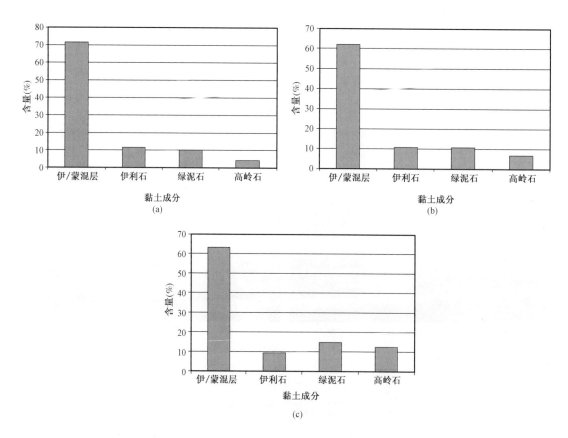

图 3-62　1 号矿(a)、2 号矿(b)和 3 号矿(c)白垩系组黏土成分及含量直方图

表 3 – 9 1、2、3 号矿黏土成分及百分含量统计表

区块	层位	黏土成分及百分含量%			
		伊/蒙混层	伊利石	绿泥石	高岭石
1 号矿	K_1q	71.7	11.8	10.2	4.3
2 号矿	K_1q	61.9	10.8	10.8	7
3 号矿	K_1q	63	9.5	15	12.5

3 号矿白垩系清水河组共 1 口井 2 块样品，黏土矿物成分以蜂巢状、不规则状伊/蒙混层矿物为主（含量 54% ~72%，平均 63.0%）（图 3 –62c 和表 3 –9），其次为绿泥石（含量 11% ~19%，平均 15.0%）、蠕虫状高岭石（含量 10% ~15%，平均 12.5%）、伊利石（含量 7% ~12%，平均 9.5%），在扫描电镜下观察，样品遭受严重油浸，碎屑颗粒均被油膜包裹，孔隙发育。

风城地区白垩系清水河组敏感性测试资料相对较少，其中 1 号矿共计 4 口井 38 块样品，统计分析表明清水河组储层主要表现为弱水敏性，无—弱速敏性；2 号矿 1 口井 4 块样品，表现为中等偏强水敏。

五、储层含油率

根据岩心重量含油率（氯仿溶剂浸泡油砂中氯仿沥青"A"的重量百分比）资料，1 号矿白垩系清水河组含油率范围 6.03% ~17.2%，平均 9.38%；2 号矿白垩系清水河组 6.07% ~13.89%，平均 9.69%；3 号矿白垩系清水河组 6.04% ~17.18%，平均 9.1%（表 3 –10）。

表 3 – 10 风城地区 1、2、3 号矿重量含油率统计表

区块	层位	重量含油率范围（%）	平均重量含油率（%）
1 号矿	K_1q	6.08 ~21.74	11.85
2 号矿	K_1q	6.07 ~13.89	9.69
3 号矿	K_1q	6.04 ~17.18	9.1

通过对风城地区 1、2、3 号矿白垩系清水河组储层的岩石学特征、储集空间类型、物性特征、含油率等系统的分析研究表明：1、2、3 号矿储层岩性主要以中细砂岩为主，颗粒分选相对较好，接触类型为点接触，胶结程度中等；储集空间以原生粒间孔为主，其中 1 号矿 94.8%，2、3 号矿 84.1%，储层类型主要为分选好的略粗歪度储层，属于好储层，其次为分选中等—好，略偏细歪度中等储层；黏土矿物以伊/蒙混层为主，平均含量均在 60% 以上，其次为伊利石及绿泥石各占 10% 左右，其对储层孔隙结构及储集性的影响小；本区储集物性好，孔隙度大多在 30% 以上，1、2 号矿渗透率均大于 1000mD，3 号矿次之；岩心含油率分析表明，3 个矿区的含油率均较高，平均含油率大于 9%，其中 1 号矿高达 11.85%（图 3 –63）。

综上所述，1、2、3 号矿白垩系清水河组储层均为特高孔隙度、高含油率、高渗透率，孔隙连通性较好的储层。

通过对风城 1、2、3 号油砂矿的地层、顶底板构造、埋深、储层、油砂厚度、品级、富集规律和空间展布等进行综合研究和矿藏精细精细描述，建立了油砂体三维可视化模型（图 3 –64）。

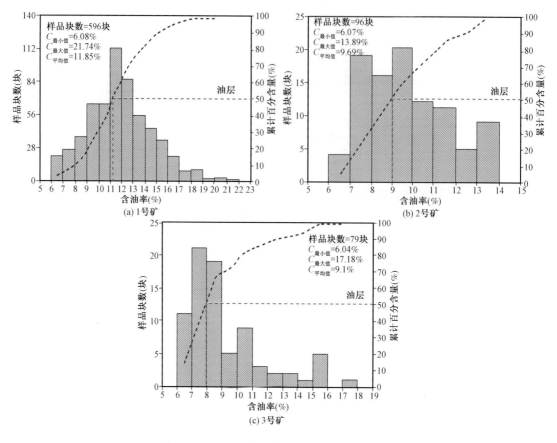

图 3 - 63　1、2、3 号矿白垩系重量含油率直方图

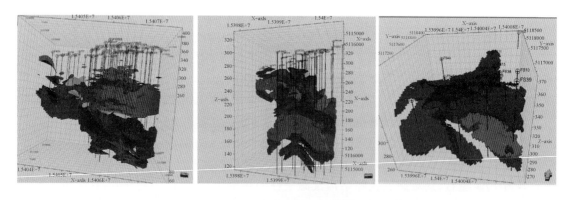

图 3 - 64　风城 1、2、3 号油砂矿油砂三维可视化模型

第四章　新疆风城油砂矿勘探技术

随着国民经济的迅速发展,我国石油资源短缺的矛盾日益突出。在这样的宏观背景下,浅层稠油、油砂的勘探开发正逐渐得到重视。油砂矿藏具有埋藏浅(埋深<500m)、分布广等特点,与常规油气相比在勘探手段方面明显不同。我国油砂的勘查以露头地质调查为主,在2004—2005年新一轮全国油砂资源评价期间对我国油砂资源进行了大规模的摸底勘探,形成了初步的资源评价。新疆油田在长期对油砂矿勘探的探索和实践中,发明和形成了小井距钻孔全井段取心油砂识别技术、油砂有效厚度划分标准建立技术、重量含油率法计算探明储量技术等一套有效的油砂矿勘探技术和方法。在今后还需进一步将钻井勘探、地球物理方法等手段交叉运用于油砂勘查,结合所形成的固体油砂矿藏勘探、评价、现场选样和储量计算方法,完善点面结合、相互验证的勘查控制体系,形成一套适合我国油砂的综合勘查技术方法。

第一节　工区位置和油砂勘探概况

风城油砂矿位于新疆克拉玛依市乌尔禾区境内,处于准噶尔盆地西北缘北端风城油田北部,距克拉玛依市东北约120km,行政隶属新疆克拉玛依市(图4-1),世界魔鬼城风景区在其南部。区域构造位于准噶尔盆地西北缘乌夏断褶带上盘中生界超覆尖灭带上,北以哈拉阿拉特山为界,东与夏子街接壤,西邻乌尔禾镇,南与风城超稠油油藏接壤,矿区东西长约11.35km,南北宽约5.81km,勘探面积59.35km²,地面海拔一般为288~420m,相对高差一般小于30m,属低山丘陵区,工作区大部为无地表植被的戈壁区,内有季节性水沟和小范围沼泽地,属于典型大陆干旱性气候,温差为-40~40℃,降雨量少,蒸发量大。克拉玛依至阿勒泰217国道从工区东部通过,简易油田公路在工区内纵横交错,交通、运输极为方便,油田开发基础设施初步形成,油田开发地面条件较好。在矿区东部和北部有克拉玛依—北屯高速公路穿过。

风城地区油砂资源丰富,地表有国内出露规模最大的油砂山群和零星出露的各种形态油砂残丘,地下有国内规模较大、品质较好的油砂矿。在准噶尔盆地西北缘哈拉阿拉特山前,分布有国内出露规模最大的白垩系地表油砂露头,分布范围约7.97km²,这些含油砂层经千百年的淋溶和风蚀作用,形成了千姿百态的油砂山残丘和风蚀地貌,其独特的造型、清晰的层理构成了风城雅丹地貌另一道亮丽的风景。地表油砂主要分布在油砂山区,以及413、423和415高地四个区域(图4-2):其中裸露严重的油砂山区、413高地和423高地,油砂含油率低(2%~5%),没有工业开采价值;415高地的残留台地油砂保存条件较好,含油率较高(6%~12%),埋藏较浅(5~12m),适合做小试试验。

地下油砂主要分布在地表油砂与风城超稠油油藏之间,发育1号、2号和3号三个油砂矿藏(图4-3)。1号矿发育白垩系和侏罗系两套油砂,油顶埋深50~150m,其中白垩系油砂厚43.9m,含油率11.85%,齐古组油砂厚23.9m,含油率9.38%;2号矿油顶埋深30m,油砂厚度9.4m,含油率9.7%;3号矿油顶埋深14m,油砂厚度6.5m,含油率6.8%。其中1号矿按区块

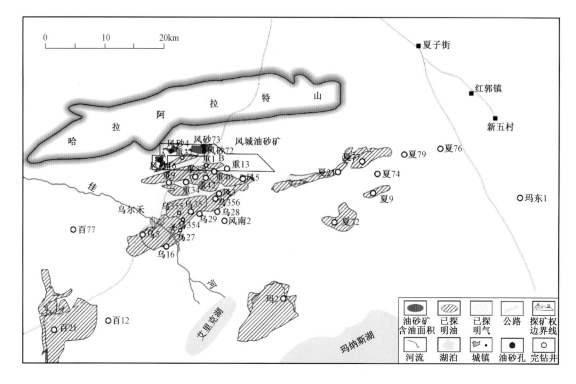

图 4 - 1　风城油砂矿藏位置及矿权范围图

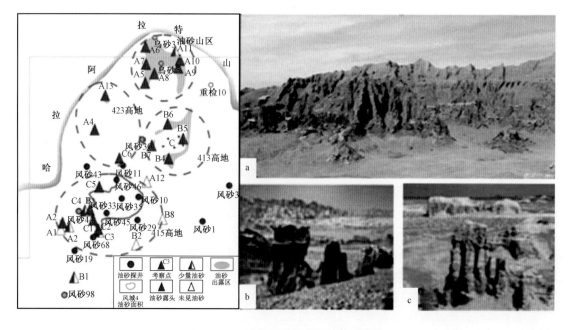

图 4 - 2　风城地区出露地表油砂分布图

(a)油砂山区;(b)413 高地;(c)423 高地

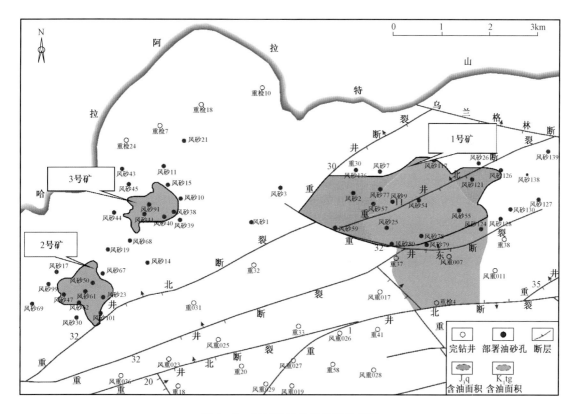

图 4 – 3 风城地区地下油砂分布图

细分为:风砂 72、风砂 73、风重 007 和重 1 四个区块;2 号矿分为:风砂 16 和重 32 二个区块;3 号矿只有风砂 4 一个区块。2012 年通过精细勘探,探明风城油砂矿沥青油地质储量 $4247.68 \times 10^4 t$,控制储量 $8164 \times 10^4 t$,总计 $12411.68 \times 10^4 t$。

风城油砂矿勘探主要经历了三个阶段。

(1)第一阶段:油砂露头区地质综合研究阶段。

1992 年 5 月—1993 年 11 月,新疆局历时一年六个月,在风城油砂露头区进行了野外地质调查。野外勘测面积 $10.0 km^2$,填绘出 $1:10000$ 比例尺的油砂分布图,测量剖面 88 条,钻浅探井 10 口(重检 21 井等),进尺 476m,取心实长 70.14m,对风城油砂露头区的地层构造、储层特征及油砂分布特征等进行了全面的认识,并用重量含油率法初步估算了该区油砂资源量 $472.9 \times 10^4 t$。2004 年在该区北部油砂山完钻 19 口油砂孔(乌砂 1 孔等),油砂主体部位暴露地表,油砂厚度 10m 左右,含油率低为 2% ~ 4.6%,储量规模小,计算油砂山储量为 $44.02 \times 10^4 t$。

(2)第二阶段:油砂矿勘探取得重要突破阶段。

2007—2008 年在风城浅钻油砂孔 80 个,全孔取心,发现风城西区和风城东区两个油砂富集区,东区油砂厚度巨大、含油率高,风砂 51 孔完钻孔深 259m,油砂总厚度 140.8m,其中白垩系 95m,侏罗系 45.8m,油砂疏松、含油饱满、含油率平均 11.3%。此外,在稠油油藏评价开发时,油砂矿区域完钻各类穿层孔 72 口,一个 SAGD 试验区(8 对水平井、26 口观察井)。其中取心孔 12 口,试油试采孔 6 口,各类化验分析资料 4225 块。

(3)第三阶段:油砂矿精细勘探和现场小试试验阶段。

2011 年以来,中国石油和各级地方政府对新疆油砂矿综合利用工作非常重视,决定对风城油砂矿进行精细勘探和小试试验。

2011 年 12 月—2012 年 2 月,依据前期勘探资料,开展了精细地层划分对比、构造、储层、油砂矿床特征、富集规律及控制因素研究,基本确定了风城油砂矿的面积和储量规模。根据矿藏埋深、地质特征和今后开发需要,将储量规模最大的风城东区命名为 1 号油砂矿,风城西区划分为 2 号油砂矿和 3 号油砂矿。初步确定了风城 3 个油砂矿的储量规模 4385.98 × 10⁴t,其中 1 号矿利用 31 口油砂孔及本区评价井、开发控制井的资料,估算含油面积为 5.57km²,储量 4247.68 × 10⁴t;2 号矿根据 19 口油砂孔的资料,估算含油面积为 0.51km²,储量 123.01 × 10⁴t;3 号矿根据 23 口油砂孔的资料,估算含油面积为 0.13km²,储量 15.29 × 10⁴t。在三个油砂矿探坑设计过程中,发现目前的井控程度远远达不到露天开采的要求,前期勘探也没有取得关键的工程地质、水文地质资料。

2012 年 3 月—7 月,三个油砂矿整体部署四轮 64 个钻孔,其中 1 号矿 37 个孔,2 号矿 13 个孔,3 号矿 10 个孔,总进尺 9958.60m,现场描述、照相近万米,选样 2193 块,补取工程、水文地质资料 1800 块,取得了丰富、详实的第一手资料,进一步落实了三个矿的含油面积和探明地质储量。2012 年 8 月选取埋藏较浅、储量规模较小的 3 号矿进行试验,8 月 15 日开挖,露出 70m×70m 范围的油砂层,由于储层非均质性和含油性变化较大,2012 年 9 月选择含油率较高的风砂 4 和风砂 95 孔区部署 16 个加密钻孔,根据新钻孔资料选择含油率较高的区域确定了两个探坑的具体位置和挖掘面积。2012 年 10 月 15 日利用第一个探坑挖掘的油砂生产出了第一桶沥青油。

2012 年 10 月—2013 年 1 月,根据 3 号矿室内实验和油砂处理小试试验结果,发现含油率在 3% ~6% 的油砂洗油效果差,无工业开采价值,综合考虑边界品位、最小有效厚度、埋深、露天开采系数等,最终确定以油浸级以上含油岩心和重量含油率不小于 6% 为下限,以有效厚度 5m 线为含油面积计算线,1、2、3 号矿合计申报新增油砂油探明地质储量为 4385.98 × 10⁴t,叠加含油面积 6.21km²,新增油砂油控制地质储量为 3153.42 × 10⁴t,叠加含油面积 2.75km²。

在风城地区油砂成矿条件及富集规律研究基础上,新疆油田采用小井距钻孔识别油砂矿体技术对风城三个油砂富集区域进行了地质勘查和现场选样。全区共完钻 156 个钻孔、63 口钻井,取得各类化验分析资料 7863 块,建立的油砂有效厚度划分标准和重量含油率法计算探明储量在全国尚属首次,利用全区已完钻的 156 个钻孔、63 口钻井和各类化验分析资料开展了地质综合研究,详细查明了三个油砂矿床的地质特征、矿体形态、产状、规模、油砂质量、品位和开采技术条件,建立了油砂三维展布模型。根据岩心含油产状、重量含油率及室内、现场小试结果,综合确定了油砂有效厚度划分标准,合理确定了各项储量参数,落实了三个油砂矿床探明沥青油地质储量和控制储量。

我国油砂资源量在各盆地分布不均衡,呈现西部油砂矿产多、大、浅,中东部和南部资源量少、小且埋藏深的特点。因此,在油砂矿藏的实际勘探中,亟需准确查明各重点地区主要油砂层的构造形态、储层分布和变化特征;确定含油砂层面积、含油饱和度,探明油砂性质及其在垂向和平面上的变化规律,进而为准确获得我国主要油砂盆地的资源评价参数,点面结合评价全国含油砂盆地提供技术支撑。

第二节　油砂地质勘查阶段划分及勘查工程设计

油砂地质勘查的目的任务是为油砂建设远景规划、矿区总体发展规划、储量资源落实、油井(露天)初步设计提供地质资料。油砂地质勘查工作必须从勘查区的实际情况和油砂矿生产建设实际需要出发,正确、合理地选择采用勘查技术手段,注重技术经济效益,以合理的投入和较短的工期,取得最佳的地质成果。同时,还必须以现代地质理论为指导,采用先进的技术装备和勘查方法,提高勘查成果精度,适应油砂矿建设技术发展的需要。

一、油砂地质勘查阶段划分

油砂地质勘查工作划分为普查、详查和勘探三个阶段。根据工作区的具体情况和探矿权人(勘查投资者,如国家、油田企业、业主、建设单位、地质勘查单位等,以下同)的要求,勘查阶段可以调整。即可按三个阶段顺序工作,也可合并或跨越某个阶段。详查、勘探阶段地质勘查工作各项要求由探矿权人参照本标准确定。

1. 普查阶段

普查是对油砂矿潜力较大地区、物化探异常区,采用露头勘查、地质填图、数量有限的取样及物化探方法进行初步评价,相应估算矿产资源量,并提出是否有进一步详查的价值,或圈定出详查区范围。

油砂普查工作应做到以下要求:确定勘查区的地层层序,详细划分含油砂地层,研究其沉积环境特征;初步查明勘查区构造形态,初步评价勘查区构造复杂程度;初步查明可采油砂层位、厚度和主要可采油砂的分布范围,大致掌握油砂矿的形态、产状、油砂品味等特征,初步评价勘查区可采油砂的稳定程度;调查勘查区自然地理条件、第四纪地质和地貌特征;大致了解勘查区水文地质条件,调查环境地质现状;大致了解勘查区矿床开采技术条件,研究矿产的加工冶炼性能;大致了解其他有益矿产赋存情况;估算各可采油砂层的预测资源/储量。

2. 详查阶段

详查是对普查圈出的详查区采用各种勘查方法、手段及系统取样工程,对详查区内的矿体加以控制,估算矿产资源/储量,并通过预可行性研究,做出是否具有工业价值的评价,圈出勘探区范围。

油砂详查需要更加细致的工作程度,才能达到基本要求:基本查明勘查区构造形态,控制勘查区的边界和勘查区内可能影响油砂矿藏划分的构造,评价勘查区的构造复杂程度;基本查明勘查区地质、矿体规模、形态、产状、大小、黏土矿物成分和含量以及油砂矿品位等,基本确定矿体的连续性,查明矿体的顶底板及隔夹层分布情况;基本掌握油砂矿床的富集规律和控藏因素,评价可采油砂矿床的稳定程度和可采性;基本查明勘查区水文地质条件,主要可采油砂顶底板工程地质特征、地温、地层压力等开采技术条件,对可能影响矿区开发建设的水文地质条件和其他开采技术条件做出评价,初步评价勘查区环境地质条件;对油砂的加工炼制性能进行类比或实验室流程试验研究,评价是否具有工业价值。

对勘查区内可能有利用前景的地下水资源做出初步评价;初步查明其他有益矿产赋存情况,做出有无工业价值的初步评价;估算各可采油砂的控制的资源/储量,其中控制资源/储量分布应符合矿区总体发展规划的要求。

通过上述工作，为是否进一步勘探提供依据，对有工业价值的提供预可行性研究、油砂开采总体规划和油砂项目建议书等。对直接提供开发利用的矿区，其加工炼制性能试验程度应达到可供油砂矿产能建设设计的要求。

3. 勘探阶段

勘探阶段的任务是对勘探区内的矿体，通过加密各种采样工程及采用其他技术方法手段，探求油砂矿产资源/储量，同时为可行性研究或油砂产能建设设计提供依据。

在勘探阶段，要完成以下基本任务：详细查明勘探区构造形态，掌握勘探区的边界和勘探区内可能影响油砂矿藏划分的构造，详细评价勘探区的构造复杂程度；详细查明勘探区地质、矿体规模、形态、产状、大小、黏土矿物成分和含量以及油砂矿品位等，确定矿体的连续性，详细查明矿体的顶底板及隔夹层分布情况，对可采油砂矿床的稳定程度和可采性进行详细评价；详细查明油砂矿开采技术条件，对矿产的加工炼制性能进行实验室流程试验或实验室扩大连续实验，必要时应进行半工业试验，为可行性研究或油砂产能建设设计提供依据；详细查明勘探区水文地质条件，预测开采过程中发生突水的可能性及地段，评述开采后水文地质、工程地质和环境地质条件的可能变化；详细研究矿区范围内主要可采油砂矿床顶底板的工程地质特征、有毒有害气体及地温变化等开采技术条件，并做出相应的评价；基本查明其他有益矿产赋存情况；计算各可采油砂的探明资源/储量。

而对于拟建中型以上机械化程度较高的露天矿，其勘查工作程度除应参照这些基本要求外，根据露天开采的特点，还应符合以下几点要求。(1)详细查明露天开采对大气、周边水源、耕地、城镇村庄等环境的影响，评价环境污染程度；(2)严格控制先期开采地段油砂露头的顶底界面及油砂露头被剥蚀后的形态，露天开采的最下一个油砂层的露头，其底板深度的误差应控制在5m以内；(3)详细查明先期开采地段内落差大于10m的断层；(4)控制褶曲的产状，褶曲轴部的标高应控制在10m以内；(5)查明作为露天边界的断层，以及露天边界以外可能影响露天边坡稳定性的断层；(6)详细查明各油砂层的夹层数、厚度、岩性，对不能分层剥离的夹层和在开采时可能混入油砂中的顶底板岩石，均应评价其对洗油及尾矿处理的影响；(7)基本查明剥离岩层中赋存的其他有益矿产，对具有工业价值的其他矿产，应提出必要的地质资料；(8)详细查明露天开采的最下一个可采油砂层顶板以上各含水层，以及油砂层底板以下的直接充水含水层的分布、厚度及水文地质特征，计算露天开采第一水平的正常涌水量和最大涌水量，评价露天疏干的难易程度；(9)基本查明露天边坡各岩层的岩性、厚度、物理力学性质、水理性质，详细了解软弱夹层的层位、厚度、分布及其物理力学特征，评价影响边坡稳定性的主要地质因素，基本查明露天剥离物的岩性、厚度、分布及其物理力学性质。

二、油砂地质勘查控制程度

油砂地质勘查工作必须根据地形、地质及物性条件，合理选择和使用地质填图、物探、钻探、采样测试等勘查手段。新疆油田对准噶尔盆地油砂的长期研究和勘探实践，确定了以下油砂详查和勘探的勘查工程控制程度标准。

凡裸露和半裸露地区，均应在槽井探及必要的其他地面物探方法的配合下进行地质填图。地质填图的比例尺一般为：(1)普查阶段(1：50000)~(1：25000)，也可采用1：10000；(2)详查阶段(1：25000)~(1：10000)，也可采用1：5000；(3)勘探阶段1：5000，也可采用1：10000。槽井探和地面物探的布置，按有关规程的规定执行。

凡地形、地质和物性条件适宜的地区,应以地面物探(主要是地震,也包括其他有效的地面物探方法)结合钻探为主要手段,配合地质填图、测井、采样测试及其他手段,进行各阶段的地质工作。地震主测线的间距:普查阶段一般为 1.0 ~ 2.0km;详查阶段一般为 0.5 ~ 1.0km;勘探阶段一般为 200 ~ 500m,其中初期开采区范围内为 50 ~ 200m 或实施三维地震勘查。

凡不适于使用地震勘查的地区及裸露和半裸露地区,应在槽探、井探、浅钻、地面物探和地质填图的基础上开展钻探工作,所有钻孔都必须进行测井。露天勘查的工程控制程度,根据露天开发建设的需要,一般应在露天初期开采区范围内采用 200m 平行等距剖面进行加密,其剖面间距可为同类型井田勘探阶段先期开采地段基本线距的 1/2 或 1/4。

三、水文地质勘查类型划分

按直接充水含水层含水空间特征,把油砂矿床水文地质勘查划分为三类。

以孔隙含水层为主的矿床,称孔隙充水矿床;以裂隙含水层为主的矿床,称裂隙充水矿床;以岩溶含水层为主的矿床,称岩溶充水矿床,并按其充水方式不同,分为顶板进水为主的岩溶充水矿床和底板进水为主的岩溶充水矿床。

按直接充水含水层的富水性及补给条件,并结合油砂层与当地侵蚀基准面的关系等其他因素,把各类矿床划分为三型:水文地质条件简单的矿床、水文地质条件中等的矿床和水文地质条件复杂的矿床。对于水文地质条件简单的矿床而言,油砂层位于地下水位以上或季节变化带内,以大气降水为主要充水水源;直接充水含水层单位涌水量 $q < 0.1 \text{L}/(\text{s} \cdot \text{m})$。对于水文地质条件中等的油砂矿床,会出现以下几个情况:直接充水含水层单位涌水量 $0.1 \leq q \leq 1.0 \text{L}/(\text{s} \cdot \text{m})$;直接充水含水层单位涌水量 $1.0 < q \leq 2.0 \text{L}/(\text{s} \cdot \text{m})$,但补给条件不好,与地表水体联系不密切;直接充水含水层与油砂层之间的隔水岩层较稳定,隔水性能较好,水头压力不高,断裂带导水弱。水文地质条件复杂的矿床可能会出现两种状况:直接充水含水层单位涌水量 $q > 2.0 \text{L}/(\text{s.m})$;直接充水含水层单位涌水量 $1.0 < q \leq 2.0 \text{L}/(\text{s.m})$,但补给条件好,与地表水体联系密切;或直接充水含水层与油砂层之间的隔水岩层不稳定,水头压力较高,断裂带导水性强。

四、水文地质勘查工程量

表 4-1 和表 4-2 分别为孔隙、裂隙类充水油砂矿床和岩溶类充水油砂矿床在各阶段所需的基本工程量,为满足相应的工作程度要求,还应注意以下几点。

(1)多油砂层、多含水层的井田(勘查区),应逐层分析各主要可采油砂层的直接充水含水层对矿井充水的影响,确定主要的直接充水含水层,并按其类型布置工程量,对其他直接充水含水层,可适当布置工程量予以控制;

(2)表 4-1 中所列抽水试验工程量为一般要求,对拟建大、中型井的井田(勘查区)所控制的面积,详查阶段约为 50 ~ 100km²,勘探阶段约为 10 ~ 20km²,结合勘查面积的大小,可酌情增减工程量;

(3)拟建小型井的井田(勘查区),水文地质条件简单的一般可不布置抽水试验和钻孔长期观测,水文地质条件中等的可参照表中所列同类矿床的简单型,水文地质条件复杂的可参照表中所列同类矿床的工程量酌情减少;

(4)井田(勘查区)内或邻近地区有水文地质条件相似的生产矿井资料时,抽水试验工程量可适当减少;

（5）表中所列勘探阶段揭露油砂层底板直接充水含水层的钻孔数量，对大型井为初期开采区范围的要求，对中、小型井则为第一水平范围内的要求，上述范围以外的其他地段，可布置少量钻孔进行控制。

表4-1 孔隙、裂隙类充水矿床一般所需基本工程量表

项目		阶段	类型					
			孔隙类			裂隙类		
			简单	中等	复杂	简单	中等	复杂
水文地质测绘		普、详	（1:50000）～（1:25000）			同左		
		勘探	（1:10000）～（1:5000）					
钻孔简易水文地质、工程地质观测		普、详、勘	全部钻孔均进行观测，根据实际需要选择观测项目			同左		
抽水试验（次）	单孔（个）	详	直1～2	直2～4 间1～2	直4～6 间2～3	直1～2	直2～4 间1～2	直4～6 间2～3
		勘探	直1～2	直2～3 间1～2	直3～4 间2～3	直1～2	直2～3 间1～2	直3～4 间2～3
	孔组（群孔）	勘探	—	—	直1～2组	—	—	直1～2组
	大径孔组（群孔）	勘探	—	—	必要时 直1～2组	—	—	必要时 直1组
长期观测	钻孔（个）	详、勘	—	—	直6～8 间1～2	—	—	直6～8 间1～2
	生产矿井	普	进行一般性了解			同左		
		详、勘	系统地详细收集资料					
	井泉	普、详、勘	选择有代表性的点					
	地表水	普	有必要时设站观测					
		详、勘	对开采有影响的地段设足够的站观测					
	物理地质现象	普、详、勘	对开采可能有影响的地段设站观测					
揭露底板直接充水含水层的地质钻孔（孔/km²）		普、详	少量			少量		
		勘探	累计0.5	累计0.6	累计0.7	累计0.4	累计0.5	累计0.6
第四系加密孔		详、勘	油砂层隐伏露头附近加密到			同左		
			500～700m		250～500m			
岩、土样		详、勘	除工程地质勘探线上的钻孔外，选择有代表性的钻孔分层取样			按要求选择有代表性点分层取样		
水样		普、详、勘	选择有代表性的点取样			同左		
地面物探		普、详、勘	一般应进行地面物探			同左		
水文测井		详、勘	第四系加密孔，专门水文孔均应进行水文测井					

直—直接充水含水层；间—间接充水含水层。

表4-2 岩溶类充水矿床一般所需基本工程量表

项目		阶段	类型					
			顶板进水为主			底板进水为主		
			简单	中等	复杂	简单	中等	复杂
水文地质测绘		普、详	(1:50000)~(1:25000)			同左		
		勘探	(1:10000)~(1:5000)					
钻孔简易水文地质、工程地质观测		普、详、勘	全部钻孔均进行观测，根据实际需要选择观测项目					
抽水试验（次）	单孔（个）	详	直3~4 间1~2	直4~6 间2~3	直6~8 间3~5	直3~5 间2~3	直5~8 间3~5	直8~10 间5~6
		勘探	直1~2	直2~3 间1~2	直3~4 间2~3	直1~2	直3~4 间2~3	直4~5 间2~3
	孔组（群孔）	勘探	—	直1组	—	—	直1~2组	—
	大径孔组（群孔）	勘探	—	—	必要时 直1~2组	—	—	必要时 直1组
长期观测	钻孔（个）	详、勘	—	—	直6~8 间1~2	—	—	直6~8 间1~2
	生产矿井	普	进行一般性了解			同左		
		详、勘	系统地详细收集资料					
	井泉	普、详、勘	选择有代表性的点					
	地表水	普	有必要时设站观测					
		详、勘	对开采有影响的地段设足够的站进行观测					
	物理地质现象	普、详、勘	对开采可能有影响的地段设站观测					
揭露底板直接充水含水层的地质钻孔（孔/km²）		普	—			少量		
		详				0.1~0.2	0.2~0.4	0.3~0.6
		勘探				累计 0.5~1.0	累计 1.0~1.5	累计 1.5~2.5
第四系加密孔		详、勘	油砂层隐伏露头附近加密			同左		
			500~700m	250~500m				
岩、土样		详、勘	选择有代表性的钻孔分层取样			揭露底板含水层孔数20%取化学分析样		
水样		普、详、勘	选择有代表性的点取样			同左		
地面物探		普、详、勘	一般应进行地面物探					
水文测井		详、勘	第四系加密孔，专门水文孔均应进行水文测井			底板含水层段要测井，其他同左		

直—直接充水含水层；间—间接充水含水层。

对于露天油砂矿而言,水文地质条件简单的油砂矿,为不需要专门疏干的矿床,其地形一般有利于自然排水,地下水补给量极少,而对于直接充水含水层 $q < 1.0L/(s \cdot m)$,很少存在难于疏干的强持水岩层。对于水文地质条件中等的露天油砂矿,其矿床易于疏干,对于 $1 < q < 10L/(s \cdot m)$ 直接充水含水层而言,含水层持水性小;对于 $10 < q \leqslant 20L/(s \cdot m)$ 的直接充水含水层,补给来源相对缺乏。对于地质条件复杂的、难于疏干的油砂矿床,具有以下两个特征:直接充水含水层 $q > 10L/(s \cdot m)$,附近有较大的地表水体,并与地下水有水力联系;或者补给条件虽然不好,但 $q > 20L/(s \cdot m)$;露天直接充水含水层厚度大、分布广、持水性强,易产生流沙等工程地质问题,不易疏干。

表 4-3 为露天油砂矿勘查应满足的抽水试验工程量。

表 4-3　露天抽水试验工程量表

类	型	直接充水含水层		
		单孔	群孔(组)	大口径群孔(组)
孔隙充水矿床	第一型	2~3		
	第二型	3~5	1~2	0~1
	第三型	5~8	2~3*	2~3
裂隙充水矿床	第一型	2~3		
	第二型	3~6	1~2	0~1
	第三型	6~9		1~2
岩溶充水矿床	第一型	2~3		
	第二型	5~7	1~2	1~2
	第三型	7~10		2~3

* 只适用于第一类第三型第二种情况。

第三节　小井距钻探及油砂选样标准技术

利用地震、钻井、钻孔、测井和岩心等资料,综合研究油砂分布规律和矿藏类型,弄清油砂横向、纵向分布,探明储量井距 200~500m,油砂体不稳定矿藏井距可适当加密成 50~200m;控制储量井距 500~1000m;预测储量井距大于 1000m。

一、小井距钻孔全井段取心油砂识别技术

通过油砂露头地面地质调查和风城地区地质特征、成藏规律研究,初步掌握了地表油砂的分布规律和范围,研究清楚了风城油砂矿藏形成条件、矿藏特征及富集规律,为下步勘探提供了充分依据。

在注采条件相同情况下,对井距为 80m、100m、120m 和 140m 进行优化(表 4-4)。

表4-4 不同井距开发效果表

井距(m)	稳产时间(d)	注气量(10⁴m³)	产油量(10⁴t)	日产油量(t)	汽油比	采出程度(%)
80	1907	36.4	18.9	99.5	0.521	60.2
100	2380	48.8	23.5	98.6	0.485	59.2
120	2890	61.8	28.1	97.1	0.454	58.6
140	3430	76.2	32.4	94.3	0.425	57.7

从表4-4可以看出,井距增大,稳产期变长,但是日产油、采收率和油汽比降低,说明井距增大,重力泄油效率降低。

由于露天开采对矿体描述精度要求非常高,按照露天开采(固体矿)规范,结合风城油砂矿藏实际特点开展了小井距全井段取心精细勘探,对于油砂分布较稳定的1、2号矿按照200m井距勘探,对于储层非均质性和含油性变化较大的不稳定型3号油砂矿,按照50m井距勘探(图4-4)。

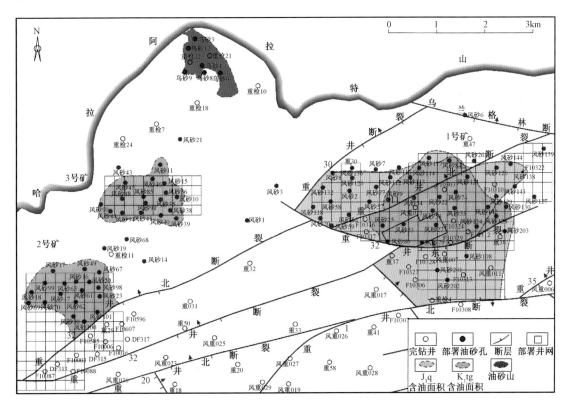

图4-4 风城油砂矿整体部署图

所有钻孔全井段取心,现场选取含油率、岩石密度、岩石薄片、碎屑岩粒度、黏土含量等矿藏地质和工程地质、水文地质资料。

油砂矿作为一种特殊矿藏,勘探、评价方法与常规油藏不同,钻孔孔距要能达到满足控制矿体的连续性,矿床的地质特征、矿体的形态、产状、规模、矿石质量、品位和开采技术条件要详细查明,对矿产的加工炼制要进行实验室试验和现场半工业化试验,才能为下步可行性研究或方案编制提供依据。

　　根据固体矿标准和前人已完钻油砂孔,在 200m 井距正方形井网上共部署 4 轮 64 个油砂孔,实际完钻 60 口,全井段取心,现场选取含油率、粒度、岩石薄片、X 射线衍射、黏土含量等化验分析资料,个别重点井进行测井。3 号探坑在挖掘工程中,由于储层含油性变化较大,落实含油性较好区域,在含油率较高的区域又以 50m 孔距又部署 16 个孔。全区实际完钻 78 个油砂孔,取得油浸级以上油砂岩心 2218.0m。其中又以 1 号矿油砂厚度最大,品质最好(图 4-5)。

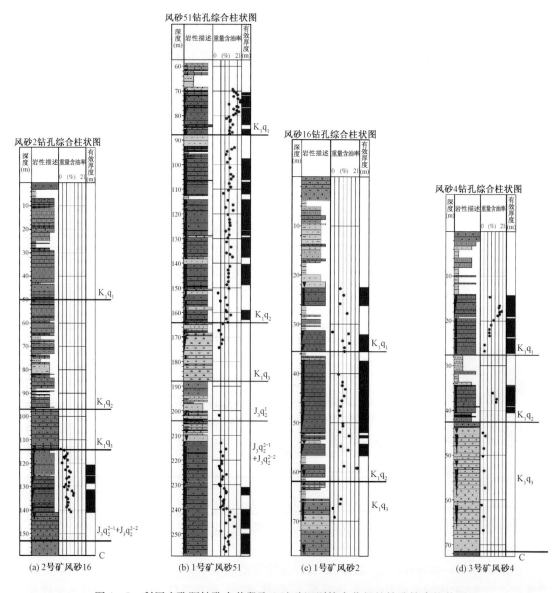

图 4-5　利用小孔距钻孔全井段取心油砂识别技术获得的钻孔综合柱状图

二、油砂现场选样技术

油砂矿勘探开发需要准确获得油砂层重量含油率和地层孔隙度等重要地质资料,以油砂矿地质储量和制定合理的勘探开发方案。这都需要以油砂现场选样岩心分析资料为依据。

现场油砂选样的目的主要表现在 5 个方面,即检测油砂的含油率、油砂原油分离方法实验、研究油砂油的油源、确定油砂受次生作用的程度及测定含油砂岩的物性(如岩石密度、孔隙度、渗透率等)。

1. 选样基本要求及保存

油砂选样时,首先应保证样品具有代表性、真实性和明确的目的性,即要求达到:(1)岩石样品应在生根的岩层及露头上采集,不得在风化壳上采集,不得采集滚石样品;(2)油砂样品应在探槽、探坑及浅井中选取;(3)探槽应挖至风化基岩 0.3m,刻槽取样,样槽断面不小于 0.2m×0.1m,采样密度为 1m 一个样。钻探要求连续分段、分层取样,在接近油砂层或在油砂层内时,采样密度为 0.5m 一个样。当已证实泥砂层不含油砂时,可不取样。

对所选取的样品应正确编号,编号需按采样种类、日期、地点顺序排列,不得混乱;一个样品一个编号,不得重复;样品的编号应与标签、野外记录本、实际资料图相符。

样品的保存,应根据检测项目的要求、岩石的胶结情况,选用不同的保存方法。对于新鲜岩样,应尽量避免液体蒸发,常用的保存方法是包裹好的样品浸泡在饱和盐水或中性煤油中,金属箔及塑料膜是常用的包裹材料,封蜡法、液氮或干冰冷冻法也是常用的保存方法。对于出筒尚成型的易散岩心采用迅速冷冻保存的方法。对于出筒后拟送岩心库房的样品,保存时不允许其他液体接触,不得摔碰,岩心不得使其遭日晒、雨淋、风吹或靠近高温源。

2. 各类样品选择具体要求

钻井取心是直接了解地层岩性、含油性及其他各种特征的主要手段。针对不同的研究目的,岩心选样有不同的要求,因此在选样时要合理确定分析项目,合理确定选样部位,保证选样质量。

1)油砂含油率取样标准

为了确保烃类损失少,因而能真实的反映油砂的含油程度,挖开表层土或岩心从取心工具中取走后,应在最短的时间内完成采样,若岩心长时间暴露,可能导致所含水分及轻质烃的损失。采集到新鲜的含油砂岩样品后,可以放在密闭容器中或用蜡封好,使烃类的损失减少到最低程度。为了系统的反映某油砂点的油砂含油非均质性情况,需要进行系统取样。取样密度为 2~3 块/m,油砂变化大的区域应适当加密,每个样品的质量不小于 200g。

2)孔隙度、渗透率取样标准

选取孔隙度、渗透率分析样品时,应视不同的岩性选取不同规格的岩心分析样品。对于岩性比较均质的砂岩,一般可选取直径为 25mm 或 38mm 的柱塞样,对于非均质程度较高的岩心,例如砾岩和裂缝发育的岩样,为获得能有代表性的岩石物性参数,应选取全直径岩心样品。孔隙度、渗透率取样密度一般为 5~10 块/m。

3)岩石薄片取样标准

用于岩石薄片鉴定的油砂样品选取应遵循以下原则:在样品选取之前应详细进行岩心观察和描述,从宏观上对取心段的岩心有一定的了解;火山岩在确定样品选取部位时应注意岩石颜色、结晶程度及岩石的次生蚀变。使所选样品的鉴定结果能客观反映取心井段的岩性、相变及次生蚀变;碎屑岩确定样品选取部位时应注意岩石岩石、粒度、胶结程度、结构构造的变化,使所选样品的鉴定结果能客观反映取心井段的岩性、相变、胶结类型及各种成岩变化、孔隙演化特征以及与选做其他分析项目样品的对应性;对岩石薄片样品不小于 50mm × 50mm × 20mm,取样密度一般为 1 ~ 2 块/m。

4)铸体薄片取样标准

铸体薄片分析目的主要是用于观察储层孔隙结构特征,样品的选取部位应主要确定在已知的或可能的含油层段,包括与已知或可能含油层段相邻的部位,使其分析结果能客观全面的反映储层的孔隙结构,以确定孔隙演变规律。铸体薄片样品不小于 25mm × 25mm × 25mm,取样密度一般为 1 ~ 2 块/m。

5)黏土矿物 X 射线衍射分析取样标准

对黏土矿物 X 射线衍射样品的选取,应根据研究目的来确定:当用于成岩阶段划分、黏土矿物演变与有机质演化以及与油气分布的关系研究时,应在砂泥岩层段,有代表性的选取纯泥岩和砂泥岩样品;当用于储层评价研究时,应注意与粒度、物性、薄片、扫描电镜、敏感性样品对应起来,以便研究黏土矿物的含量和类型与粒径、物性关系以及观察物性特征和成因;X 射线衍射分析只适合于泥岩、碎屑岩、正常火山碎屑岩,一般仅对岩石中黏土矿物作分析,在碳酸盐岩、沸石胶结的岩石等可不必选取。X 射线衍射样品取样时泥岩样品不少于 150g,砂岩、碳酸盐岩和火山碎屑岩样品不少于 200g,砾岩样品不少于 300g。

6)扫描电镜取样标准

扫描电镜取样时要和选做岩石薄片、铸体薄片、X 射线衍射、敏感性的样品对应起来,以提高可对比性。选做电镜扫描的样品通常是砂岩、砂砾岩,一般不选砾岩和很细的泥岩及泥质粉砂岩,包括火山岩。扫描电镜岩石样品直径应大于 20mm。

7)碎屑岩粒度取样标准

粒度分析通常只适用于碎屑岩、黏土岩和化学岩的不溶解残余物的分析。目的在于取得粒度分布参数,分析分布规律以便为岩石分类定名、岩相古地理分析、岩石物理性质研究提供数据。

碎屑岩粒度样品的选取,应根据的应用目的来制定样品的选取方案。若是用于沉积相的划分和沉积环境的判断,则应根据取心井段可观察到的沉积旋回及相变进行系统选样,所选样品要系统全面的反映沉积相的变化。若是用于粒度特征与储集物性的关系研究,则应在储层粒度特征发生变化的部位选样,最好根据取心井段可观察到的沉积旋回及相变进行系统选样,避免与邻井重复。

碎屑岩粒度分析样品对粒径小于 0.5mm 的砂岩、粉砂岩、泥岩样品要求所取量应不小于 50g,粒径大于 0.5mm 的砂岩及砾岩样品所取量不小于 300g。

第四节　油砂有效厚度下限标准与确定方法

油砂有效厚度下限分钻孔和钻井两种情况,全区有钻孔 68 口(风砂 51、风砂 54 等孔),钻井 52 口(重 11、风重 013、F10312 等井)。

钻孔有效厚度:根据岩心含油产状和重量含油率综合确定。钻孔从井底到井口全井段取心,其岩性和含油性非常直观。首先根据现场取出的岩心描述出饱含油、富含油、油浸、油斑等含油岩心厚度,然后将小于重量含油率下限的非有效厚度舍去,确定出钻孔油砂有效厚度。

钻井有效厚度:根据钻井取心、化验分析、试油及测井资料,进行油藏四性关系研究,确定油层下限标准,由计算机处理解释钻井油砂层段有效厚度。

一、钻孔有效厚度下限标准与确定方法

首先根据现场取出的岩心描述岩性、划分地层,确定油砂层的饱含油、富含油、油浸、油斑、油迹等含油产状,然后对油砂层进行系统取样,每米取样 2～3 个,油砂品质变化大的区域适当增加到每米取样 4～5 个进行重量含油率。油砂有效厚度根据含油岩心和重量含油率化验分析资料综合确定。

有效厚度下限主要根据岩心含油产状法、含油饱和度下限反推法及类比法三种方法综合确定。

常规容积法中有效厚度是指储层中能获得工业油流的那部分厚度,有效厚度下限以试油、岩心、测井资料为依据,通过四性关系研究,确定岩性、物性和含油性下限,然后根据测井资料定量解释目的层有效厚度。

重量含油率法也称原油质量分数法,是根据油砂岩心和化验分析资料综合确定。原油质量分数是划分油砂有效厚度和判定是否具有工业开采价值的重要指标,其下限主要根据以下三种方法确定。

1. 含油产状法

风城油砂矿钻孔全井段取心,岩性和含油性非常直观。首先根据岩心描述、划分地层,确定饱含油、富含油、油浸、油斑、油迹等含油产状,然后进行系统取样,根据原油质量分数分析资料,建立原油质量分数与含油产状关系图(图4-6),从图4-6中可看出,饱含油、富含油级岩心98%的样品其原油质量分数大于等于6%,油浸级原油质量分数在3%～9%之间,油斑级岩心样品原油质量分数小于5%。基于风城超稠油油藏饱含油、富含油级岩心为有效厚度,由此确定油砂矿原油质量分数下限为不小于6%。

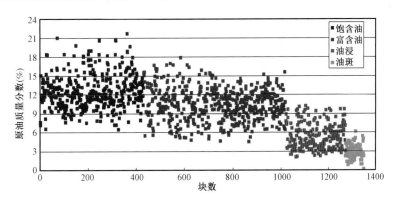

图4-6 原油质量分数与含油产状关系

2. 含油饱和度和原油质量分数下限关系

风城油砂与超稠油藏具有共生或过渡关系,可根据风城超稠油藏含油饱和度下限反求原油质量分数下限。选择典型钻孔密闭取心,并进行测井,选取同一深度油砂岩心,进行原始含油饱和度和原油质量分数分析(图4-7),以此建立含油饱和度与原油质量分数关系曲

线(图4-8)。两者相关性较好,利用关系式可求得不同原油质量分数下的原始含油饱和度值(表4-5),并预测不同测井解释饱和度下的原油质量分数值。风城地区超稠油藏含油饱和度下限为50%,根据公式反求原油质量分数6.02%。

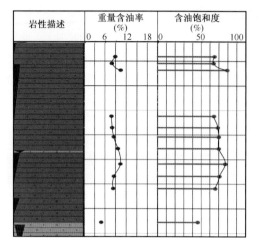

图4-7 重量含油率与含油饱和度对比图

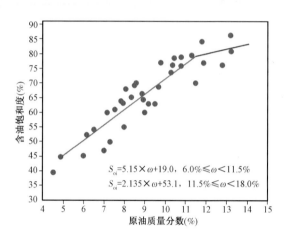

图4-8 原油质量分数与含油饱和度关系曲线

表4-5 利用原油质量分数计算含油饱和度数据

原油质量分数(%)	含油饱和度(%)
3.0	34.5
4.0	39.6
5.0	44.7
6.0	49.9
7.0	55.0
8.0	60.2
9.0	65.3
10.0	70.4
11.0	75.6
12.0	78.7
13.0	80.8

利用原油质量分数求取原始含油饱和度公式:

$$S_{oi} = 5.15 \times \omega + 19.0, 6.0\% \leqslant \omega < 11.5\%, R = 0.9280 \qquad (4-1)$$

$$S_{oi} = 2.135 \times \omega + 53.1, 11.5\% \leqslant \omega < 18.0\%, R = 0.8963 \qquad (4-2)$$

3. 类比法

加拿大阿萨巴斯卡河流域的下白垩统 Mannville 地层中的 McMurray 组是油砂的主要储层。该组平均沉积厚度变化在40~60m 之间,由未胶结的细粒—中粒石英砂组成,产层厚度7.2~30.5m,具有极好的储集性能,孔隙度28%~40%,重量含油率7%~18%,地质储量

$2592 \times 10^8 \mathrm{m}^3$。

风城地区白垩系清水河组为油砂主要储层,沉积厚度变化在 30～120m 之间,储层岩性以细粒—中粒岩屑砂岩为主,有效厚度 5.0mm～51.5m,孔隙度 26%～38%,重量含油率 6%～19%,地质储量 $2603 \times 10^4 \mathrm{t}$。

阿萨巴斯卡油砂与风城油砂地质条件类似,前者一般以含油率不小于 7%～8%,含油饱和度不小于 55% 为下限,根据风城油砂实际,以原油质量分数不小于 6%,含油饱和度不小于50% 为下限。

综合上述三种方法,综合确定风城地区白垩系清水河组和侏罗系齐古组油砂矿油层标准为:

(1)饱含油、富含油级岩心;

(2)重量含油率不小于 6% 为油砂有效厚度划分下限。

钻孔有效厚度统计原则为:

(1)油砂层起算厚度为 0.5m,夹层起扣厚度为 0.2m;

(2)油砂层厚度在 0.5～1.0m 之间时,油砂层厚度不小于夹层厚度时,上下油砂层厚度均作为采用厚度,如 0.60(0.60)1.20(0.50)0.70 有效厚度为 2.50m;油砂层厚度小于夹层厚度时,如 1.50(1.2)0.80,又如 5.00(0.50)0.70(0.90)0.60(0.55)7.00(0.20)1.70,将前者(1.2)0.80、后者(0.90)0.60(0.55)剔除;

(3)油砂层厚度不小于 1.0m 时,全都采用(图 4 - 9 和图 4 - 10)。

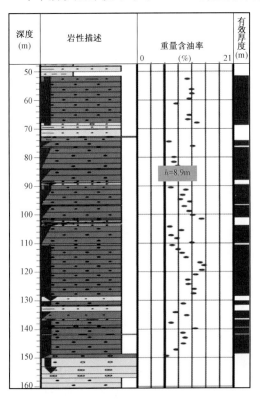

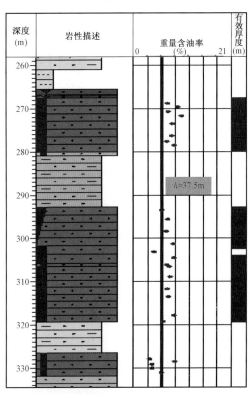

图 4 - 9　风砂 54 钻孔白垩系综合柱状图　　　图 4 - 10　风砂 125 钻孔齐古组综合柱状图

二、钻井有效厚度下限标准与确定方法

钻井有效厚度下限以试油、岩心、化验分析、测井资料为依据,通过岩性、电性、物性、含油性四性关系研究(图4-11),建立电阻率(R_t)—孔隙度(ϕ)交会图版(油层解释图版),确定岩性、物性和含油性下限,然后根据测井资料定量解释有效厚度。

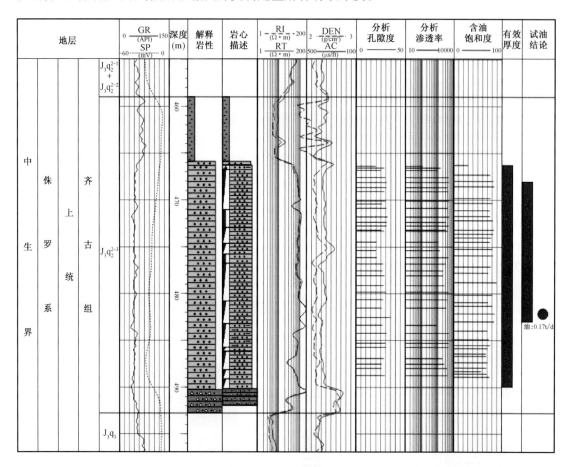

图4-11 F10321井齐古组四性关系图

1. 有效孔隙度解释

孔隙度计算测井模型是在岩心分析数据岩心归位的基础上进行的,本着逐点取值的原则,剔除孔隙度分析与测井曲线对应性极差的样品,对风城白垩系清水河组 K_1q 油藏建立孔隙度与声波时差、孔隙度与密度测井的骨架图版。从图版制作过程中取值的情况以及线性回归得到的相关系数看,密度测井能很好地反映储层的孔隙度,而声波时差与孔隙度虽有较高的相关系数,但是精度较低,故选用孔隙度—密度测井图版。

1)白垩系清水河组

根据清水河组 K_1q 层7口井308块岩心分析孔隙度与对应测井密度,建立关系图版(图4-12),回归关系式为:

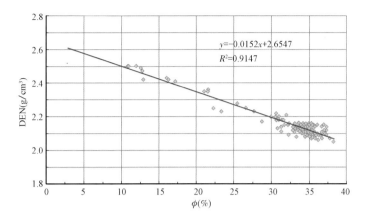

图4-12 重1井区块清水河组K_1q层测井密度与孔隙度关系图

$$\rho_b = -0.0152\phi + 2.6547 \qquad (4-3)$$

式中 ϕ——岩心分析孔隙度,%;

    ρ_b——测井密度,g/cm^3;

    计算公式回归相关系数为0.956。

利用建立的孔隙度计算公式,对白垩系清水河组K_1q油藏14口系统取心井进行孔隙度解释,测井解释孔隙度与岩心分析孔隙度相对误差平均值在$-5.26\% \sim 3.73\%$之间,符合储量规范要求。以F4006井为例,表4-6为F4006井分析孔隙度与测井计算孔隙度误差分析表,相对误差$-7.07\% \sim 8.84\%$,平均1.31%,符合储量规范要求(图4-13)。

表4-6 F4006井清水河组K_1q层岩心分析与测井解释孔隙度对比表

序号	样品深度(m)	校正深度(m)	岩心孔隙度(%)	测井解释孔隙度(%)	相对误差(%)
1	320.64	319.5	38.5	37.0	-3.90%
2	321.1	321.1	37.2	36.8	-1.08%
3	323.9	322.8	35.8	37.9	5.87%
4	325.27	325.6	33.8	36.4	7.69%
5	343.04	341.5	31.6	31.7	0.32%
6	344.51	342.75	34.6	35.5	2.60%
7	344.81	344.25	37.2	39.6	6.45%
8	345.1	344.75	37.3	38.2	2.41%
9	346.19	346.19	36.2	39.4	8.84%
10	347.43	347.6	35.5	36.5	2.82%
11	349.39	349.39	37.7	36.8	-2.39%
12	350.49	350.49	37.2	39.1	5.11%
13	353.12	353.4	37.5	38.9	3.73%
14	354.38	354.6	40.4	38.0	-5.94%

续表

序号	样品深度(m)	校正深度(m)	岩心孔隙度(%)	测井解释孔隙度(%)	相对误差(%)
15	355.38	355.38	39.6	36.8	−7.07%
16	356.38	356.88	34.3	34.8	1.46%
17	359.11	358.7	31.2	31.4	0.64%
平均			36.3	36.7	1.31%

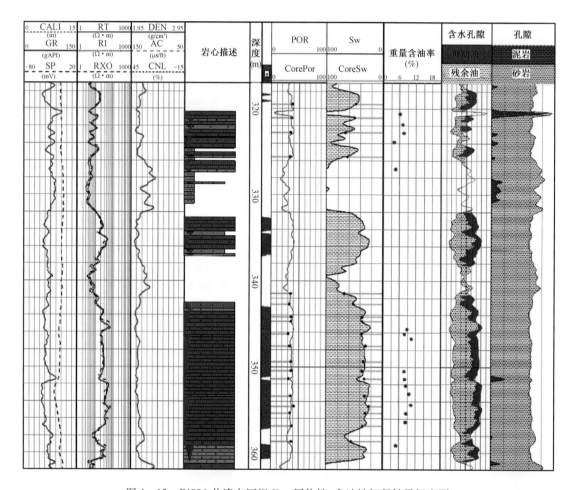

图 4 - 13　F4006 井清水河组 K_1q 层物性、含油性解释结果标定图

1 号矿清水河组 K_1q 岩心分析资料显示,油层孔隙度为 26.3% ~ 40.4%,平均值和中值分别为 33.481% 和 32.9%;油层渗透率 16.330 ~ 5000.00mD,平均值和中值分别为 757.321mD 和 730.649mD(图 4 - 14)。储量计算孔隙度最终取值为 33.5%,接近油层平均值。

2)侏罗系齐古组

利用侏罗系齐古组岩心分析孔隙度与对应测井密度值建立关系图版(图 4 - 15),其关系式如下:

$$\rho_b = -0.0157\phi + 2.7142 \tag{4-4}$$

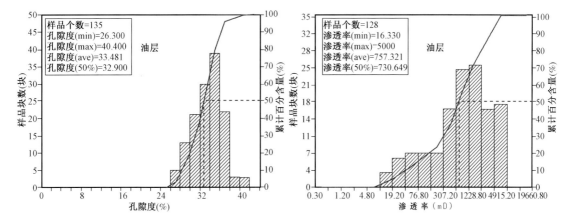

图4-14 风城油田1号矿清水河组K₁q孔渗分布直方图

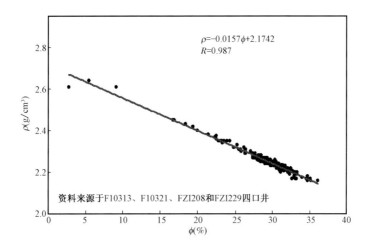

图4-15 侏罗系齐古组密度—孔隙度关系图

由测井解释孔隙度与岩心分析孔隙度进行对比(表4-7),二者相对误差在1.41%~4.99%之间,平均3.22%,满足探明储量计算要求。

表4-7 侏罗系齐古组测井解释孔隙度与岩心分析孔隙度对比表

井号	层位	井段(m)	解释孔隙度(%)	分析孔隙度(%)	样品点数(块)	相对误差(%)
FZI208	J₃q₂	236.4~261.56	30.02	30.88	31	2.78
FZI208	J₃q₂	264.8~267.6	31.14	32.4	4	3.89
FZI229	J₃q₂	256.8~262.4	30.77	31.92	6	3.60
F10313	J₃q₂	290.1~293.2	30.22	29.80	12	1.41
F10313	J₃q₂	300.6~304.4	30.10	29.33	11	2.63
F10321	J₃q₂	243.9~251.9	27.23	28.66	13	4.99
平均						3.22

2. 含油饱和度

含油饱和度采用测井解释确定,计算依据为阿尔奇公式,公式中的岩电参数依据该区块岩心分析资料确定,地层水电阻率根据本区地层水矿化度及油层中部温度计算确定。

采用阿尔奇公式进行含油饱和度计算。其公式如下:

$$S_O = 1 - \sqrt[n]{\frac{a \cdot b \cdot R_W}{\phi^m \cdot R_t}} \tag{4-5}$$

式中 S_O——含油饱和度,f;

a——岩性系数,无量纲;

b——岩性系数,无量纲;

R_W——地层水电阻率,$\Omega \cdot m$;

R_t——地层电阻率,$\Omega \cdot m$;

ϕ——孔隙度,%;

m——胶结指数,无量纲;

n——饱和度指数,无量纲。

1)白垩系清水河组

图4-16和图4-17分别是根据风城区1号矿清水河组 K_1q 油藏4口井18块样品的岩电实验分析资料,建立的地层因素(F)与孔隙度(ϕ)以及电阻增大率(I)与含水饱和度关系图版,回归求得 a、b、m、n 值见表4-8。

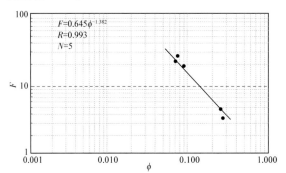

图4-16 1号矿清水河组 K_1q 油藏地层因素(F)—孔隙度(ϕ)关系图版

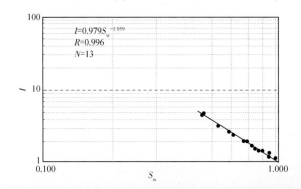

图4-17 1号矿清水河组 K_1q 油藏电阻增大率(I)—含水饱和度(S_w)关系图版

表4-8　1号矿清水河组 K_1q 油藏储层岩电参数 m、n、a、b 数据表

层系	砂层组	关系式	m	n	a	b	R
白垩系	K_1q	$F = 0.645\phi^{-1.382}$	1.382		0.645		0.993
		$I = 0.979S_W^{-1.959}$		1.959		0.979	0.996

根据上述参数,利用阿尔奇公式对5个油藏4口密闭取心井进行含油饱和度解释,测井解释含油饱和度与岩心分析含油饱和度绝对误差平均值在 -2.4% ~0.4% 之间,符合储量规范要求。表4-9为F4006井清水河组 K_1q 层取心井段岩心分析饱和度与测井计算饱和度误差分析表,绝对误差在 -1.7% ~4.5% 之间,平均 -0.2%。

表4-9　F4006井清水河组 K_1q 层岩心分析与测井解释含油饱和度对比表

序号	样品深度 (m)	校正深度 (m)	岩心分析含油饱和度 (%)	测井解释含油饱和度 (%)	含油饱和度绝对误差 (%)
1	320.64	319.5	52.3	50.6	-1.7
2	321.1	321.1	50.3	50.2	-0.1
3	323.9	322.8	33	31.3	-1.7
4	325.27	325.6	37.1	36.1	-1.0
5	343.04	341.5	32.1	33.1	1.0
6	344.51	342.75	48.6	47.3	-1.3
7	344.81	344.25	64.2	63.2	-1.0
8	345.1	344.75	64.4	62.9	-1.5
9	346.19	346.19	63.1	64.6	1.5
10	347.43	347.6	70.2	66.8	-3.4
11	349.39	349.39	65.9	69.0	3.1
12	350.49	350.49	63.7	67.5	3.8
13	353.12	353.4	68.8	73.3	4.5
14	354.38	354.6	76.3	72.6	-3.7
15	355.38	355.38	69.8	73.3	3.5
16	356.38	356.88	65.2	63.5	-1.7
17	359.11	358.7	44.8	41.1	-3.7
平均			57	56.8	-0.2

1号矿、2号矿清水河组 K_1q 油藏有4口井密闭取心,油层饱和度30.9% ~76.3%,平均值和中值分别为54.94% 和54.3%(图4-18),储量计算含油饱和度最终取值为61.5% 和61.1%,接近油层平均值。

2)侏罗系齐古组

根据侏罗系齐古组5口井14块岩电实验分析资料建立地层因素(F)与孔隙度(ϕ)关系为:

$$F = 0.681\phi^{-1.604} \qquad (4-6)$$

电阻增大率(I)与含水饱和度(S_W)关系图版(图4-19),回归求得岩电参数:岩性系数(a)为0.681,孔隙度指数(m)为1.604,饱和度指数为(n)为1.911,岩性系数(b)为1.021。

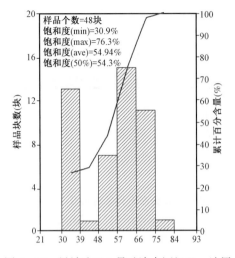

图 4-18 风城油田 1 号矿清水河组 K_1q 油层
饱和度分布直方图

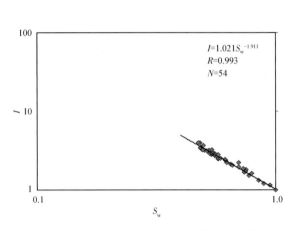

图 4-19 侏罗系齐古组 $J_3q_2^{2-1} + J_3q_2^{2-2}$
电阻增大率—含水饱和度关系图

地层水电阻率(R_w):本区没有地层水分析资料,借用邻区风重 019 井齐古组地层水矿化度 4970mg/L,平均矿藏中部温度 21.67℃,按照等效 NaCl 法查图版求得地层水电阻率为 1.25Ω·m。

3. 有效厚度下限标准确定

1)白垩系清水河组

根据以上参数,利用岩心及试油试采资料,制作了白垩系清水河组电阻率(R_t)—孔隙度(ϕ)交会图版和含油产状图(图 4-20 和图 4-21),根据富含油级以上岩心确定油层孔隙度下限为 26%。

综合确定白垩系清水河组有效厚度下限为:地层真电阻率 18Ω·m,孔隙度 26%,含油饱和度 50%。

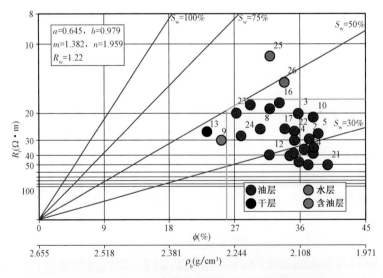

图 4-20 重 1 井区块清水河组 K_1q 层有效厚度图版

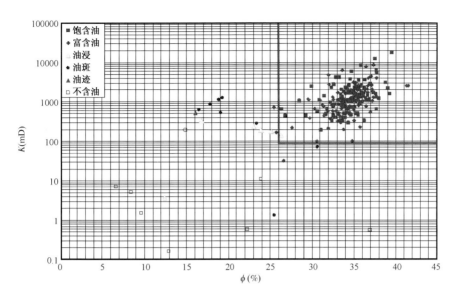

图 4 – 21　1 号矿白垩系清水河组含油产状图

2）侏罗系齐古组

根据以上参数,利用岩心及试油试采资料,制作了侏罗系齐古组 $J_3q_2^{2-1}$ + $J_3q_2^{2-2}$ 电阻率 (R_t) —孔隙度 (ϕ) 交会图版和含油产状图(图 4 – 22 和图 4 – 23),根据富含油级以上岩心确定油层孔隙度下限为 23%。

综合确定有效厚度下限为:地层真电阻率 30Ω·m,孔隙度 23%,含油饱和度 50%。

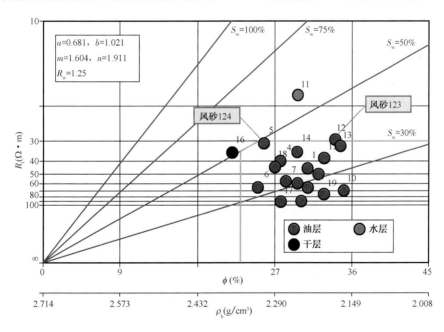

图 4 – 22　齐古组 $J_3q_2^{2-1}$ + $J_3q_2^{2-2}$ 电阻率 (R_t) —孔隙度 (ϕ) 交会图版

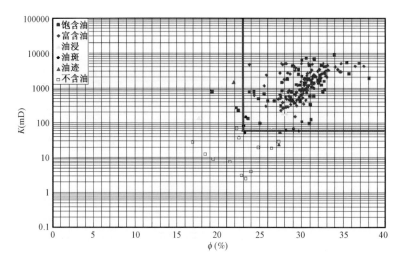

图 4-23　侏罗系齐古组 $J_3q_2^{2-1} + J_3q_2^{2-2}$ 含油产状图

第五节　油砂有效面积、厚度划分及评价技术

一、油砂有效厚度确定方法

油砂有效厚度是指达到油砂下限标准并扣除夹层的油砂厚度。有效厚度具体划分原则如下:首先统计出原油质量分数不小于6%的饱含油、富含油油砂岩心厚度,然后将钙质和泥质夹层剔除。油砂起算有效厚度为 0.5m,夹层起扣厚度 0.2m。当油砂层厚度在 0.5~1.0m,油砂层厚度小于夹层厚度又不可采时,扣除油砂层厚度;当油砂层厚度不小于 1.0m 时,全都采用。

单孔有效厚度根据岩心描述和重量含油率综合确定,各计算单元平均油砂可采厚度根据等值线面积权衡求得。单孔有效厚度划分是在计算机上自动进行。将上面所确定的有效厚度标准输入到计算机中,由其进行自动判别,同时满足四个条件(岩性类别、孔隙度下限、含油饱和度下限、电阻率下限)则计为有效厚度。按采样间距(0.125m)累计有效厚度、孔隙度、含油饱和度等参数,有效厚度起算厚度为 0.5m,油层中夹层起扣厚度为 0.2m。利用 Forward 测井解释软件对各井测井资料进行处理解释,各井有效孔隙度、含油饱和度及有效厚度数值由计算机自动给出(图 4-24 至图 4-27)。

二、油砂有效厚度边界线及其确定方法

油砂层有厚薄,开采的油砂层要有厚度指标。将油砂层厚度的可采边界点连起来,即成为某油砂层的可采边界线,线内的油砂层可采,线外的不可采。可采厚度边界之外油砂情况有两种:一种是无油砂,第二种是有油砂但不可采。确定最低可采见油砂点的方法综合起来有如下几种。

1. 直接观察法

在有条件的情况下如在探槽、坑道、巷道等可直接观察。

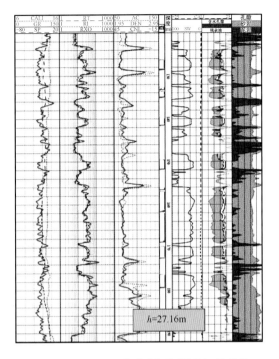

图 4-24　FZI208 井清水河组测井解释成果

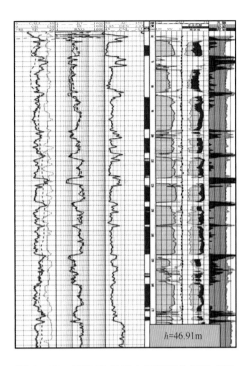

图 4-25　FZI208 井清水河组测井解释成果

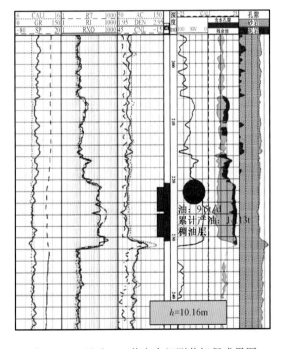

图 4-26　风重 013 井齐古组测井解释成果图

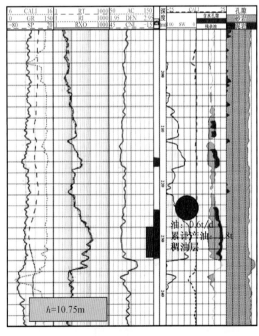

图 4-27　F10313 井齐古组测井解释成图

2. 内插法

在一个见油砂点可采,另一个见油砂点不可采时采用此方法。

(1)解析法:假设钻孔 1 见油砂厚度 m_1 大于最低可采厚度,钻孔 3 见油砂厚度 m_3 小于最低可采厚度。要求在钻孔 1、3 之间求出油砂层最低可采厚度 m_2 的位置,即求出钻孔 1 与最低可采厚度点之间的距离 l 的长度。根据相似三角形原理,利用以下公式计算求得 l 的长度:

$$l = L(m_1 - m_2)/(m_1 - m_3) \qquad (4-7)$$

式中 l——可采油砂层钻孔到最低可采油砂层之间的距离;

　　　　L——可采油砂层钻孔到不可采油砂层之间的距离;

　　　　m_1——可采油砂层厚度;

　　　　m_2——最低可采油砂层厚度;

　　　　m_3——不可采油砂层厚度。

用此法可以求出许多最低可采见油砂点的位置,用平滑曲线将其连接起来,就可得到油砂层的最低可采厚度边界线。

(2)图解法:有两个钻孔见油砂,A 钻孔可采,B 钻孔不可采,求两钻孔间最低可采见油砂点的位置。先选用一定的比例尺将 AB 两点连起来,从 A 点垂直向上作直线 AC,并以相同比例尺使 AC 的长度等于 A 点见油砂厚度与最低可采厚度之差。同样从 B 点垂直向下作直线 BD,也用相同的比例尺使 BD 的长度等于最低可采厚度与 B 点见油砂厚度之差。用直线将 CD 连接起来,与 AB 线相交于 E 点,E 点位置即所求的最低可采厚度点。

3. 有限推断法

有两个工程点,其中一个见油砂,并可采;另一个未见油砂,而且确定是由于油砂层渐变所造成的。这时油砂层的零点和最低可采边界点一定在这两个工程点之间,推断范围有限,所以叫有限推断法。遇到这种情况,一般是以两工程点之间距离的 1/2 为零点,再依次内插出油砂层最低可采点。这种做法的先决条件之一是油砂层是渐变的。

4. 无限推断法

在可采见油砂工程点之外,再无其他工程点了,在这种情况下外推是根据地质资料来确定。这种推断法要充分考虑油砂产地的成因类型、含油砂建造特征和油砂层的稳定性等因素。

(1)外推法:对于稳定或较稳定油砂层,在计算控制预测储量时可能遇到这种情况,没有其他工程,尚未到勘查边界,这时一般还要外推一定距离计算储量。其方法是在探明区的外围,以不超过 1/4 ~ 1/2 的距离外推控制和预测储量。

(2)形态法:对于不稳定油砂层,是以油砂层形态变化为基础,适用于厚油砂层且厚度变化巨大的油砂层。有两种情况:一种是在勘探线剖面图上,将已知工程点的见油砂点和止油砂点(油砂层顶底)分别连起来,延长后交会于一点,将几个剖面上的尖灭点连起来就可得到该油砂层的尖灭线;另一种是油砂层厚度作有规律的变化,根据已知工程点可以做出油砂等厚图,在等厚图的法线方向上有其规律可寻,按其规律向外延伸,即可找到最低可采厚度点和油砂层尖灭点,连接各法线上的相应点即可。

三、油砂有效厚度评价

全区有 8 个钻孔进行了综合测井,对这 8 个钻孔进行综合解释,确定的有效厚度与重量含油率法结果基本一致(表 4 - 10),相对误差 -0.27% ~3.21%,符合储量规范要求。图 4 - 28

是风砂124孔测井解释与重量含油率法确定的有效厚度对比,从图中可看出两种方法确定结果一致。

表4-10　1号矿、2号矿 K_1q 油藏测井解释法和重量含油率法解释有效厚度对比表

钻孔号	测井解释法(%)	重量含油率法(%)	绝对误差(m)	相对误差(%)
风砂108	46.25	47.37	-1.12	-2.42
风砂113	7.38	7.40	-0.02	-0.27
风砂122	7.13	7.00	0.13	1.82
风砂123	27.52	28.13	-0.61	-2.22
风砂124	41.58	40.30	1.28	3.08
风砂125	49.25	47.67	1.58	3.21
风砂132	0.00	0.00	0.00	0.00
风砂215	3.68	3.71	-0.03	-0.82
平均	22.8	22.7	0.15	0.30

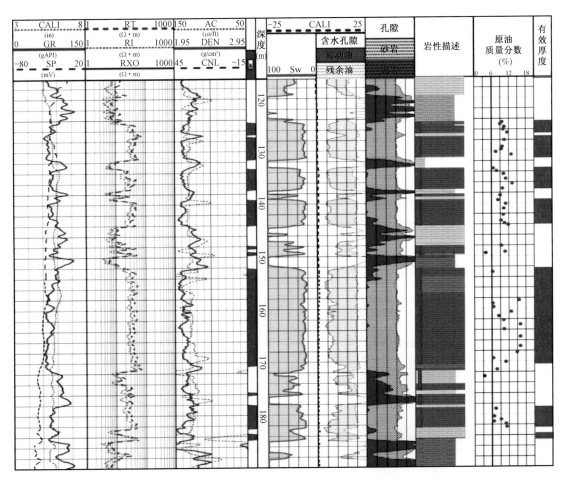

图4-28　风砂124钻孔测井解释与重量含油率法确定有效厚度对比

经过上述方法,对风城油砂矿区油砂有效厚度进行了计算。各计算单元平均有效厚度采用等值线面积权衡(图4-29),有效厚度取值见表4-11。

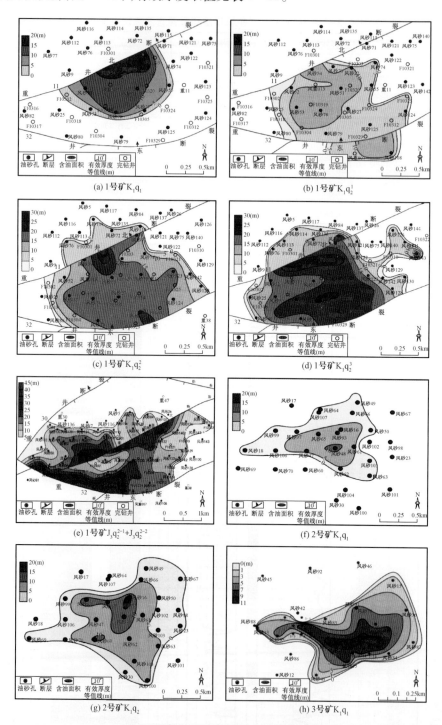

图4-29 各计算单元平均有效厚度图

表 4 - 11 各计算单元有效厚度取值表

区块	计算单元	层位	平均有效厚度取值(m)
1 号矿	风砂 73 孔断块	K_1q_1	13.6
	风砂 73 孔断块	$K_1q_2^{1}$	8.5
	风砂 72 孔断块	$K_1q_2^{2}$	7.5
	风砂 73 孔断块	$K_1q_2^{2}$	15.4
	风砂 72 孔断块	$K_1q_2^{3}$	9.0
	风砂 73 孔断块	$K_1q_2^{3}$	18.4
	风砂 72 孔断块	$J_3q_2^{2-1}+J_3q_2^{2-2}$	14.8
	风砂 73 孔断块	$J_3q_2^{2-1}+J_3q_2^{2-2}$	18.2
2 号矿	风砂 16 孔区	K_1q_1	7.6
	风砂 16 孔区	K_1q_2	8.6
3 号矿	风砂 4 孔区	K_1q_1	7.1

四、油砂含油面积划分技术

油砂含油面积是指达到纯油砂下限标准和厚度起算标准的油砂连续分布的面积。利用地震、钻井、测井、采样点和探槽等资料,结合取心、化验分析等资料,综合控制油砂分布的地质规律,编制反映油砂层顶底面形态的构造图和可采油砂厚度等值线图,综合确定油砂可采含油面积。计算单元的油砂边界根据可采面积内的油砂可采厚度和底板等高线确定。

在确定油砂矿体边界的基础上,编制油砂层顶底板等高线,综合圈定含油面积。油砂矿体的边界,包括四周和深度底界。有的以自然因素分界,如河流、交通干线等;有的以地质因素为界,如断层、褶曲、油砂层露头及油砂层尖灭线等;有的以人为因素为界,如勘探线、坐标线等。而深度界限一般要考虑油砂层的埋深和开发能力来确定具体标高或范围。

各计算单元含油面积在 1 : 10000 比例尺油层顶面构造图上圈定,含油面积圈定原则如下。

(1)断裂遮挡的区域,以断层线为含油面积计算线。

(2)有油层井外推 100m 或 50m 为含油边界。边部井有效厚度≥10m 时,外推半个井距 100m,有效厚度 <10m 时,外推 1/4 井距 50m 作为含油边界。

(3)油层井与无油层井井距之半小于 200m 时,以井距之半作为含油边界。

(4)各计算单元含油面积在油砂层底面构造图上以有效厚度 5m 线作为含油面积计算线。

根据以上原则,圈定各计算单元含油面积(图 4 - 30 和表 4 - 12)。

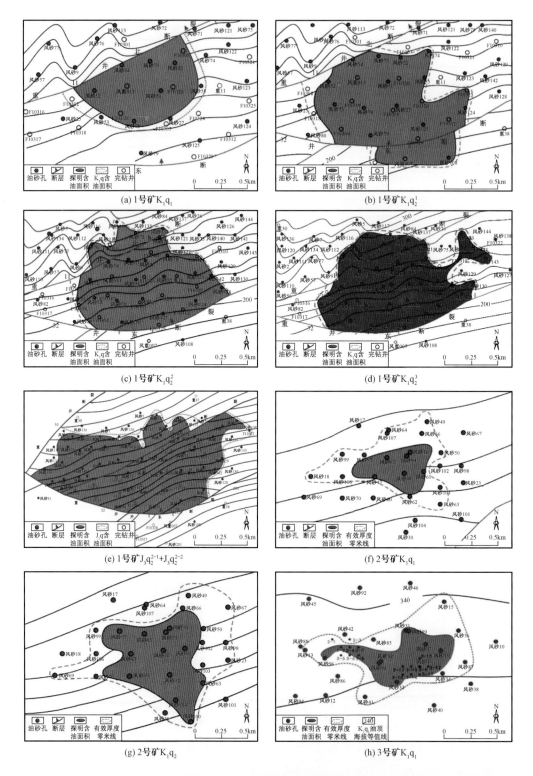

图 4-30　各计算单元含油面积图

表 4－12　各计算单元新增含油面积表

区块	计算单元	层位	含油面积（km²）	叠合面积（km²）
1 号矿	风砂 73 孔断块	K_1q_1	0.75	5.57
	风砂 73 孔断块	$K_1q_2^{\ 1}$	1.51	
	风砂 72 孔断块	$K_1q_2^{\ 2}$	0.29	
	风砂 73 孔断块	$K_1q_2^{\ 2}$	2.21	
	风砂 72 孔断块	$K_1q_2^{\ 3}$	0.49	
	风砂 73 孔断块	$K_1q_2^{\ 3}$	2.62	
	小计		3.23	
	风砂 72 孔断块	$J_3q_2^{\ 2-1} + J_3q_2^{\ 2-2}$	1.96	
	风砂 73 孔断块	$J_3q_2^{\ 2-1} + J_3q_2^{\ 2-2}$	3.24	
	小计		5.20	
2 号矿	风砂 16 孔区	K_1q_1	0.21	0.51
	风砂 16 孔区	K_1q_2	0.50	
3 号矿	风砂 4 孔区	K_1q_1	0.13	0.13
合计				6.21

第六节　有效油砂储层测井响应及评价技术

一、储层四性关系特征

储层四性关系是指储层的岩性、物性、电性和含油气性之间的关系,研究储层四性关系是建立储层测井参数解释模型和确定油层有效厚度下限的基础。储层物性和含油性特征是决定储层储集性能的关键,物性特征的直观表征即孔隙度和渗透率。储层电性特征,主要是指能够反映储层岩性、物性、含油性的测井响应特征,可反映储层物性和含油性特征。

1 号矿、2 号矿清水河组 K_1q 油藏四性关系比较清楚,含油砂岩段电阻率较高、密度低、伽马值低、自然电位幅度差大,物性好;砂砾岩电阻率与砂岩段相当,但密度较高,自然电位幅度差相对较小,物性差,含油性差;泥岩段电阻率低,密度变化较大,自然电位平直,不含油。但是,2 号矿经过试油试采发现,测井解释为油层段的地层被证实出水,运用常规测井解释图版无法准确识别其是否含油,四性关系复杂,需要分区块进行研究。

与储层物性和含油性直接相关的电测密度和电阻率特征如下。

（1）1号矿K_1q油藏：声波时差变化范围274～453μs/m，平均399.2μs/m；密度变化范围2.04～2.46g/cm³，平均2.16g/cm³；电阻率变化范围5.6～45.23Ω·m，平均18.4Ω·m；自然伽马变化范围0.127～0.984API，平均0.3789API（图4-31）。

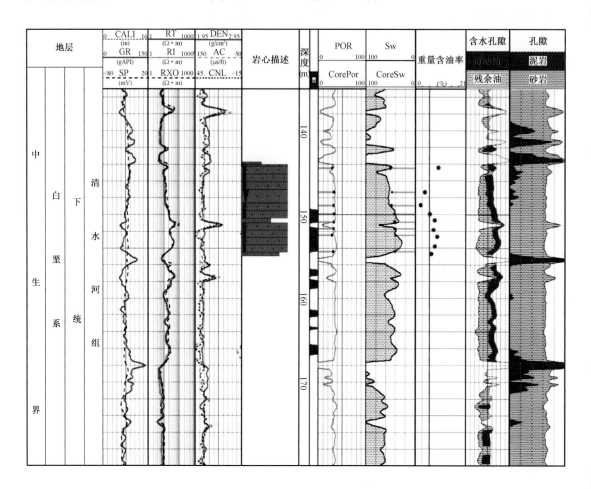

图4-31　风城油田1号矿风砂201孔清水河组K_1q四性关系图

（2）2号矿K_1q油藏：声波时差变化范围121～584μs/m，平均311μs/m；密度变化范围1.78～2.73g/cm³，平均2.21g/cm³；电阻率变化范围1.2～96Ω·m，平均14.4Ω·m；自然伽马变化范围0.093～0.8951API，平均0.37API（图4-32）。

在岩心归位基础上，选择同一种岩性连续厚度较大、测井响应比较稳定的岩心段，利用薄片和取心资料结合电阻率、密度、自然电位和自然伽马曲线，建立岩性—电性关系。1号矿油藏和2号矿油藏岩性、电性特征类似，其岩性识别图版可以合并为一个。三个油藏主要有泥岩、泥质粉砂岩、钙质细砂岩、砂岩和砾岩五种岩性（图4-33）。

1号矿和2号矿K_1q油藏不同岩性电性界限，泥岩类电阻率小于10Ω·m；泥质砂岩类电阻率小于18Ω·m、大于10Ω·m；钙质砂岩类密度值大于2.2g/cm³、小于2.36g/cm³，电阻率

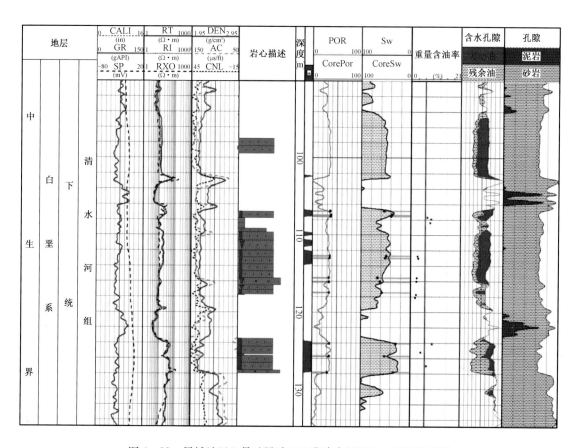

图 4-32 风城油田 2 号矿风砂 216 孔清水河组 K_1q 四性关系图

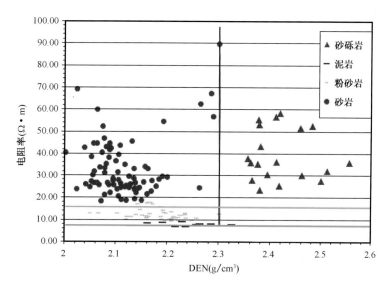

图 4-33 风城白垩系清水河组 K_1q 油藏不同岩性电性界限

大于 $18\Omega \cdot m$；砂岩类密度值小于 $2.2g/cm^3$，电阻率大于 $18\Omega \cdot m$；砾岩类密度值不小于 $2.36g/cm^3$。

1 号矿、2 号矿清水河组 K_1q 细砂岩到中砂岩、粉砂岩、砂砾岩，物性特征由好变差。其中细砂岩和含砾砂岩孔隙度最大（平均 35.6%）、渗透率较高（平均 1860mD），其次为中砂岩（孔隙度 35.2%、渗透率 2050mD），粉砂岩储层物性较差（孔隙度 21.1%、渗透率 240mD），砂砾岩储层物性最差（孔隙度 8.1%、渗透率 4mD）（图 4-34）。

1 号矿、2 号矿清水河组 K_1q 细砂岩平均含油饱和度 67% 以上，中砂岩次之平均含油饱和度 63.7%，两者都被视为油层；而粉砂岩含油性较差为 34.3%，砂砾岩含油性最差为 29.4%，含油级别以油斑或油迹为主，两者均视为非油层。

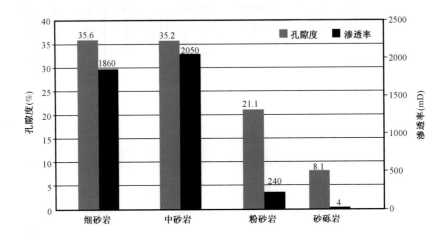

图 4-34 1 号矿、2 号矿清水河组 K_1q 层不同岩性物性特征直方图

根据取心井岩性及含油性描述结果，建立物性与含油性关系。

二、有效油砂储层测井解释与评价

根据上述确定的有效厚度下限标准和有效油砂厚度层识别方法，利用 Forward 测井解释软件对各井测井资料进行处理解释。图 4-35 为 2 号矿清水河组 K_1q 油藏典型井测井解释成果图，有效厚度段试油结果均为工业油流，说明有效厚度解释结果真实可靠。图 4-36 和图 4-37 为 1 号矿、2 号矿渡带 K_1q 层测井解释成果图。经实际试油试采证实，单凭这些图版识别 2 号矿油水层效果较差，在识别出的"油层"中不仅包括了全部的油层，还包括了部分水层。针对 2 号矿的特殊情况，结合分析化验资料总结得出，试油试采证实为油层的地层与试油试采结果出水的地层，最大的区别在于冲洗带电阻率值的高低，当冲洗带电阻率不小于 $18\Omega \cdot m$，同时，油层饱和度落入不小于 50%，即可证实为油层，如图 4-38 是冲洗带电阻率与含油饱和度交会图，用此图标准进一步区分重 32 井区块油水层，完全符合实际情况。

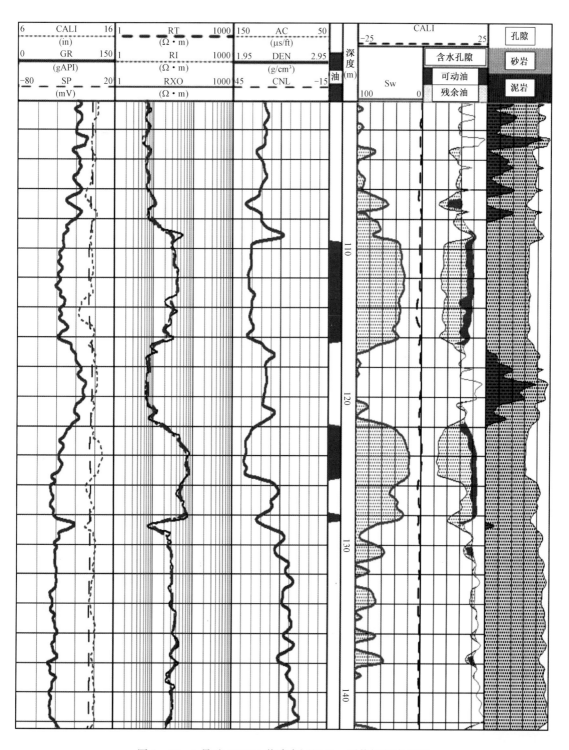

图 4-35　2 号矿 F10024 井清水河组 K_1q 测井解释成果图

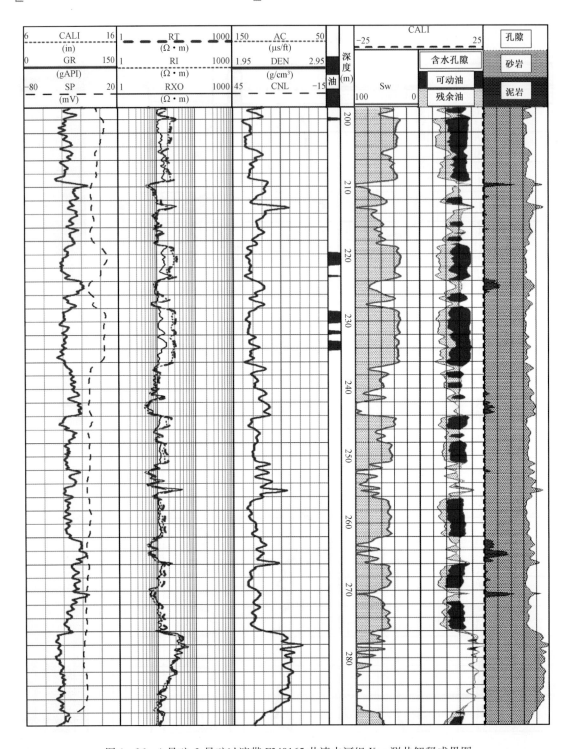

图 4-36 1号矿、2号矿过渡带 F340165 井清水河组 K_1q 测井解释成果图

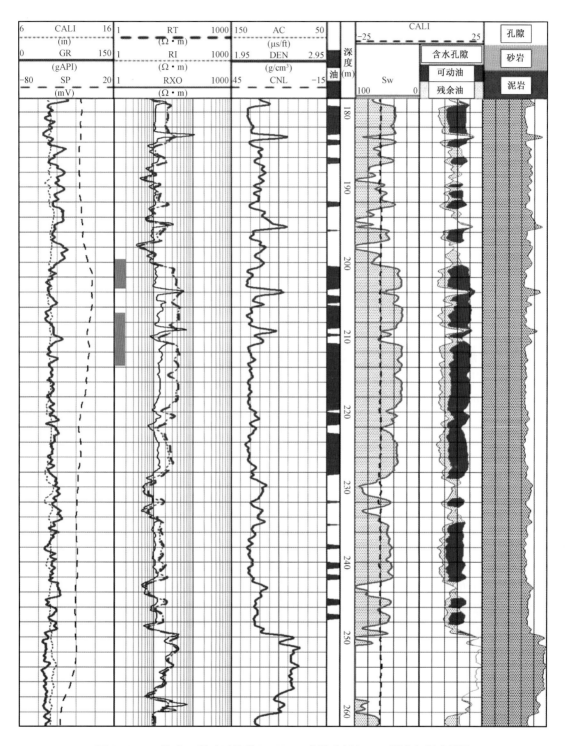

图 4 – 37 1 号矿、2 号矿过渡带 F3400201 井清水河组 K_1q 测井解释成果图

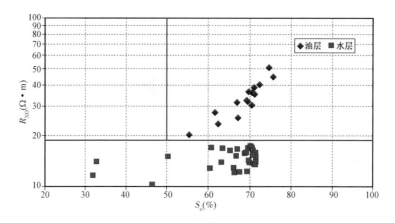

图 4-38　2 号矿清水河组 K_1q 层油层图版

第七节　重量含油率法计算探明储量技术

油砂矿藏由于埋藏较浅或出露地表,其中的沥青油一般已脱气,呈固体或半固体状态,流动性差,与常规原油、稠油相比有类似的成因历史和相近的物理和化学性质,主要区别在于降解度的不同。因此对油砂储量计算借鉴固体矿床和常规油气藏的计算方法综合考虑。本节介绍了重量含油率法计算油砂油探明储量技术与评价的规则,适用于油砂矿藏储量计算与评价。

一、油砂地质储量概念定义

在油砂工业较为发达的加拿大,CSA(加拿大证券局)认为,油砂这种非常规油气藏产品与常规油气相似,都是液态烃,比固体矿可比性更强,因此加拿大将油砂储量也分为证实的、概算的、可能的三级储量。根据国际上对油砂资源储量分类框架及我国油砂勘探开发现状将油砂储量分为三级:探明储量、控制储量和预测储量,与常规油气储量划分一致。各级储量是一个与地质认识、技术和经济条件有关的变数,不同勘探阶段所计算的储量精度不同。应根据勘探阶段、工程资料的变化和技术经济条件的变化,分阶段适时进行储量计算。

储量计算应包括原始地质储量、技术可采储量和经济可采储量。凡经过经济评价的可采储量均视为技术可采储量,为掌握经营项目的经济效益及进行投资决策,对探明的及控制的可采储量需要进行经济评价,评价结果区分为经济可采储量和非经济可采储量。

与常规油气一样,按照《石油天然气资源/储量分类》划分的探明、控制及预测地质储量及有关规定进行储量计算。

1. 探明油砂油地质储量

是指在现行技术经济和操作条件下,地质和工程资料证明具有较高地质可靠程度并可以经济开采的油砂储量。探明油砂地质储量必须符合下列条件:油砂层的分布面积、厚度、含油率、出油率、结构已经查明,油砂层对比可靠,可采油砂层的连续性已经确定,油砂油的性质及油砂开采的工艺性能已经查明,岩浆岩对油砂层、油质的影响已经查明;油砂层顶、底板等高线已严密控制,落差不小于30m的断层已经查明,在地震地质条件好的地区,落差不小于20m的断层已经详细查明;各项勘查工程(物探、钻探、采样及其他等)已达到探明储量阶段的控制要求。

探明油砂地质储量计算的基础是详细可靠的勘探、取样资料,这些资料是通过适用的技术和规范在现场取得的,如钻孔、沟槽、掘坑、作业面等,资料点的间距能够控制油砂层及其性质的变化,也足以确定储层及其品位的连续性。已详细查明矿床的地质特征、矿体的形态、产状、规模、矿石质量、品位、流体性质和开采技术条件,已进行了小试或中试试验,并已有以开发概念设计为依据的经济评价。探明油砂地质储量的定义与我国常规油气探明储量定义基本一致,与美国证券交易委员会(SEC)、石油工程师协会(SPE)及世界石油大会(WPS)的证实储量定义基本吻合。所依赖的勘探开发程度和地质认识程度应符合表4-13的要求。

表4-13 探明地质储量勘探开发程度和地质认识程度要求

类别		探明地质储量
勘探开发程度	地震	已完成二维地震测网不大于1km×1km,或有三维地震,复杂条件除外
	钻井	(1)已完成评价井钻探,满足编制开发方案的要求,能控制含油边界或油水界面; (2)小型以上油砂矿藏的油层段应有岩心资料,中型及以上油砂矿藏的油层段至少有一条完整的取心剖面,岩心收获率应能满足对测井资料进行标定的需求
	测井	应有合适的测井系列
	分析化验	(1)已取得储层岩性、粒度、黏土含量、成分、孔隙度、渗透率、含油饱和度和含油率、密度、品位或质量、出油率等岩心分析资料; (2)取得了流体分析资料; (3)已取得黏温曲线
地质认识程度		(1)构造形态及主要断层分布清楚,较大的褶曲和落差不小于30m的断层已查明;油砂层产状已经查明,油砂层顶底板等高线已经控制; (2)钻孔、沟槽、掘坑、作业面等资料点的间距能够控制油砂层及其性质的变化,足以确定储层及其品位的连续性;已查明油砂层品位、厚度、储层物性、储层厚度、非均质程度; (3)沥青油流体性质及其分布清楚; (4)可采厚度下限标准和储量计算参数基本准确; (5)已进行了中试试验,已有以开发概念设计为依据的经济评价

2. 控制油砂油地质储量

是指露头或钻探见到油砂层后,野外调查或详查阶段估算的油砂矿中的原油总量。它是建立油砂探明储量的基础,是油砂矿藏评价、编制中长期开发规划依据。这一概念也是与我国常规油气控制储量概念基本一致,同时也与CSA(加拿大证券局)的概算储量定义相对应。控制地质储量的估算是在初步查明了油砂矿藏的构造形态、储层变化、油砂层分布、油砂矿体类型、储层物性、含油率、密度、品位或质量、出油率、流体性质等工作的基础上进行的,具有中等地质可靠程度。所依赖的勘探开发程度和地质认识程度应符合表4-14的要求。

表4-14　控制和预测地质储量勘探程度和地质认识程度要求

类别		探明地质储量
勘探开发程度	地震	已完成地震详查
	钻井	(1)已完成预探井及少数评价井钻探； (2)主要油砂层段有代表性岩心资料
	测井	(1)应有合适的测井系列
	分析化验	(1)已取得储层岩性、粒度、黏土含量、成分、孔隙度、渗透率、含油饱和度和含油率、密度、品位或质量、出油率等岩心分析资料； (2)取得了流体分析资料； (3)已取得黏温曲线
地质认识程度		(1)构造形态及主要断层分布基本清楚，较大的褶曲和落差等于或大于30m的断层已查明；油砂层产状已经查明，油砂层顶底板等高线已基本控制； (2)钻孔、沟槽、掘坑、作业面等资料点的间距能够控制油砂层及其性质的变化，足以确定储层及其品位的连续性；已查明油砂层层位、厚度、储层物性、储层厚度、非均质程度； (3)沥青油流体性质及其分布清楚； (4)可采厚度下限标准和储量计算参数基本准确

3. 预测油砂油地质储量

是指在油砂调查的早期阶段，露头或钻探见到了油砂层或综合研究后认为有油砂层存在的可能，综合分析有进一步勘探价值，可能存在油砂中估算的原油储量。这与我国常规油气预测储量概念基本一致，同时也与CSA的可能储量定义相对应。

预测地质储量的估算是指仅有少量露头或单井资料的情况下，初步查明了构造形态、储层情况以及油砂含油率、出油率和分布状况，并借助类比资料综合判断得出了一些定性的认识，但仅能提供油砂储量计算的概略资料。其依赖的勘探开发程度和地质认识程度也应符合表4-14中的要求。

二、油砂地质储量计算方法

目前国内外通行的油砂资源储量评估方法主要有重量含油率法和容积法。对于埋藏较浅（埋深0~200m）或露头油砂矿，由于埋藏浅，胶结疏松，岩心抽提时严重破碎，孔隙度、含油饱和度数据误差大，而重量含油率（油砂中原油的重量百分含量）具有代表性，一般通过探槽、高密度钻孔、全井段取心并均匀进行岩心重量含油率分析等方法完成勘探工作，采用重量含油率法计算储量；对于埋藏较深的油砂矿（埋深200~500m），通过常规钻井并进行必要的地球物理测井和岩心孔、渗、饱分析等方法完成勘探与评价工作，采用容积法计算储量。

容积法地质储量计算公式为：

$$N = 100 \cdot A \cdot h \cdot \phi \cdot S_{oi} \cdot \rho_o / B_{oi} \tag{4-8}$$

式中　N——油砂油地质储量，10^4t；

　　　A——油砂含油面积，km^2；

　　　h——油砂平均有效厚度，m；

　　　ϕ——油砂平均有效孔隙度；

　　　S_{oi}——油砂原始含油饱和度；

　　　ρ_o——地面原油密度，t/m^3；

　　　B_{oi}——地层原油体积系数，无量纲。

重量含油率法地质储量计算公式为：

$$N = 100 \cdot A_o \cdot h \cdot \rho_r \cdot \omega \qquad (4-9)$$

式中　N——油砂油地质储量，10^4t；

　　　A_o——油砂含油面积，km^2；

　　　h——油砂平均有效厚度，m；

　　　ρ_r——油砂岩石密度，t/m^3；

　　　ω——油砂重量含油率。

（1）油砂含油面积：指达到油砂含油下限标准和厚度起算标准的油砂连续分布的面积。各计算单元含油面积是在油砂层顶面或底面构造图上以重量含油率大于或等于6%的油砂层有效厚度5m等值线上圈定。

（2）油砂有效厚度：是指达到油砂下限标准并扣除夹层的油砂厚度。单孔有效厚度根据岩心描述和重量含油率综合确定，单井有效厚度根据真电阻率与孔隙度图版由计算机自动处理解释得到，各计算单元平均油砂有效厚度根据等值线面积权衡求得。

（3）油砂重量含油率：各深度点的油砂样品根据实验室采用氯仿溶剂浸泡油砂中氯仿沥青"A"的重量百分比所得，单孔重量含油率根据取样点所代表的油砂层厚度权衡取值，各计算单元平均重量含油率根据单孔控制体积权衡求得。

（4）油砂岩石密度：各计算单元根据实际岩样所测的岩石密度算术平均求得。

（5）油砂有效孔隙度：根据孔隙度关系式解释可采厚度段的孔隙度，单井孔隙度采用可采厚度权衡，各计算单元平均有效孔隙度采用单井控制油砂层体积权衡。

（6）油砂原始含油饱和度：采用阿尔奇公式计算单井有效厚度井段的含油饱和度，单井平均含油饱和度由孔隙体积权衡求得，计算单元平均含油饱和度采用单井油砂层孔隙体积权衡值。

（7）地面原油密度：各计算单元平均地面原油密度是根据实际分析资料，采用算术平均法求得。

（8）地层原油体积系数：由于该区油层浅、原油黏度大、密度高、地层压力低、溶解气极少，难以进行高压物性取样，因此原油体积系数取值为1。

（9）重量含油率：均匀选取钻孔油砂段的代表性样品，在实验室使用氯仿溶剂浸泡油砂中氯仿沥青"A"的重量百分比求得。钻孔重量含油率根据油砂层厚度权衡；钻井油砂层位重量

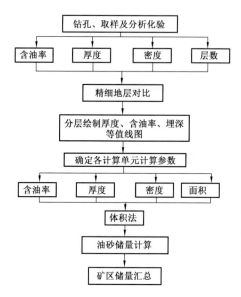

图4-39 重量含油率法计算油砂储量流程

含油率依据测井解释的含油饱和度反推得到，首先根据阿尔奇公式计算出各油砂层的含油饱和度，单井含油饱和度根据油砂层厚度权衡，然后利用重量含油率和含油饱和度关系曲线计算出不同含油饱和度下的重量含油率值。

重量含油率法涉及以下流程(图4-39)：① 合理部署钻孔，全井段取心；② 对油砂岩心进行系统取样分析其含油率、岩石密度等关键参数；③ 精细地层对比；④ 分计算单元编制油砂层厚度、含油率、埋深等值线图；⑤ 确定各计算单元储量计算参数；⑥ 体积法计算各计算单元(不同埋深)、不同品级的油砂油储量；⑦ 计算结果汇总。

除了通常采用的容积法和重量含油率法以外，有时也用到类比法。类比法指的是以高研究程度区(类比区)为依据，通过类比中、低研究程度区(评价区)储量参数从而进行储量计算的方法。采用类比法，首先需要选择与评价区相似的高研究程度区，进行地质特征研究，搞清油砂矿形成条件和储量计算参数，确定类比参数—地质条件；然后分别对评价区和类比区确定的地质条件的实际值打分，最后对比评价区和类比去的地质条件，求出两者之间的相似程度(系数)，从而确定评价区储量计算参数，计算评价区储量。

目前加拿大含油率10%~11%的油砂，工业规模采收率都在91%~92%。国内风城油砂矿室内洗油效率可达到91%~95%，现场小试试验可达到85%。一般根据计算的地质储量和确定的采收率来计算技术可采储量。

提交油砂油地质储量时，要求提交经济评价总结报告。对于露天开采的油砂矿，关键因素是盖层厚度和清除的工程、粉砂(黏土含量)及矿物的等级与含量。工业化开采经济可行性主要取决于表层厚度、含油率和纯油砂厚度。

一般采用露天开采系数SMF评价，当SMF>5时，工业化开采经济上视为可行。

$$SMF = C_o/(1 + 0.9h_w/h_o) \qquad (4-10)$$

式中 C_o——油砂含油率，%；

h_w——表层厚度，m；

h——油砂厚度，m。

经济可采储量一般是指含油率不小于油砂标准下限，同时满足露天开采系数大于5或岩石总体积与沥青地质储量的比值(TV/BIP)界限值不大于12的可采储量，总体积包含油层和表层。储量计算公式中参数名称、符号、计量单位及取值位数参照表4-15。

表 4 – 15　储量计算公式中参数名称、符号、计量单位及取值位数

参数		计量单位		取值位数
名称	符号	名称	符号	
含油面积	A_o	平方千米	km²	小数点后二位
可采厚度	h	米	m	小数点后一位
重量含油率	C_o	小数	f	小数点后三位
油砂岩石密度	ρ_r	克每立方厘米	g/cm³	小数点后三位
沥青油密度	ρ_o	吨每立方米	t/m³	小数点后三位
采收率	E_R	小数	f	小数点后三位
沥青油地质储量	N、N_z	万立方米，万吨	$10^4 m^3$，$10^4 t$	小数点后二位
沥青油可采储量	N_R	万立方米，万吨	$10^4 m^3$，$10^4 t$	小数点后二位
原始地层压力	P_i	兆帕	MPa	小数点后三位
地层温度	T	开尔文	K	小数点后二位
地面标准温度	T_{sc}	开尔文	K	小数点后二位

三、储量综合评价

根据油砂矿埋藏深度、储层孔隙度、含油率、含油饱和度、储量规模、油砂层厚度、油砂储量丰度等参数，结合国内外储量分类评价标准和国外油砂开发效果，划分了不同品质的油砂级别。在上述工作基础上，依据表 4 – 16 对油砂矿储量规模和品位等进行地质综合评价。

含油率是油砂矿是否具有工业开采价值的重要评价指标，参照加拿大开采油砂的标准，结合我国油砂矿藏实际，划分为三个品位等级（表 4 – 16）：低品位、中品位和高品位，分别对应重量含油率 3% ～ 6%、6% ～ 9% 和大于 9%。

表 4 – 16　油（气）田（藏）储量规模和品位等分类

埋藏深度		储层孔隙度		含油率		储量规模		油砂可采厚度		储量丰度	
分类	埋深(m)	分类	孔隙度(%)	分类	重量百分数(%)	分类	原油可采储量($10^4 m^3$)	分类	总厚(m)	分类	原油可采储量丰度($10^4 m^3/km^2$)
浅层	0～75	特高	≥30	高品位	≥9	特大型	≥25000	巨厚	≥50	高	≥300
中深层	75～500	高	25～30	中品位	6～9	大型	25000～2500	厚	20～50	中	100～300
深层	>500	中	15～25	低品位	3～6	中型	250～2500	中等	10～20	低	≤100
		低	≤15			小型	≤250	薄	≤10		

一般情况下，油砂最小可采厚度 3m，但有时根据油砂矿藏埋深和含油率高低，油砂最小可采厚度可变化在 1～5m 之间。油砂矿埋藏较浅或含油率较高时，可适当放宽油砂最小可采厚度起算标准，反之，可提高起算标准。依据油砂可采厚度可分巨厚（≥50m）、厚（20～50m）、中等（10～20m）和薄（≤10m）四种类型。

储量丰度是指平均单位含油砂面积的油砂油地质储量,它是含油率和油砂可采厚度的综合反映。当含油率为6%,油砂最小可采厚度3m的情况下,计算得出储量丰度为 $32 \times 10^4 t/km^2$,即为储量丰度下限标准。油砂矿按储量丰度可划分三类:低丰度、中丰度和高丰度,对应可采储量丰度分别为:不大于 $100 \times 10^4 m^3/km^2$、$(100 \sim 300) \times 10^4 m^3/km^2$ 和不小于 $300 \times 10^4 m^3/km^2$。

从经济效益出发,油砂矿埋藏深度小于75m,为浅层油砂矿,适合露天开采;埋藏深度75~500m,为中深层油砂矿,适合就地热采或井下巷道开采;埋藏深度大于500m,目前工艺技术难于开采。

四、风城油砂矿储量计算实例

1. 探明地质储量计算

一个油砂矿的储量计算,需要首先划分储量计算单元。储量计算单元(简称计算单元)一般是单个油砂矿藏,但有些油砂矿藏可根据情况细分或合并。计算单元平面上一般按区块划分,面积很大的油砂矿藏,视不同情况可细分井块(井区);受同一构造控制的几个小型断块或岩性油砂矿藏,当矿藏类型、储层类型和流体性质相似,且含油砂体连片或叠置时,可合并为一个计算单元。纵向上计算单元一般按砂层组(砂层组)划分。

(1)重量含油率:风城油砂矿各计算单元重量含油率采用单孔控制油砂层体积来权衡(图4-40和表4-17)。

划分储量计算单元后,可以更精确地确定不同计算单元的重量含油率(表4-17)。

表4-17 各计算单元重量含油率取值表

区块	计算单元	层位	平均重量含油率取值
1号矿	风砂73孔断块	$K_1 q_1$	0.126
	风砂73孔断块	$K_1 q_2^{1}$	0.111
	风砂72孔断块	$K_1 q_2^{2}$	0.117
	风砂73孔断块	$K_1 q_2^{2}$	0.112
	风砂72孔断块	$K_1 q_2^{3}$	0.102
	风砂73孔断块	$K_1 q_2^{3}$	0.103
	风砂72孔断块	$J_3 q_2^{2-1} + J_3 q_2^{2-2}$	0.086
	风砂73孔断块	$J_3 q_2^{2-1} + J_3 q_2^{2-2}$	0.099
2号矿	风砂16孔区	$K_1 q_1$	0.097
	风砂16孔区	$K_1 q_2$	0.103
3号矿	风砂4孔区	$K_1 q_1$	0.078

(2)岩石密度:采用高精度岩石密度测定仪测定,对126块不同层位、不同含油性及岩性的油砂样品进行了化验分析,各计算单元岩石密度采用算数平均方法求得。风砂73孔断块 $J_3 q_2^{2-1} + J_3 q_2^{2-2}$ 层未测岩石密度,借用邻区邻层岩石密度值。各计算单元取值见表4-18。

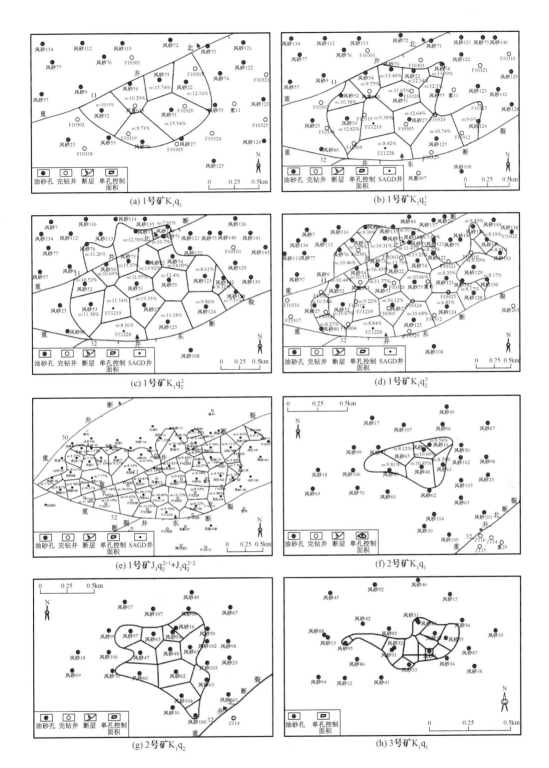

图 4-40　各计算单元单孔控制面积图

表 4 - 18　各计算单元岩石密度取值表

计算单元	层位	样品数（个）	最小值	最大值	算数平均值（g/cm³）
风砂 73 孔断块	K_1q_1	9	1.85	2.28	2.132
风砂 73 孔断块	$K_1q_2^{-1}$	3	2.06	2.34	2.208
风砂 72 孔断块	$K_1q_2^{-2}$	1			2.080
风砂 73 孔断块	$K_1q_2^{-2}$	8	1.62	2.26	1.994
风砂 72 孔断块	$K_1q_2^{-3}$	3	2.17	2.21	2.190
风砂 73 孔断块	$K_1q_2^{-3}$	14	1.76	2.30	2.090
风砂 72 孔断块	$J_3q_2^{-2-1}+J_3q_2^{-2-2}$	40	1.73	2.42	2.052
风砂 73 孔断块	$J_3q_2^{-2-1}+J_3q_2^{-2-2}$				2.052
风砂 16 孔区	K_1q_1、K_1q_2	36	1.68	2.55	2.058
风砂 4 孔区	K_1q_1	12	2.03	2.36	2.124

　　风砂 73 孔断块既有钻孔也有钻孔资料，为了验证重量含油率法和容积法两种方法储量计算结果，采用容积法对风砂 73 孔断块侏罗系齐古组进行了储量计算。

　　根据真电阻率（R_t）—孔隙度（ϕ）交会图版确定的油层下限标准，解释单孔有效厚度，风砂 73 孔断块侏罗系齐古组 $J_3q_2^{-2-1}+J_3q_2^{-2-2}$ 计算单元平均有效厚度采用等值线面积权衡（图 4 - 41），平均有效厚度为 17.9m。

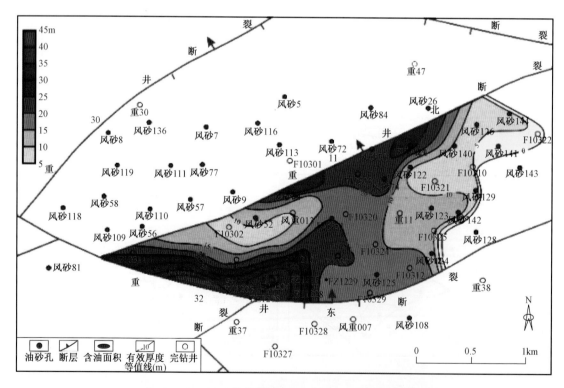

图 4 - 41　风砂 73 孔断块 $J_3q_2^{-2-1}+J_3q_2^{-2-2}$ 有效厚度图

（3）有效孔隙度：根据孔隙度关系式解释风砂 73 孔断块侏罗系齐古组 $J_3q_2^{2-1} + J_3q_2^{2-2}$ 有效厚度段的孔隙度，单孔孔隙度采用有效厚度权衡，平均有效孔隙度采用单孔控制油砂层体积权衡为 0.305（图 4 - 42）。

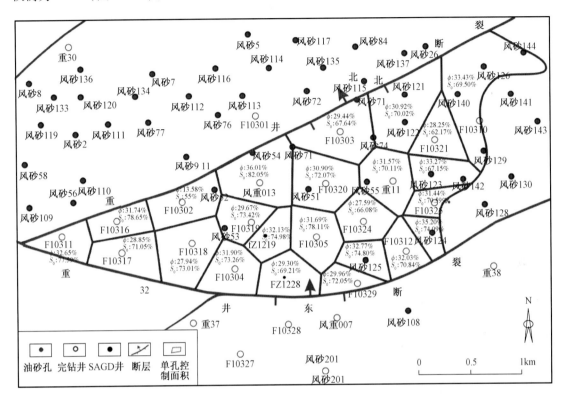

图 4 - 42　风砂 73 孔断块 $J_3q_2^{2-1} + J_3q_2^{2-2}$ 单孔控制面积图

（4）原始含油饱和度：采用阿尔奇公式计算单孔有效厚度孔段的含油饱和度，单孔平均含油饱和度由孔隙体积权衡求得，风砂 73 孔断块侏罗系齐古组 $J_3q_2^{2-1} + J_3q_2^{2-2}$ 计算单元平均含油饱和度采用单孔控制油砂层孔隙体积权衡为 0.721（图 4 - 42）。

（5）地面原油密度：风砂 73 孔断块侏罗系齐古组 $J_3q_2^{2-1} + J_3q_2^{2-2}$ 平均地面原油密度根据实际分析资料，采用算术平均法求得为 0.963g/cm³。

（6）地层原油体积系数：原油黏度大、密度高、地层压力低、溶解气极少，难以进行高压物性取样及分析，因此原油体积系数取值为 1。

（7）储量计算：根据上述各项参数，采用重量含油率法计算 1、2、3 号油砂矿合计新增油砂油地质储量为 4385.98 × 10⁴t，叠合含油面积 6.21km²（表 4 - 19）。其中 1 号油砂矿新增油砂油地质储量为 4247.68 × 10⁴t，叠合含油面积 5.57km²；2 号油砂矿新增油砂油地质储量为 123.01 × 10⁴t，叠合含油面积 0.51km²；3 号油砂矿新增油砂油地质储量为 15.29 × 10⁴t，叠合含油面积 0.13km²。

表4-19　风城油砂矿新增油砂油探明地质储量计算结果表

区块	计算单元	层位	A_o (km²)	h (m)	ω	ρ_r (g/cm³)	N (10⁴t)
1号矿	风砂73孔断块	K_1q_1	0.75	13.6	0.126	2.132	274.00
	风砂73孔断块	$K_1q_2{}^1$	1.51	8.5	0.111	2.208	314.57
	风砂72孔断块	$K_1q_2{}^2$	0.29	7.5	0.117	2.080	52.93
	风砂73孔断块	$K_1q_2{}^2$	2.21	15.4	0.112	1.994	760.07
	风砂72孔断块	$K_1q_2{}^3$	0.49	9.0	0.102	2.190	98.51
	风砂73孔断块	$K_1q_2{}^3$	2.62	18.4	0.103	2.090	1037.77
	小计		3.23				2537.85
	风砂72孔断块	$J_3q_2{}^{2-1}+$	1.96	14.8	0.086	2.052	511.91
	风砂73孔断块	$J_3q_2{}^{2-2}$	3.24	18.2	0.099	2.052	1197.92
	小计		5.20				1709.83
	合计(K_1q+J_3q)		5.57				4247.68
2号矿	风砂16孔区	K_1q_1	0.21	7.6	0.097	2.058	31.86
	风砂16孔区	K_1q_2	0.50	8.6	0.103	2.058	91.15
	小计		0.51				123.01
3号矿	风砂4孔区	K_1q_1	0.13	7.1	0.078	2.124	15.29
总计			6.21				4385.98

　　风砂73孔断块侏罗系齐古组$J_3q_2{}^{2-1}+J_3q_2{}^{2-2}$采用重量含油率法计算油砂油探明地质储量为$1197.92\times10^4$t(表4-19);采用容积法计算为$1228.17\times10^4$t(表4-20),通过对比,钻孔和钻井两种勘探手段确定的有效厚度一致,储量计算结果相对误差2.53%,说明重量含油率法计算结果可信。

表4-20　风砂73孔断块侏罗系齐古组容积法储量计算结果表

孔区	计算单元	A_o (km²)	h (m)	ϕ	S_{oi}	ρ_o (g/cm³)	B_{oi}	N (10⁴t)
风砂73孔断块	$J_3q_2{}^{2-1}+J_3q_2{}^{2-2}$	3.24	17.9	0.305	0.721	0.963	1.000	1228.17

2. 技术可采储量计算

1)1号矿白垩系清水河组和侏罗系齐古组SAGD开发区

　　1号矿风砂73孔断块白垩系清水河组($K_1q_2{}^2$、$K_1q_2{}^3$)、齐古组($J_3q_2{}^{2-1}+J_3q_2{}^{2-2}$)连续油层厚度大于10m,矿藏顶面埋深不小于120m,满足SAGD开发条件,可以采用SAGD方式开发的地质储量合计1589.80×10^4t(表4-21)。位于风砂73孔断块西部的重32井区,开辟了一个侏罗系齐古组($J_3q_2{}^{2-1}+J_3q_2{}^{2-2}$)SAGD试验区,该试验区正式转入生产后,利用动态法预测最终采收率为42.8%。本次申报新增探明区1号矿风砂73孔断块白垩系清水河组($K_1q_2{}^2$、$K_1q_2{}^3$)、侏罗系齐古组($J_3q_2{}^{2-1}+J_3q_2{}^{2-2}$)与重32井区SAGD开发区储层参数和储量计算参数相当接近(表4-22和图4-43),采用类比法保守预测采收率为40.0%。由此计算1号矿风砂73孔断块SAGD开发区油砂油技术可采储量为$635.93 \times 10^4 t$,其中,$K_1 q_2^2$油砂油技术可采储量$105.33 \times 10^4 t$、$K_1 q_2^3$油砂油技术可采储量$231.44 \times 10^4 t$、$J_3 q_2^{2-1} + J_3 q_2^{2-2}$油砂油技术可采储量$299.16 \times 10^4 t$。

表4-21 风城油砂矿新增油砂油SAGD开发技术可采储量计算结果表

计算单元	层位	A_o (km²)	h (m)	ω (f)	ρ_r (g/cm³)	N (10⁴t)	E_R	N_R (10⁴t)
风砂73 孔断块	$K_1 q_2^2$	0.81	13.7	0.119	1.994	263.32	0.40	105.33
	$K_1 q_2^3$	1.53	16.6	0.109	2.090	578.59		231.44
	$J_3 q_2^{2-1} + J_3 q_2^{2-2}$	2.15	16.3	0.104	2.052	747.89		299.16
合计($K_1 q + J_3 q$)		2.52				1589.80		635.93

表4-22 1号矿白垩系清水河组和侏罗系齐古组SAGD开发区采收率类比表

项目		类比油藏参数	目标矿藏参数		
类比油藏名称		重32井区 (试验区)	1号矿 风砂73孔断块	1号矿 风砂73孔断块	1号矿 风砂73孔断块
所在油田		风城油田	风城油田	风城油田	风城油田
区域构造(盆地)		准噶尔盆地	准噶尔盆地	准噶尔盆地	准噶尔盆地
地质年代(层位)		$J_3 q_2^{2-1} + J_3 q_2^{2-2}$	$J_3 q_2^{2-1} + J_3 q_2^{2-2}$	$K_1 q_2^3$	$K_1 q_2^2$
储量计算参数	面积(km²)	0.20(动用)	2.15	1.53	0.81
	有效厚度(m)	28.8	16.3	16.6	13.7
	孔隙度(%)	33.2	31.2	34.6	33.7
	含油饱和度(%)	72.6	72.8	73.1	74.5
	原油体积系数	1.000	1.000	1.000	1.000
	地面原油密度(g/cm³)	0.951	0.963	0.979	0.979
	地质储量(10⁴t)	119.63(动用)	747.89	578.59	263.32
	技术可采储量(10⁴t)	51.20	299.16	231.44	105.33
储层及流体性质	油藏类型	稠油热采油藏	热采油砂矿藏	热采油砂矿藏	热采油砂矿藏
	储层岩性	砂岩	砂岩	砂岩	砂岩
	储集类型	孔隙型	孔隙型	孔隙型	孔隙型
	空气渗透率(mD)	2025	1690	1655	1480
	沉积环境	辫状河流相沉积	辫状河流相沉积	辫状河流相沉积	辫状河流相沉积
	埋藏深度(m)	175	233	140	125
	原始地层压力(MPa)	2.00	2.15	1.41	1.27
	原始地层温度(℃)	15.21	20.16	18.9	18.7
	50℃原油黏度(mPa·s)	33946	27500	266000	266000
	采收率(%)	42.8	40	40	40

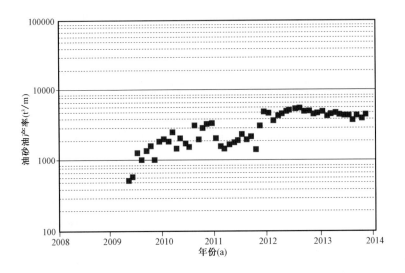

图 4-43　重 32 井区块齐古组 $J_3q_2^{2-1} + J_3q_2^{2-2}$ SAGD 开发储量评估曲线图

2）1 号矿白垩系清水河组和侏罗系齐古组常规热采区

1 号油砂矿为未开发矿藏，风砂 72 孔断块清水河组（K_1q）和风砂 72 孔断块齐古组（$J_3q_2^{2-1}$ $+ J_3q_2^{2-2}$）只能采取常规热采方式投入开发，风砂 73 孔断块清水河组（K_1q）和风砂 73 孔断块齐古组（$J_3q_2^{2-1} + J_3q_2^{2-2}$）除去采用 SAGD 开发以外，可以采取常规热采方式投入开发的地质储量合计 2657.88 $\times 10^4$t，采收率根据类比法求取。西部的重 32 井区齐古组（$J_3q_2^{2-1} + J_3q_2^{2-2}$）油藏已经采用常规注蒸汽方式规模开发，选择其中生产时间较长的三个孔组（目前累计产油 5.75 $\times 10^4$t，采出程度 17.1%），利用动态法预测最终采收率为 25.3%。本次申报新增探明区清水河组储层好于重 32 井区，风砂 72 孔断块齐古组与重 32 井区齐古组接近（表 4-23 和图 4-44），且采用高干度蒸汽开发，保守预测采收率为 25.0%，由此计算 1 号矿白垩系清水河组和侏罗系齐古组常规热采区油砂油技术可采储量为 664.48 $\times 10^4$t。其中，风砂 72 孔断块白垩系清水河组 K_1q 油砂油技术可采储量为 37.86 $\times 10^4$t、风砂 73 孔断块白垩系清水河组 K_1q 除去满足 SAGD 开发以外油砂油技术可采储量为 386.13 $\times 10^4$t，合计 423.99 $\times 10^4$t；风砂 72 孔断块侏罗系齐古组（$J_3q_2^{2-1} + J_3q_2^{2-2}$）油砂油技术可采储量为 127.98 $\times 10^4$t、风砂 73 孔断块侏罗系齐古组（$J_3q_2^{2-1} + J_3q_2^{2-2}$）除去满足 SAGD 开发以外油砂油技术可采储量为 112.51 $\times 10^4$t，合计 240.49 $\times 10^4$t（表 4-24）。

综合评价认为，清水河组属埋藏浅的厚层、高品位、中丰度、中型矿藏；齐古组属中深层的、厚度适中的、高品位、中丰度、中型矿藏（表 4-25）。

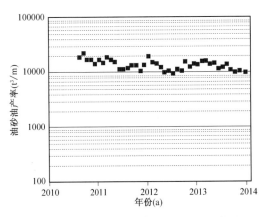

图 4-44　重 32 井区块齐古组 $J_3q_2^{2-1} + J_3q_2^{2-2}$
常规开发储量评估曲线

表 4 – 23 1 号矿白垩系清水河组和侏罗系齐古组常规热采区采收率类比表

项目		类比油藏参数	目标矿藏参数	
类比油藏名称		重 32 井区	风砂 72 孔断块 + 风砂 73 孔断块	风砂 72 孔断块 + 风砂 73 孔断块
所在油田		风城油田	风城油田	风城油田
区域构造（盆地）		准噶尔盆地	准噶尔盆地	准噶尔盆地
地质年代（层位）		齐古组（$J_3q_2^{2-1}$ + $J_3q_2^{2-2}$）	齐古组（$J_3q_2^{2-1}$ + $J_3q_2^{2-2}$）	清水河组（K_1q）
储量计算参数	面积（km^2）	0.10（动用）	5.20	3.23
	有效厚度（m）	15.8	10.3	20.65
	孔隙度（%）	31.0	29.5	34.3
	含油饱和度（%）	71.4	63.2	74.7
	原油体积系数	1.000	1.000	1.000
	地面原油密度（g/cm^3）	0.964	0.963	0.979
	原油地质储量（$10^4 t$）	33.71（动用）	961.94	1695.94
	技术可采储量（$10^4 t$）	8.53	240.49	423.99
储层及流体性质	油藏类型	稠油热采油藏	热采油砂矿藏	热采油砂矿藏
	储层岩性	砂岩	砂岩	砂岩
	储集类型	孔隙型	孔隙型	孔隙型
	空气渗透率（mD）	1867	954.50	1089.65
	沉积环境	辫状河流相沉积	辫状河流相沉积	辫状河流相沉积
	埋藏深度（m）	175	196.0	106.8
	原始地层压力（MPa）	2.00	1.71	0.86
	原始地层温度（℃）	15.21	19.59	18.49
	50℃原油黏度（mPa·s）	28654	27500	266000
	采收率（%）	25.3	25.0	25.0

表 4 – 24 风城油砂矿新增油砂油常规热采技术可采储量计算结果表

区块	层位	A_o（km^2）	h（m）	ω（f）	ρ_r（g/cm^3）	N（$10^4 t$）	E_R	N_R（$10^4 t$）
风砂 72 孔断块	$K_1q_2^2$	0.29	7.5	0.117	2.08	52.93	0.25	13.23
	$K_1q_2^3$	0.49	9.0	0.102	2.19	98.51		24.63
	$J_3q_2^{2-1}$ + $J_3q_2^{2-2}$	1.96	14.8	0.086	2.052	511.91		127.98
	小计					663.35		165.84

区块	层位	A_o （km^2）	h （m）	ω （f）	ρ_r （g/cm^3）	N （$10^4 t$）	E_R	N_R （$10^4 t$）
风砂73孔断块	$K_1 q_1$	0.75	13.6	0.126	2.132	274.00		68.50
	$K_1 q_2{}^1$	1.51	8.5	0.111	2.208	314.57		78.64
	$K_1 q_2{}^2$	2.21	10.1	0.112	1.994	496.75	0.25	124.19
	$K_1 q_2{}^3$	2.62	8.1	0.103	2.09	459.18		114.80
	$J_3 q_2{}^{2-1} + J_3 q_2{}^{2-2}$	3.24	6.8	0.099	2.052	450.03		112.51
	小计					1994.53		498.64
合计						2657.88		664.48

表4-25 风城油砂矿综合评价表

区块	层位	矿藏类型	油顶埋深		含油率		有效厚度		原油可采储量 （$10^4 m^3$）		可采储量丰度	
			埋深 （m）	分类	含油率	分类	厚度 （m）	分类	规模 （$10^4 t$）	分类	丰度 （$10^4 m^3/km^2$）	分类
1号矿	$K_1 q$	岩性构造	70.7	浅层	0.109	高品位	34.1	厚	623.76	中型	196.37	中
	$J_3 q_2{}^{2-1} + J_3 q_2{}^{2-2}$	岩性构造	196.0	中深层	0.095	高品位	16.9	中	488.78	中型	131.53	中

第五章 新疆风城油砂矿露天开发技术

目前国际上开采油砂的方法主要有两种:一是露天开采法(埋藏 <75m);二是钻井热采方法(埋藏 >75m)。2012 年新疆油田就对埋藏较浅的 3 号矿开展了露天开采现场试验,探索出了油砂水洗分离工艺,取得了油砂露天开采的直接经验,这些丰富的实践经验为中国及世界其他地区的油砂矿开采提供了有益的借鉴和参考。

第一节 油砂和油砂油物理—化学性质检测

中国石油勘探开发研究院廊坊分院在准噶尔盆地西北缘风城地区开展了油砂水洗分离工艺技术研究,成功研制了油砂水洗分离剂配方,在配方药剂浓度 4%、温度 85℃情况下,分离率达到了 90%。在室内系列研究的基础上,完成了年处理 1×10^4t 油砂的试验现场建设,通过油砂现场分离试验,常态运行收油率达 90%,初步形成了较为先进的油砂水洗工艺技术及相应的装备设施。

一、典型油砂基本特征

油砂由沙粒、水和油砂油组成,油砂油的密度通常大于 $1g/cm^3$,黏度超过 10000mPa·s(通常黏度超过 1×10^4mPa·s 的稠油称为油砂油),其流动性极差,所以不能以一般方式打井开采稠油的方法获取油砂油。

油砂通常约含有 80% ~ 90% 的无机质(砂、矿物、黏土等)、3% ~ 6% 的水、6% ~ 20% 的油砂油,通常油砂油是烃类和非烃类有机物质,是稠黏的半固体,约含 80% 的碳元素,还有氢元素及少量的氮、硫、氧以及微量金属,如钒、镍、铁、钠等。

典型的阿萨巴斯卡油砂结构如图 5 - 1所示。

油砂的主要组成是圆形的或略带尖角的石英,每一个沙粒被水膜润湿,油砂油层包围在薄膜的外层及充填空间,填满空间的还有原生水及少量的空气或甲烷。

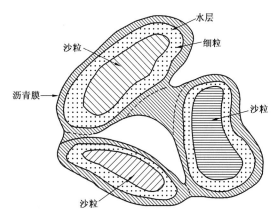

图 5 - 1 加拿大油砂结构示意图

阿萨巴斯卡油砂的显微结构研究表明,高品位的油砂,沙粒表面水膜中的水约为 2% ~ 3%(重量),水膜厚度约为 0.01μm,此膜带负电荷的油砂油和砂子相互排斥,稳定的存在于沙粒表面。低品位的油砂,由于粉尘呈团被水饱和,含水量随粉末增加而直线上升。油砂的粒径分布见表 5 - 1,其中粒径在 147 ~ 417μm 之间的约占 87%。

表5-1　油砂粒径分布（阿萨巴斯卡矿区）

粒径（μm）	含量（%）
<105	6.94
105~147	2.55
147~208	26.17
208~295	48.64
295~417	12.58
417~595	1.91
>595	1.21

　　利用扫描电子显微镜，在微米尺度下对风城油砂颗粒进行观测，发现沙粒尺寸在100~500μm不等，表面被油砂油均匀覆盖，沙粒表面无微孔结构，小颗粒由油砂油质粘结在一起，大颗粒之间有间隙。图5-2和图5-3为油砂观测照片。

图5-2　油砂颗粒扫描电镜照片

二、油砂组成与结构

1. 油砂组成实验检测方法

　　油砂含油率是根据加拿大艾伯塔省油砂管理局（AOSTRA）推荐的标准方法Dean-Stark甲苯抽提法测定的。实验仪器装置如图5-4所示。

　　Dean-Start甲苯抽提法主要内容为：准确称量50g油砂试样，量取200mL甲苯加入500mL圆底烧瓶，加热，使溶剂沸腾，气流在冷凝管之间形成循环，抽提至样品套管中流出的溶液为无色，收集并记录水井中水的体积；抽提后将样品套管及抽提的固体在150℃下烘烤5h，称重，甲苯—稠油液转移至250mL容量瓶中，配成250mL溶液，准确移取5mL溶液分散于称重过的玻璃纤维滤纸上，晾干2h称重，用克氏蒸馏仪将剩余甲苯稠油溶液中的甲苯蒸干，以回收油砂稠油。数据处理方法如下：

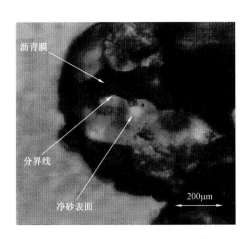

图 5 - 3　镜下油砂微观实物照片

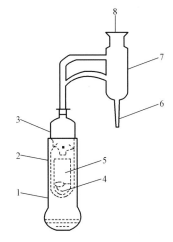

图 5 - 4　Dean - Stark 法甲苯抽提装置

1—溶剂发生器(500mL);2—套管吊篮;3—连接管;

4—样品;5—样品套管(43mm×123mm);

6—水井;7—溢流管;8—冷凝管接口

$$B = \frac{W_b \times 250/5}{W_o} \times 100\% \qquad (5-1)$$

$$W = \frac{V_w \times 1.0}{W_o} \times 100\% \qquad (5-2)$$

$$S = \frac{W_s}{W_o} \times 100\% \qquad (5-3)$$

式中　B——油砂含油率,%;

　　　W——油砂含水率,%;

　　　S——油砂固体含量,%;

　　　W_o——样品重量,g;

　　　W_s——抽提后的固体重量,g;

　　　V_w——水的体积,mL;

　　　W_b——5mL 溶液中的油砂油重量,g。

以上述 Dean - stark 方法测定青海油砂油、水、矿物质的含量,结果见表 5 - 2。

表 5 - 2　油砂中油砂油、水、矿物质的含量

样品名称	油砂油(%)	水(%)	矿物质(%)
青海油砂 1	12.5	0.55	86.95
青海油砂 2	13.6	0.65	85.75
新疆油砂	12.1	1.7	86.2

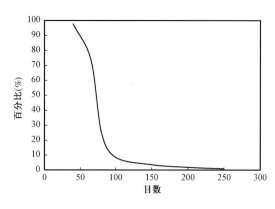

图 5 - 5 青海油砂粒径分布图

油砂粒径分布情况不只是一项物性参数,在很大程度上影响油砂油和沙粒的结合机理,直接影响油砂油的抽提方法和难易程度,而且对经碱水分离出的油砂油的后处理也有很大影响。因此,有必要先对其分布情况进行测定。

样品为甲苯抽提所得砂样,仪器为粒度筛子(分析范围:50~250 目),试验结果如图 5 - 5 所示。

由图 5 - 5 可知:沙粒粒径主要分布在 50 至 100 目之间,250 目之下约占 0.9% ,这部分沙粒很小,为粉尘状,在润湿情况下与油、水成乳状液,很难从油砂油中分离开来。本实验提出了与国外油砂油抽提工艺不同的机理,油砂平均粒度大小是控制油砂油回收的重要因素。

2. 检测结果分析

由表 5 - 3 可以看出,油砂沙粒中 O、Si、Al、K、Fe 等元素含量较高,此外还含有 Na、Mg、P、S、Cl、Ca、Ti、Cr、Mn、Cu、Co、Sr、Y、Rb 等多种矿物及微量元素。在抽提油砂油的同时,可以从分离后的尾砂中回收红金石(TiO_2),因此在发展油砂工业的同时,也可以考虑发展钛工业,实现油砂开发的综合利用,提高油砂资源开发的收益率。

表 5 - 3 新疆各地沙粒成分分析

样品成分(%)	黑油山	红山嘴	白碱滩	风城
O	27.1996	24.3658	25.256	24.3373
Si	18.6	15.64	17.2	15.7
Al	4.38	3.04	3.33	3.7
Fe	2.6	3.932	3.23	3.38
K	2.87	1.79	2.08	1.9
S	0.104	2.2	0.649	0.123
Na	0.0971	0.563	0.595	0.611
Ca	0.294	2.28	0.558	1.17
Mg	0.0929	0.401	0.329	0.517
Ti	0.212	0.538	0.269	0.348
Sr	0.0207	0.1	0.11	0.11
Cl	0.0289	0.058	0.0841	0.0836
P	0.0335	0.0666	0.0568	0.0364
Mn	0.0216	0.0426	0.0337	0.0677
Rb	0.0566	0.024	0.0304	0.0288

续表

样品成分(%)	黑油山	红山嘴	白碱滩	风城
Y	0.033	0.025	0.0189	0.0264
Zn	0.0134	0.00134	0.01554	0.0251
Cr	0.0134	0.015	0.0101	0.0124
Co	—	0.013	0.00944	0.00896
Cu	0.00382	0.0076	0.00474	0.0068
Si/Al 原子比	4.1:1	5.0:1	5.0:1	4.1:1

有机组分是油砂的重要组成。新疆油砂中的直链烷烃分布规整,C_5—C_{60}都有显示,主要分布在C_{28}左右(C_{19}—C_{37})。尽管C_{20}以前的烃类因挥发及生物氧化改造而含量较低,但绝大多数是C_{35}以前的,C_{40}以后的极少,揭示出该油砂油中的烃类组分占有很大比例。而资料显示已经探明的油砂油大多都呈现饱和烃分布不规整,缺失碳数相对较低的正构烷烃,存在部分异构烷烃和环烷烃,这是油砂遭受生物氧化和分解作用的结果。新疆风城地区油砂油重量含油率平均在10%以上,品位较高,属于富矿,产能建设前景广阔。

青海油砂山地表油砂风化较严重,含油率仅为3%。油砂油中直链烷烃分布规整,在其色谱峰中还分布不少支链烷烃,较轻质的组分占相当的数量,C_{25}的直链烷烃色谱峰最高,主要分布于nC_{15}—nC_{33}之间,而nC_{33}以后的组分很少,nC_{14}以前的烃类因挥发和生物氧化改造含量极低,青海油砂油富含环烷烃,单环—五环都有分布。油砂油为陆源湖相沉积有机质生成的原油经后生改造而形成。

三、油砂油物理化学性质检测

油砂油的黏度依赖剪切速率,油砂油是非牛顿流体。因此,油砂油的黏度测量必须在具体的温度和剪切速率下进行。在较低的温度下油砂油的黏度很大,剪切速率对其黏度的影响不明显;在较高的温度区域油砂油表现为近似牛顿型流体。在整个测定的温度范围内,黏度随剪切速率的变化呈非线性关系。超声波作用可以改变油砂油的胶体结构,降低油砂油的黏度。

1. 油砂油性质检测方法

新疆风城油砂油外观呈黑褐色,常温下流动性较差,其20℃密度为0.947g/cm³,属重质原油;硫含量为0.45%,属低硫原油。该油除具有含硫量相对较低、高黏度、低机械杂质等特点外,轻油收率非常低,基本没有汽油馏分,初馏点至350℃馏分收率达到10.7%,比一般原油低很多(大庆原油小于350℃馏分收率约为57%)。

油砂油样品基本情况(测量值):密度为1.014g/cm³,重度为8.7°API,灰分和硫含量(%,wt)分别为0.24%和2.57%,油砂油质、残碳值和馏分含量分别为23.7%、13.8%和64.3%。

油砂油性质检测流程如图5-6所示。各种性质测定所需的油砂油可用甲苯抽提得到,试验采用上述的碱水抽提—精制法制取油砂油。各种性质的检测方法如下:

(1)水分:用甲苯将定量的油砂油在圆底烧瓶中溶解,加热后水和甲苯共沸蒸馏,读出水的体积即可计算水含量;仪器为圆底烧瓶(500mL)、水分测定仪、冷凝管、加热套,试剂为甲苯。

(2)机械杂质:称取一定量的试样,溶于所用的溶剂中,用已经恒重的滤器过滤,被留在滤器上的杂质即为机械杂质;仪器为烧杯、称量瓶、玻璃漏斗、保温漏斗、吸滤瓶、水流泵、干燥器、

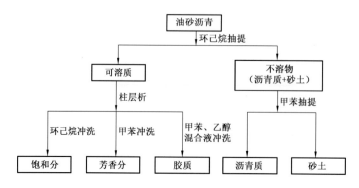

图 5-6　油砂油组分分析框图

水浴火电热板、红外线灯泡和微孔玻璃滤器(坩埚式,滤板孔径 4.5~9μm),材料为定量滤纸和溶剂油;试剂为 95% 乙醇(化学纯)、乙醚(化学纯)、苯(化学纯)、乙醇—苯混合液(用 95% 乙醇和苯按体积比 1:4 配成)和乙醇—乙醚混合液(用 95% 乙醇和乙醚按体积比 4:1 配成)。

(3)灰分:用无灰滤纸作引芯,点燃放在一个适当容器中,使其燃烧到只剩下灰分和残留的碳;碳质残留物再在 775℃高温炉中加热转化成灰分,然后冷却并称重;所用仪器为瓷坩锅或瓷蒸发皿(50mL)、电热板或电炉、高温炉和干燥器(不装干燥剂);材料为直径为 9cm 的定量滤纸;试剂为盐酸:化学纯,配成 1:4 的水溶液。

(4)四组分试剂:苯、正庚烷、正己烷、乙酸乙酯、甲醇、甲酸和硅胶(80~120 目),检测的相关仪器包括索氏抽提器、搅拌器、玻璃柱色谱。

(5)密度:在 20℃时的密度称为标准密度,用 ρ_{20} 表示;仪器为广口型比重瓶(25mL),恒温浴、温度计、比重瓶支架;所有材料包括铬酸洗液、洗涤用轻汽油。

(6)软化点:油砂油的软化点是试样在测定条件下,因受热而下坠达 25.4mm 时的温度,单位以℃表示;将规定质量的钢球放在内盛规定尺寸金属环的试样盘上,以恒定的加热速度加热此组件,当试样软化到足以使包在油砂油中的钢球下落规定距离时,则此时的温度作为软化点;检测仪器包括油砂油软化点测定器、电炉、金属板、刀和筛;所用材料包括甘油—滑石粉隔离剂、蒸馏水、甘油。

(7)针入度:油砂油的针入度以标准针在一定的负荷、时间及温度条件下垂直插入油砂油试样的深度表示,单位为 0.1mm;检测仪器包括针入度计、标准针、试样皿、恒温水浴、平底玻璃皿、秒表、温度计、电炉、瓷柄皿。

(8)闪点(闭口杯法):石油产品在特制的闭口杯中,在规定的条件下加热到油品蒸气与空气的混和气在接触火焰而发生闪火时的最低温度,成为闭口杯法闪点;检测仪器包括闭口杯闪点测定器、温度计、防护屏。

(9)延伸度:油砂油的延伸度是用规定的试件,在一定温度下以一定速度拉伸至试样断裂时的长度,以厘米为单位;检测方法是将溶化的试样注入专用模具中,先在室温下冷却,然后放入保持在实验温度下的水浴中,用热刀削去高出磨具的试样,把模具重新放入水浴中,再经过一定时间,然后移到延度仪中进行测定;检测仪器和材料包括延度仪、试件模具、水域、瓷皿、温度计、筛、砂浴、甘油—滑石粉隔离剂。

(10)动力黏度:检测方法是在恒定温度下,测定标准转子在油砂油中以一定转速转动所受的剪切力,从刻度盘上读出数据再乘以系数即得此温度下油砂油的旋转黏度;检测仪器包括旋转黏度计、恒温水浴、烧杯、玻璃棒。

2. 主要测试结果

实验显示,油砂油在 1 个标准大气压下、温度范围 $50 \sim 110℃$、剪切率范围 $60 \sim 320s^{-1}$ 内温度的增加导致油砂油的表观黏度大幅度下降;在给定温度下,油砂油表观黏度随剪切率的增加而增大。

图 5-7 显示油砂表观油黏度在不同温度和剪切率时的变化情况,在实验温度和剪切率范围内,油砂油表现出两种不同的行为。在较低温度 50℃ 时,油砂油为膨胀性流体(非牛顿型),即当温度不变时,表观黏度随剪切率增加而增大。当温度升高到 70℃ 时,油砂油的行为接近牛顿性流体。表观黏度在较低的剪切率时下降速度较大。在整个实验温度范围内,表观黏度随温度和剪切率呈非线性关系。当温度低于 70℃,图中显示表观黏度随剪切率线性变化;当温度高于 70℃,表观黏度和剪切率之间不存在线性关系。

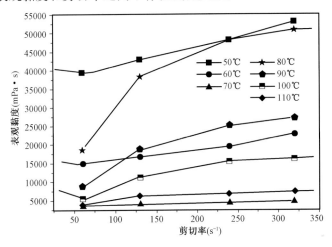

图 5-7　油砂油表观黏度与剪切率的关系

图 5-8 显示了经过超声波处理油砂油在不同时间的降黏效果,采用工作频率为 40kHz。如图 5-8 所示,超声波确实能降低油砂油的黏度,虽然从实际应用的角度讲,降黏还不够显著。超声波作用开始时,油砂油黏度随超声波作用时间的增加有明显的降低,但经过一段时间后油砂油黏度基本稳定。

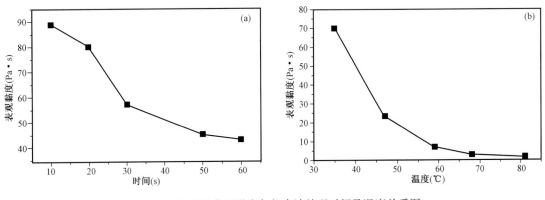

图 5-8　油砂油表观黏度与超声波处理时间及温度关系图

用碱水抽提—精制法制取的油砂油,含水较多(4.8%),机械杂质和灰分含量分别达到1.1%和1.0%,这是由于黏土分离不干净的结果。

从表5-4可看出,油砂油另一显著特点是:饱和烃含量低、油砂油质量高,适合于生产油砂油。表5-5和图5-8b的油砂油性质进一步显示,该油砂油的基本特点是密度大、黏度高,虽然延度较高,但软化点低,不适于直接生产道路油砂油。同时,油砂热碱水抽提出来的油砂油,其馏程分布窄、初馏点高,青海的油砂油初馏点高达350℃,明显高于加拿大的油砂油(表5-6)。可见,我国油砂热碱水抽提出来的油砂油,不太适于直接用作炼厂的原料。

表5-4 油砂油四组分分析结果

样品	饱和烃(%)	芳香烃(%)	胶质(%)	油质(%)
青海	8.2	23.6	25.0	41.3
新疆	33.6	21.0	13.7	31.1
加拿大	44.0	17.0	22.0	17.0

表5-5 油砂油的物理性质

样品	密度(g/cm³) ρ_{20}	软化点 (℃)	针入度 (25℃,0.1mm)	闪点 (℃)	延伸度 (25℃)
青海	1.01	31.5	89	221	>100
新疆	1.0	109	58	272	5.5

表5-6 油砂油的馏程分布结果　　　　　　　　　　　　　　单位:℃

样品	初馏点	5%	10%	30%	50%
青海1	350	402	454	546	—
青海2	330	438	486	—	—
新疆	262	322	363	481	—
阿萨巴斯卡	260	285	320	425	530
科尔德湖	170	255	300	405	555

表5-7元素分析结果反映,新疆和青海的油砂油中硫含量大大低于加拿大的油砂油,这是我国油砂油的一大优点。新疆地区油砂油的性质说明,将来的开发利用有两种用途:生产轻质油品,或进行改造后生产油砂油产品。

表5-7 油砂油的元素组成　　　　　　　　　　　　　　单位:%

样品	C	H	O	N	S
青海	83.31	9.97	5.09	0.69	0.93
新疆	82.43	11.53	5.17	0.45	0.60
加拿大	82.50	10.3	1.78	0.47	4.86

总的来说,油砂油是一种质量较差的原油,其性质与一般原油性质差异很大。新疆油砂油适宜采用热加工工艺生产重质燃料油,渣油组分适宜生产重胶油砂油。

表 5 - 8   油砂砂砾的矿物组成分析结果   单位:%

样品	石英	长石	黏土	非黏土	岩屑
青海	22.5	47.5	7.3	2.7	20
新疆	26.5	21.1	6.1	3.2	43.1

3. 影响油砂油黏度的机理

牛顿流体发生流动的难易程度主要依赖于两个因素:一是某一状态下的活化能大小,二是在平衡点周围是否存在足够的自由体积。活化能和自由体积的存在使得流动和变形成为可能,而活化能和自由体积的数量将依赖于温度、压力等因素。黏度与油砂油自身的微观组成、分子量大小及分布等因素有较大关系。

油砂油的化学结构是典型的胶体结构。当温度较高时,油砂油处于黏流态,以大分子链或胶团为单位发生整体移动。从油砂油黏度的测试结果进行数值分析表明,黏度随温度升高而急剧降低,其规律可以用阿累尼乌斯方程 $\eta = A \cdot e^{-En/RT}$ 来表示。式中,η 为黏度;A 为回归系数;R 为气体常数;T 为绝对温度;En 为黏流活化能。

大多数油砂油都是由分子量相当大、芳香族含量很高的油砂油质分散在较低分子量的可溶质中组成胶体溶液。只有在很少的情况下,油砂油才能形成真正的牛顿流体。这可由多数油砂油均有某些胶体溶液所特有的流变学性质得到证明。大量的事实表明,油砂油的理化性质不仅与油砂油质的相对含量或化学组成有关,而且在很大程度上决定于油砂油质在可溶质中所形成的胶体溶液状态,即在可溶质中的胶溶度或分散度。

按胶体状态不同,可将油砂油分为:溶胶型和凝胶型油砂油。溶胶型油砂油与胶质的分子量相近,这样溶液具有牛顿液体的性质,黏度与应力成比例,此时油砂油的黏附力主要是由于范德华力和偶极力引起。对于凝胶型油砂油而言,当油砂油质的浓度增大,若可溶质没有足够的芳香族组分,分散介质的溶解能力不足,生成的胶团较大,或由于分子聚集体形成网状结构,表现出非牛顿流体性质。当温度升高时,胶团渐渐解体或胶质从油砂油质吸附中心脱附下来,直到某一温度时,油砂油质与胶质之间强大的表面吸附力完全被破坏,胶团也随之破坏,变为真溶液,表现出完全牛顿流体的性质。除油砂油质的含量及组成等影响外,可溶质的性质及含量对油砂油的胶体结构也有一定的影响。在可溶质中对油砂油的胶溶性起主导作用是芳香族化合物。

除温度可以改变油砂油的胶体结构外,剪切力和超声波也可以改变油砂油的胶体结构。对于非牛顿流体,黏度不是一个常数,而是随剪切速率的改变而变化。超声波的主要作用是破坏油砂油质的缔合体,这可从用小角 X 射线法测定的超声波作用前后油砂油分子大小的变化来说明。此外,通过 IR 光谱分析发现,在超声波作用后,不仅油砂油的胶体结构有所改变,而且其化学组成也有变化。

四、风城油砂物性分析

在室内按照《SY/T 5118—2005 岩石中氯仿沥青的测定》进行油砂含油分析。对风砂 056、风砂 057 井做了含油分析(图 5 - 9 和图 5 - 10)。风砂 056 井含油率平均 5.50%,最高含油率达到 13.68%;风砂 057 井平均含油率 2.83%,最高含油率为 6.10%。

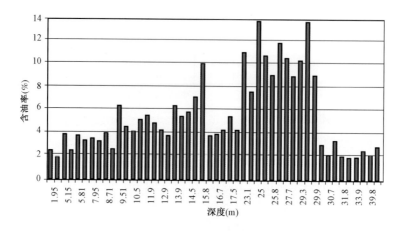

图 5 - 9　风砂 056 井钻孔含油随埋藏深度的变化关系

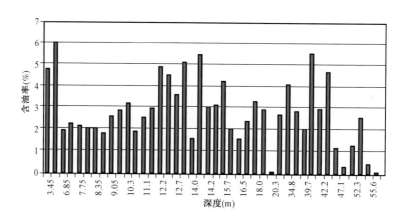

图 5 - 10　风砂 057 井钻孔含油随埋藏深度的变化关系

　　检测结果显示,风砂 057 井油砂油组分中胶质、沥青质、含蜡量和含硫量分别为 20.93%、0.89%、9.22% 和 0.22%,可知风城油砂油是一种高含蜡、高含胶、低硫的重质原油。其黏温曲线、密温曲线如图 5 - 11 所示。

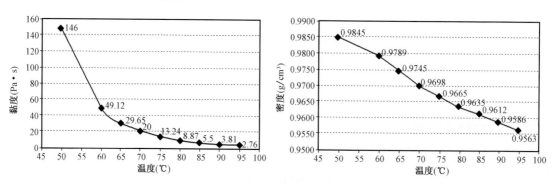

图 5 - 11　风砂 097 井钻孔油砂油黏度、密度随温度的变化关系

室内油砂亲水性定性实验结果表明(图5－12),将油砂在常温下清水中浸泡24h后表面出现浮油,由此可知风城油砂具有一定的亲水性,油砂油通过水洗易从砂砾表面脱附。

图5－12　油砂在常温下清水中浸泡24h后的油砂亲水效果图

第二节　油砂水洗分离原理及实验方法

油砂分离最终采用何种工艺路线取决于油砂油的剥离难度、环境资源充沛度及操作成本。当前经济、成熟的油砂分离工艺为热碱水洗和有机溶剂萃取。通过开展相关实验及工艺综合比较来确定适合风城油砂的分离提取工艺。

一、油砂水洗分离基本原理

1. 油砂分离基本原理

油砂的水洗分离机理类似于油田三次采油的碱水驱和表面活性剂驱油机理。对于碱水驱主要是通过碱性物质与原油中的环烷酸类作用形成环烷酸皂类表面活性剂,从而降低水与原油之间的界面张力,使油水乳化,改变砂石的润湿性,溶解界面薄膜,通过这些作用达到提高采油率的目的。由碱水驱及表面活性剂驱油机理可知,油砂水洗分离主要涉及以下几种基本理论:(1)降低油水界面张力;(2)油/砂的润湿性改变;(3)乳化降黏作用;(4)破坏增溶油水界面处形成的刚性薄膜。油砂水洗分离过程如图5－13所示。

为了对油砂分离影响因素进行进一步的研究。以水基试剂 YSFL 油砂分离剂为基础,通过原子显微镜(ATM - atomicforcemicroscope)对油砂分离剂砂胶体体系中油砂油与沙,油砂油与油砂油,油砂油与黏土等之间的相互作用进行了观察和测量,并系统分析了油砂剥离,气泡浮选等过程,以经典 DLVO 理论和延伸的 DLVO 理论为基础来解释油砂分离工艺过程中胶体内部的相互非接触作用力。

通常 DLVO 理论用于阐述胶体内部之间的相互作用,该理论认为:

(1)胶团之间既存在斥力势能,同时又存在吸引力势能。分散在介质中的胶团,可以视为表面带电的胶核及环绕其周围带有相反电荷的离子氛所组成。如图5－14所示,距胶核表面越远,过剩的反离子出现的几率愈小,图中的虚线圈为胶核所带正电荷作用的范围,即胶团的

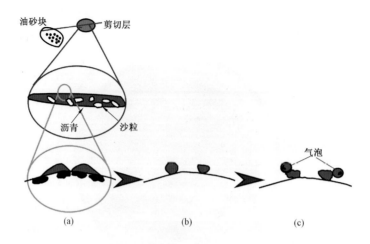

图 5-13　复配化学试剂分离原理

（a）油砂油膜破裂；（b）油砂油液滴沿沙粒表面推进；（c）油砂油与气泡吸附从沙粒表面分离

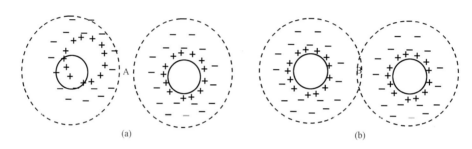

图 5-14　胶团间的相互作用

大小。在胶团之外，任意一点 A 处，则不受正电荷的影响；在扩散层内任一点 B 处，因正电荷的作用未被完全抵消，仍表现出一定的正电性。因此，当两个胶团的扩散层未重叠时（图 5-14 中 A）两者之间不产生任何斥力；当两个胶团的扩散层发生重叠时（图 5-14 中 B），在重叠区内反离子的浓度增加，使两个胶团扩散层的对称性同时遭到破坏。

（2）胶体系统的相对稳定性或聚沉取决于斥力势能或吸引力势能的相对大小。当粒子间的斥力势能在数值上大于吸引力势能，而且足以阻止由于布朗运动使粒子相互碰撞而粘结时，则胶体处于相对稳定的状态；当粒子间的吸力势能在数值上大于斥力势能时，粒子将互相靠拢而发生聚沉。调整斥力势能和吸力势能的相对大小，可以改变胶体系统的稳定性。

（3）斥力势能和吸力势能以及总势能都随着离子间距离的变化而变化，但由于斥力势能、吸力势能与距离关系的不同，因此必然会出现在某一距离范围内吸力势能占优势，而另一范围内斥力势能占优势的现象。

（4）理论推导表明，加入电解质时，对吸力势能影响不大，但对斥力势能的影响明显。所以电解质的加入会导致系统的总势能发生很大的变化。适当调整电解质的浓度，可以得到相对稳定的胶体。

DLVO 理论的具体表示如下：

$$F_{total} = F_E + F_V$$

而延伸的 DLVO 理论额外加上了非 DLVO 理论力(F_{HB}，F_S，F_{HD})，具体表示为：

$$F_{total} = F_E + F_V + F_{HB} + F_S + F_{HD}$$

式中　F_E——静电作用力；

　　　F_V——范德华力；

　　　F_{HB}——疏水斥力；

　　　F_S——原子的空间作用力；

　　　F_{HD}——水合力。

通常情况下，人们很少用 F_{HB}、F_S 和 F_{HD} 描述 DLVO 理论，因为在实际情况中，通过实验测量胶体中的作用力与以经典 DLVO 理论预测相悖。而在这一过程中用一些经验公式，如用来描述球体和盘状物之间的 F_{HB} 公式：

$$F_{HB}/R = -K/6D^2$$

来描述延伸的 DLVO 理论。

式中　R——预测颗粒的半径；

　　　D——两颗粒界面之间的距离；

　　　K——经验常数。

在实验过程中，考察了钙离子和试剂的 pH 值对剂砂体系中各成分之间的相互作用力的影响，得出了提高 pH 值能减弱沥青与砂、沥青与沥青以及沥青与黏土等之间的相互作用，而钙离子的增加则能提高各成分之间的相互作用力。

2. 硅砂与油砂油之间的作用力

为了专门对油砂工艺中的油砂油与沙粒的相互作用力进行研究，用 NaOH、NaCl、表面活性剂和破乳剂复配的水性试剂 YSFL 为分离试剂，对新疆克拉玛依油砂进行热水抽提工艺实验。实验采用浮选的方式，使油砂剥离，并通过高速离心分离获得油砂油产物，在实验过程中采用电子感应记时器来界定两相间的分离。通过实验发现，对于油砂中油砂油和沙粒体系来说，由于油砂油的天然黏稠性，仅仅用标准的气泡矿物浮选不够，因为甚至在几毫秒之内，油砂油便可以粘住任意尺寸的硅砂。但是在特定的条件下，油砂油很容易粘住的硅砂，在试剂的作用下又能轻松的与硅砂分离。在此过程中测试了油砂油与硅砂的相互作用，以及 Zeta 电位差，并探讨了硅砂颗粒尺寸、pH 值、温度以及试剂成分对油砂油和硅砂的相互作用力以及它们对分离的影响，最后得出如下结论。

（1）静电排斥和吸引力对油砂油和硅砂的相互作用力有很大的影响；

（2）pH 值的增加有助于油砂的分离，硅砂颗粒尺寸越小越不利于油砂的分离；

（3）温度的升高可以显著提高硅砂的电负性，即使在黏度相当的条件下，中温 60℃ 条件下油砂油表面所附硅砂显著少于低温 20℃ 条件下所粘附的硅砂。

通过大量室内分离实验发现，油砂的分离主要按两种方式进行。获取油砂油高回收率，客观上存在理想分离方式如图 5 - 15(a)所示，相应另一种分离方式就如图 5 - 15(b)所示。

在油砂分离体系中，两种分离方式同时存在，具体分离方式主要随形成油砂油液滴的直径和相应硅砂直径的不同而改变。加碱量对油砂油回收率有明显影响。在热水分离过程中，加

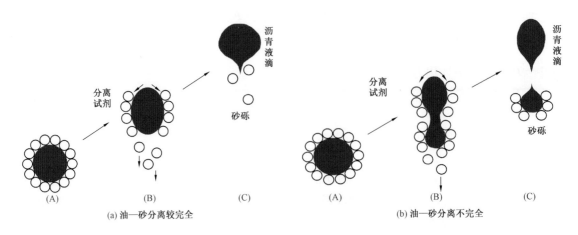

图 5 – 15   油砂油液滴的回收机理

入适量的碱可以有效的降低油砂油/水的表面张力,使油砂、油易于形成液滴,这将有助于油砂的分离和油砂油的回收;但是当碱过量时,则在该体系中很容易形成油/水乳液,使油水难以分离,影响回收率。

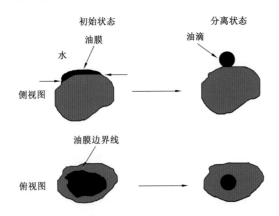

图 5 – 16   硅砂表面油砂油的分离和液滴形成示意图

为了更容易的观察到油砂油液滴的形成现象,本实验要求分离实验的油砂含油率必须在 10% 以上,颗粒直径 180μm 以上。设定分离实验的操作温度为85℃,分离试剂的 pH 值为 9。通过实验发现,油砂油膜首先在表面活性物质的作用下,通过搅拌剪切力剥离作用而逐渐形成油砂油液滴,从而使油—砂呈现分离状态。最终油砂油携带着气泡上浮,达到砂—油砂油—水的三相分离。

油砂油分离和液滴的形成过程如图5 –16所示。

3. 影响油砂分离及油砂油回收的因素

1)清水分离对油砂油回收率的影响

进行油砂分离实验时,考察了清水作用下油砂分离过程(图 5 – 17)。整个分离过程中,油砂出油率都极低,当操作温度提高到几乎达到水的汽化温度时,油砂的出油率也不到 10% 。虽然升高温度能够在一定程度上降低油砂油的黏度,增大其流动性,但不能有效降低油/砂表面的界面张力,使油和砂实现剥离。由此可知,在清水作用下,即使升高油砂分离操作温度,油砂也难以分离。

2)碱浓度对油砂油回收率的影响

碱的加入是为了中和油砂油之中原有的酸性物质从而形成表面活性物质,降低油砂油/水界面张力,增大油/砂δ电位,从而将油砂油和沙粒分离(图 5 – 18)。

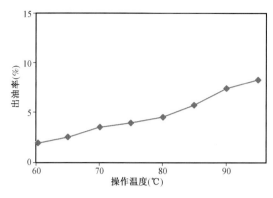
图 5 - 17　清水作用下油砂出油率与温度的关系

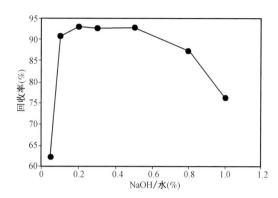
图 5 - 18　NaOH 浓度与油砂油回收率关系

碱的浓度直接影响到油砂油的回收率,在液固比 2∶1、搅拌器转速 80r/min、抽提温度 95℃、时间 25min 的实验条件下,不同 NaOH 浓度对所得油砂油的回收率结果见表 5 - 9。

表 5 - 9　油砂热碱水抽提结果

样品	温度(℃)	回收率(%)	碱用量(%,wt)	备注
白碱滩	95	91	0.3	有乳化现象
黑油山	95～100	92	0.6	有较轻的乳化现象
乌尔禾	95～100	90	5	有乳化现象
青海油砂	96	93	0.2	无乳化现象

表 5 - 9 显示,抽提时间约 20min,搅拌速度约 500r/min,液/固比约为 2∶1。采用质量分数较低的碱液对油砂进行热水分离,虽然随操作温度的提高,油砂出油率有一定的提高,但是分离效果不理想。即使温度升高到 90℃ 甚至更高时,2% 的碱液抽提的油砂试样出油率仅仅保持在 20% 左右,当碱液质量百分数提高到 5% 时,虽然油砂出油率有较大的提高,但是分离效果仍十分不理想。而且油砂分离操作温度较高,大大增加了分离的能耗。当碱液的质量百分数继续提高到 10% 时,油砂出油率提高缓慢,甚至出现严重乳化现象使油水难以分离。出现上面现象是因为随着碱浓度的增加,平衡界面张力先下降,达到最低点后回升,即存在一最佳碱浓度范围。在这一范围内,平衡界面张力可降低到很低。

在较低的碱浓度时,随着碱浓度的增加,溶液的 pH 值增加,通过界面反应生成的皂类表面活性剂的量也增加,因此界面张力随之下降。但当碱浓度过高时,碱作为电解质起作用。Na^+ 浓度的增加可能导致形成中性皂而不能在界面吸附。类似地,高 Na^+ 浓度也将导致碱与油砂油中的环烷酸作用生成的表面活性剂的水溶性下降,油溶性增加,从而使其亲水亲油平衡偏离最佳状态。此外高碱浓度导致体系总的电解质浓度升高,使表面活性剂的活度系数下降。所有这些都将导致平衡界面张力的上升,从而降低了分离效率。

可见,并不是碱量越大越好,因为 pH 值不同可引起油砂中黏土矿物质表面电荷不同,加入 NaOH 就等于向溶液中增加了 Na^+ 和 OH^- 离子浓度,油砂油/水界面和固体/水界面负电荷的浓度随着本体溶液 pH 值的增加而升高,最大的电荷浓度可能在 pH > 12 时达到,太低的

NaOH 不足以使油砂油与油砂分离开来,但太高则容易使油砂油液滴趋于分散,与黏土成乳化状态,使油砂油与油砂难于分离。

实验结果显示,对于实验用的样品抽提均存在乳化现象,其程度轻重不一,从而使得有的回收率降低,这与以下几个方面因素有关:(1)沙粒过细,即粒径过小,油砂中黏土含量较高;(2)油砂分化、降解程度较高;(3)油砂中轻组分和非极性组分较少,极性组分含量高。乳化状态见下列镜下照片所示(图5-19)。

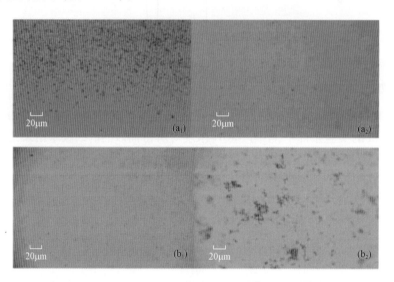

图 5-19　乳化状态镜下照片

根据碱水抽提原理,似乎用其他碱代替 NaOH 也可以进行油砂分离。尿素是一种中等性碱,按理也能与油砂油生成表面活性剂,但实验发现其浓度再高,也无法将油砂油从沙粒表面分离开来。然而,用 Na_2CO_3 代替 NaOH 取得了良好的效果。表5-10 是在和 NaOH 实验相同条件下,油砂油回收率随 Na_2CO_3 浓度变化的实验结果。

表 5-10　Na_2CO_3 水溶液分离油砂油回收率

Na_2CO_3/水(%,wt)	0.1	0.2	0.3	0.5	0.8	1.0
回收率(%)	67.3	90.0	92.4	93.2	92.6	92.7

3)其他因素对油砂油回收率的影响

温度对油砂油回收率同样具有决定性的影响,其原理主要是当温度升高时,油砂油黏度降低,流动性变好,并且由于油砂油、水、砂三相热胀冷缩,密度变化不同从而破坏了他们之间的水膜结构,大大降低了其结合力。低于75℃时,油砂油几乎不能从沙粒表面脱落,但当温度达到90℃以后,其对油砂油的回收率影响不大。

表 5-11 是在保持前面所述实验条件,温度为120℃时,青海油砂的油砂油回收率实验结果。实验中发现,温度、搅拌速度与碱的用量之间存在着互补关系,但考虑到工业化成本,温度以95℃为宜,转速以小于100r/min 为宜。

表 5 – 11　热碱水抽提油砂油回收率

NaOH/水(%,wt)	0.05	0.1	0.2	0.3	0.5	0.8	1.0
回收率(%)	63.8	90.5	92.8	93.3	92.7	89.2	74.4

当油砂同热碱水混合时,油砂油与油砂的分离在抽提开始时即已经发生,分离时间的长短取决于传热和搅拌效果,在热水及搅拌充分的情况下,油砂油一般在15min后就可以完全从沙粒表面脱离,但考虑到工业生产时间、油砂预处理以及搅拌条件与实验条件的差异,20min是最佳的抽提时间。

在实验室,搅拌速度可以达到很高,但工业上搅拌速度一般不能超过100r/min,因此本试验主要考查了100r/min以下各转速对油砂油回收率的影响。实验发现:在转速为75～100r/min之间时,油砂油能在15min内完全分离,但当转速低于75r/min时,抽提时间将大大增长,从生产角度考虑,这是不可取的。

关于液固比的确定:水的加入量如果太少,油砂无法被完全浸泡,碱水不能与油砂油充分接触,并且会造成油砂油、黏土与水的严重乳化,使得油砂油回收率降低,抽提时间变长。而水量如果太多不仅没有必要且会造成成本的上升。经大量实验后发现,液固比在1.5～2.0之间最合适。

通过实验发现,在抽提体系中加入破乳剂可有效提高油砂油的回收率(表5–12)。

表 5 – 12　添加剂对油砂油回收率的影响

添加剂种类	石油磺酸盐	驱油464	驱油242	三聚磷酸钠	皂粉、洗衣粉
对回收率的影响	无明显影响	无	无	无	乳化严重

在油砂分离时,选用了对烃类物质溶解能力较强的二甲苯、四氯化碳、煤油作为抽提溶剂进行常温抽提实验,考察不同(溶)剂砂体积比条件下油砂的出油率。由图5–20可知,选用常温萃取对油砂油进行抽提时,油砂出油率随(溶)剂砂体积比增加而增大,当(溶)剂砂比增大到1.5以后,继续增大剂砂比,三种溶剂萃取油砂的出油率增大趋势都减小。虽然采用对烃类溶解能力较强的二甲苯作为抽提试剂的分离效果优于四氯化碳和煤油,但是油砂的出油率始终较低,不如采用热水试剂抽提工艺的效果明显。由于有机溶剂对环境污

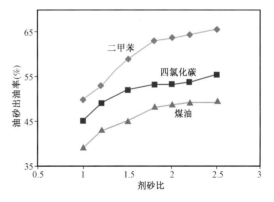

图 5 – 20　出油率与(溶)剂砂比的关系

染比较严重,分离后的砂不能直接回填,还要进行有机溶剂的后处理,造成分离工艺复杂且成本提高。故综合考虑,不适宜采用有机溶剂抽提。

4)复配试剂的开发

将多种渗透性极强的表面活性试剂、助剂等按不同成分和比例复配得到 YSFL、YSFL–2、YSFL–3试剂,并与单一碱液进行油砂分离对比测试。为了比较测试效果,在进行实验时,仍

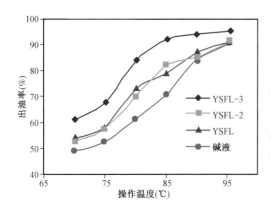

图 5 - 21　不同试剂分离效果的对比

然选用单一试剂测试时的较高质量百分数,反映时间为 30min,测试结果如图 5 - 21 所示。

由图 5 - 21 可知,在温度较低的情况下,几种试剂的分离效果都不理想,当温度升高到 80 ~ 85℃时,加入 YSFL - 3 试剂的出油率明显高于其他试样;当 YSFL - 3 试剂出油率达到 90% 左右时,加入单一碱液试样的出油率仅在 70% 左右。当温度升高到 95℃甚至更高时,四种试样的出油率趋于接近。由此可知,采用 YSFL - 3 试剂在较低温度下分离效果优于其他两种复配试剂和单一碱液。因此,要达到高效、快速分离的目的,多种成分的复配仍然是较好的选择。其主要原因是在多种成分的复配试剂中,不仅各成分对油砂的分离起作用,而且各种成分之间也都有着协同作用。如表面活性剂与碱复配有高的界面活性,而其他助剂可以减少表面活性剂和碱的损耗,同时碱可与钙镁离子反应而保护表面活性剂和助剂,所以在进行分离实验时,选用 YSFL - 3 试剂作为油砂抽提剂。

二、油砂分离的常用方法

1. 抽提方法

(1)热碱水抽提法包括两个阶段:第一为浸煮阶段,碾碎的油砂在搅拌反应器中与热碱水接触,在一定的温度、反应时间及机械动力下,油砂油从固体沙粒上剥落下来,与碱水混合;第二为浮选阶段,在浮选池中,依赖于中等 pH 溶液及稠油的疏水性质,通入一定流量的空气,使油砂油液滴从池底浮到池体上部,大部分沙粒则沉到底部,油砂油可用倾析法回收。

实验室热碱水抽提砂油示意图为(图 5 - 22 和图 5 - 23)。

图 5 - 22　实验室抽提过程示意图

(2)超声波法:将碾碎的油砂在容器中与水混合,同时应用超声波发生器,利用超声波能量破坏沙粒、水、油砂油界面之间的作用力,从而达到将油砂油从沙粒表面剥离的目的(图 5 - 24)。若同时搅拌,分离效果会更好,超声波频率和能量以合适为宜。此法与碱水抽提法类似,同样面临将油砂油从水、砂界面分离的问题。

(3)溶剂抽提:其原理在于有机溶剂对稠油的溶解作用。常用的溶剂有甲苯、氯仿、吡啶、轻烃等。在实验室将油砂试样放入索氏抽提器内的滤纸袋中,通过有机溶剂的回流溶解油砂油。

图 5 - 23　回收得到油砂油和沙粒

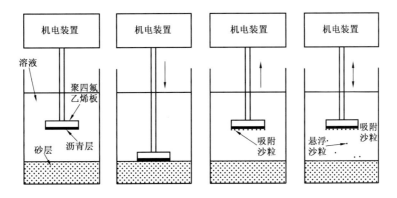

图 5 - 24　超声波抽提过程示意图

三种方法比较,溶剂抽提法能将砂砾表面的油砂油完全分离,回收率不受油砂显微结构的影响,所得油砂油纯净,但溶剂用量大;若用于工业生产,溶剂虽然可以回收,仍将有大量损失,成本太高。此方法适用于实验室测定油砂含油率、制取少量油砂油。超声波法由于存在油砂油和黏土分离问题,不适于实验室精制油砂油,若用于工业化其成本将小于溶剂抽提法,但仍然较高。碱水抽提法工艺过程和设备简单、耗时短、成本低,适用于工业化生产,但面临油砂油从水相分离和精制问题。

鉴于以上考虑,采用热碱水抽提方法比较适宜。大致可分为三个步骤:(1)热碱水在搅拌情况下和油砂接触,油沙油从沙粒表面脱落;(2)剥离后的油砂油从砂、水相之间分离;(3)初步分离所得油砂油的精制过程。

热碱水抽提过程中,油砂油与沙粒的分离物象图如图 5 - 25 所示。

在油砂热碱水显微剥离实验中,除升高体系温度外,没有向系统内施加任何外力,因此油砂从油砂表面的剥离完全由于毛细管力的作用。由于没有外力的作用,本实验中

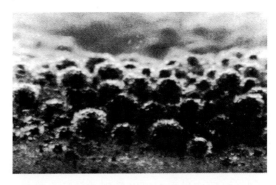

图 5 - 25　油砂油与沙粒的分离物象图

使用了碱性较强的水溶液(pH = 12),从各油砂分离情况看,阿萨巴斯卡油砂体与油砂油分离情况较佳,这与其均匀的亲水性水膜及较高的含油率是分不开的。

我国油砂中,新疆油砂的分离情况要大大强于青海油砂。青海油砂在不施加任何外力的作用下将油砂油从油砂表面分离出去比较困难。新疆油砂的情况也不相同,在前碱性条件下,新疆油砂油较易剥离下来,但较易与油砂及黏土形成乳化液,从而难以分离。

根据前述讨论的新疆、青海油砂的显微结构模型可知,新疆油砂具有一层水膜,为部分亲水性,细粒及黏土部分为亲油性;青海油砂则与美国 Utah 油砂相似为亲油性,即油砂油与砂体直接相接触。因此,从油砂结构上讲,青海油砂的热水抽提要比新疆油砂困难得多,需要更多的外界能量。

影响热碱水抽提的一个重要因素是油砂油的黏度。油砂油黏度太高,则意味着油砂油与油砂固体矿物结合程度牢固,油砂油不易从油砂中剥离下来。分子量数据从一个侧面也反映出了各油砂油抽提的难易程度。因此,根据油砂油黏度及分子量的对比,我国青海油砂是油砂油中最难抽提的,需要用较强的外力、热能及各种助剂的帮助(表 5 – 13)。

表 5 – 13　油砂油平均分子量

油砂油样品	平均分子量(M_w)
青海油砂 1	1418
青海油砂 2	2041
新疆油砂 1	943
新疆油砂 2	952
阿萨巴斯卡油砂	568
Utah 油砂	939

油砂固体粒径的大小及其中黏土和细沙粒的含量对热水抽提油砂油也将产生较大的影响。据报道,在没有任何添加剂存在的情况下,油砂油回收率与油砂中细粒含量成线形反比关系。

2. 油砂油抽提分离步骤

1)浸提剂

碱试剂、液/固比:1.5% ~2%(质量分数);浸提温度:95℃;浸提时间:15 ~20min;NaOH/水:0.1% ~0.6%(质量分数);原料粒径:<6mm。

2)实验仪器

容器(500 ~1000mL)、搅拌器、温度计、加热装置、压缩空气钢瓶等。

3)试验步骤包括浸煮、浮选和粗油的精制环节

(1)浸煮阶段:向容器中加入一定量的水,加热至水温约为70℃时,称取少量 NaOH 溶于水中,继续加热溶液至90℃,开动搅拌器,缓慢加入碾碎的油砂样,控制温度在95℃左右持续一段时间,反应过程中可以看到油砂粒全部被粉碎成浆状分散在水溶液中,直至油砂油完全从沙粒表面脱落。

(2)浮选过程:浸煮反应完毕后,将反应器中的油砂浆倒入2000mL 容器中(浮选池),加

入 500mL 水溶液,在浮选池底部通入空气,同时搅拌池底,可以看到有大量黑色物质随空气泡沫到水溶液表面,用倾析法倾出上层油砂油层及泡沫,中间及底部砂层静止片刻后,仍不断加入水溶液进行浮选,直至无油砂油浮起为止。将液面油砂油刮去,倾倒出溶液,将分离后的砂置于烘箱中干燥,利用重量法计算出出油率(对于单位质量的油砂,在分离剂的作用下分离出的油砂油的质量与该单位质量油砂含油量的比值为出油率),根据出油率的高低来评价分离效果。用 20% ~30% 的轻烃溶剂在温度 40℃ 条件下,离心分离精制油砂油。

对不同的油砂,有时还需加入一定量的添加剂(如破乳剂)等。实验过程简图如 5 – 26 所示,实验流程图如图 5 – 27 所示。

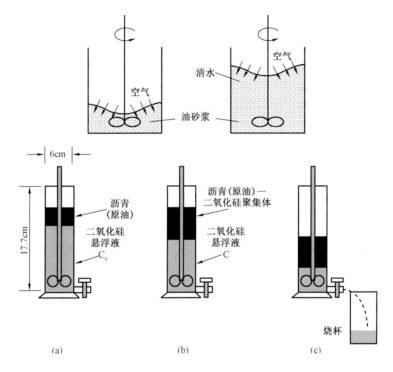

图 5 – 26 实验装置及实验过程简图

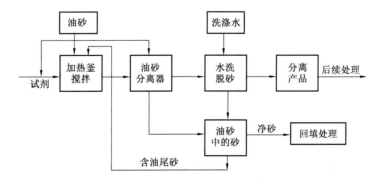

图 5 – 27 油砂热水洗分离流程图

第三节　油砂分离实验及影响因素

油砂热碱水水洗分离技术主要是采用热碱水/表面活性剂体系,通过不同热碱、表面活性剂的作用,改变砂子表面的润湿性,使砂子表面更加亲水,实现砂与吸附在上面的油砂油分离,分离后的油砂油上浮进入碱液中,而石英砂沉降在下部,达到油砂有效分离。通过分离效果的对比,确定合适的油砂分离药剂体系及工艺参数。

水洗工艺成败的核心在于洗砂剂能够使油砂油从油砂表面脱附而又尽量降低油水乳化与黏土物质的水化膨胀,从加拿大油砂水洗开发工艺流程特点分析,后期的尾矿处理需要投入大量资金才能够确保环保达标。因此洗砂剂的开发是研究的重点工作。

一、热碱水水洗油砂正交分离实验及影响因素

1. 油砂分离药剂筛选试验

室内对 A、B、C、D 四种药剂进行评价。实验过程是将 50g 油砂样(风砂 097 井)加入到 80℃、200mL 不同质量浓度的药剂中并恒温至 80℃,搅拌 20min,取出,做洗脱后油砂出油效果分析。实验结果如下图:

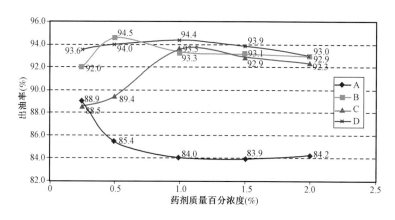

图 5 – 28　四种药剂出油效果随浓度的变化关系

由图 5 – 28 可知,在较低的浓度范围内,出油率随 B 药剂质量浓度的上升而增加,当浓度达到 0.5% 后,出油率随着浓度的上升而略有下降,浓度大于 1% 后,出油率变化趋势基本保持稳定。在整个 B 药剂浓度变化过程中,浓度为 0.5% 时,出油率最高,达到 94.5%。

当 C、D 药剂浓度小于 1% 时,随着浓度的增大,出油率持续增大,当达到 1% 时,出油率最高,分别达到 93.5% 和 94.4%;之后随药剂浓度的进一步增大,出油率略有下降。A 药剂随着浓度的增大,出油率呈现下降趋势,浓度为 0.25% 时,出油率为 88.9%。

从四种药剂出油率可以看出,B、D 药剂出油效果较好,C 药剂次之,A 药剂较差。但是 A 药剂洗脱水水色较其他三种明显较清。为了达到较高的出油率,并保持洗脱后的油最大量上浮至表层,室内对上述四种药剂进行正交试验复配。复配效果及分析见下表。表中 K 为平均极差,表示影响因子对指标的影响程度,K 越大,表明对应因子对指标的影响就越大。

表 5 – 14　风城油砂药剂复配正交试验分析结果表

试验号	药剂浓度(%)				出油率(%)	现象
	A	B	C	D		
1	1	0.5	0.5	0.5	88.0	水色较混 中间油少 上浮油多
2	1	1	1	1	91.7	
3	1	2	2	2	93.2	
4	2	0.5	1	2	90.5	水色清 中间油较多 上浮油少
5	2	1	2	0.5	90.9	
6	2	2	0.5	1	89.7	
7	4	0.5	2	1	84.9	水色较清 中间层多 上浮油少
8	4	1	0.5	2	39.8	
9	4	2	1	0.5	58.2	
K_1	272.9	263.4	217.5	237.1	—	—
K_2	271.1	222.4	240.4	266.3	—	—
K_3	182.9	241.1	269.0	223.5	—	—
k_1	91.0	87.8	72.5	79.0	—	—
k_2	90.4	74.1	80.1	88.8	—	—
k_3	61.0	80.4	89.7	74.5	—	—
极差 R	30.0	13.7	17.2	14.3	—	—
主次顺序	A > C > D > B					
优水平	A_1	B_1	C_3	D_2	—	—
优组合	$A_1B_1C_3D_2$					
备注						

从表 5 – 14 可以看出,各药剂浓度对风城油砂水洗分离影响的大小顺序为:A > C > D > B。最优组合为 $A_1B_1C_3D_2$。但是结合单药剂分离效果,各种药剂配方复配后出油效果有所下降。

2. 油砂分离正交试验分析

选用出油效果较好的 B、D 药剂进行正交试验分析。通过初步探索性分离实验分析得知,加热温度、试剂质量分数、加热分离时间、剂砂质量比对油砂分离效果的影响比较大。按照 L_9(3^4)进行正交试验设计,分别选用 B、D 药剂作为油砂抽提剂进行实验研究,实验结果及分析见表 5 – 15 和表 5 – 16。

表 5 – 15　B 药剂正交试验方案及结果

试验号	剂砂质量比	加热温度(℃)	分离时间(min)	质量分数(%)	出油率(%)
1	3 : 1	60	10	0.25	54.4
2	3 : 1	70	15	0.5	88.9
3	3 : 1	80	20	1.0	89.2

续表

试验号	剂砂质量比	加热温度(℃)	分离时间(min)	质量分数(%)	出油率(%)
4	3.5∶1	60	15	1.0	25.7
5	3.5∶1	70	20	0.25	89.8
6	3.5∶1	80	10	0.5	88.1
7	4∶1	60	20	0.5	59.1
8	4∶1	70	10	1.0	40.8
9	4∶1	80	15	0.25	91.7
K_1	232.5	139.2	183.3	235.9	—
K_2	203.6	219.5	206.3	236.1	—
K_3	191.6	269.0	238.1	155.7	—
k_1	77.5	46.4	61.1	78.6	—
k_2	67.9	73.2	68.8	78.7	—
k_3	63.9	89.7	79.4	51.9	—
极差 R	13.6	43.3	18.3	26.8	—
主次顺序	B > D > C > A				
优水平	A_1	B_3	C_2	D_2	—
优组合	$A_1B_3C_2D_2$				
备注					

从表 5 - 15 可以看出,各影响因素对风城油砂水洗分离影响的大小顺序为:加热温度 > 分离剂质量分数 > 分离时间 > 剂砂质量比。加热温度为 80℃、分离剂质量分数为 0.5%、分离时间为 15min、剂砂质量比为 3∶1 时是最佳分离操作参数。

二、油砂分离不同影响因素实验效果

对油砂分离的影响因素进行追加试验。

1. 温度对油砂分离的影响

在分离剂质量分数为 0.5%、分离时间为 15min、剂砂质量比为 3∶1 的条件下,改变加热温度,考察不同加热温度对油砂分离效果的影响,测试结果如图 5 - 29a 所示。

由图 5 - 29a 可以看出,随着温度的升高油砂出油率增加,在 70℃ 之前几乎呈线性变化,而后随温度增加出油率增加缓慢;温度到达 80℃,出油率达到 94.8%。这主要是因为温度较低时,砂—水—油界面不清,分层效果差出油率不高;温度升高,油砂浆液体的平均动能增加,使油砂油膜的黏度下降,界面膜中分子排列松散,热膨胀使油膜的黏附能力减弱,并且温度升高后油水密度差增大,分离出的油以小油珠的形式不断上浮,从而易于与沙粒分离。油水界面清,分层效果好,但温度越高水分蒸发越快,不利于油砂搅拌分离,而且温度越高能耗越大。由于油砂分离在温度为 80℃ 时,能够较好地实现砂—剂—油三相分离,油砂出油率可达 94.8%,与 85℃ 出油率 95.3% 相当。所以综合考虑,适宜的油砂分离操作温度为 80℃。

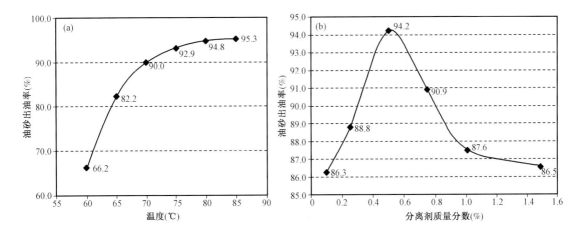

图 5 - 29　分离温度(a)和分离剂质量分数(b)对油砂分离的影响

2. 分离剂质量分数对油砂分离的影响

在加热温度为 80℃、分离时间为 15min、剂砂质量比为 3∶1 的条件下,改变分离剂质量分数,考察不同分离剂质量分数对油砂分离效果的影响,测试结果如图 5 - 29b 所示。

由图 5 - 29b 可以看出,在分离剂质量分数为 0.5% 之前呈线性变化并且油砂出油率提高幅度较大,之后随着质量分数的增加,油砂出油率出现明显降低。这是因为试剂质量分数对油砂分离的影响,实际上就是油砂是否充分与试剂中的有效成分反应。在试剂质量分数较低时,由于没有达到充分反应,油砂中的烃类组分仍然存在于砂中难以分离,故随着质量分数的增加油砂出油率增加;当试剂质量分数过高时,反应虽然完全,油砂也几乎完全从砂中剥离,但是分离出的产物在过量试剂中的表面活性剂的作用下严重乳化,使油水难以分离,造成油砂油回收率下降。故综合分离效率与成本方面的考虑,适宜的油砂水洗分离试剂的质量分数为 0.5%。

3. 分离时间对油砂分离的影响

在加热温度为 80℃、分离剂质量分数为 0.5%、剂砂质量比为 3∶1 的条件下,改变加热分离时间,考察不同加热时间对油砂分离效率的影响,测试结果如图 5 - 30a 所示。

由图 5 - 30a 可以看出,油砂出油率随着加热时间的延长而增加,在 15min 以前基本上呈线性变化,在 15min 之后出油率几乎不再增加。这是因为油砂同分离试剂混合成油砂浆后油砂油与油砂的分离即开始进行,分离时间的长短取决于传热和搅拌效果,在较短的时间内油砂浆并不能充分受热,油砂油膜与沙粒黏附紧密,随着分离时间的延长,油砂油受热充分并且在分离试剂中乳化物质的作用下黏度降低,从而易于油砂油从沙粒上剥离开来。在操作温度为 80℃ 及搅拌充分的条件下,一般在 15min 左右或更短的时间内油砂油就可以完全从沙粒表面脱离。

4. 剂砂质量比对油砂分离的影响

在加热温度为 80℃、分离剂质量分数为 0.5%、加热时间为 15min 条件下,改变剂砂质量比,考察不同剂砂质量比对油砂分离效率的影响,测试结果如图 5 - 30b 所示。

由图 5 - 30b 可以看出,剂砂质量比的改变对油砂分离有一定的影响,但并非剂砂质量比

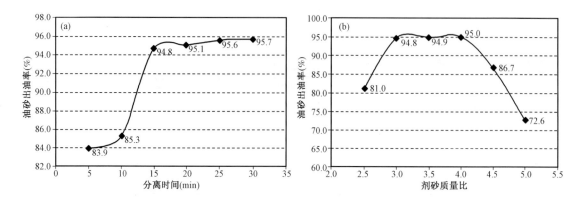

图 5-30　分离时间(a)和剂砂质量比(b)对油砂分离的影响

越大,油砂出油率越高。当剂砂质量比小于 3∶1 时,出油率随剂砂质量比的增加而升高,超过
4∶1 后出油率略有下降。这是因为加剂量过少,试剂不能和油砂进行充分接触,试剂与油砂
之间的反应也就不完全,从而不利于油—砂的分离,同时加剂量过少也无法实现预处理阶段的
油砂浆流态化。加剂量过多,则增加水的消耗、化学药剂的用量,以及最终循环水的处理量。
故剂砂质量比为 3∶1 左右时较为合适,出油率可达 94.8%。

　　通过考察分离剂质量分数、加热温度、加热时间、剂砂比等因素对油砂出油率的影响,根据
B 药剂正交试验结果确定风城油砂最佳分离操作条件是:水洗分离剂质量分数为 0.5%,加热
温度为 80℃、加热时间为 15min 和剂砂质量比为 3∶1。追加实验结果表明,正交试验确定的
操作参数可靠,在此操作条件下,油砂出油率最高可达 94.8%。

　　D 药剂进行了类似实验,结果见表 5-16。

表 5-16　D 药剂正交试验方案及结果

试验号	剂砂质量比	加热温度(℃)	分离时间(min)	质量分数(%)	出油率(%)
1	3∶1	60	10	0.25	55.7
2	3∶1	70	15	0.5	92.9
3	3∶1	80	20	1.0	92.9
4	3.5∶1	60	15	1.0	84.6
5	3.5∶1	70	20	0.25	85.2
6	3.5∶1	80	10	0.5	86.4
7	4∶1	60	20	0.5	58.9
8	4∶1	70	10	1.0	86.6
9	4∶1	80	15	0.25	90.6
K_1	241.5	199.2	228.7	231.5	—
K_2	256.2	264.7	268.1	238.2	—
K_3	236.1	269.9	237.0	264.1	—
k_1	80.5	66.4	76.2	77.2	—

续表

试验号	剂砂质量比	加热温度(℃)	分离时间(min)	质量分数(%)	出油率(%)
k_2	85.4	88.2	89.4	79.4	—
k_3	78.7	90.0	79.0	88.0	—
极差 R	6.7	23.6	13.1	10.9	—
主次顺序	B > C > D > A				
优水平	A_2	B_3	C_2	D_3	—
优组合	$A_2B_3C_2D_3$				
备注	—				

从表 5-16 可以看出,各影响因素对风城油砂水洗分离影响的大小顺序为:加热温度 > 分离时间 > 分离剂质量分数 > 剂砂质量比。加热温度为 80℃、分离时间为 15min、分离剂质量分数为 1.0%、剂砂质量比为 3.5:1 时为最佳分离操作参数。影响油砂分离的主要因素追加试验效果如图 5-31 所示。

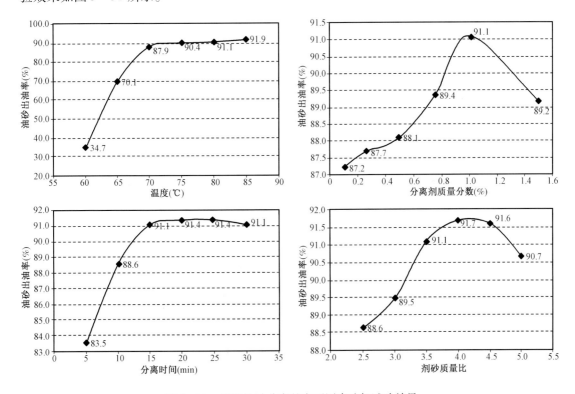

图 5-31 影响油砂分离的主要因素追加试验效果

5. 油砂粒径对分离的影响

长期的研究发现,油砂粒径的分布情况不只是油砂油的一项物性参数,在很大程度上影响油砂油和沙粒的结合机理,直接影响油砂油的抽提方法和难易程度,而且对经水洗分离后的油砂油的后处理也有很大影响。

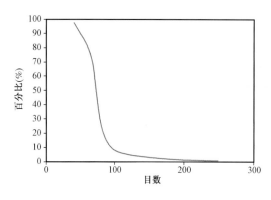

图 5 - 32 风城油砂粒径分布图

为了解新疆油砂矿区油砂的粒径分布特点并考察不同粒径的油砂在常规热碱抽提条件下的分离效果,分别选取该矿区不同的油砂作为测试样品,对油砂样品进行粉碎、干燥并筛分,其筛分结果如图 5 - 32 和表 5 - 17 所示。

由图 5 - 32 可知:沙粒粒径主要分布在 40 ~ 100 目之间,250 目之下约占 0.9%,这部分沙粒很小,为粉尘状,在润湿情况下与油、水成乳状液,很难从油砂油中分离开来。因此,油砂平均粒度大小是控制油砂油回收的重要因素。

表 5 - 17　油砂粒径分布　　　　　　　　　　　　　单位:%

项目	1#	2#	3#
<40 目	2	9	6
40 ~ 60 目	31	28	51
60 ~ 80 目	5	12	23
80 ~ 100 目	45	36	14
>100 目	17	15	6

由表 5 - 17 可知,新疆风城油砂 80% 以上都集中在 40 ~ 100 目之间,粒径分布均匀,但是所测试的三个试样粒径分布的主体有一定的变化。如 1# 油砂样 80 ~ 100 目的油砂颗粒占主要组成部分,而 3# 油砂样则是 40 ~ 60 目之间颗粒占主要组成部分。

为了考察粒径对油砂分离的影响,分别在上述测试样的选取地点选取同样试样 Ⅰ、Ⅱ、Ⅲ 进行油砂分离实验,实验选用热碱抽提分离,以 pH 值界定加碱量,测试 90℃ 油砂表面的油砂油覆盖率随碱液 pH 值的变化,测试结果如图 5 - 33。

由图 5 - 33 可知,粒径不同的三种油砂样在分离时,油砂油覆盖率均随 pH 值的逐渐升高而降低,即随着 pH 值的逐渐升高,油砂油的剥离程度逐渐增加,而且在 pH 值达到 9 以前,基本呈线性关系变化。在同一 pH 值的条件下,沙粒的油砂油覆盖率随粒径的增大而降低。对于油砂样 Ⅰ 来说,当 pH 达到 9 以后,油砂油覆盖率几乎无法降低;对于油砂样 Ⅱ 来说,在适当 pH 值的条件下,沙粒表面油砂油的覆盖率就可以继续降低,甚至接近零,而油砂式样 Ⅲ 的分离效果更加明显。

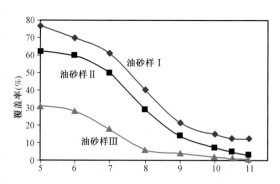

图 5 - 33　油砂表面油砂油覆盖率与 pH 值的关系

上述现象的出现是因为油砂样 Ⅰ 的颗粒直径比较小,重量比较轻,而分离过程中形成的油砂油液滴极易与粒径小、重量轻的泥沙黏附在一起形成混合物,对于这部分被黏附的泥沙来说,即使增加 pH 值也难以使其完全分离。所以 pH 值的变化对粒径较大油砂的分离影响更大。随颗粒直径的降低,pH 值的变化对油砂分离的影响逐渐减小,但是油砂颗粒过大,油砂可能会与试剂接触不充分,油砂分离效果同样会受到影响。因此油砂粒径的过大或者过小都不利于油砂的分离和油砂油的回收。

6. 气泡对分离效率的影响

选取质量百分数为 4% 的抽提剂,剂砂比为 2 的条件下分别考察不同温度点,通入空气的油砂分离系统中油砂的出油率随时间的变化。

测试时,选用的空气通入速度为 11L/min 左右。并与同条件下未经该方法处理的油砂分离试样进行对比(图 5 - 34)。由图 5 - 34 可知,在分离过程中,空气的通入在一定程度上提高了油砂出油率,特别是在中低温(75~85℃)分离条件下,空气气泡对油砂出油率的影响更大。随着操作温度的提高和系统反应的深入,油砂油黏度减小,表面张力下降,未通入空气的油砂出油率也会继续上升;当温度升高到 90℃ 甚至更高时,未通入空气油砂的出油率将接近通入空气试样的出油率。因为接近水汽化时的温度时,水将自动产生大量气泡相当于空气的通入,从而有利于油砂油的上浮,提高了分离效率。

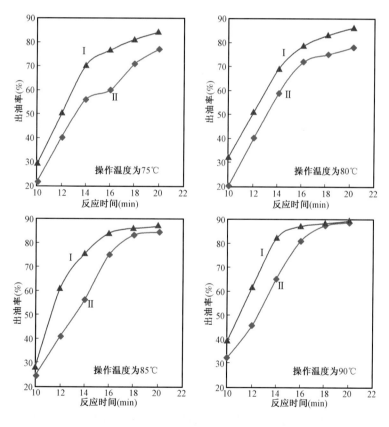

图 5 - 34　不同温度下出油率与时间的关系

Ⅰ—通入空气时,出油率与反应时间的关系;Ⅱ—未通空气时,出油率与反应时间的关系

空气气泡的通入在一定程度上降低了油砂分离的操作温度,因为在油砂分离体系中,气泡出现在黏度逐渐下降的油砂油与硅砂表面,易于与油砂油黏附,而油砂油在黏度减小时,也极易向气泡表面扩散,因此油砂油在气泡夹带下上浮,而硅砂则因重力下沉。

通过考察分离剂质量分数、加热温度、加热时间、剂砂比等上述因素对油砂出油率的影响,根据 D 药剂正交试验结果确定风城油砂最佳分离操作条件是:水洗分离剂质量分数为 1.0%、加热温度为 80℃、加热时间为 15min 和剂砂质量比为 3.5∶1。追加实验结果表明,正交试验确定的操作参数可靠,在此操作条件下,油砂出油率最高可达 91% 以上。图 5 - 35 为室内最佳水洗参数条件下油砂油收率(大于 90%)。

| 实验油砂样 | 油砂水洗后 | 油砂水洗后 | 油砂水洗后 |
| (风砂097井,含油10.63%) | 上层浮油 | 中层水 | 下层砂 |

图 5 - 35　室内最佳水洗参数条件下油砂油收率(大于 90%)

三、油砂超声波分离工艺技术

目前,有关超声波用于油砂分离的研究鲜有文献报道,因此,本实验运用超声空化作用对油砂分离工艺进行了考察,旨在探讨超声波对油砂分离的可行性。

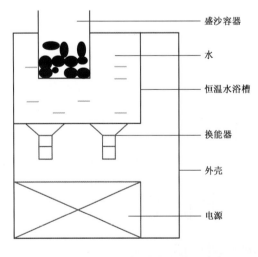

图 5 - 36　实验装置示意图

实验试剂采用实验室自己配制的质量分数为 4% 的 YSFL - 3 分离剂。实验仪器主要使用 TEM - 200 聚能超声波清洗器,最大功率为 200W。实验采用槽式超声波反应器,该设备主要由三部分组成,即换能器、电源、恒温水浴槽,超声波实验装置如图 5 - 36 所示。该实验装置具有减少声能损耗,使声场分布均匀的特点。

1. 超声波分离方法

超声波用于油砂分离主要是利用它的超声空化作用。空化作用在油砂分离体系中产生四种附加效应:界面效应、微扰效应、湍流效应和聚能效应。其中,界面效应是由声流以及在油砂和分离试剂的界面处的微射流所产生的机械效应,它能加速硅砂表面油砂油的剥离;聚能效应和微扰效应能减弱油砂油对砂表面的黏附应力;湍流效应可使整个油砂分离系统产生很多漩涡,加快油砂分离的进程。总之,超声空化作用产生的四种附加效应,不仅可以减少油砂油的厚度,加速油砂分离体系的固液传质过程,还可以使得分离试剂进行强烈湍动,产生很多漩涡,增加搅拌作用,使得油砂表面油砂油在声压和液体微射流等作用下被撞击,发生内塌而迅速剥离,与硅砂分离开来。

在恒温水槽中调节装有油砂浆的容器上下高度及恒温水槽中水的高度,观察容器内的油砂浆,使油砂浆处在不同空化状态。当整个烧杯内油砂浆较为平静时,称为无空化状态;当只有烧杯底部出现混乱状态,而烧杯中上部较为平静时,称为弱空化状态;当整个烧杯中油砂浆呈现快速混乱运动状态,并且烧杯底部有明显"雾化"现象时,称为强空化状态。

实验步骤为:取100g油砂置于盛有150g质量分数为4%的YSFL-3分离剂的烧杯中,配成油砂浆,放入超声波发生器,在一定条件下进行超声处理后静置10min。将液面漂浮的油砂油刮去,倾倒出溶液,将分离后的砂置于烘箱中干燥,利用重量法计算出出油率(对于单位质量的油砂,在分离剂及超声波作用下分离出的油砂油的质量与该单位质量油砂含油量的比值为出油率),根据出油率的高低评价分离效果。

2. 正交分离实验中影响因素的考察

1)空化状态对油砂出油率的影响

当超声频率为25kHz、功率为50W、作用温度为50℃、作用时间为20min时,得出不同空化状态对油砂出油率的影响见表5-18。

表5-18 不同空化状态对油砂出油率的影响

空化状态	无空化	弱空化	强空化
出油率(%)	70.2	93.1	45.6

由表5-18实验结果可以看出弱空化状态下的油砂出油率最高,分离效果最好;强空化状态时出油率最低,分离效果最差。油砂经弱空化超声处理后,分层效果非常好,无空化状态时次之,经强空化状态处理后的油砂浆,沉降效果非常差,不分层。其主要原因是在强空化状态下油砂浆乳化程度加剧所致。根据以上实验结果,实验选择在弱空化状态下进行油砂分离效果的考察。

2)油砂超声分离正交试验分析

通过初步探索性实验得知,频率、功率、作用时间、温度对超声波作用于油砂的分离效果影响较大,按照 $L_{16}(4^4)$ 进行正交试验设计,实验结果见表5-19。对实验结果进行直观分析,分析结果见表5-20。表5-20中 R 为平均极差,表示影响因子对指标的影响程度,R 越大,表明对应因子对指标的影响就越大。

表5-19 正交试验方案及结果

试验号	频率(kHz)	功率(W)	时间(min)	温度(℃)	出油率(%)
1	20	20	10	40	79.9
2	20	30	20	50	91.5

试验号	频率(kHz)	功率(W)	时间(min)	温度(℃)	出油率(%)
3	20	40	30	60	89.8
4	20	50	40	70	91.4
5	30	20	20	60	88.8
6	30	30	10	70	87.3
7	30	40	40	40	87.6
8	30	50	30	50	91.5
9	40	20	30	70	89.6
10	40	30	40	60	91.3
11	40	40	10	50	95.6
12	40	50	20	40	96.0
13	65	20	40	50	87.9
14	65	30	30	40	80.4
15	65	40	20	70	88.3
16	65	50	10	60	91.0

表 5 – 20 正交试验结果分析表

	频率(kHz)	功率(W)	时间(min)	温度(℃)
T_1	352.1	346.2	353.8	343.9
T_2	355.2	350.5	364.6	366.5
T_3	372.5	361.3	351.3	360.9
T_4	347.6	369.9	358.2	356.6
m_1	88.0	86.6	88.5	86.0
m_2	88.8	87.6	91.2	91.6
m_3	93.1	90.3	87.8	90.2
m_4	86.9	92.5	89.6	89.2
R	5.1	5.9	2.7	5.6

从表 5 – 20 分析结果可以看出,超声波对于油砂分离的影响因素大小顺序为:超声功率 >
温度 > 频率 > 时间。超声频率为 40kHz、功率为 50W、温度为 50℃、作用时间为 20min 时为最
佳分离工艺方案。

四、油砂超声波分离追加试验中影响因素的考察

1. 频率对油砂分离效果的影响

固定超声功率为 50W、分离温度为 50℃、分离时间为 20min 时,改变超声波发生器频率分
别为 20kHz、30kHz、40kHz、50kHz、60kHz,考察超声频率对油砂分离效果的影响(图 5 – 37a)。
由图 5 – 37a 可知,超声频率在 20 ~ 40kHz 范围内,随着超声频率的增加,油砂出油率从

83.8% 增加到 94.2% ；在 40 ~ 60kHz 范围内，随着频率的增加，出油率由 93.0% 下降到
85.8% 。实验条件下确定的最佳超声波范围为 40kHz。

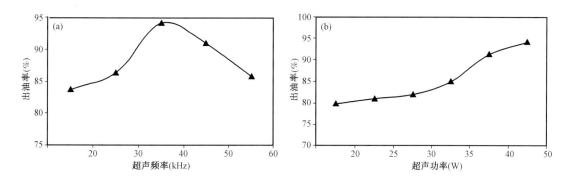

图 5 - 37　超声频率(a)和超声功率(b)对油砂分离效率的影响

2. 超声功率对油砂分离效果的影响

固定超声频率为 40kHz、温度为 50℃ 、作用时间为 20min，改变超声波发生器的功率，考察
超声功率对油砂分离效果的影响。由图 5 - 37b 可知，超声功率在 20 ~ 50W 之间时，随着超声
功率的增大，油砂出油率增加，这是因为超声波的功率增大时，超声波本身具有的能量增强，超
声空化时增强传质。同时，功率提高可以使粒径较小的乳化油砂油液滴结合，并携带气泡上
浮，从而提高了油砂分离效率。

3. 分离时间对油砂分离效果的影响

固定超声频率为 40kHz，超声功率为 50W，温度为 50℃，改变超声分离时间，考察不同分
离时间对油砂分离效果的影响。

由图 5 - 38a 可知，超声作用时间在 10 ~ 20min 范围内，随着作用时间的延长，油砂出油率
迅速增加，由 10min 时的 82.1% 上升到 20min 时的 94.3% ，达到最佳分离效果，而当作用时间
超过 20min 时，随着作用时间延长，油砂出油率降低。这是因为随着作用时间延长，输入的总
能量增大，对油—砂的剥离强度加大，油砂分离效率增加；而当作用时间超过 20min 左右时，超
声波产生的超声空化作用会改变吸附在油砂上的黏土内部结构，使固体黏土颗粒变得更小，增
加了细小黏土颗粒对油砂油的再吸附能力，从而降低了分离效果，影响了出油率的提高。

4. 超声分离温度对分离效果的影响

在超声频率 40kHz、超声功率 50W、作用时间为 20min 的条件下，考察不同超声分离温度
对油砂分离效率的影响。由图 5 - 38b 可知，温度在 30 ~ 50℃ 范围内，随着温度的增加，出油
率由 30℃时的 79.0% 上升到 50℃时的 94.7% ，达到最佳分离状态；温度在 50 ~ 70℃ 的范围
内，出油率下降到 88.5% 。这也表明在温度较低的情况下，超声作用在较短时间内不易破坏
油砂油—固体颗粒之间的黏附力，分离效率较低，当温度升高时，超声作用力增强，有利于油砂
油膜与石英砂实现液固相分离，从而提高了出油率。但温度过高时，超声作用强度会降低，不
利于油砂分离效率的提高。本实验确定的最佳操作温度为 50℃。

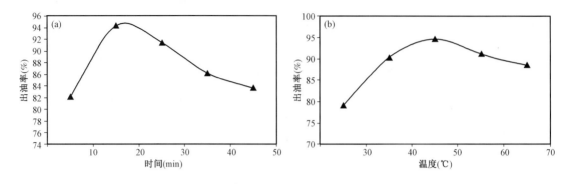

图 5 – 38　超声作用时间(a)和超声分离温度(b)对油砂分离效率的影响

上述追加实验结果进一步证实,超声频率 40kHz、超声功率 50W、分离时间 20min、分离温度 50℃时为克拉玛依油砂超声分离的最佳操作条件,在此条件下油砂出油率可达 94% 以上。

第四节　油砂分离工艺技术设计及优化

一、水洗分离工艺方案设计

从 2003 年开始,中国石油勘探开发研究院廊坊分院(以下简称廊坊分院)开展了油砂水洗分离研究,建立了水洗分离的工艺流程。根据中国石油廊坊分院新能源所近几年的室内研究成果与经验,通过多种工艺方法的选择比较,确认对新疆埋藏 15m 以深、含油率大于 6%、黏土含量小的油砂资源采用热化学水洗的方法分离油砂油是可行的。

通过跟踪检索国内外油砂分离及油泥处理的最新科研成果,在实验室对影响水洗因素如含油率、黏土含量、分离温度、搅拌速度、化学剂浓度等进行了系列实验。通过大量筛选优化了化学剂配方,目前已经找到了几种分离效率较高的化学复配体系。

目前,地面油砂分离主要是采用廊坊分院开发出的 YSFL 系列试剂,通过分离试剂中的表面活性物质的作用,改变油砂中无机固体物质表面的润湿性,使无机固体物质表面更加亲水,从而实现无机固体物质与吸附在其上面的油砂油分离,分离后的油砂油上浮进入碱液中,并进一步分相,形成油相与水相,而无机固体物质沉降在下部,即可达到分离的目的。

运用廊坊分院自主开发的 YSFL 系列油砂分离试剂进行了现场水洗分离工艺参数的考察。将油砂与所开发的油砂分离活性试剂按适当比例混合并置于加热搅拌容器中,控制适当的分离工艺条件,使油砂中硅砂与油砂油达到充分剥离,然后对剂砂油混合物进行物理分离。分离获取的油砂油将作为加工合成油的原料,分离出的活性试剂经回收重复使用,分离残砂经适当处理回填(图 5 – 39)。

从资源和环保角度考虑,碱水的回收利用十分必要。试验表明:在保持一定碱度不变的情况下,碱水可以循环使用多次,抽提效果基本保持不变;但是,随着碱水循环次数的增多,水、黏土的乳化会越来越严重,直到最后由于水中所含黏土太多,超过一定的极限,即使碱度再优化也无法将油砂油从砂表面分离开来。因此工业生产时需要对循环用水进行静置、沉淀等净化处理过程。

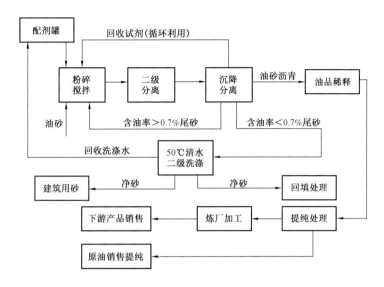

图 5 - 39　油砂分离流程示意图

关于水循环中碱度的保持:分离前 pH 值在 12.5 ~ 13 之间,分离后 pH 值在 11 ~ 12 之间。进一步实验发现,洗液碱度下降的原因在于分离过程中有生成表面活性剂的反应存在,因此碱耗是不可避免的,其具体值在 0.2% (质量分数)砂重左右。

二、水洗分离装置及效果

分离装备主要以搅拌容器、换热设备和储罐为主,运行工况以常压、低温为主。工作介质为油砂、回收油品、蒸汽等。设备材质选择按其经济合理性以碳钢为主,在满足生产要求的情况下,设备结构力求简单实用。通常包含以下三种装备:(1)搅拌容器:依据工艺要求设计水平旋转式、立式搅拌设备,材料选用普通低碳钢;(2)热交换器:本系统中换热设备采用管壳式换热器,它的优点是热效率较高,压力降较小,结构简单、坚固,安全可靠,操作弹性大,材料选用方便,运转周期长,制造、安装和维修都比较方便;(3)油储罐:采用钢制卧式圆筒形拱顶油储罐,储存回收油品,材质选用碳钢,最高设计温度150℃。

为了验证水洗工艺的放大效果,2006 年中国石油设计制造了两座水洗分离装置,在新疆准噶尔盆地红山嘴地区建立了水洗法试验基地,并针对红山嘴油砂开展了水洗工艺现场试验,为水洗工艺提出了两套水洗分离方案。其中一个方案采用了采用了日处理 15t 油砂的立式分离装置,另一个方案为日处理 10t 的油砂水平分离装置。现场试验表明,油砂的出油效果非常好,分离温度85℃左右,分离效率可以达到90%以上,两套设备的处理能力基本达到了设计要求,证明了水洗工艺技术和装置是可行的。2007 年对装置运行中出现的问题进行了总结,并进行了改进,形成了放大设计方案。图 5 - 40 为安装完成后的整体设备。

1. 15t/d 油砂立式水洗工艺

立式水洗装置的设计生产能力为日处理 15t 油砂。装置采用间歇操作方式,主体罐高4m,为上进料下出料的搅拌罐,由罐内蒸气盘管供热,主体罐旁边设多级沉降池,罐体直径为2m。现场装置如图 5 - 41 所示。

(a)正面

(b)侧面

图 5 - 40　现场设备图

图 5 - 41　现场小型立式水洗分离装置

2. 10t/d 油砂水平水洗工艺研究及现场试验

水平水洗工艺装置的设计生产能力为日处理 10t 油砂。装置内部长度 6m，宽 0.8m，高 2m。水平装置进行的洗油试验结果表明，水平水洗装置可以很方便的将油砂中的油品分离出来，洗油效率很好，从装置排出的砂料中基本不含油。现场装置如图 5 – 42 所示。

图 5 – 42　现场小型水平水洗分离装置

水平装置放大后，可以实现大规模连续油砂水洗处理工程。进一步放大要重点考虑集油效率。分离剂浓度以 6% 为宜，过浓则造成浪费且乳化现象严重，过稀则不能保证分离效率。污水循环利用次数一般可为 3 次以上，其中有效成分的消耗为主要因素，在补充新鲜分离试剂的情况下，可连续使用 5 次以上。泥浆化后的污水静置沉降处理困难，目前分离装置没有设计污水处理装置，下一步考虑引入压滤装置对泥浆化污水进行脱水固化。

3. 万吨/年油砂连续处理工艺设计

该工艺采用油砂水洗分离工艺，主要包括两个阶段：第一为初级分离阶段，粉碎的油砂在搅拌反应设备中与油砂分离剂充分接触，在一定的温度、反应时间及机械动力下，油砂油从固体沙粒上剥落下来，进入液相；第二为分离浮选阶段，在浮选池中，依赖于中等 pH 值溶液及油砂油的疏水性质，通入一定量的空气，使油砂油液滴携带气泡从池底浮到池体上部，大部分沙粒则沉到底部，上浮的油砂油溢流到油品回收系统。

通过碱、表面活性剂的作用，降低油水界面张力，改变砂子表面的润湿性使砂子表面更加亲水，并通过加热使分离体系温度升高、增大油水密度差以及热降黏等作用，实现砂与吸附在砂砾上面的油分离。分离后的原油上浮进入液相中，而油砂沉降在下部，以达到分离的目的。分离后的油砂油通过油品泵打入缓冲罐进行油品稀释提纯处理，然后进行油品改质。

该工艺操作程序如下：

（1）配制化学剂溶液：按照自主开发的油砂分离剂配方，将几种化学剂按要求用量在配剂罐中充分混合，并搅拌均匀，备用。

（2）运行前先启动进水阀将整个容器加入一定量的水，加入化学剂，并启动加热装置，将水温控制在85℃左右。

（3）启动进料系统开始加料，按每预设进料速度连续进料，并开始旋转混合搅拌，恒温系统按设定要求维持整个系统温度。

（4）等油砂快要达到出口时，开启出料系统，维持整个系统的物料平衡。

（5）漂浮在上层中的油通过溢流口不断地进入沉降池及油剂分离缓冲罐，并经过稀释、降黏、离心沉降等措施对油品进行分离提纯。

（6）定时在线检测水溶液中化学剂浓度，并随时补充新鲜药剂以保证所需要的分离剂浓度。

（7）分离效果测试：将分离后的油、水、砂分别取出送检，以确认其是否达标。

三、油砂分离装置设计的技术特点

油砂分离装置是在间歇式处理装置的基础上全新设计（图5-43）。根据选定的工艺流程，主要有四个分离系统组成。

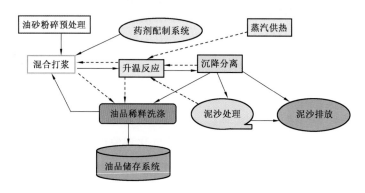

图5-43　分离装置设计技术特点

1. 油—砂分离系统

油砂从储存池通过输送机进入一级、二级分离反应器，同时按一定比例加入分离剂。通过蒸汽加热和循环搅拌将反应温度升到85℃，泥砂通过螺旋推进器打入砂剂分离反应系统，在分离的同时，助剂通过助剂泵打入油砂分离反应器及剂砂分离反应器进行反应。在分离过程中由于温度升高，油水密度差增大，油砂油通过浮选上浮，砂沉降于设备底部，油、剂通过油砂分离反应器上部的溢流口进入油、试剂分离系统，保持反应时间20min，然后进行重力沉降分离，通过油泵将油品打到油品缓冲罐（图5-44）。

2. 砂—剂分离反应系统

砂—剂分离反应系统采用无壳螺旋推进系统输砂，促进物料缓慢前进。由于螺旋推进器在装置底部三角槽内，在运行时挠动较小，有利于砂—油—剂的三相分离（图5-45）。含剂泥砂在砂剂分离反应器中经热水溶解分离沉降后，打入油品中间缓冲罐，试剂打入循环试剂罐，固砂由出砂系统输出进入泥砂储存池，砂泥进入过滤分离系统。

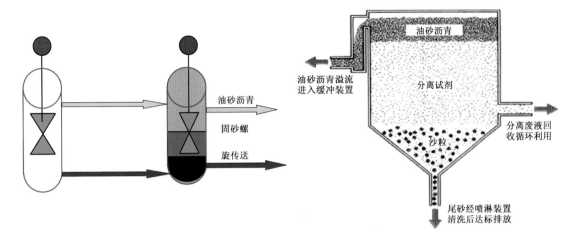

图5－44 油—砂分离系统示意图

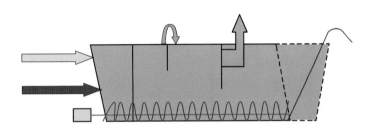

图5－45 砂—剂分离系统示意图

3. 油—剂分离系统

含有试剂的燃料油进入油—剂分离系统,通过加入助剂降低油品黏度,使油品中含有少量的泥、砂以及试剂沉降分离。试剂循环使用,油品打入原油储罐(图5－46)。

4. 泥—剂分离过滤系统

油砂分离过程中,颗粒细小的泥浆悬浮在试剂当中,将产生大量的泥、砂悬浮物,大量的泥浆产生将严重影响分离试剂的循环利用效果,因此

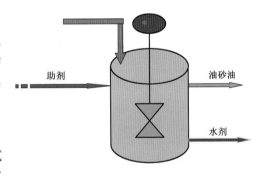

图5－46 油—剂分离系统示意图

必须进行废液的净化处理。本装置增设泥剂过滤分离系统,所有分离废液经处理后补充适量新鲜试剂循环使用(图5－47)。通过加入絮凝以及分离助剂,将泥浆中的少量油品进一步分离出来,然后进入过滤分离系统将泥砂和试剂分离。

5. 计算机在线自动控制

装置的连续化、自动化是设计的重点之一。随着计算机控制系统在工业生产过程中得到广泛应用,生产过程中的工艺参数控制及生产过程控制都占有十分重要的位置。本工程采用

图 5 – 47　泥—剂分离缓冲系统

计算机自动控制系统,使核心生产设备的生产过程得到有效控制,保证装置的安全稳定运行(图 5 – 48)。

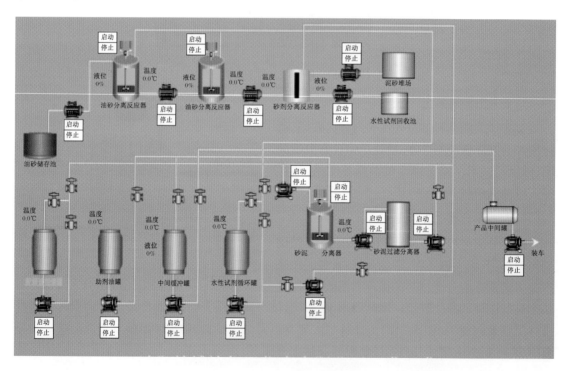

图 5 – 48　自动控制系统界面

该控制系统特点是:可根据需要进行扩展,利于节约建设投资,减少劳动强度。符合产业发展方向,适应技术进步要求。

自动控制系统主要完成下列任务：

（1）对油砂分离的工艺过程运行实施全程动态模拟，形象直观地显示生产过程；（2）对生产过程中其他重要的进料、出料、温度、压力、液位、转速及流量等变量进行集中显示、控制或预警；（3）旋转搅拌装置电机采用变频可调式，在一定范围内可以调节搅拌旋转速度。

在部分关键位置采用高精度的测量仪表，以提高测量参数的准确性，确保整个生产过程处于稳定良好的工作状态，使各项工艺指标严格地控制在规定的范围之内。按工艺要求设置必要的温度、液位、压力显示仪表。

四、水洗分离过程优化

1. 出砂系统优化

出砂系统采用的是埋刮板输送，埋刮板输送机是一种在封闭的矩形断面的壳体中，借助于运动着的刮板链条输送分离后残砂的连续输送设备（图5-49）。因为在输送残砂时，刮板链条全埋在尾砂之中，故称为"埋刮板输送机"。调试试验发现，在输送尾砂时，受到刮板链条在运动方向的压力及尾砂自身重量的作用，在尾砂间产生了内摩擦力。这种摩擦力保证了料层之间的稳定状态，并足以克服尾砂在机槽内的移动而产生的外摩擦阻力，使尾砂形成整体料流而被输送。调试过程还发现埋刮板输送机结构简单、重量较轻、体积小、密封性好、安装维修比较方便。它不但能水平输送也能倾斜和垂直输送；不但能单机输送，而且能组合布置，串接输送；能多点加料，也能多点卸料，工艺布置较为灵活。由于壳体封闭，在输送残砂时对改善工人的操作条件和防止环境污染等方面都有突出的优点。

图5-49　出砂系统调试图

本系统中刮板链条的运行速度根据尾砂物料特性、输送原理、结构特点、功率消耗、使用寿命和工艺要求来选定，调试过程确定的刮板链条速度范围为0.08~1.00m/s之间。

出砂用埋刮板输送机对输送物料的要求为物料温度小于100℃，粒度不能太大。由于本油砂分离装置设计工作温度在90℃左右，剂砂处理系统温度在80℃左右；油砂经一、二级装置分离以及剂砂处理后变成松散的面砂,符合工作要求。现场长期调试运行表明,出砂系统运行灵活、安全、环保,能够满负荷连续出砂运行,未出现卡料情况。

2. 分离试剂的浓度及重复使用

由于在每个操作周期中,排放的砂中会包夹部分分离试剂,同时油品与砂体分离过程中也会因为化学作用而造成分离试剂的损耗。在循环用水中,洗液的浓度在逐级下降,在不补充分离试剂的情况下,浓度为4%的分离试剂只能循环使用2次。如果继续循环使用,必须补充一定量的新鲜分离试剂。但是,随着分离试剂循环使用次数的增多,水、黏土的乳化会越来越严重,直到最后由于水中所含黏土太多而形成泥浆。因此,在连续化工艺设计时,要充分考虑废水的循环利用问题,增加泥剂处理系统,分离后的试剂经过滤处理后直接打入分离反应器进行循环。在循环利用时,为了保证分离试剂的浓度不变,适量补充一定的分离试剂,以使分离连续进行。

根据现场油砂调试试验结果,目前所用的配方在浓度为5%时,油砂分离较好(见图5-50分离前后的油砂),低于5%时,洗油效率有所下降,这和室内试验相吻合,因此在以YSFL系列油砂分离试剂进行工艺操作时,其浓度以5%左右为宜。

(a) 分离前的红山嘴油砂样

(b) 分离后的干净尾砂

图5-50 分离前后油砂对比

为了考察复配试剂的重复使用性能,分别选用油砂分离后的试剂作为分离剂进行油砂分离测试。在测试过程中,为了保持处理比不变,将前一次分离出的清洗剂补加1.0%的新鲜分离剂。按最佳条件:加热温度90℃、加热时间20min和剂砂质量比2:1重复操作,考察回收分离剂的重复利用效果(图5-51)。

由图 5 – 51 可知,在最佳条件下,经分离处理过的分离剂重复使用 5 次,出油率下降幅度不大,出油率仍保持在 92% 以上,因此回收分离剂重复使用效果理想,这对降低处理成本以及避免二次污染有重要意义。

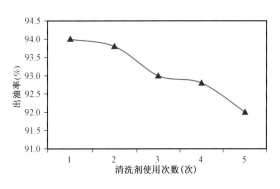

图 5 – 51　回收试剂重复使用效果

3. 水的循环使用和回收率计算

从资源和环保的角度考虑,碱水的回用都十分必要。试验表明:在保持一定碱度不变的情况下,碱水可以循环使用多次,抽提效果基本保持不变。但是,随着碱水循环次数增多,水、黏土的乳化会越来越严重,直到最后由于水中所含黏土太多,超过一定极限,即使碱度再优化也无法将油砂油从砂表面分离开来,因此工业生产时需要对循环用水进行静置、沉淀等净化处理。

关于水循环中碱度的保持:抽提前 pH 值在 12.5 ~ 13 之间,抽提后 pH 值在 11 ~ 12 之间。进一步实验发现,其实并不是抽提需要保持一定的碱度,而是在抽提过程中有生成表面活性剂的反应存在,也就是说一定的砂样要消耗一定量的 NaOH,具体值在 0.2%(质量分数)砂重左右。因此,在生产过程中,有两种方法可控制溶液的碱度。一是 pH 值法,此法的优点是比较直观,缺点是 pH 值不好测定(溶液常常很混浊),并且不易知道所需加入的 NaOH 准确量;二是直接根据砂量按比例加入 NaOH,此法易于操作,但是需要用 pH 值法进行辅助控制。

由于本试验对象是高黏度的油砂油,无法将其从各种实验仪器上完全收集干净,并且抽提出来油砂油还含有少量黏土,难以作准确的物料衡算,即无法用直接法计算回收率(所得油砂油/砂样重)。因此本试验选择了间接测量法,即利用原砂样的含油率和抽提后的砂样含油率来计算回收率,计算式如下:

$$R = \left(C_1 - C_s \times \frac{1}{\frac{1}{C_2} - 1} \right) / C_1 \times 100\% \qquad (5 - 4)$$

式中　R——回收率,%;

　　　C_1——原油砂含油率,%;

　　　C_2——碱水抽提后砂样含油率,%;

　　　C_s——原油砂含砂率,%。

4. 油砂油浮选过程

油砂的热碱水浸煮过程只是让油砂油从砂表面脱落,但我们的目的是要得到油砂油,因此还有一个关键的油砂油分离过程,即怎样将油砂油收集起来。

加拿大油砂油浮选过程简介:浸煮完以后,将反应器中的油砂浆导入另一较大容器中,加入适量的水溶液稀释,在浮选池底部通入空气 5min,同时搅拌池底,可以看到有大量黑色物质随空气泡沫浮到水表面,用倾析法倒出上面油砂油层和泡沫,中间层及底部沙粒静止片刻,仍就不断加水溶液进行浮选，直到没有油砂油浮起为止。

加拿大所有生产过程基本都是利用气浮选法，这是基于其油砂油密度明显小于水的密度，即使油砂油、水和黏土发生乳化作用，油砂油也能借气泡之力浮于水面，在油砂油固化之后，用水洗即可将少量黏土除去。但是青海油砂油密度比水的密度大，油、砂之间存在结合力以及油、水、黏土的乳化作用，大部分油砂油即使通入气泡也很难浮到水面上来，只有少部分轻组分成油膜状飘浮于水面，这部分油约占总油重的 20%，显然加拿大的浮选方法应用于青海油砂油是不行的，需要探索其他方法。

青海油砂热水浸煮后，绝大部分油砂油和沙粒仍旧混合在一起，经过气泡浮选才能到达砂体表面。如何将油砂油从砂表面取走，试验遵从两条思路：第一条是直接取走油沙油；第二条是将砂移走。不管用那种方法，都会面临一个困难，要使油砂油回收完全，必然使得油砂油含砂率过高，而想降低含砂率，又要损失一部分油砂油。这部分油砂油的回收将成为工业生产中的难题。

5. 粗油砂油精制

经过初步分离所得油砂油含砂量太高，约为 30%，必须进行进一步的脱砂处理。由于油砂油的凝固点、黏度高，常温下基本上呈固体状态，直接用离心机进行离心作用根本不能将砂脱除。即使将其加热到 80℃，油砂油黏度还很高，虽能脱去大部分砂，但精度远远不够。试验加入少量石油醚来增强其流动性，因为工业上有大量的轻烃可代替石油醚，所以就成本、可行性而言都是没问题的。试验采用石油醚（沸程 60~90℃）作稀释剂，加热并充分搅拌溶解，然后静置、离心，分离掉沙粒得到纯油砂油。实验中当加入溶剂 10%，加热到 35~40℃，发现液/固比太小，对后面离心分离不利。当溶剂量加到 20% 以上时，有较高的液/固比，混合液流动性很好，沙粒易于分离，分离后油砂油的纯度高。通过多次试验得出油砂油的提纯条件为：加入溶剂量 20%（质量分数），离心温度 35~40℃，离心机转速 2000r/min。

对于上述各油砂样品经抽提得到的油砂油，精制过程中由于其中饱和烃含量较低，极性组分含量高，为了有效地去除油中沙粒，应考虑加入极性溶剂以提高分离效果。

6. 分离残砂的后处理

分离后的残砂，采用 50℃ 中温洗涤水清洗出残留试剂并回用，洗涤后的残砂进行油含量、试剂总含量及 pH 值测试，测试结果见表 5-21。

表 5-21　实验残砂基本指标

试样编号	1#	2#	3#
pH 值	9.1	8.9	8.3
残砂含油率(%,wt)	1.3	1.4	1.2
试剂含量(%,wt)	2.7	2.4	1.9

由表 5-21 可知，经 50℃ 中温洗涤后的残砂 pH 值偏碱性，试剂含量和油含量都大于 1%，直接回填不但对环境产生一定的污染，而且会带来部分试剂和分离油砂油的损失。

因此对洗涤后的残砂进行二次冷水清洗，清洗后的洗涤水作为一次清洗残砂的水源，以便合理利用资源。分离残砂经过两次循环洗涤，进行了含油率、pH 值、金属含量以及试剂残留量分析，结果见表 5-22。

表5-22 二次冷水清洗后实验残砂基本指标

试样编号	1#	2#	3#
pH 值	7.8	7.8	7.4
残砂含油率(% ,wt)	0.8	0.9	0.7
Fe	102	107	105
Al	207	213	210
Na	390	385	393
Cu	10	9	8
试剂含量(% ,wt)	0.6	0.7	0.6

由表5-22可知,二次清洗后砂中含油率低于1%,pH值小于8,砂中试剂总含量低于0.7%,达到排放标准,残砂可以直接回填处理或做建筑材料,对环境无污染。

五、露天开采试验效果分析

为了取得风城油砂露天开采的直接经验,2012年对埋藏较浅的3号矿开展了露天开采现场试验(图5-52),采用热碱水水洗分离工艺技术分离油砂油。试验装置主要包括:油砂进料系统、中间装置混拌系统、排砂处理系统和油砂油处理系统四个部分;具有自动筛分油砂原料、自动称重计量、自动上料、二级破碎、油砂与碱液搅拌反应、液砂分离、自动除砂装车、油砂油掺柴油降黏脱水沉降、离心脱水脱砂(暂未安装)、污水过滤回收功能。辅助的用水、热能等依托周边的风城作业区。虽然工艺设计、设备选型还较初级,工艺流程也缺乏经验,但仍是国内首条功能比较完整的油砂水洗试验装置(图5-53)。

图5-52 3号矿露天开采位置及挖掘探坑

室内选择A、B、C、D四种药剂进行评价,在恒温条件下测定随着不同药剂浓度的变化出油率的变化情况。通过考察分离剂质量分数、加热温度、加热时间、剂砂比等因素对油砂出油率的影响,选择D药剂正交试验结果为风城油砂最佳分离操作条件:水洗分离剂1.0%(质量分数)、加热温度80℃、加热时间15min和剂砂质量比3.5:1。追加实验结果表明,正交试验确定的操作参数可靠,在此操作条件下,油砂出油率最高可达91%以上。

上料单元

分离单元

尾砂装车单元

原油脱水单元

尾液澄清单元

图 5 - 53　现场试验装置

2012 年 10 月 13 日,现场中试开机运行,至 11 月 5 日终止,累计运行 10.6h,累计进油砂原料 17.27t,平均重量含油率约 10%,累计用水 1072.84t。其中试验运行用水 112.51t,累计加药约 4.5t,累计用蒸汽 270t,洗油效率达到 86%,尾砂平均含油率 2.4%,计算产油砂油 1.3t,实际回收油砂油约 0.4t,挖掘区内剥采比达 40∶1(加拿大规模较小的油砂矿,经济剥采比在 2.5∶1 ~ 3.1∶1)。

通过试验,风城油砂矿目前露天开采有难度,主要体现在以下三方面。(1)环境影响方面:大规模露天开挖将造成较大的空气污染、耗用大量清水,并形成尾矿池,此外周边环境(国道、风景区)等也不允许进行大规模露天开采;(2)经济可行性方面:风城 2 号、风城 3 号矿储层非均质性严重、夹层多、规模小(139×10⁴t)$(139 \times 10^4 t)$,不适合工业开发,1 号矿埋藏较深、剥采比高(20∶1),露天开采不经济;(3)工艺技术方面:油砂破碎、输送设备和技术、前端添加稀释剂降黏技术均需攻关。

根据加拿大露天开采实践和风城油砂矿露天试验效果,确定露天开采筛选基本条件如下:

(1)矿藏埋深:0 ~ 100m;

(2)油层连续厚度:>10m;

(3)重量含油率:>6%;

(4)孔隙度和含油饱和度:$\phi > 26\%$,$S_o > 50\%$;

(5)原油黏度:<100000mPa·s;

(6)剥采比:对于规模较大油砂矿,经济开采剥采比 1∶1 ~ 1.5∶1;对于规模较小油砂矿,经济开采剥采比 2.5∶1 ~ 3∶1。

第六章　新疆风城油砂矿钻井开发技术

国外油砂矿开发研究已进行多年,加拿大已实现了油砂矿的规模化开采,蒸汽吞吐和SAGD是目前油砂井采的主体技术。新疆油田在引入国外成熟开发技术的基础上,结合风城油砂矿实际,进行了开发技术的有益探索,在准噶尔盆地风城油田开展SAGD先导性试验及规模化应用,形成了从SAGD钻井、采油和地面等各环节工程设计方案,证明了油砂矿规模开采的可行性,为今后继续加大SAGD技术攻关力度,形成完善的配套技术,实现磁导向轨迹控制的国产化等关键技术奠定了基础。

第一节　油砂矿有效开发方式先导试验及评价

一、SAGD开采技术原理

现阶段国际上成熟的钻井热采开发技术主要包括常规蒸汽吞吐热采、SAGD和火驱三种。目前常规蒸汽吞吐热采技术已经成熟,但该技术只适用于50℃时原油黏度小于20000mPa·s的稠油油藏,对于风城油砂矿(50℃时原油黏度一般大于20000mPa·s)的开采不适用。火驱是蒸汽吞吐油藏后期有效开采的一种接替技术,该技术目前尚处于攻关阶段,且仅适于50℃时原油黏度小于15500mPa·s的稠油油藏,因此现阶段也不适用于风城油砂矿的开采。

SAGD技术即蒸汽辅助重力泄油技术,已在新疆油田风城油田作业区成熟运用,规模化推广,取得了较好效果,且形成了相应的钻井、采油、地面工程配套技术。

蒸汽辅助重力泄油(Steam Assisted Gravity Drainage,简称SAGD)技术适合开采原油黏度非常高的特超稠油油藏或天然沥青,该技术的基本机理是热传导与流体热对流相结合。它是以蒸汽作为热源、依靠沥青及凝析液的重力作用开采稠油。自Bulter首先提出了蒸汽辅助重力泄油理论后,SAGD技术在加拿大得到了快速发展,成为开发超稠袖的最有效手段,在加拿大油砂区已开展了近20年商业化SAGD开采。针对海相储层的SAGD技术基本趋于完善,但生产过程中的调控技术仍处于保密状态。

SAGD技术是开发超稠油的一项前沿技术,主要原理通过蒸汽和油水混合液密度差采油。对于在地层原始条件下没有流动能力的高黏度原油,要实现注采井之间的热连通,需经历油层预热阶段。形成热连通后,注入的蒸汽向上超覆在地层中形成蒸汽腔,蒸汽腔向上及侧面移动,与油层中的原油发生热交换,加热的原油和蒸汽冷凝水靠重力作用泄到下面的生产井中产出。

SAGD技术是以蒸汽作为加热介质,依靠热流体对流及热传导的作用,依靠重力作用开采稠油。蒸汽辅助降黏,重力主导泄油,通常采用双水平井模式。其开发过程分为启动和生产两大阶段。

(1)启动阶段:普遍采用注蒸汽循环,建立上下水平井有效泄油通道(图6-1)。

(2)生产阶段:上水平井连续注蒸汽,下水平井连续产油。其生产机理是从注汽井注入高干度蒸汽,与冷油区接触,释放汽化潜热加热原油;被加热的原油黏度降低,和蒸汽冷凝水一起在重力作用下向下流动,从水平生产井中采出,蒸汽腔在生产过程中持续扩展,占据产出原油空间(图6-2)。

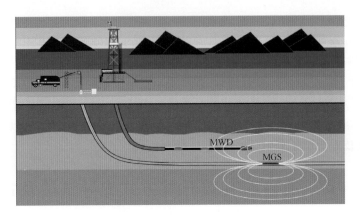

图6-1　SAGD循环预热示意图

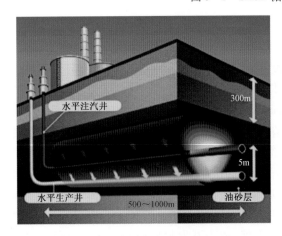

图6-2　SAGD生产机理示意图

SAGD法可以有不同的应用方式:一种是平行水平井方式,即在靠近油藏的底部钻上一对上下平行的水平井,上面的水平井注蒸汽,下面的水平井采油(图6-3);第二种是水平井与垂直井组合方式,即在油藏底部钻一口水平井,在其上部钻一口或几口垂直井,垂直井注蒸汽,水平井采油;第三种是单管水平井SAGD,即在同一口水平井口下入注蒸汽管柱及稠油管,通过注蒸汽管向水平井最顶端注蒸汽使蒸汽腔沿水平井逆向扩展。

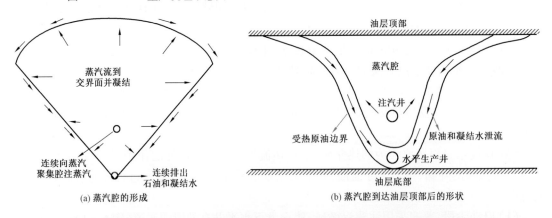

图6-3　水平井蒸汽辅助重力泄油技术(SAGD)原理图

二、风城 SAGD 先导试验效果分析

SAGD 先导试验区位于新疆风城油砂矿 1 号矿风砂 73 断块中部（图 6-4），于 2009 年年底建成，截至目前已经过四年多试验。先导试验区共实施 SAGD 双水平井 7 井组、SAGD 单水平井 1 口，水平段长度 300～520m，井距 100m，排距 80m，注采水平井间的垂向距离 5m，实施观察井 24 口，共计 41 口。SAGD 先导试验区动用含油面积 0.51km²，地质储量 279.0×10⁴t。

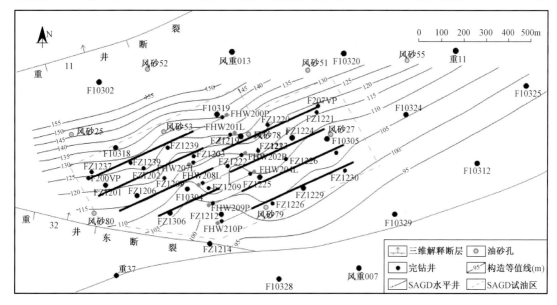

图 6-4 1 号矿 SAGD 先导试验区井位图

试验区于 2009 年 12 月开始循环预热，2010 年 7 月全部转 SAGD 生产。试验采用双管循环预热方式，其中注汽井长管采用均匀布井方式（注汽速度 150～200m³/d 条件下），打孔位置与打孔长度各井组不同，短管为排液管。生产井长管为注汽管、短管为排液管。循环预热阶段双水平井单井组循环预热时间 86～212d，试验区累计注汽约 11.9×10⁴t，累计产液约 8.3×10⁴t，平均采注比 0.70（表 6-1）。

表 6-1 风城 1 号矿 SAGD 先导试验区循环预热情况表

井组	生产时间（d）	水平段长度（m）	累计注汽（t）	累计产液（t）	采注比
FHW200 井组	140	490	13376	8727	0.65
FHW201 井组	156	500	16423	12386	0.75
FHW202 井组	212	450	18892	13891	0.74
FHW203 井组	86	300	9550	6497	0.68
FHW207 井组	107	410	11538	7804	0.68
FHW208 井组	202	450	21324	14966	0.70
FHW209 井组	195	500	20896	13389	0.64
FHW210P	176	520	7026	5327	0.76
试验区合计			119025	82987	0.70

截至 2014 年 6 月,试验区 SAGD 累计产油 20.42×10^4 t,单井组平均日产油 20.2t,生产效果较好(表 6 - 2)。风砂 73 试验区双水平 SAGD 试验井组显示出较好的开发效果,但单水平 SAGD 试验井开发效果较差,不适合油砂矿的开发。

表 6 - 2 风城 1 号矿 SAGD 先导试验区生产数据表

井号	转 SAGD 生产时间	2014 年 6 月			累计		
		日注汽 (t)	日产油 (t)	含水 (%)	产油 (t)	天数 (d)	平均日产油 (t)
200 井组	2010.01.07	23.8	11.6	80.4	18573.3	1577	11.8
201 井组	2009.12.22	177.8	64.0	69.6	47810.9	1455	32.9
202 井组	2009.12.18	92.6	28.7	63.4	13858.8	1172	11.8
203 井组	2009.12.18	56.3	12.9	75.7	22921.9	1495	15.3
207 井组	2010.01.04	55.3	35.1	67.6	42940.2	1533	28.0
208 井组	2010.01.04	217.4	38.3	65.7	29855.9	1456	20.5
209 井组	2010.01.04	65.7	8.2	76.1	28299.6	1439	19.7
平均		98.4	28.5	71.2	29180.1	1446.7	20.2

2013 年 10 月在 SAGD 试验区东北部又实施 3 对 SAGD 水平井,建产能 1.8×10^4 t;其中 FHW21001 目前日产油 20 ~ 30t(图 6 - 5),累计产油量 7326t;FHW21018 目前日产油 25 ~ 35t (图 6 - 6),累计产油量 4073t,生产效果较好。

通过风城油砂矿 1 号矿 SAGD 先导试验生产实践,证明了 50℃脱气原油黏度在 20000 ~ 100000mPa·s 油砂油的有效开发可行性。目前已初步认识了油砂矿 SAGD 生产动态规律,掌握了油砂矿 SAGD 开发设计、生产调控技术,基本形成了钻井、采油、地面工程系统配套技术,具备了进一步开展工业化开发试验的条件。

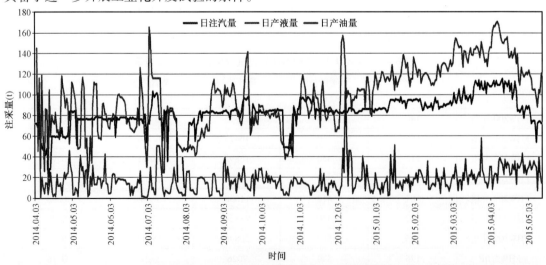

图 6 - 5 FHW21001SAGD 生产阶段采油曲线

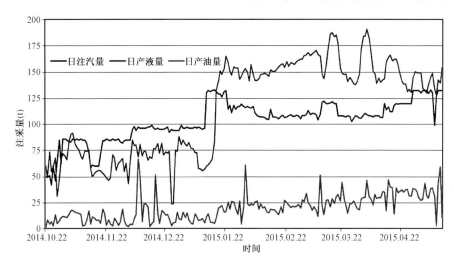

图 6 – 6 FHW21018SAGD 生产阶段采油曲线

根据加拿大和风城油砂矿 SAGD 试验效果,确定 SAGD 开发筛选基本条件如下:

(1)矿藏埋深:140 ~ 1000m;

(2)油层连续厚度: >10m;

(3)油层渗透率及非均质性:K_h >500mD,K_v/K_h >0.35;

(4)孔隙度和含油饱和度:ϕ >27%,S_o >45%;

(5)夹层:油层中不存在连续分布的泥岩夹层。

综合以上分析,SAGD 是目前开发油砂矿和建产能的有效开采方式。

根据储量落实程度和 SAGD 开发筛选评价结果,将油砂油地质储量划分为现有 SAGD 技术可开采、有经济效益和需进一步技术攻关目前不能动用储量两大类别(表 6 – 3)。

表 6 – 3　风城油砂矿油砂油资源量划分标准表

现有 SAGD 技术可开采、有经济效益(Ⅰ类)	需进一步技术攻关目前不能动用(Ⅱ类)
(1)连续油层厚度 >10m; (2)埋深 ≥120m; (3)50℃黏度 <10 ×10⁴mPa·s; (4)井距 <500m,井控程度不低于 4 口/km²; (5)已进行了开采试验; (6)经济评价指标可行	(1)连续油层厚度 >10m,埋深 75 ~ 120m 或 50℃黏度 >10 × 10^4mPa·s; (2)连续油层厚度 <10m,50℃黏度 >2 × 10^4mPa·s

第二节　SAGD 油砂矿工程方案设计

一、SAGD 关键参数及优化原则

1. 关键参数

蒸汽辅助重力泄油一般由启动与 SAGD 生产两个阶段组成。

启动阶段也叫预热阶段,主要目的是通过预热使注采井间形成热连通。一般有三种方式:

（1）蒸汽吞吐；（2）压裂形成裂缝；（3）蒸汽热循环。对于原油黏度较高的超稠油或油砂，最常用的是注采井同时进行热循环预热。因为这种方式工艺易于实现，且对油层的破坏性小，没有后遗问题。在注采井同时循环注蒸汽启动过程中，初期依靠热传导将井筒周围的油层加热。随着温度的不断升高和原油黏度的下降，油层开始具有一定的吸汽能力，原油也开始缓慢流动，这时热传导与流体热对流同时进行。只要井间形成热连通，就可转入 SAGD 生产，启动过程结束。SAGD 启动阶段关键操作参数有：（1）注汽速度；（2）井底蒸汽干度；（3）循环预热压力；（4）循环预热产生压差时机；（5）循环预热压差大小。

SAGD 操作阶段，通常作法是控制生产井井底的温度，使井底液体的温度略低于水的沸点温度 5~10℃，目的是避免蒸汽进入井筒，使井筒始终保持液相，以提高泵效及热利用率。生产井井底压力不能太低，否则也会导致大量蒸汽进入井筒，还会引起出砂现象，一般生产井井底压力比蒸汽室压力低 100~200kPa，注采压差 200~500kPa（0.2~0.5MPa）。SAGD 生产阶段关键操作参数：（1）蒸汽腔操作压力；（2）蒸汽腔操作 sub-cool；（3）注汽速度；（4）蒸汽干度；（5）采液速度与采注比。此阶段关键操作参数确定的核心是汽液界面控制，控制采用的是 steam trap 控制（又称 subcool control）方法。sub-cool=饱和温度-生产井的实际流体温度≈5~40℃。

2. 优化原则

蒸汽辅助重力泄油（SAGD）过程与常规注蒸汽热采不同，它是以蒸汽为辅、主要依靠原油及冷凝水的重力作用来开采原油。由于其生产机理的特殊性，在进行 SAGD 研究及方案设计时要进行特殊考虑，不能套用常规热采过程的研究及设计方法。

SAGD 过程成功的关键主要取决于蒸汽室的形成与良好的扩展，并保证液体最大程度地泄流到生产井筒。有些操作参数的大小将直接影响到 SAGD 的成败与否，必须进行优化研究并在实施过程中加以保证。

1）蒸汽干度

蒸汽干度是影响 SAGD 生产的重要因素，蒸汽室能否形成并逐渐扩展主要取决于蒸汽干度。随着蒸汽干度的提高，SAGD 生产效果越来越好，SAGD 要想取得好的效果，蒸汽干度必须大于 70%。这是因为随着干度的提高，蒸汽的比容与热焓越来越大，蒸汽室才能得到充分的发展。对于 SAGD 生产，只有建立了蒸汽室并得到充分的扩展，才能获得良好的效果，只有这样，才能将注入热量有效地加热油藏，使原油黏度降低，提高洗油效率，增大泄油速度。

2）注汽速度

严格地说，SAGD 生产与注汽速度没有直接关系，注汽速度对 SAGD 效果的影响，主要表现在它对井底蒸汽干度的影响上。如果保持井底蒸汽干度 70% 不变，则不同注汽速度下的 SAGD 效果变化不大。

强调注汽速度，主要是注汽速度的大小要影响井筒热损失及井底蒸汽干度。如前所述，因此，在设计注汽管柱时，要采取高效井筒隔热措施，提高井底蒸汽干度。

3）注汽压力

在 SAGD 生产过程中，蒸汽室的压力基本保持恒定，在没有超过油层破裂压力的情况下，维持较高的操作压力有利，一方面可以提高注汽温度，使油砂黏度降低，缩短开发时间。另一方面还可抑制油层出砂。但是，如果原始油层压力较高，还是应该使油层压力适当降低，以增加油层的注汽能力,同时还可以减少热量的采出,提高热效率。

4)生产井排液能力

排液能力对 SAGD 效果的影响也很大,生产井必须有足够的排液能力,才能实现真正的重力泄油生产。如果排液能力太低,就会导致冷凝液体在生产井上方聚集,使注采井间的蒸汽带变为液相带,降低洗油能力,使剩余油饱和度增加,开采效果变差;如果排液能力太大,就会使汽液界面进入生产井筒,当蒸汽进入井筒后,一方面汽进会降低泵效,另一方面当产出大量蒸汽时,会降低热量的有效利用率,开采效果也变差。因此,合理的排量应该与蒸汽室的自然泄油速率相匹配,使汽液界面恰好在生产井筒上方一点处,也就是说,既要使冷凝泄流下来的液体全部采出,又不使过多的蒸汽被采出,使洗油效率和热效率都最高。

5)水平井段长度

水平井筒存在着摩擦阻力,当注入井注入高干度蒸汽时,这种摩擦阻力更大,且摩擦阻力随着水平井段长度的增加而增大;而采油井因全部是液体流动,摩擦阻力很小。由于注采井很近,一般只有 5～10m,注采压差很小,因而对于给定的井眼直径和注入井单位长度上的蒸汽需求量,存在着一个最大的有效井筒长度。当超过这一长度时,压力陡然增大,注采压差趋于零或负值,蒸汽室难于扩展,生产动态变差。通过增大注汽井井径,减小摩阻,可以增加有效水平井段长度。

6)注采井距

增大注采井距可以降低钻井过程中对成对水平井双轨迹控制精度的要求,降低注采过程中对汽液界面控制的要求,因此研究增大注采井距的可能性具有现实意义。模拟研究结果表明,无论对高渗透油层,还是低渗透油层,增大注采井距都可以提高开发效果,增大累计油汽比,提高原油采收率。这主要是由于在较大的注采井距条件下,蒸汽有较长的时间进行换热,且改善了蒸汽室中非凝析气的驱替作用。

二、SAGD 油砂矿开发区地质条件

为进一步完善油砂矿 SAGD 开发配套技术,实现规模高效开发,在地质特征认识及资源分类的基础上,选择资源落实、现有 SAGD 技术可开采、已开展先导试验评价的落实区(Ⅰ类)进行齐古组油砂矿工业化开发试验,试验区位于风城 1 号矿风砂 73 断块西部及风重 007 井断块北部(图 6－7);同时,为评价风城吐清水河组油砂矿 SAGD 开发效果和产能,为清水河组油砂矿有效开发提供依据,在现有 SAGD 技术可开采的资源较落实区(Ⅱ类),选取油层、原油黏度相对落实的区域开展清水河组油砂矿 SAGD 开发先导试验,试验区位于风重 010 井区北部(图 6－8)。

1. 齐古组 SAGD 工业化开发试验区地质条件

根据前述风城油砂矿地质认识,部署试验区油层条件、夹层及盖层发育情况、原油黏度分布等主要地质特征均满足 SAGD 开发要求:连续油层厚度 10.2～34.6m,平均 22.1m(图 6－9);夹层平面发育不连续,总体而言,具有水平以及对称斜列式的夹层发育特征,分布数量少且薄,厚度一般小于 2m(图 6－10),个别井发育有厚度 2～5m,渗透率在 100～500mD 之间的物性夹层(F10317、FZI228),但一般延伸不超过 150m,对 SAGD 开发影响较小(图 6－11);盖

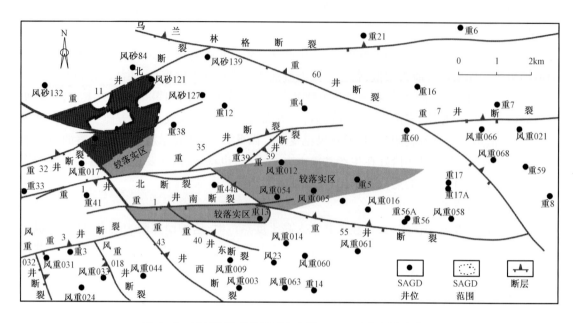

图 6-7　风城油砂矿侏罗系齐古组 SAGD 开发先导试验区

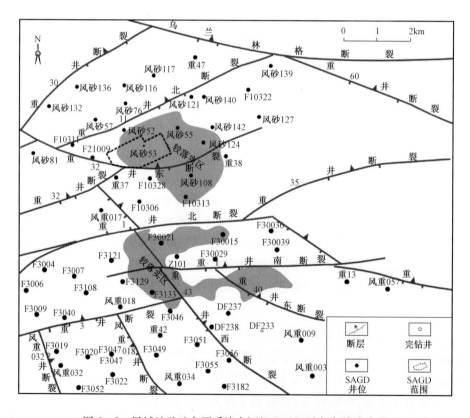

图 6-8　风城油砂矿白垩系清水河组 SAGD 开发先导试验区

层为封盖性能较好的泥岩,平面分布稳定连续,平均厚度34.5m(图6-12和图6-13),现有资料及开发动态显示构造完整,无裂缝;50℃地面脱气油黏度12300~57385mPa·s。

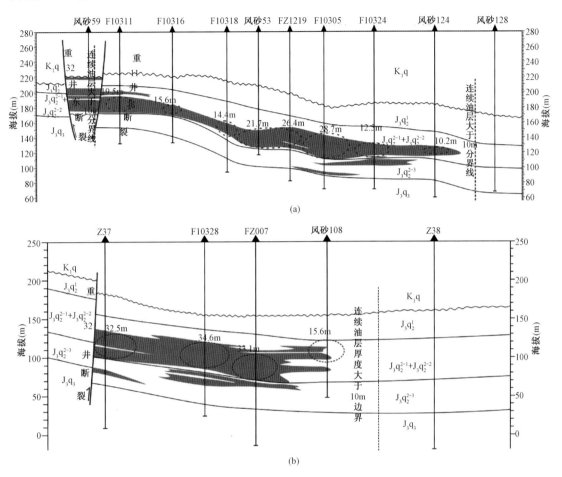

图6-9 风城油砂矿侏罗系齐古组部署区油层分布剖面图

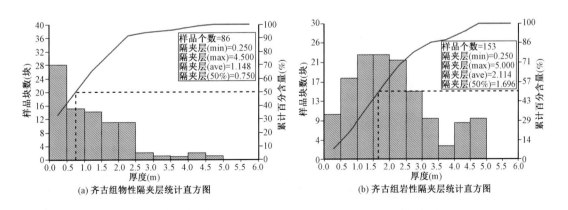

图6-10 风城油砂矿齐古组隔夹层统计直方图

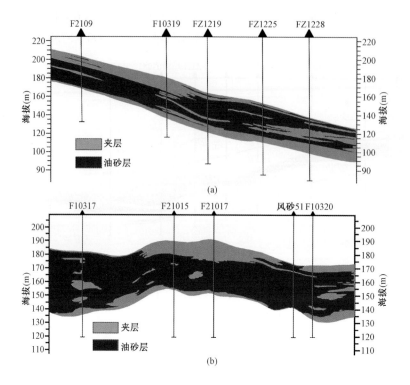

图 6 – 11　风城油砂矿齐古组隔夹层分布剖面示意图

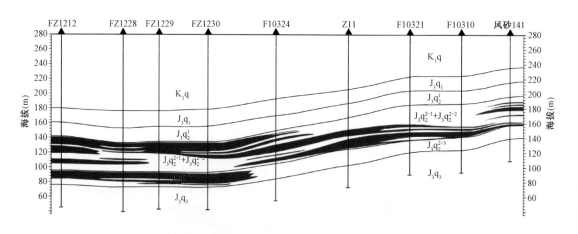

图 6 – 12　风城 1 号矿齐古组部署区盖层分布剖面图

2. 清水河组 SAGD 开发先导试验区地质条件

试验区地层分布、夹层及盖层发育情况均满足 SAGD 开发要求：连续油层厚度 14.3 ~ 22.5m，平均 18.1m（图 6 – 14）；夹层平面发育不连续，随机性强，多为含油性较差的泥质粉砂岩物性夹层、钙质砂岩薄夹层，单井发育夹层数 1 ~ 6 条，厚度 0.5 ~ 4m 不等，一般小于 2m（图 6 – 15）；盖层岩性主要为泥岩、粉砂质泥岩互层和少量钙质砂岩，具有封盖性，平面分布较连续，平均厚度 16.5m（图 6 – 16），现有井孔资料显示盖层构造完整，无裂缝。部署区内取得两

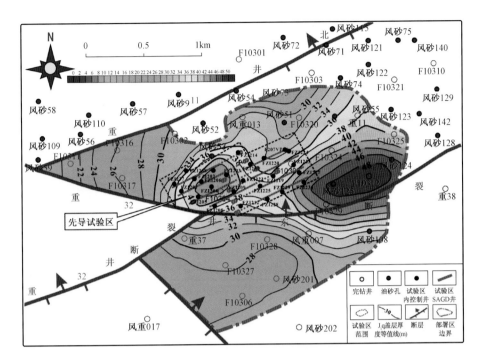

图6-13 风城1号矿齐古组工业化开发试验部署区盖层厚度分布等值图

个原油黏度数据点,50℃地面脱气油黏度分别为30500mPa·s和205500mPa·s,平均118000mPa·s。以上条件表明,所选部署区是开展清水河组SAGD开发先导试验的较理想区域。

三、风城油砂矿SAGD油藏工程方案

1. 概况及地质模型建立

SAGD油藏工程研究包括水平井设计和操作参数优化两方面。设计参数优化包括井网井型、水平段长度、水平井平面井距、水平井对垂间距、生产水平井垂向位置等;操作参数优化包括循环预热和SAGD生产阶段的注汽速度、操作压力、循环预热时间、转SAGD时机及注采参数优化。

风砂73断块南部SAGD先导试验区位于风城1号矿,与本次SAGD工业化开发试验部目的层相同,均为齐古组$J_3q_2^{2-1}+J_3q_2^{2-2}$层。目前试验已转SAGD生产四年多,取得了较为丰富的生产动态资料。在充分分析、总结先导试验区生产规律的基础上,进行风城1号矿齐古组油砂矿SAGD开发部署研究与设计。鉴于清水河组尚未开展先导试验,无经验可借鉴,其SAGD水平井设计参数、操作参数和注采参数均参照齐古组确定。

根据风砂73断块南部SAGD先导试验区资料情况,以生产较为正常的典型井组(FHW201)为研究对象建立数值模型,网格步长$D_X=10m$,$D_Y=1.5m$,$D_Z=0.5m$,网格总数为151150。

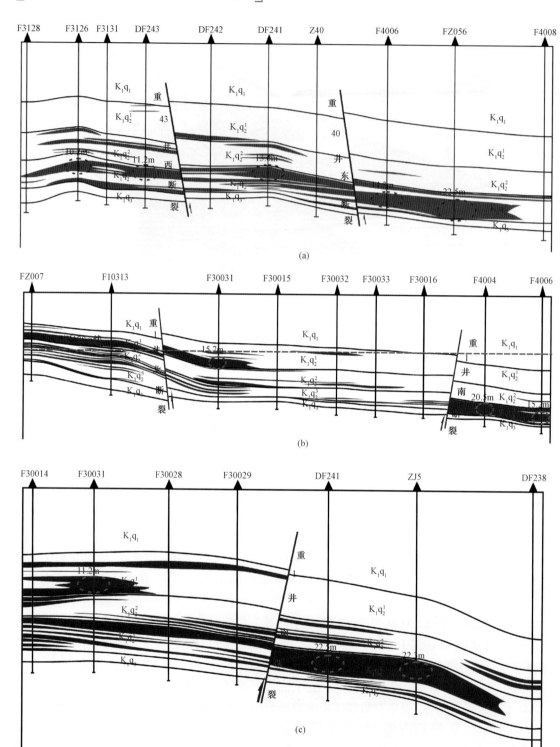

图 6-14　风城油砂矿白垩系部署区油层分布剖面图

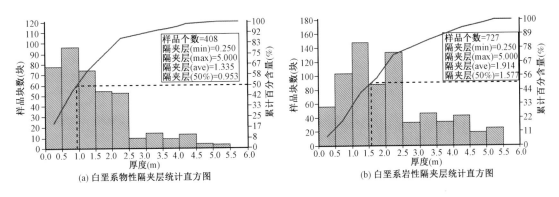

(a) 白垩系物性隔夹层统计直方图　　　(b) 白垩系岩性隔夹层统计直方图

图 6-15　风城油砂矿隔夹层统计直方图

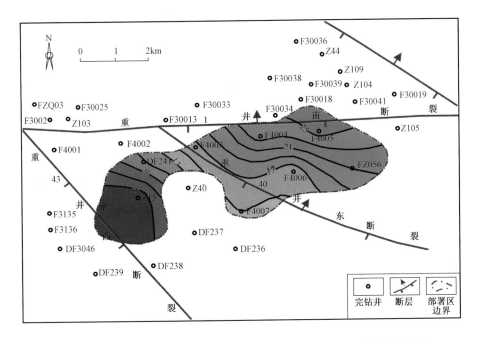

图 6-16　风城 1 号矿清水河组开发先导试验部署区盖层厚度分布等值图

　　历史拟合时间截至 2013 年 10 月中旬,拟合过程中,综合考虑井口产液闪蒸引起的计量误差及原油乳化对计量的影响,对生产数据进行了进一步校正;根据实际生产状态,对储层非均质性、管流摩阻等参数进行了修正,总体拟合精度达到了 95% 以上(图 6-17),所得油藏参数较为可靠,在此基础上开展油藏工程优化设计。

2. 水平井设计优化

　　SAGD 水平井部署优化设计参数主要包括:水平段长度、SAGD 水平井井距、水平生产井在油层中的垂向位置、水平井对垂向井间距、水平井平面排距等。根据重 37 井区 SAGD 先导试验取得的认识,对上述水平井设计参数作了进一步优化。

1)井网井型优选

　　由于风城油砂矿埋藏浅、油层压力低、温度低、地下原油黏度高、连续油层厚度适中,适合

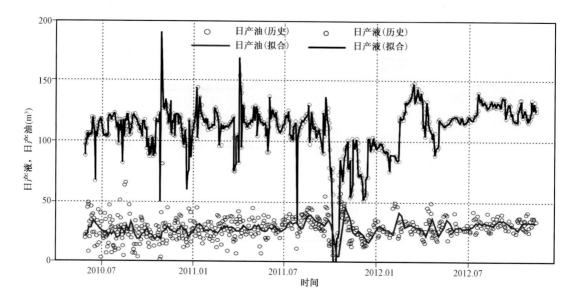

图 6-17　重 37 井区 SAGD 先导试验区典型井组生产历史拟合(FHW201)

双水平井 SAGD 开发。从风砂 73 断块先导试验区的生产效果来看,双水平井 SAGD 技术对风城油砂矿是经济适用的。数模结果表明,在相同地质条件下,双水平井 SAGD 井组日产油量高、油汽比高、采油速度高,较水平井—直井组合 SAGD 方式开发效果好(表 6-4)。因此,风城油砂矿开发采用双水平井 SAGD 方式。

表 6-4　风城油砂矿 SAGD 开发不同井型组合方式单井组数值模拟开发指标对比表

SAGD 方式	生产时间 (a)	注汽量 (10^4t)	产油量 (10^4t)	平均日产油 (t)	油汽比	采收率 (%)	采油速度 (%)
双水平井	12	30.9	6.60	25.1	0.24	46.70	3.9
直井与水平井组合	13.6	53.4	6.62	19.0	0.20	46.95	3.0

2)水平段长度优化

SAGD 水平段长度越长,产液量越高,但对完钻井的要求也越高。在 SAGD 双水平井长度设计过程中,主要考虑以下几方面因素。

(1)钻井技术条件。

加拿大油层埋深在 250m 以内 SAGD 水平井钻井采用斜直钻机地面造斜(图 6-18a),埋深大于 250m 时,SAGD 水平井钻井采用直井钻机地下造斜,水平段长度为 500~850m,平均 700m,采用 8⅝in 筛管完井。新疆油田现阶段无斜直钻机,水平井钻井主要采用直井钻机,无法实现地面造斜(图 6-18b),当水平段大于 600m 时,必须采用大尺寸筛管完井(8⅝in),需加大斜井段套管尺寸(13⅜in)受目前钻井和完井技术条件限制,水平段长度不超过 600m。

(2)水平段沿程吸汽速度及有效动用。

当采用 7in 筛管完井时,300~600m 水平段长度条件下,水平段均能有效覆盖蒸汽,当水平段长度大于 600m 时,沿程吸汽速度开始降低(图 6-19),水平段动用程度变差;此外,风城

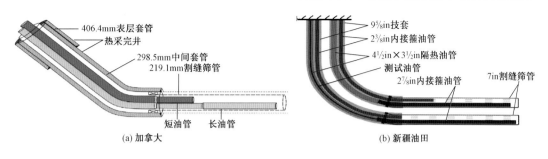

(a) 加拿大　　　　　　　　　　　(b) 新疆油田

图 6 - 18　双水平井 SAGD 井身结构图

油砂矿 SAGD 目的层为辫状河流相沉积,河道、心滩彼此交互叠加,夹层发育。因此,从水平段有效动用、蒸汽腔均衡发育及调控角度考虑,水平段长度 300~500m 较为适合。

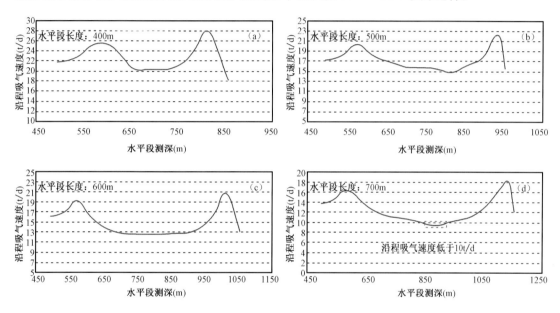

图 6 - 19　不同水平段长度沿程蒸汽吸汽速度对比图

（3）经济效益分析。

对比水平段长度 300~500m 的 SAGD 井组产量和经济效益发现,300m 水平段井组产量较低,效益较差,水平段长度 400m 以上时,生产效果较好。综上所述,风城油砂矿水平段长度设计为 400m,受构造限制及油层发育非常好的区域,可根据情况在 300~500m 范围内灵活调整。

3）井距及排距优化

SAGD 水平井井距的优化通常考量两个指标,即经济效益和稳产时间。井距越小,SAGD生产、稳产时间越短,单位面积井数多,钻井及采油设备成本较高;井距过大,采油速度低,累计油汽比低,经济效益变差。模拟结果表明(图 6 - 20),70m 井距、70m 排距条件下对应的产量、最终采收率、累计油汽比相对较高。因此,综合考虑钻井成本、产量、采出程度和累计油汽比等因素,风城油砂矿设计井距、排距均为 70m。

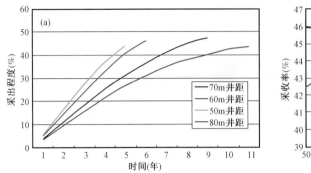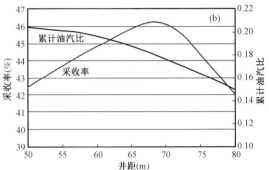

图 6-20　不同井距采出程度对比图

（a）与不同井距采出程度与累计油汽比变化趋势对比图（b）

4）生产水平井位置优化

在水平井段长度为 400m、水平井对垂向井间距为 5m 的条件下，分别模拟研究了水平生产井距油层底部 0、1m、2m、3m、4m、5m、7m 情况下的 SAGD 开发效果，水平生产井距油层底部大于 4m 后，SAGD 稳定阶段的日产油明显下降，其采出程度随之降低。

根据 Bulter 重力泄油理论，水平生产井上部的油层厚度是影响 SAGD 稳产阶段产量的主要因素。SAGD 生产结束后的剩余油，主要分布在水平生产井以下部位（图 6-21），因此，双水平井 SAGD 水平生产井应尽量部署在油层底部，以最大限度地扩大汽腔波及体积。考虑钻井技术的影响和限制，以及油层物性的影响，将风城油砂矿生产水平井布置在距油藏底部 1~2m。

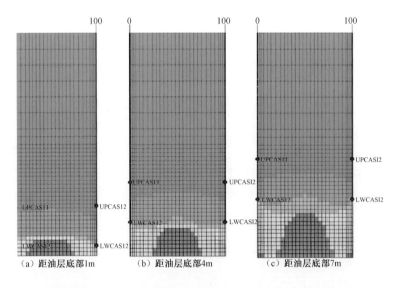

图 6-21　水平生产井在 SAGD 结束时的剩余油饱和度对比图

5）SAGD 水平井垂距优化

在水平段长度为 400m、水平生产井距油层底部 2m 的条件下，分别对重 37 试验区水平生产井与注汽井垂向距离为3m、4m、5m、6m、7m、8m情况进行了SAGD开发效果对比。

注汽井与生产井水平段垂向距离主要对SAGD启动阶段有较大的影响。数值模拟结果表明(图6-22),注汽井与生产井水平段中间区域的平均温度达到相同温度(120℃)时,随着垂距增加,循环预热时间呈指数增加,说明增加垂距不利于循环预热和井间热连通,同时随着循环预热时间增加,成本也随之增加。

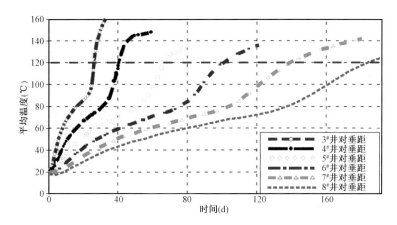

图6-22 SAGD井对循环预热时间随垂距增加变化曲线

此外,由于SAGD主要靠上下注汽井与生产井井间的液面和采出流体温度来控制生产井的产液速度,水平段两井间允许的最大液面高度为上下井间的垂距。当注汽井与生产井井间垂距太小,不利于生产井的控制,一方面容易造成蒸汽突破生产井,另一方面液面也容易淹没注汽井,导致蒸汽腔发育受阻,国外水平井对垂距一般在5~7m。参考国外经验,考虑国外储层为近海相沉积,远好于风城油砂矿陆相非均质储层,结合数值模拟优化结果,风城油砂矿SAGD井组垂距设计为4~6m。

3. 循环预热阶段注采参数优化

循环预热阶段注采参数优化主要包括以下几方面:循环预热注汽速度优化、均匀等压预热环空压力优化、均匀等压预热时间优化、均衡增压预热环空压力优化以及均衡增压转SAGD生产时机优化。

1)循环预热注汽速度优化

选取注汽速度分别为50t/d、60t/d、70t/d和80t/d四种情况进行模拟。结果表明(图6-23),当注汽速度50t/d时,蒸汽局部进入油层少,井间温度上升较慢,循环预热90d时,水平段局部井间温度<70℃;当注汽速度60~70t/d时,井间温度平稳上升,蒸汽局部进入油层少,注汽井与生产井间加热较均匀;当注汽速大于80t/d时,注汽速度较大,大量蒸汽从长管出口处与短油管入口处聚集,局部加热严重,汽窜风险较大。

此外,井筒模拟表明(图6-24),水平段长度为400m,注汽速度为50t/d时,水平段A点附近无法有效加热;当注汽速度为60t/d时,水平段A点附近基本能达到有效加热。考虑到现场注汽压力、蒸汽干度以及注汽量的波动,风城油砂矿单井循环预热注汽速度为60~70t/d。

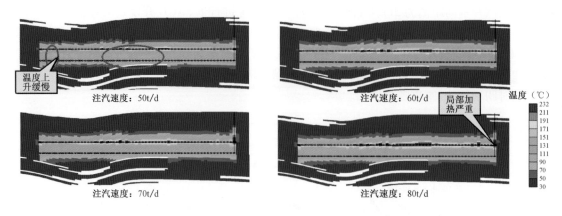

图 6 - 23　不同注汽速度循环预热 120 天温度场分布图

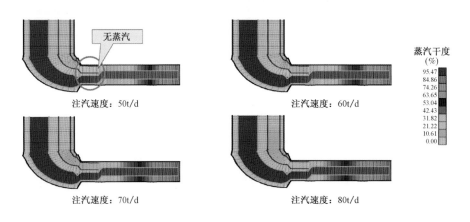

图 6 - 24　不同注汽速度井筒蒸汽干度分布对比图

2）均匀等压预热环空压力优化

增大循环注汽压力，水平井井底蒸汽饱和温度增高，有利于提高水平段井间区域的平均温度。随着环空压力增高，进入地层蒸汽量变大，导致水平段井间油层加热不均，尤其对于非均质性比较强的油藏，将会对后期的 SAGD 操作造成影响。国外实际操作表明，预热阶段注入压力接近油藏压力或略高于油藏压力，井筒环空温度分布、水平井井间油层和蒸汽腔发育最稳定。为保证水平段温度上升平稳，注入压力略高于油藏压力，环空压力以不高于油藏压力0.5MPa 为宜。

风城油砂矿原始地层压力平均 2.5MPa，数值模拟结果表明（图 6 - 25），当环空压力保持与地层压力一致时，注汽井与生产井水平段井间温度均匀上升，但温度上升速度缓慢；当环空压力提升至 3.0MPa 时，注汽井与生产井水平段井间温度均匀上升，温度上升速度较快；当环空压力提升至 3.5 ~ 4.0MPa 时，注汽井与生产井水平段井间温度上升速度较快，出现局部加热严重状况，容易形成"点窜"或"段窜"。因此，风城油砂矿均匀等压预热阶段环空压力控制在 2.5 ~ 3.0MPa 左右，确保油层均匀预热。

3）均匀等压预热时间优化

通过不间断的热传导逐步提高注汽井与生产井水平段井间温度，当重 37 井区 SAGD 试验

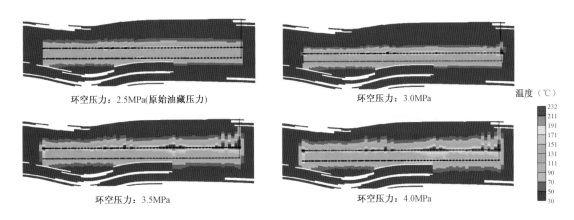

环空压力：2.5MPa(原始油藏压力)　　　　　　环空压力：3.0MPa　　　　温度（℃）

环空压力：3.5MPa　　　　　　　　　　　　　环空压力：4.0MPa

图 6 - 25　不同环空压力下循环预热 120 天温度场分布图

区油层温度达到 120~130℃ 时，原油黏度下降至 500mPa·s 左右，原油具有一定的流动能力，可以转入均衡增压循环预热阶段。模拟结果表明(图 6 - 26)，水平段长度为 400m，等压循环预热 80d 以上，注汽井与生产井水平段井间温度达到 120~130℃ 时，原油黏度下降至 500mPa·s 左右，可以进行增压循环预热，风城油砂矿 SAGD 均匀预热时间为 80~90d。

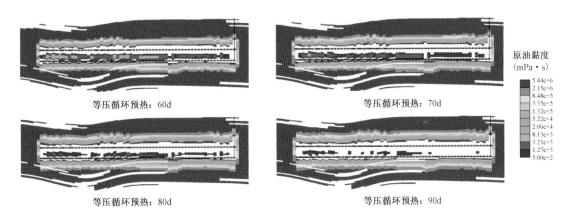

等压循环预热：60d　　　　　　　　　　　　等压循环预热：70d　　　　原油黏度（mPa·s）

等压循环预热：80d　　　　　　　　　　　　等压循环预热：90d

图 6 - 26　均匀等压阶段不同循环预热时间黏度场分布图

4）均衡增压预热环空压力优化

均衡增压原则：通过提高注汽井和生产井注汽压力来提高井底蒸汽温度，通过控制循环产液量增加井间流体对流，加快热连通，避免水平段局部发生汽窜。

模拟结果表明(图 6 - 27)，水平段长度为 400m 时，环空压力升高 0.5MPa，即环空压力提升至 3.0~3.5MPa 时，注汽井与生产井水平段井间温度上升较均匀；当压力升高超过 1.0MPa 时，即环空压力提升至 4.5MPa 时，水平段局部（高渗带）井间对流过快，汽窜风险较大。综合以上研究，风城油砂矿均衡增压循环预热压力控制在 3.0~3.5MPa 为宜。

5）均衡增压转 SAGD 生产时机优化

均衡增压转 SAGD 生产的时机主要考虑以下几个条件。

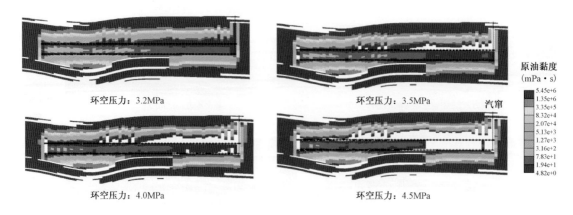

环空压力：3.2MPa　　　　　　　　　　　　环空压力：3.5MPa　　　汽腔

环空压力：4.0MPa　　　　　　　　　　　　环空压力：4.5MPa

图 6 - 27　均衡增压阶段不同环空压力下的黏度场分布图

（1）注汽井与生产井水平段井间温度达到 120℃ 以上，注汽井与生产井间原油黏度在 100mPa·s 左右，在井筒周围形成一个高温低黏区域；

（2）水平段热连通长度应该达到水平段长度的 70% 以上；

（3）生产井产液量明显上升，产出液中含油率在 10% 以上；

（4）注汽井与生产井注汽压力相关性好，都表现为同步上升或同步下降。

根据转 SAGD 生产条件，进行均衡增压转 SAGD 时机对比优化。模拟研究表明（图 6 - 28）：水平段长度为 400m，均衡增压循环预热 40～50d 后，水平段原油黏度基本小于 100mPa·s，因此适宜的均衡增压循环预热时间为 40～50d。

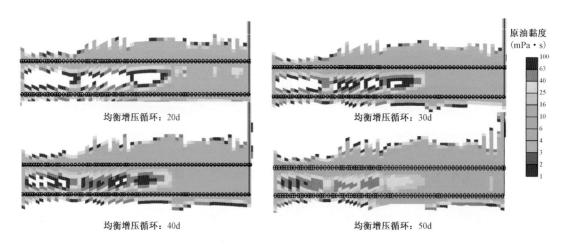

均衡增压循环：20d　　　　　　　　　　　均衡增压循环：30d

均衡增压循环：40d　　　　　　　　　　　均衡增压循环：50d

图 6 - 28　均衡增压阶段不同预热时间黏度场分布图

6）蒸汽干度优化

相同注汽速度下，蒸汽干度越高，温度场分布越均匀，井间温度升高越快；蒸汽干度越高，环空温度达到稳定的时间越短，井间油层加热越均匀，重 37 井区 SAGD 先导试验表明，过热蒸汽相对于高干度蒸汽更容易等干度分配，现场操作更加简单，单井组蒸汽计量更加准确，风城油砂矿井底蒸汽干度大于 75%。

综合上述,设计风城油砂矿水平段长度为400m,循环预热注入速度60~70t/d,等压循环预热环空压力2.5~3.0MPa,井底预热蒸汽干度大于75%;预热80~90d后进行均衡增压循环预热,均衡增压循环预热环空压力为3.0~3.5MPa;循环预热40~50d,注汽井与生产井水平段井间温度可达120℃以上,井间原油黏度约为100mPa·s,此时可以开展SAGD连通判断,证实满足条件后转入SAGD生产。

4. SAGD生产阶段注采参数优化

主要针对SAGD生产阶段操作压力、注汽速度、Sub-cool及采注比等参数优化。

1) 操作压力优化

SAGD生产阶段蒸汽腔主要有低压力与高压力操作两种方式。

(1) 低压力操作方式。

① 在较低操作压力下,油砂矿藏的温度也会较低。砂岩基质只被加热到一个较低的温度,所需的能量也降低,因此可以获得一个较高的油汽比;

② 当油砂矿藏温度降低时,产出液中二氧化硅含量较低,可以降低处理费用;

③ H_2S产出量随着温度的降低而明显减少,可以降低生产设备腐蚀,减少环境污染;

④ 低压操作,流体饱和温度低,对注采设备的损耗低,操作成本低;

⑤ 低压操作,注汽能力较低,产液速度、采油速度低,经济效益变差。

(2) 高压力操作方式。

① 高压力操作对应着高蒸汽温度,有利于水平段均匀加热;

② 转SAGD初期,高压力操作有利于蒸汽腔垂向发育;

③ 高压力操作必然带来高温产出液,热量损失较大,导致油汽比较低;

④ 二氧化硅含量与H_2S的产出量随温度升高而增加。

模拟结果表明,转SAGD初期及上产期,操作压力主要影响上产速度与峰值产量;汽腔压力越高,蒸汽温度越高,原油黏度越低,泄油速率越快,峰值产量越高及峰值产量到来的时间越短,向顶底盖层的热损失也越大,从而降低了蒸汽热效率和油汽比。

根据以上分析,确定风城油砂矿SAGD生产操作压力:生产初期升压,生产中后期降压;转SAGD初期操作压力控制在3.0MPa,上产阶段提升至3.5~4.0MPa,SAGD生产末期利用蒸汽凝结水闪蒸带来的潜热,将操作压力下降至2.5MPa。

2) 注汽速度

模拟对比了不同水平段长度对应的SAGD峰值注汽速度,模拟结果表明,随着水平段长度的增加,生产阶段的注汽速度随之增加。水平段400m稳产阶段井组注汽速度为80~100t/d,对应产液量为110~120t/d。

3) Sub-cool优化

Sub-cool是指生产井井底产液温度与井底压力下相应饱和蒸汽温度的差值。为防止蒸汽突破到生产井,需要控制生产井井底温度,生产井井底温度要低于蒸汽的饱和温度,SAGD生产过程中,一般要求Sub-cool稳定在一个适当的范围,以便控制生产井采出情况。Sub-cool越大,生产井上方的液面越高,越便于控制蒸汽突破,但是不利于蒸汽腔的发育(图6-29)。从生产井的控制和蒸汽的热利用效率考虑,SAGD稳产阶段Sub-cool控制在5~15℃为宜。

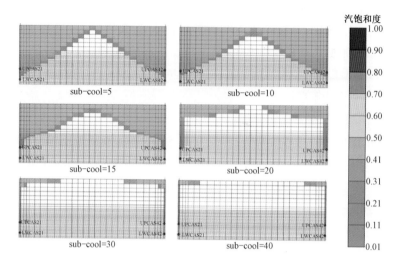

图 6 – 29　不同 Sub – cool 下蒸汽腔的发育情况

4）采注比优化

在 SAGD 生产过程中，排液能力对效果影响较大，生产井必须有足够的排液能力，才能实现真正的重力泄油生产。如果排液能力太低，就会导致冷凝液体及泄下的油在生产井上方聚集，使注汽井与生产井间的完全变为液相，甚至将注入井淹没，憋压，影响汽腔扩大，导致泄油速度下降，开采效果变差；如果排液能力太大，就会使汽液面进入生产井筒，这一方面因蒸汽进入泵中导致泵效降低，另一方面会因产出大量蒸汽，降低热利用率，开采效果也会变差。

模拟结果表明，采注比小于 1.2 时，蒸汽腔得不到有效扩展（图 6 – 30），注汽井被大量液体淹没，降低了热利用率，油汽比大大降低。当采注比大于 1.2 时，蒸汽腔得到了较好扩展，风城油砂矿 SAGD 稳定阶段采注比以 1.2 ~ 1.27 为宜。

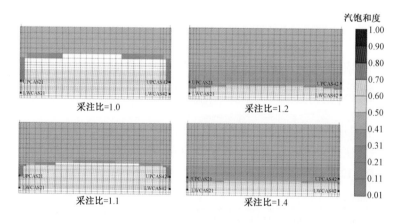

图 6 – 30　不同采注比下蒸汽腔的发育状况

5）SAGD 生产阶段操作要点

通过以上注采参数的优化，SAGD 生产阶段需要通过控制注汽井的注汽压力和控制生产井的产液速度（采注比）来平衡 Sub – cool，以确保蒸汽能够顺利注入，排液相对顺畅，蒸汽腔相对均匀扩展。为达到以上目标,在转 SAGD 生产初期应遵守以下几点操作原则。

(1)转 SAGD 初期采用泵抽生产,严格控制采注比、Sub-cool 和生产压差,以保持较高的液面(动液面 50m 以上)为基本原则,避免因采注比过大而造成局部汽窜,采注比一般小于 1.3。

(2)采用入泵 Sub-cool 监测与控制,为使转 SAGD 初期的操作稳定,保证连通井段均匀动用,初期的 Sub-cool 应严格控制在 10~15℃ 范围内,SAGD 稳定生产阶段 Sub-cool 控制在 5~15℃ 范围内。

(3)初期供液有限,应严格控制生产压差,降低点窜风险,使转 SAGD 生产初期操作自然过渡为正常的 SAGD 生产操作。

四、油藏敏感性分析和产能预测

1. 油藏敏感性分析

1)渗透率影响

利用水平段长 400m,原油黏度 4×10^4 mPa·s,含油饱和度 70% 的基础模型,模拟对比了风城油砂矿不同渗透率下 SAGD 开发效果。模拟结果表明,储层渗透率越小,泄油速度越慢,到达峰值所需时间越长,平台期产量、油汽比越低。

2)原油黏度影响

风城油砂矿部署区地层原油黏度变化幅度较大,50℃ 条件下,原油黏度变化范围为 $1.2 \times 10^4 \sim 5.7 \times 10^4$ mPa·s。模拟结果表明,黏度对于 SAGD 开发效果有一定影响,地下黏度越高,汽腔扩展阻力越大,平台期产量越低,所需加热油层热量更多,累计油汽比越低;但根据 Butler 重力泄油理论和本区操作压力(2.5~4.0MPa;2.5MPa 时饱和温度已达到 223℃),在就地开采方式下,原油黏度在操作压力对应的饱和温度下可降至 10mPa·s 左右,具有很好的流动性,因此黏度影响较小。此外,从调研结果看,相对低的原油黏度对 SAGD 开发有利;当原油黏度较高时,只有在 200℃ 以上条件下原油黏度能降到几十毫帕秒,才可以用 SAGD 方式开发。

3)含油饱和度影响

为分析含油饱和度对 SAGD 开发的影响,模拟对比了含油饱和度分别为 57%、62%、67% 和 72% 的开发效果。结果表明,含油饱和度越低,单位蒸汽腔含油资源量越少,热效率变差,平台期产量、油汽比就越低。

4)夹层影响

风城油砂矿齐古组为辫状河沉积,油层中分布 1~2 条不连续物性夹层或岩性夹层,按照夹层位于 SAGD 井组上方以及位于注汽井和生产井水平段间两种情况分析了其对 SAGD 开发效果的影响。

(1)夹层位于 SAGD 井组上方。

分别模拟了注汽井上方无夹层、注汽井上方夹层闭合度为 30%、50% 和 70% 的情况(图 6-31)。

当夹层位于 SAGD 井组上方,随着夹层闭合度的增加,日产油峰值不断降低,高峰时间也不断滞后,采收率也随之降低。当夹层闭合度小于 50% 时,可以将 SAGD 井部署在下部油层。

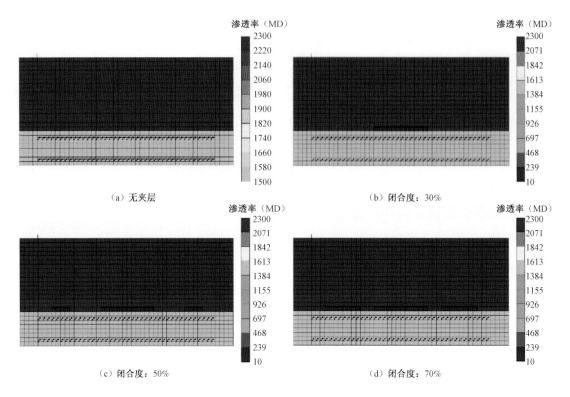

（a）无夹层　　　　　　　　　　　　　　　　　（b）闭合度：30%

（c）闭合度：50%　　　　　　　　　　　　　　（d）闭合度：70%

图 6-31　注汽井上方夹层不同闭合度示意图

当上部夹层距注汽井距离越远，对 SAGD 开发效果影响越小，反之夹层距注汽井距离越近，日产油峰值越滞后，达到峰值时间越长，蒸汽腔发育受到夹层影响越大，夹层上方蒸汽腔不发育，注汽井应距离夹层 3.0m 以上。

（2）夹层位于注采井对中间。

当 SAGD 井组穿过夹层或者在注汽井与生产井之间存在夹层时，应考虑夹层闭合度对 SAGD 开发的影响。当夹层位于 SAGD 井组中间，井间夹层对 SAGD 开发效果影响较大，随着夹层闭合度的增加，产油高峰不断降低，高峰时间也不断滞后，采收率也随之降低；当井间夹层闭合度小于 40% 时，SAGD 生产井可部署在夹层下部油层。

综合上述研究，SAGD 水平井地质设计时，应选取储层物性相对均匀的位置部署。当夹层无法避开时，注汽井与上方夹层距离不小于 3m，当注汽井与生产井水平段井间夹层不连续，且夹层闭合度小于 40% 时，生产井可部署在夹层下部油层。

2. 单井组产能指标预测

以 SAGD 水平段长度 400m、注采井距 5m、水平井距 70m、排距 70m 的双水平井井网，在油藏中部深度 220m，压力和温度分别为 2.15MPa、17.9℃条件下，按连续油层厚度 15.0m、孔隙度 29.0%、渗透率 950mD、含油饱和度 66.0%、50℃原油黏度 36700mPa·s 的油层条件，在上述优化设计的操作参数基础上，预测了试验区 SAGD 双水平井单井组开发指标。根据预测结果，单井组循环预热阶段累计注汽 1.69×10^4t，累计产油 0.08×10^4t；SAGD 阶段生产 12 年，累计注汽 28.63×10^4t，累计产油 5.81×10^4t，平均日产油 16.0t，稳定生产期间平均日产油

21.8t,累计采注比 1.20,累计油汽比 0.20,累计采收率 40.64%。

与风城 1 号矿重 37 井区 SAGD 先导试验区相比,风城油砂矿其余区域的连续油层变化较大,平均厚度相对较小,储层物性条件相对较差,含油饱和度相对较低,油层非均质性相对较强;原油黏度变化范围较大,SAGD 开发主力层 50℃ 脱气油黏度 10×10^4 mPa·s 以上区域增多。

在此基础上,对风城齐古组和清水河组 SAGD 工业化开发试验进行部署。齐古组 SAGD 工业化部署遵循以下原则:(1)满足 SAGD 开发条件的(Ⅰ类区域);(2)SAGD 水平段长度 400m,水平井平面井距、排距 70m,注汽井靶前位移 160m,生产井靶前位移 180m;(3)控制井应满足油层控制、水平井设计、蒸汽腔温度、压力监测等需要。清水河组部署遵循原则为:(1)在 SAGD 技术可开采的较落实区(Ⅱ类区域),选择局部黏度和油层均较落实的区域;(2)水平井设计参数、控制井部署原则与齐古组一致;(3)试验井组邻近产能开发区,远离断层,便于现场实施和试验效果评价;考虑地形情况,提高实施率。

第三节　油砂矿 SAGD 双水平井钻完井技术

SAGD 技术按钻探方式与井型的不同可以分为直井井组联采、"U"形井(直井/水平井)联采、丛式井/(斜直)水平井联动助采和双平行水平井开采等几种类型。其中以双平行水平井组开采方式对采收率的贡献最大。风城油田超稠油油藏区块和油砂矿区采用直井、常规水平井的开采方式,采收率不理想。在调研国外 SAGD 技术和国内已经成功尝试平行水平井施工经验的基础上,尝试采用 SAGD 技术开采风城油田超稠油,通过双水平井注采以及采用水平井加直井组合开采的方式来提高超稠油开采效率,为新疆油田挖潜增效、增产上探索出了一条新的技术思路。

一、SAGD 水平井井眼轨道优化模型的建立与应用

目前定向井井眼轨迹主要有二维和三维设计方法,可涵盖大位移井、水平井、定向井和各种曲率半径的井眼轨迹设计。尽管设计方法多样,但都缺少最优化方法。因此设计出来的井眼轨迹虽能够满足现场要求,但未必是最优轨迹,轨迹设计除了要满足现场施工条件外,还应该具有最短轨迹和具有最小井斜变化率、井眼方位变化率及相对小的摩阻。

风城 SAGD 水平井井眼轨道优化设计和轨迹控制的要求需要满足采油工艺要求,造斜点至采油下泵位置全角变化率不超过 11°/30m。稳斜段至 A 点全角变化率不超过 13°/30m。同时满足 SAGD 工艺配套要求,水平井抽油泵下泵位置为一稳斜段,井斜角不超过 60°,长 15～20m,全角变化率不大于 3°/30m,同时保证稳斜段距水平段垂深 25～30m;SAGD 双水平垂直距离 5m,目标靶窗(±0.75m)×(±2.0m),将 ϕ244.5mm 大尺寸技术套管下入水平段 40～45m。

二维井眼轨道模型在实际中应用较多,即设计轨道位于在同设计方位线所在的铅垂平面内。根据钻井工艺技术要求,一般井眼轨道设计普遍采用直线与圆弧组成井身结构剖面。但随着钻井技术的发展,20 世纪 80 年代出现了悬链线和抛物线井身剖面,能够显著降低钻柱的摩擦阻力,在大位移井设计中显示出了较好的优越性。据此可以将二维井眼轨道分为四类:直线、抛物线、圆弧线和悬链线。

1. 直线模型

直线模型是最简单的井眼轨道设计模型(图 6 – 32a)。直线模型常用于水平井段、直井段和稳斜井段。直线 AB 上任一点 M 的井眼轨道参数为:

$$D_M = D_A + \Delta L \cos\alpha_0 \tag{6-1}$$

$$S_M = S_A + \Delta L \sin\alpha_0 \tag{6-2}$$

式中　ΔL——线段 AM 长度,m;

　　　D_M——M 点的垂深,m;

　　　D_A——A 点的垂深,m;

　　　α_0——O 点处的井斜角;

　　　S_M——M 点的水平位移,m;

　　　S_A——A 点的水平位移,m。

2. 圆弧线模型

井眼轨道的圆弧线模型用于描述常规的增斜井段和降斜井段。

增斜井段(图 6 – 32b)(陈伟峰,2014):如果给定圆弧井段的曲率半径 R,那么该井段内任一点 M 处的井眼轨迹参数为:

$$\alpha_M = \alpha_0 + \frac{180}{\pi} \cdot \frac{\Delta L}{R}$$

$$D_M = D_A + R(\sin\alpha - \sin\alpha_0)$$

$$S_M = S_A + R(\cos\alpha_0 - \cos\alpha) \tag{6-3}$$

降斜井段(图 6 – 32c)(陈伟峰,2014):如果给定圆弧井段的曲率半径 R,那么该井段内任一点 M 处的井眼轨道参数为:

$$\alpha_M = \alpha_0 - \frac{180}{\pi} \cdot \frac{\Delta L}{R}$$

$$D_M = D_A + R(\sin\alpha_0 - \sin\alpha)$$

$$S_M = S_A + R(\cos\alpha - \cos\alpha_0) \tag{6-4}$$

对于公式(6 – 3)和公式(6 – 4),可以把降斜井段的曲率半径 R 定义为负值,则降斜井段公式(6 – 3)在形式上和增斜井段公式(6 – 4)完全一致,从而简化了计算公式。

3. 悬链线模型

在定向井尤其是大位移井中,由于钻柱的长径比较大,整体刚度较小,所以可认为钻柱完全柔软、不可伸长,只受自重作用且线密度保持为常数,如图 6 – 32d 所示。将满足上述条件的钻柱两端悬挂后,所呈现出的几何形状就是悬链线。悬链线模型可使钻柱摩擦阻力达到最小,从而可以提高钻深能力,在固井施工中也有利于套管的下入和保持较好的居中度,确保良好的固井质量,在大位移井中具有显著的优越性。该井段内任一点 M 出的井眼轨道参数为(公式 6 – 5)。

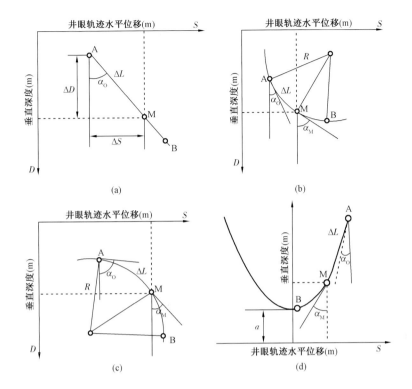

图 6 – 32　井眼轨迹模型

$$\tan\alpha_M = \left(\frac{1}{\tan\alpha_O} - \frac{\Delta L}{\alpha}\right)^{-1}$$

$$D_M = D_A + a(X_O - X)$$

$$S_M = S_A + a(Y_O - Y) \tag{6-5}$$

其中,

$$X = -\ln\left(\tan\frac{\alpha_M}{2}\right)$$

$$Y = \frac{1}{\sin\alpha_M} \tag{6-6}$$

式中　α_M——M 点处的井斜角,(°)。

二、通用圆弧形剖面及设计方法

1. 通用圆弧型剖面

目前有各种定向井、水平井及特殊形状井段的井身剖面设计方法,水平井普遍采用"双增剖面"、"三增剖面",甚至是特殊的拱形、梯形剖面。二维圆弧形井身剖面都是由垂直段、稳斜段、水平段、增斜段及降斜段组成。水平段和垂直段可以视为是圆弧段的特例。只要定义增斜井段的曲率半径为正,降斜段曲率半径为负值,就可以将圆弧段假设为增斜段,当曲率半径取

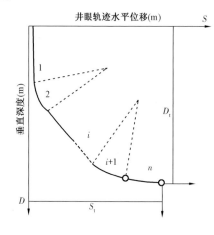

井眼轨迹水平位移(m)

图 6 - 33 通用圆弧形剖面示意图

负值时即为降斜段,这样可以给出增斜段和降斜段的等效计算公式。通用的圆弧形井身剖面便可定义为:稳斜段与增斜段相间排列,以稳斜段开始并以稳斜段结束。据此有理由认为通用二维圆弧井身剖面为"稳斜段—增斜段—稳斜段—稳斜段—增斜段—稳斜段"这样的模型(图 6 - 33)所示(刘修善,2010)。可用圆弧段的数量来表征,称之为单弧剖面、双弧剖面、……、N 弧剖面。

实际上只需要在通用井身剖面中确定出井段数和部分特征参数即可得到各类井身剖面。对于三段式,井段数目为 3;五段式(S 形、双增形)井段数目为 5。

如果设剖面总段数为 n,那么稳斜段序号为奇数,圆弧段序号为偶数。

2. 特征参数及约束方程

稳斜段特征参数是段长和井斜角。圆弧段特征参数是曲率半径和起始点井斜角。且起止点的井斜角等于相邻稳斜段井斜角。设标准井身剖面由 n 段组成,则:

稳斜段数为 $(n+1)/2$,圆弧段数为 $(n-1)/2$,特征参数总数为 $(3n+1)/2$。总垂深和总水平位移计算公式见公式(6 - 7)和公式(6 - 8)。即:

$$\left.\begin{array}{l} \displaystyle\sum_{i=1}^{n} \Delta D_i = D_i \\[2mm] \displaystyle\sum_{i=1}^{n} \Delta S_i = S_i \end{array}\right\} \qquad (6-7)$$

$$\left.\begin{array}{l} \displaystyle\sum_{i=1}^{(n+1)/2} \Delta L_{2i-1}\cos\alpha_{2i-1} + \sum_{j=1}^{(n-1)/2} R_{2j}(\sin\alpha_{2j+1} - \sin\alpha_{2j-1}) = D_t \\[3mm] \displaystyle\sum_{i=1}^{(n+1)/2} \Delta L_{2i-1}\sin\alpha_{2i-1} + \sum_{j=1}^{(n-1)/2} R_{2j}(\cos\alpha_{2j-1} - \cos\alpha_{2j+1}) = S_t \end{array}\right\} \qquad (6-8)$$

式中 D_t——总垂深,m;

S_t——总水平位移,m。

显然上述方程组可以最多求解 2 个特征(关键)参数。

以往选择稳斜段长度和井斜角作为特征参数,实际上这两个参数是可以任选的。所以,原设计方法只是满足上述方程的一组特解。

由于通用二维圆弧形剖面只有直线和圆弧组成,特征参数归结起来共有三类:稳斜段长度 dL,稳斜段井斜角 a 和圆弧段曲率半径 R,一共构成了 6 种求解组合:

$(1)\Delta L - \Delta L;(2)R - R;(3)a - a;(4)a - \Delta L;(5)\Delta L - R;(6)R - a;$

如对双圆弧剖面(五段式),传统设计方法是求解第三段稳斜段的段长和井斜角,属于"$a -\Delta L$"求解组合(陶涛,2011)。

可以推导出上面 6 中组合的全部解,对于"$\Delta L - R$",求解组合,计算序号为 P 的稳斜段长度和序号为 q 的圆弧曲率半径,计算公式如公式(6-9)和公式(6-10):

$$\Delta L_p = \frac{D_0(\cos\alpha_{q-1} - \cos\alpha_{q+1}) - S_0(\sin\alpha_{q+1} - \sin\alpha_{q-1})}{\cos(\alpha_{q-1} - \alpha_p) - \cos(\alpha_{q+1} - \alpha_p)}$$

$$R_q = \frac{D_0\cos\alpha_p - S_0\sin\alpha_p}{\cos(\alpha_{q-1} - \alpha_p) - \cos(\alpha_{q+1} - \alpha_p)} \tag{6-9}$$

其中,

$$D_0 = D_t - \sum_{i=1, i\neq\frac{p+1}{2}}^{\frac{n+1}{2}} \Delta L_{2i-1}\cos\alpha_{2i-1} + \sum_{j=1, j\neq\frac{q}{2}}^{\frac{n-1}{2}} R_{2j}(\sin\alpha_{2j+1} - \sin\alpha_{2j-1})$$

$$S_0 = S_t - \sum_{i=1, i\neq(p+1)/2}^{(n+1)/2} \Delta L_{2i-1}\sin\alpha_{2i-1} + \sum_{j=1, j\neq q/2}^{(n-1)/2} R_{2j}(\cos\alpha_{2j-1} - \cos\alpha_{2j+1}) \tag{6-10}$$

三、SAGD 水平井井眼轨道优化设计模型

为了建立切合实际的优化模型对 SAGD 水平井井眼轨道设计,作如下假设(胡黎明,2014):

(1)井身轨迹由一系列光滑连接的圆弧曲线段和直线段构成,每个曲线段的曲率是常量;

(2)井身轨迹完全由工具的广义造斜率决定,这里"广义"是指工具的造斜率,不仅体现了地层与钻头的影响,也包括了完井管柱、生产管柱及设备的影响(抗弯强度等);

(3)轨迹设计的工程可行度取决于井身轨道进入靶点时的正负偏差,而钻井成本主要取决于井身轨道各段的长度。

基于此种假设,把非线性不等式约束下目标函数的数学规划理论引入到定向井井身轨迹的优化设计中。

SAGD 水平井井眼轨道设计的数学模型通常有 A、B、C 三种类型(图6-34)。

A 类轨道通过一个单元弧连通造斜点和目标点,之后进入水平段,B 类轨道和 C 类轨道具有多条弧线。水平井轨道设计中最常采用 B 类和 C 类轨道两种类型。从轨道形状来看,二维常规轨道中的双增轨道与 B 类轨道很类似,所不同的仅仅是前者的目标段井斜角并没有达到 90°。C 类与 B 类轨道不同之处在于 C 类轨道无稳斜段,取而代之的是

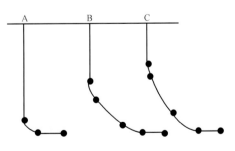

图 6-34　水平井轨道形状的基本类型

采用了缓增段。基于以上特点,B 类和 C 类轨道设计可以采用双增式和缓增式的设计方法和相关计算公式。

在风城油砂矿井眼设计时还需要考虑热采下泵等要求,根据情况需要在距离油层顶部垂直高度 20m 处以上井段将井斜角控制在 60°以内,而且必须在两个造斜井段之间保留一个缓

增段或稳斜段。此外,考虑到工程上定向井造斜率 K 的取值:一是井下动力钻具造斜井段的造斜率为 $5 \sim 16°/hm$;二是转盘增斜井段造斜率为 $4 \sim 8°/hm$(周明等,2013);根据增斜井段曲率半径 R 与造斜率 K 的关系,其关系为公式(6–11):

$$R = \frac{180 C_k}{\pi K} \qquad (6-11)$$

式中 R——井段曲率半径,m;

K——造斜率,(°)/hm。

对于井下动力钻具造斜井段:

$$R_{a \min} = \frac{180 \times 100}{16 \pi} = 358.11$$

$$R_{a \max} = \frac{180 \times 100}{5 \pi} = 1145.95$$

对于转盘增斜井段:

$$R_{b \min} = \frac{180 \times 100}{8 \pi} = 716.22$$

$$R_{b \max} = \frac{180 \times 100}{4 \pi} = 1432.44$$

式中 $R_{a \min}$——造斜井段最小曲率半径,m;

$R_{a \max}$——造斜井段最大曲率半径,m;

$R_{b \min}$——增斜井段最小曲率半径,m;

$R_{b \max}$——增斜井段最大曲率半径,m。

结合风城超稠油油藏 SAGD 水平井地质特点及采油工艺要求,选用"双增式"及五段制水平井轨迹剖面,由直井段、第一增斜段、稳斜段、第二增斜段和水平段组成。水平井轨迹设计通常要考虑造斜率不确定性及水平段的实际垂深和设计垂深之间的误差,而造斜率的不确定性主要是由于造斜工具和地层因素引起。五段制的特点是采用较短的稳斜调整段来连接两个增斜段,以调整由于工具造斜率的误差造成的轨道偏离。

考虑风城稠油 SAGD 水平段的影响,可以得出以井眼轨道长度为目标的最优化数学模型,目标函数为公式(6–12):

$$L = \min \left[Z_1 + R_1 \alpha_1 + \frac{Z_3 - Z_1 - R_1 \cos\alpha_1}{\cos\alpha_1} + R_2(\alpha_2 - \alpha_1) + \frac{Z - Z_3 - R_2(\sin\alpha_2 - \sin\alpha_1)}{\cos\alpha_2} \right]$$

$$(6-12)$$

约束条件:

$$0 \leqslant \alpha_1 \leqslant \alpha_{1 \max}$$

$$0 \leqslant \alpha_2 \leqslant \alpha_{2 \max}$$

$$\alpha_1 \leqslant \alpha_2$$

$$358.11 \leqslant R_1 \leqslant 1145.95 \text{ 或者 } 716.22 \leqslant R_1 \leqslant 1432.44$$

$$D_{a_{min}} \leqslant Z_1 \leqslant D_{a_{min}}$$

$$D_{b_{min}} \leqslant Z_2 \leqslant D_{b_{min}}$$

$$D_{c_{min}} \leqslant Z_3 \leqslant D_{c_{min}}$$

$$D_{d_{min}} \leqslant Z_4 \leqslant D_{d_{min}}$$

$$J - \left[S - \sqrt{(X_O - X_T)^2 + (Y_O - Y_T)^2} \right] \geqslant 0 \qquad (6-13)$$

显然,公式(6-13)仅仅以井眼轨道长度为最优化目标的数学模型,除此之外,还存在以最小扭矩和最小摩阻为优化条件的目标函数。于是得出以扭矩和摩阻为优化目标函数的表达式(公式6-14):

$$摩阻: \min F = \sum_i (\mu_i \times N_i)$$

$$扭矩: \min M = \sum_i (R_i \times F_i) \qquad (6-14)$$

式中　μ——摩擦系数;

　　　N——垂直管柱的支撑力,kN;

　　　R——力矩(矢量),N·m。

综合以上分析,可以得出 SAGD 水平井井眼轨道最终优化设计模型为(公式6-15):

$$\min L = \sum_i L_i$$

$$\min F = \sum_i (\mu_i \times N_i)$$

$$\min M = \sum_i (R_i \times F_i) \qquad (6-15)$$

$$stf(D, Z, \alpha, \theta, \cdots) \geqslant 0$$

显然,公式(6-14)为一个非线性的多目标优化计算模型。

根据已建立的定向井最优化轨道数学模型的特点,可对 SAGD 水平井井眼轨道优化设计模型进行求解,利用 fmincon 函数求解有约束非线性多元函数最小值。该函数的标准形式为(公式6-16):

$$\min f(x)$$

$$s, t \, C(x) \leqslant 0$$

$$Cep(x) = 0 \qquad (6-16)$$

$$A \cdot x \leqslant b$$

$$Aep \cdot x = beq$$

$$lb \leqslant x \leqslant ub$$

其中：x、b、beq、lb、ub 是向量，A、Aep 为矩阵，$C(x)$、$Ceq(x)$ 是返回向量的函数，$f(x)$ 为目标函数，$f(x)$、$C(x)$、$Ceq(x)$ 可以是非线性函数（田耀文，2007）。

四、SAGD 钻井技术指标及难点

针对风城油田 SAGD 先导试验和油砂储层特征及采油工艺等因素，确定实施 SAGD 水平井主要技术要求：(1)SAGD 水平井采用五段制轨迹，造斜点至下采油泵位置全角变化率不超过 11°/30m，稳斜段全角变化率不超过 13°/30m；(2)水平井抽油泵下泵位置为稳斜段，稳斜段井斜角不超过 60°，长 15～20m，全角变化率不大于 3°/30m，水平段垂深 25～30m；(3)SAGD 双水平井垂直距离 5m，目标靶窗（±0.75）m×（±2.0）m。

钻井技术难点有：(1)采用五段制井眼轨迹，其中稳斜段垂深损失较大，造斜率控制相对常规水平井更加严格，由此轨迹控制难度大；(2)SAGD 水平井靶窗只有（±0.75）m×（±2.0）m，水平段长达 400m 左右，且两口井纵向、横向间距均有严格要求，进入水平段后期，由于垂深浅、造斜率高导致钻压施加至钻头存在较大难度，同时成对水平井之间存在上下井磁干扰的问题，影响轨迹测量精度；(3)SAGD 水平井尝试大尺寸技术套管下入水平段、油层套管尺寸也较常规水平井大，套管的安全下入存在较大难度。

针对 SAGD 水平井钻井，主要应对措施一是采用磁导向轨迹控制技术，二是强化钻井液润滑性，配合可循环加压装置等工具确保大尺寸套管安全下入水平段。SAGD 成对平行水平井施工的关键在于轨迹精确控制。在常规水平井施工的中井眼轨迹控制不能有效的消除误差，随着井眼延伸，仪器测量及人员操作等形成的误差将叠加放大。

钻井工程质量包括井身质量和固井质量。井身质量包括允许的最大井斜角、最大全角变化率、井底水平位移和油气层井段平均井径扩大率，以及相邻两井间井底允许距离。固井质量包括套管下深、套管试压、水泥返高、水泥胶结评价及油气层底界距人工井底距离。

按照石油天然气行业标准要求，直井最大井斜角不大于 1°，最大全角变化率不大于 2°，井底最大水平位移不大于 10m，油层段井径扩大率不大于 10%，水平井水平段长度为 400m，水平井平面井距 70m、排距 70m，注汽井靶前位移 160m，生产井靶前位移 180m。井眼轨迹距靶心垂向误差不超过 ±0.5m，平面上水平段轨迹距靶心误差不超过 ±1.0m，水平井间距为 5±0.5m。

固井质量需要达到：(1)油气层底部距人工井底（管内水泥面）不少于 15m，阻流环距套管鞋长度不少于 10m，套管鞋位置尽量靠近井底；(2)油层套管固井水泥返至井口，固井作业完成后在 48h 内进行声幅测井，检查封固段固井质量，当声幅值在 15% 以内为优质井，在 15%～30% 为合格井，超过 30% 为不合格井，当测井资料难以确定固井质量时，用变密度测井等其他方法鉴定；(3)套管试压 8MPa，试压 30min 压降小于 0.5MPa 为合格；(4)直井采用地锚预应力及加砂水泥固井完井。

五、磁导向钻井技术对 SAGD 水平井轨迹的精细控制

1. 磁导向钻井技术基本原理

磁导向系统工具是由 MGT（Magnetic Guidance System Tool）磁场发射源和磁场接收传感器

组成。开始工作时,由位于第一个井中的 MGT 磁场源产生一个已知强度和方位的磁场,在第二口井中通过传感器来检测这个电磁场强度和方位,进而确定两者之间的距离和方位(图6-35)。通过测量磁场在注汽井井底方向上的分量,可以确定出 MGT 工具和 MWD 传感器之间相对方位,而根据 MWD 测得的磁场径向和轴向强度值,能够计算出这两者之间的相对距离。MGT 在实际测量中由于电磁场会受到套管和大地磁场的影响不可避免存在误差,现场通过地面标定进行消除。

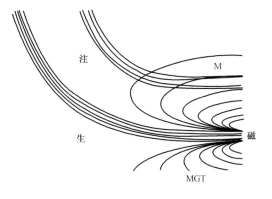

图 6-35 MGT 磁性导向工具的测量原理

2. 磁导向钻井技术轨迹精细控制技术

为了有效减小两井之间的误差,通过采用 MGT 轨迹控制系统,对钻井的轨迹实行闭环控制。在具体实施中要求一对 SAGD 水平井使用同一台钻机,设备仪器和操作人员也要求相同,以减小设备误差和人为误差。常规 SAGD 磁导向钻井施工程序如下(图6-36)。

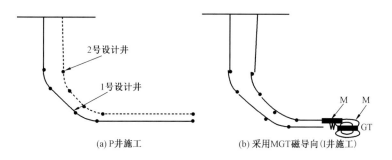

(a) P井施工   (b) 采用MGT磁导向(I井施工)

图 6-36 SAGD 成对水平井施工

首先钻生产井,并将 MGT 磁场发射装置送入生产井的水平段,每隔 20~40m 设置靶点(并对靶点进行标号,如 $1^#$、$2^#$、$3^#$...),待生产井完钻要钻注汽井时,采用磁导向轨迹控制技术钻注汽井水平段。下入带 MGT 探测器(电缆连接)的钻具,依次以生产井所定靶点为目标点,通过生产井中的传感器获取 MGT 磁场数据,引导注汽井的钻进。注汽井钻进时,当跨过生产井某个靶点时,仪器检测到的磁场强度呈纺锤形、垂向分量变化趋势呈"V"形时,注汽井停止钻进,再以 $2^#$ 靶点为目标点,引导注汽井眼的钻进,完成轨迹的精细控制(图6-37),分段依次进行,直至完成注汽井水平段的钻进。整个过程中可通过滑动钻进的方式实时调整井斜角和方位角。待上一段完成后,磁导向进行下一个目标点的跟踪监测校验,再依次往前推进,以此完成注汽井水平段的钻进。

3. 磁导向钻井技术轨迹精细控制技术在 SAGD 水平井中的应用

新疆油田 SAGD 成对平行水平井实行对井钻探模式,位于下部的为生产井,位于上部的为注汽井。为精确控制两井水平井段的相对位置,采用磁导向复合随钻测量系统联合监测,实现相对误差控制在一定的范围之内。与常规水平井井眼轨迹控制相比,SAGD 成对水平井轨迹

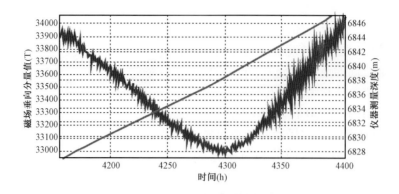

图 6-37　SAGD 双水平井磁导向施工关键技术原理

控制精度要求更高,轨迹控制中不考虑已完成井的轨迹绝对误差,只是利用完成井的轨迹,控制待钻井的轨迹沿完成井的轨迹趋势钻进。实际施工中 SAGD 成对水平井实行闭环控制,其轨迹测量技术在传统无线随钻测量技术的基础上,参照已钻生产井的轨迹数据,在钻进注汽井的水平段时,通过跟踪、预测、反演推算待钻注汽井的井眼轨迹数据,以此为依据实施待钻井井眼轨迹的实时调整,实现有效控制两个水平井段的相对误差。注汽井钻进时,在生产井的已知位置通过反向通电,产生人工强电磁场。再通过钻进井中的探测仪器检测磁场及其分量。根据双向分量的差异,反演分析计算注汽井钻头位置与生产井的相对偏差。轨迹需要调整时,利用 MWD 的工具参数,通过滑动钻进的方式实时纠正,以调整待钻井井斜角及方位角,实现待钻注汽井沿生产井轨迹变化趋势钻进,确保成对水平井轨迹的精确控制目标。

通过在重 32 井区 FHW103、FHW104、FHW105、FHW106 四对 SAGD 井的施工应用,显示效果较好。表 6-5 给出了重 32 井区 SAGD 先导试验区完钻水平井情况,图 6-38 给出了FHW103 井组采用磁导向钻井技术施工结果。可见采用 MGT 磁导向轨迹控制技术,两井井眼间垂向距离变化最大为 6.15m,垂向最小距离为 4.3m,I、P 两井井眼轨迹在走向上能基本保持一致。

表 6-5　重 32 井区 SAGD 先导试验区完钻水平井统计表

井号	I、P 井眼间垂向距离变化（m）		
	最小	最大	平均
FHW103I（P 井）	4.79	6.12	5.5
FHW104I（P 井）	4.68	5.88	5.28
FHW105I（P 井）	4.73	6.15	5.46
FHW106I（P 井）	4.3	5.78	5.08

　　SAGD 水平井井眼轨迹控制,要根据地层岩性及井眼轨迹控制等方面的要求,采用磁导向钻井技术,合理选择钻头类型。钻具组合要满足强度、井眼尺寸、造斜和随钻测量的要求,同时还要能尽量减少钻柱的摩阻。对钻井液的性能及流变性参数要满足保护油气层和安全钻井的要求。合理匹配钻压、转速和水力参数之间的关系,采用随钻测量仪器严格控制井眼轨迹。

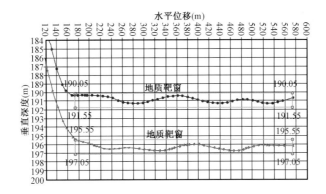

图 6 – 38 FHW103 井组实钻垂直剖面图(局部放大)

六、风城 SAGD 水平井井眼轨道优化设计

1. 井身结构设计

1)直井

一开要求,φ381.0mm 钻头钻至井深 60m,下入 φ273.1mm × J55 × 8.89mm BCSG 表层套管,水泥浆返至地面。二开要求 φ241.3mm 钻头钻至完钻井深,下入 φ177.8mm × BG80H × 9.19mmBG – PC 油层套管,水泥浆返至地面(图 6 – 39)。

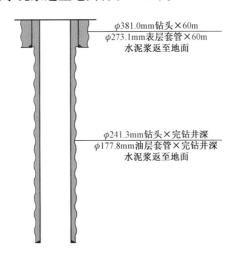

φ381.0mm钻头×60m
φ273.1mm表层套管×60m
水泥浆返至地面

φ241.3mm钻头×完钻井深
φ177.8mm油层套管×完钻井深
水泥浆返至地面

图 6 – 39 观察井及评价井井身结构示意图

2)SAGD 水平井

一开要求采用 φ444.5mm 钻头钻至井深 60m,下入 φ339.7mm × J55 × 9.65mm BCSG 表层套管,水泥浆返至地面。二开要求采用 φ311.2mm 钻头钻至水平段靶窗 A 点,下入 φ244.5mm × BG80H × 10.03mm BG – PC 技术套管,水泥浆返至地面。三开要求采用 φ215.9mm 钻头钻至完钻井深,悬挂 φ177.8mm × BG80H × 8.05mm,用 BCSG 筛管(A—B 点)完井(图 6 – 40)。

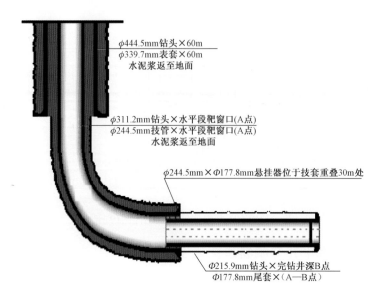

图6-40 水平井井身结构示意图

2. 水平井井眼轨迹

采油水平井设计采用五段制井眼轨迹剖面,造斜点选在井深87m左右,第一段井眼曲率为9.72°/30m,第二段造斜率为11.57°/30m,水平位移为580m(表6-6和图6-41)。

表6-6 采油水平井井身剖面设计表

井段	斜深 (m)	垂深 (m)	井斜 (°)	位移 (m)	段长 (m)	曲率 (°/30m)
1	87.00	87.00	0	0	87.00	0
2	272.12	240.09	60.00	88.39	185.12	9.72
3	292.12	250.09	60.00	105.71	20.00	0
4	369.92	270.00	90.00	180.00	77.80	11.57
5	769.92	270.00	90.00	580.00	400.00	0

注汽水平井采用三段制井眼轨迹剖面,造斜点选在井深105m左右,造斜率为10.71°/30m,水平位移为560m(表6-7和图6-42)。

表6-7 注汽水平井井身剖面设计表

井段	斜深 (m)	垂深 (m)	井斜 (°)	位移 (m)	段长 (m)	曲率 (°/30m)
1	105.00	105.00	0	0	105.00	0
2	356.33	265.00	90.00	160.00	251.33	10.74
3	756.33	265.00	90.00	560.00	400.00	0

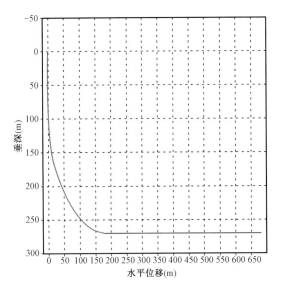

图6-41 采油水平井井眼轨迹垂直投影图

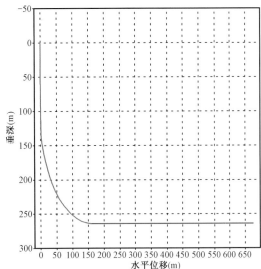

图6-42 注汽水平井井眼轨迹垂直投影图

风城油砂矿开发井网较为密集,SAGD双水平井井间距离控制要求精度高,所以在井眼轨迹设计中必须进行防碰扫描计算和监控。

根据最近距离、法面距离和水平井距离三种井距计算模型(图6-43)。以参考井为基础,沿测点或一定距离,在一定井深范围内计算与邻井间距离。

水平井井眼轨迹控制有以下重点措施。在造斜段,要做好螺杆钻具的井口测试工作,螺杆钻具入井前不接钻头,井口接方钻杆开泵先试运转,正常后再接钻头下钻。增斜段钻进时优选钻具组合和钻井参数,选用工具的造斜率应满足设计要求,控制井斜、方位变化,防止井眼曲率发生突变,保证井眼平滑。造斜段下入钻柱应充分考虑与上部弯曲井眼

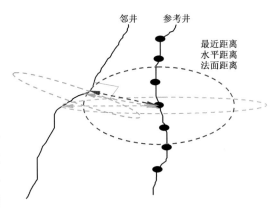

图6-43 防碰扫描计算模型

的相容性,当下入的钻具刚度发生变化时,要认真划眼,每次划眼要认真分析、制定措施。使用井下动力钻具钻进时,要适时旋转钻具通井。遇阻划眼时必须严格按照定向井工程师的措施执行,以免划出歧眼造成卡钻等井下事故。

使用MWD测斜仪及时跟踪监测井眼轨迹,做好仪器的地面检测,保证仪器的正常运转。依据井眼测量数据,做好数据的计算分析和待钻轨迹的预测,并将数据报告给甲方和综合录井地质人员,以便正确判断实际地层变化情况并及时调整井眼轨迹,施工中要经常进行井眼轨迹修正,准确钻到目标靶窗。在大斜度井段容易形成岩屑床,钻井施工中在井壁稳定、井下正常的前提下,适当增大排量和增加短提次数,泥浆要保持良好的流变性和悬浮性,及时携带出钻

屑。中完提钻前，使用电子多点测斜仪测量井眼轨迹，测量间距20～30m一点。中完固井前，要求做好通井、循环钻井液和调整钻井液性能等工作。中完采用带稳定器的钻具通井，保证井眼畅通后再下入套管。

在水平段，当水平段钻进时要优选钻头和钻井参数，尽可能以最大的行程安全钻进，尽量避免多行程钻进和提下钻对油层产生污染。以电子多点测斜仪数据为轨迹计算和校核依据，电子多点测斜井段为表套鞋井深至中完井深、中完井深至完钻井深，测量间距为20～30m一点。三开水平段为快速钻达目的层，要求生产组织和施工技术的各个环节协同配合，精心施工，科学组织，提高钻井速度和单只钻头进尺。三开前对施工装备进行全面整改维护，减小非生产时间。在钻进目的层时重点抓好油气层保护和防漏、防喷工作。完井下筛管前，在地面对悬挂器、完井附件等下部结构进行认真检查和必要的性能试验。下套管前用带稳定器的钻具通井，保证井眼无阻卡。通井时准确记录钻具上提、下放时的悬重及变化，以确定下套管的摩阻。通井到底后，边循环边调整钻井液性能，加降阻剂，降低摩阻。大排量洗井两周以上，井下正常后，按固井设计中尾管（筛管）要求施工。施工单位要根据实钻井眼轨迹参数，做好摩阻分析计算，制定完井管柱安全下入施工预案。由于SAGD双水平井水平段垂直距离仅5m，其轨迹控制不同于常规水平井的井眼轨迹技术要求。两井眼之间的间距精确控制须采用MGT/MGS磁导向技术，以满足井眼轨迹控制精度要求。采用MGT轨迹控制系统，在完成上或下水平井施工后，不考虑完成井的轨迹绝对误差，根据已完成井的轨迹，对待钻井的轨迹实行闭环控制，以有效的减小轨迹误差。为减少仪器误差和人为误差，要求一对SAGD水平井同钻机、同仪器、同操作人员，以保证生产井轨迹的准确可靠。

七、SAGD 双水平井施工作业程序

传统水平井井眼轨迹控制不能有效的消除误差，随着井眼的加深，误差放大。根本原因在于轨迹是实行开环控制，误差累计放大所致。井眼轨迹的误差源主要有以下几个方面：传感器系统误差、测量深度误差、磁偏角误差、磁干扰、磁化纠正、钻具状态、偏心及测量状态等。测量仪器的精度，是影响误差的主要因素。因此，对不同的井眼轨迹精度要求，应使用不同精度的测量仪器。

平行水平井轨迹控制不同于常规水平井井眼轨迹控制技术要求。上下两口水平井的轨迹走向要控制在一定的相对误差之内。在完成上或下水平井施工后，不考虑完成井的轨迹绝对误差，利用完成井的轨迹走向及其产生的磁场，或利用添加的人工磁干扰，控制待钻井的轨迹沿完成井的轨迹趋势钻进，使两井眼轨迹的相对误差控制在一定的范围内。SAGD平行水平井实行对井钻探模式，位于下部的为生产井，位于上部的为注汽井（图6-44）。通过"上注下采"的方式，提高稠油油藏的采油效率。为了有效的控制两井水平井段的相对位置，提出以人工磁导向复合传统随钻测量系统联合监控的方式进行实时的控制，保持两井水平段的相对误差在设计范围之内。SAGD水平井地质工程设计主要参数：（1）水平井距油层底部为2m距离；（2）水平井相对垂距为5m；（3）水平段长度为400m。SAGD井工程质量要求达到：（1）水平段轨迹必须保证水平，轨迹距靶心垂向误差不超过±0.75m，平面上水平段轨迹距靶心误差不超过±1.0m，即靶窗区间1.5m×2m；（2）表层套管、技术套管固井水泥必须返至地面，并确保大斜度段固井质量合格。

工程需要做一些准备工作:井场大小布置为 80m×60m,两井口连线与井场方向垂向或斜向;两井口中心距离约 18～20m,地面标定井口,及水平段的靶点坐标;泥浆池、泵组、罐组等布置在合适的位置。

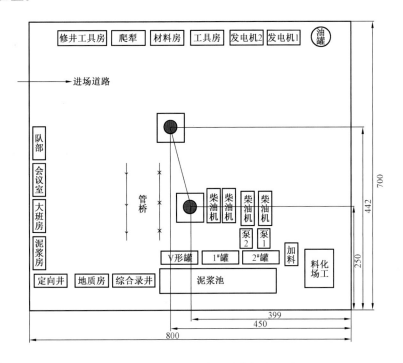

图 6-44 SAGD 双水平井井场布置图

生产井全井作业的先后顺序为:(1)钻机安装,开工准备;(2)444.5mm 表层钻进,下 339.7mm 套管,固井候凝;(3)二开 311.2mm 井眼"五段制"剖面造斜钻进;(4)油层底界上 2m 左右安全着陆;(5)通井,下 244.5mm 技术套管;(6)固井候凝,三开准备;(7)三开水平井段钻进;(8)生产井完钻,起钻,通井电测;(9)下筛管完井作业;(10)搬迁钻机准备。

注汽井在水平段之前钻进,施工按以下先后顺序:(1)移动钻机至注汽井井口,起钻机,开工准备;(2)444.5mm 表层钻进,下 339.7mm 套管,固井候凝;(3)二开 311.2mm 井眼"三段制"剖面造斜钻进;(4)生产井着陆点之上 5m 左右安全着陆;(5)通井,下 244.5mm 技术套管;(6)固井候凝,三开准备。

两井联合准备中,注汽井要先钻灰塞及套管附件,之后组合导向钻具下钻,钻出套管鞋 3～5m;对于生产井,要先动迁小修钻机及 88.9mm 钻杆至生产井,接着要求优化水平段实钻轨迹,每隔 30～50m 设置靶点一个(靶点 01[#]、02[#]、03[#]、…),输入多靶点数据至软件中;再下入通井钻具带磁导向探测器(图 6-45),湿接头连接电缆至井口,边下钻边下电缆至套管鞋外 30m 的位置。

在注汽井磁导向钻进过程中,从生产井获取数据引导注汽井的钻进。轨迹需要调整时,利用 MWD 的工具参数,实现滑动作业,以调整生产井的井斜角及方位角,控制其井眼轨迹位于生产井正上方 5m。要求:(1)注汽井钻进时,磁导向信号逐渐增强,距离探管 3m 左右时,仪器信号饱和;(2)信号饱和时,注汽井停止钻进;(3)同时在生产井中再下入仪器30m左右;(4)设定目标点,引导注汽井眼的钻进;(5)重复上述的过程,直至完成注汽井水平段的钻进;(6)磁导向钻进时,同时记录两套仪器的轨迹参数及磁性参数。在保持井眼轨迹沿生产井的轨迹趋势钻进的同时,注汽井的井眼轨迹尽可能的保持平直。

注汽井完井作业中,首先通井电测,下筛管完井,再安装井口采油装置。

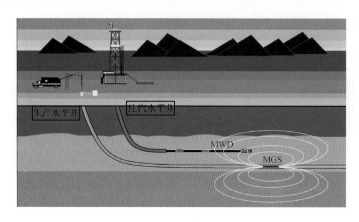

图6-45 SAGD磁导向施工图

八、钻井装备、钻井参数及钻井液体系

钻机是推广新技术,提高钻井速度,缩短钻井周期的基本保证。选用性能优良、稳定性好、移动性高的钻机,可减少维护保养工作,提高钻井时效和缩短钻井周期。根据油砂矿SAGD钻井试验特点,选用ZJ15型号的钻机,考虑油砂矿后期开发需要,垂深小于180m水平井采用斜直井钻机,要求配备三级以上固控系统,以便控制和维护钻井液性能。井控装备要求配备压力级别为21MPa的FZ35-21单闸板防喷器或者FH28-14快装防喷器及其配套的节流、压井管汇。

观察井、评价井及水平井钻具组合设计见表6-8。

表6-8 观察井、评价井及水平井钻具组合设计

开钻次序	井眼尺寸(mm)	钻进井段(m)	钻具组合
一开	381.0	0~60	ϕ381.0mm钻头 + ϕ177.8mm钻铤2根 + ϕ158.8mm钻铤2根 + ϕ127mm钻杆
	444.5	0~60	ϕ444.5mm钻头 + ϕ177.8mm钻铤2根 + ϕ158.8mm钻铤2根 + ϕ127mm钻杆
二开	241.3	完钻井深	ϕ241.3mm钻头 + ϕ177.8mm钻铤6根 + ϕ158.8mm钻铤8根 + ϕ127mm钻杆
	311.2	直井段	ϕ311.2mm钻头 + ϕ177.8mm钻铤6根 + ϕ127mm钻杆
		造斜段	ϕ311.2mm钻头 + ϕ197mm弯螺杆钻具 + MWD定向短节 + ϕ127mm无磁钻杆1根 + ϕ127mm加重钻杆26根 + ϕ158.8mm随钻震击器 + ϕ127mm加重钻杆4根 + ϕ127mm钻杆

续表

开钻次序	井眼尺寸（mm）	钻进井段（m）	钻具组合
三开	215.9	水平段	ϕ215.9mm 钻头 + ϕ165mm 弯螺杆钻具 + MWD 定向短节 + ϕ127mm 无磁钻杆 1 根 + ϕ127mm 斜坡钻杆 28 根 + ϕ127mm 加重钻杆 24 根 + ϕ158.8mm 随钻震击器 + ϕ127mm 加重钻杆 4 根 + ϕ127mm 钻杆
			ϕ215.9mm 钻头 + ϕ158.8mm 短钻铤 + ϕ214mm 稳定器 + MWD 定向短节 + ϕ127mm 无磁钻杆 1 根 + ϕ127mm 斜坡钻杆 28 根 + ϕ127mm 加重钻杆 24 根 + ϕ158.8mm 随钻震击器 + ϕ127mm 加重钻杆 5 根 + ϕ127mm 钻杆

观察井、评价井及水平井钻头及钻井参数设计见表 6 – 9。

表 6 – 9　水平井钻头及钻井参数设计表

开钻次序	钻头型号	喷嘴组合（mm）	钻进参数					水力参数				
			密度（g/cm³）	钻压（kN）	转速（r/min）	排量（l/s）	立管压力（MPa）	钻头压降（MPa）	环空压耗（MPa）	冲击力（kN）	喷射速度（m/s）	上返速度（m/s）
一开	MP₂	10 + 12 + 12	1.10	30 ~ 50	90 ~ 110	45	7.9	6.2	0.01	3.4	198	0.28
	MP₂	14 + 16 + 18	1.10	50 ~ 100	90 ~ 110	43	6.8	3.2	0.0`	3.5	71	0.30
二开	SKH437	12 + 14	1.20	80 ~ 120	90 ~ 110	28	10	6.3	0.48	3.3	98	1.17
	HJ437G	14 + 12 + 12	1.20	50 ~ 100	90 ~ 110	35	9.1	5.7	0.1	3.8	92	0.55
		14 + 14 + 12	1.20	30 ~ 50	螺杆	35	13.7	3.9	0.2	3.7	75	0.55
三开	HJ437G	13 + 12	1.30	80 ~ 160	90 ~ 110	26	12.3	2.9	1.3	2.7	62	1.02

对于观察井及评价井，一开钻井液实施为：坂土 – CMC 钻井液体系，8% 坂土 + 0.4% Na_2CO_3 + 0.4% CMC（中）的配方，钻井液密度为 1.05 ~ 1.10g/cm³，漏斗黏度为 45 ~ 70s。二开钻井液采用聚合物钻井完井液体系，配方采用 4% 坂土 + 0.2% Na_2CO_3 + 0.2% NaOH + （0.3% ~ 0.5%）MAN101 + （0.1% ~ 0.2%）MAN104 + （0.4% ~ 0.5%）NPAN + 1% QCX – 1 + 2% WC – 1，主控性能指标见表 6 – 10。

在维护过程中，需要必要的工程配套技术措施：(1)将一开钻井液用清水和胶液冲稀至含坂土 40g/L 左右，钻掉水泥塞，放掉钻水泥塞的污染浆，再按设计配方要求转化，调整性能至设计要求范围后方可二开；(2)在保证井壁稳定的前提下尽可能使用设计密度的低限，预防井漏的发生；(3)以 MAN104 抑制黏土水化分散；MAN101、NPAN 改善泥饼质量，降低滤失量；做好防塌、防卡工作；(4)进入目的层前 50m，在钻井液中加入 1% QCX – 1 和 2% WC – 1，增强泥饼的防透性；(5)保证固控设备运转良好，钻进中要求振动筛开动率 100%，以"净化"保"优化"。

对于 SAGD 水平井，一开钻井液同观察井及评价井一致，但二开、三开钻井液需要有较大的改变：采用聚磺钻井液体系，配方为 4% 坂土 + 0.2% Na_2CO_3 + 0.2% NaOH + 0.5% MAN101 + 0.4% MAN104 + （0.4% ~ 0.5%）复配铵盐 + 2% SMP – 1（胶）+ 2% KTL + （2% ~ 3%）阳离

子乳化沥青 + 重晶石粉 +1% 石墨粉 +1% QCX – 1 + 2% WC – 1,水平井二开钻井液性能指标和三开钻井液性能指标见表6 – 10。

表 6 – 10　钻井液性能指标表

密度 （g/cm³）	漏斗黏度 （s）	API 失水 （mL）	泥饼 （mm）	pH 值	含砂 （%）	摩阻 系数	静切力（Pa）		塑性黏度 （mPa·s）	动切力 （Pa）
							初切	终切		
1.05 ~ 1.20	45 ~ 70	≤8	≤1	9 ~ 10	≤0.5	≤0.1	1 ~ 3	2 ~ 5	12 ~ 30	5 ~ 12
1.08 ~ 1.20	45 ~ 80	10 ~ 5	≤0.5	9 ~ 10	≤0.5	≤0.1	2 ~ 8	4 ~ 15	20 ~ 40	10 ~ 18
1.15 ~ 1.30	45 ~ 90	10 ~ 5	≤0.5	9 ~ 10	≤0.5	≤0.08	4 ~ 8	6 ~ 15	20 ~ 40	10 ~ 18

维护要点及工程配套技术措施为:进入造斜点后,调整好钻井液动、静切力,保持钻井液具有足够的悬浮能力,减少岩屑床形成。同时,控制钻井液滤失量在设计范围以内,滤饼应始终保持薄韧、光滑的特性,减少钻屑在滤饼的黏附。井斜 0 ~ 40°井段的性能控制与直井段基本相同,钻井液维护措施以改善泥饼质量、强化钻井液封堵能力、增强钻井液防塌性能和润滑性能为主;井斜 40°以后井段要特别注意钻井完井液流变性能的控制,保持合理读数,增强钻井完井液的携岩能力。进入斜井段后,应强化钻井液对井壁稳定的作用。钻井液性能的控制应始终将防塌及改善泥饼质量放在首位,强化钻井完井液的泥饼防透性,保持薄而韧的滤饼质量,并通过润滑剂的作用强化润滑性,减小阻卡,保证井下安全。

九、油砂矿 SAGD 水平井完井技术

通过国内外浅层水平井完井技术资料调研和对风城超稠油、油砂 SAGD 浅层水平井地质特征分析,提出一种适合于风城浅层油砂矿 SAGD 水平井完井的原则和工艺措施,并拟定一套 SAGD 水平井完井工艺流程。

1. 水平井完井方式

目前常见的水平井完井方式有裸眼完井、割缝衬管完井、射孔完井、带管外封隔器(ECP)的割缝衬管完井和砾石充填完井五类。

1)裸眼完井

裸眼完井方式是在下完技术套管固井后换小一级钻头钻水平井段至设计位置(图 6 – 46a)。裸眼完井最大的特点是具有较大的泄油面积和较小的油流阻力,且油气层不会受到固井水泥浆的污染。但由于裸眼完井对地层条件要求较高且可选择的增产方式较为有限,因此主要应用于岩性较为坚硬的碳酸盐岩地层。

2)割缝衬管完井

割缝衬管完井方式是使用悬挂器将割缝衬管悬挂在上一层技术套管上实现封隔环空的目的,依靠悬挂器封隔管外的环形空间。割缝衬管完井方式成本相对较低,由于不采用注水泥封固,因此油气层不会受到固井水泥浆的污染,而且割缝衬管还可以起到防止井眼坍塌的作用,基于以上优点割缝衬管完井方式目前是水平井完井的主要方式(图 6 – 46b)。

3)射孔完井

对于要求实施高度分层压裂、注水开发以及裂缝发育的砂岩储层可选择射孔完井,该工艺

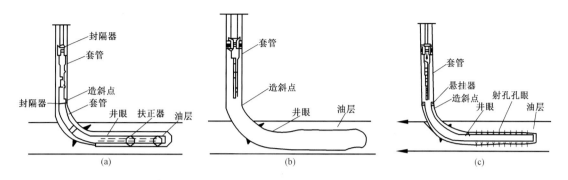

图 6 - 46　裸眼水平井、割缝衬管完井及水平井射孔完井示意图

是在直井段技术套管固井后将完井管柱下入到水平井段并进行注水泥固井,然后通过射孔工艺射穿套管、水泥环和一定深度的地层进行完井(图 6 - 46c)。

4)带管外封隔器(ECP)的割缝衬管完井

带 ECP 割缝衬管完井对于可能发生坍塌的油气层,且不要求分层压裂但需要实施层段分隔的油气层完井可以采用此种完井方式,带 ECP 割缝衬管完井方式是依靠管外封隔器实施层段的分隔,可以按层段进行作业和生产控制。管外封隔器的完井方法,可以分两种形式(图 6 - 47a和图 6 - 47b)。

5)砾石充填完井

砾石充填在直井完井中能有效防止油层砂进入井筒,但在水平井段,砾石充填完井较为复杂。裸眼井下砾石充填时,存在井眼坍塌的可能,长筛管也很难保证居中(图 6 - 47c),套管射孔水平井预充填砾石绕丝筛管完井如图 6 - 47d 所示。目前水平井的防砂完井多采用预充填砾石筛管、金属纤维筛管或割缝衬管等方法。

2. SAGD 水平井完井方法选择原则与油气层保护措施

水平井完井方法选择是否恰当、完井质量的好坏直接影响水平井生产顺利进行,甚至影响水平井的寿命,在完井方法选择和设计过程中要力求满足以下要求:(1)油、气层和井筒之间保持最佳的连通条件,对生产层的污染或伤害要最小;(2)油、气层和井筒之间应具有最可能大的渗流面积,油气流入井的阻力最小,应能有效地封隔油、气、水层,防止气窜或水窜,杜绝层间干扰;(3)应能有效地控制油层出砂,防止井壁垮塌,保证油井长期生产;(4)适应二次及三次采油的要求和进行分层压裂、酸化以及注水等措施的条件。

对于风城油砂矿 SAGD 水平井,除了满足上述水平井完井的一般原则外,还必须满足针对浅层稠油热采的特殊要求:(1)采油工艺上满足人工制造沉没深度,初期大排量有杆泵开采,满足日产 600m³ 液体,后期可以采取电潜泵开采(满足大排量开采),达到注采平衡;(2)完井工艺上满足泵开采方式的管径尺寸和位置;(3)满足均匀注气及防砂等方面要求;(4)满足生产后期出砂治理及筛管修复要求。

3. SAGD 水平井完井方法的选择

优选水平井的完井方式,需要考虑储层类型、驱动方式、产层岩性、井眼形状、生产控制等地质、钻井、生产过程因素。结合风城超稠油油藏 SAGD 水平井特有的地质特征和油藏特征,

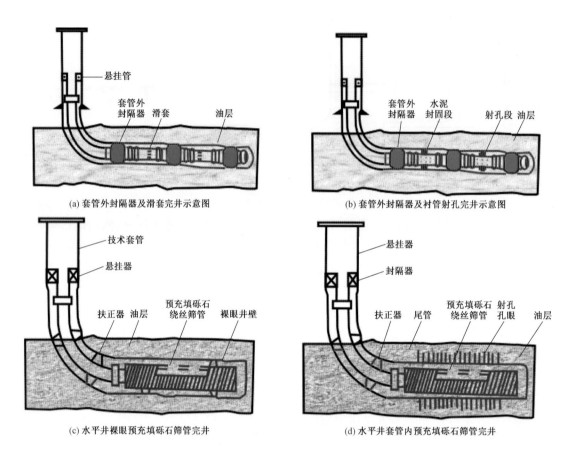

(a) 套管外封隔器及滑套完井示意图

(b) 套管外封隔器及衬管射孔完井示意图

(c) 水平井裸眼预充填砾石筛管完井

(d) 水平井套管内预充填砾石筛管完井

图 6-47　割缝衬管完井及砾石充填完井示意图

最终选择割缝衬管完井方式完井。SAGD 超稠油热采水平井完井衬管需满足在注汽过程中防止地层砂进入管柱内,同时还需要考虑注蒸汽产生的温度变化对管柱强度的影响。通过对油层岩性粒度的分析在保证流通面积的前提下通过校核衬管强度,超稠油水平井完井管柱选用外径 $F177.8\,\mathrm{mm}$、壁厚 $8.05\,\mathrm{mm}$ 的 TP90H 钢级割缝套管尾管完井。为了确保将筛管顺利送入曲率小于 $18°/30\mathrm{m}$ 的水平井段,对衬管两端连接处公扣以上 $0.5\mathrm{m}$ 和母扣以下 $0.3\mathrm{m}$ 不进行割缝,在接箍处加工 $30° \sim 45°$ 倒角。为了延长管柱寿命,通过在悬挂器下方和光管与筛管联结处分别加一只伸缩短节或热应力补偿器,可以补偿割缝衬管受热伸长可能造成的损伤。

4. 固井完井方案

1) 固井工艺设计

一开套管下深 $60\mathrm{m}$,观察井及评价井采用常规固井工艺,水平井采用内管注水泥工艺固井。二开观察井及评价井采用 G 级加砂水泥预应力固井,水平井采用 G 级加砂水泥双胶塞有控固井工艺。水平井三开悬挂筛管完井。预应力施工参数设计见表 6-11。

表6-11 观察井及评价井预应力设计表

设计基本参数				计算结果			
设计注汽温度	300℃	井口设计抗拉安全系数	1.8	计算参数	计算结果	计算参数	计算结果
地锚安全负荷	980kN	井口套管允许最大拉力	1758kN	套管最大热应力	523.31MPa	井口拉力	350kN
设计注汽压力		ZJ20B钻机允许工作负荷	1700kN	高温下套管屈服强度	527.03MPa	套管拉伸长度	0.17m
井底初始温度	20℃	套管在井内的自重	189.68kN	实际施加的预应力	32.93MPa	允许注气温度	319.36℃

2)套管下入摩阻分析

裸眼段摩阻系数取0.5,上层套管内摩阻系数取0.3;直井段井斜角按±2°/30m考虑,斜井段方位变化按±5°/30m考虑,水平段井斜变化按±2°/30m考虑,方位变化按±5°/30m考虑;不考虑井口套管旋转,管柱下放速度按照3m/min考虑,考虑管柱接箍对摩阻的影响,裸眼段井眼尺寸按照对应钻头外径考虑。

通过计算分析,从图6-48得到以下结论:

(1)技术套管能够安全下入;

(2)摩阻系数对完井管柱摩阻影响很大,必须采取有效措施尽可能将上层套管和裸眼段实际摩阻系数控制在0.2和0.4以内方能确保油层筛管安全下入;

(3)100m以上井段送入钻具采用158.8mm钻铤,其余井段送入钻具采用钻杆,完井管柱下入至井底的总摩阻较大,大钩载荷较小,说明油层筛管下入仍然存在困难,需要通过增加158.8mm钻铤用量或者通过地面加压装置进行井口加压,才能达到顺利下入完井管柱的目的。

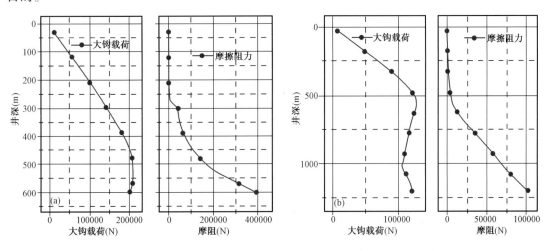

图6-48 水平井技术套管下入摩阻分析和水平井油层筛管下入摩阻分析

3）注水泥设计

表层套管的水泥浆配方为：G 级 + 4.0% DS – B$_1$ + 44% H$_2$O，水泥浆的密度为 1.89g/cm^3，稠化时间为 90 ~ 120min。油层套管及水平井技术套管的水泥浆配方为：G 级 + 30% SiO$_2$ + 4% SW – 1A + 2% SEP + (4% LT – 1A + 3% DS – B$_1$ + 0.8% SXY – 2)(湿混) + 0.3% DL – 500 + 50% H$_2$O；水泥浆密度为 1.92g/cm^3，失水 < 50mL，24h 强度 > 13MPa，稠化时间 120min。

第四节　稠油—油砂降黏及水平井采油工艺

对于稠油和油砂开采，关键是要降低黏度让其易于流动，从而提高原油采收率。目前，较为成熟的降黏机理有如下几种，即稠油加热降黏、掺稀降黏、油溶性降黏剂降黏、乳化剂降黏以及复合降黏机理等。采用哪种降黏技术，首先须研究不同稠油和油砂的特点，根据不同降黏机理，研制有效的降黏剂。

一、国内外降黏技术及其机理研究

油砂本质就是一种特稠油。稠油的特点是含沥青质、胶质较高，黏度高，流动阻力大，不易开采。目前国内外常用的降黏方法有稠油加热降黏法、掺稀油降黏法、水热裂解降黏法、微生物降黏法、化学降黏法及油溶性降黏剂降黏法。

1. 稠油加热法降黏法

稠油黏度对温度依赖性很强，随油温从高到低变化，稠油会从牛顿流体转变为非牛顿流体，随温度升高，稠油的黏度明显呈下降趋势，加热可降低稠油黏度。

稠油中胶质与沥青质分子的结构特点及相互作用，使稠油体系形成了一定程度的π键和氢键，当体系获得足够的能量时，π键和氢键被破坏，由此造成稠油黏度降低。对多种稠油样品的黏温关系进行回归分析，均能很好地符合 Arrhenius 方程：

$$\eta = Ae^{E/RT} = Ae^{B/T} \qquad (6-17)$$

式中　η——原油的表观黏度，mPa·s；

　　　A——无量纲经验常数，与原油的物性有关；

　　　E——稠油分子平均活化能，J/mol；

　　　R——普适气体常数；

　　　T——热力学温度，K；

　　　B——与原油物性有关的无量纲常数，$B = E/R$；对多数稠油而言，B 值约为 11100 左右。

对公式(6 – 17)求导可得：

$$\frac{\mathrm{d}\eta}{\mathrm{d}T} = -Ae^{\frac{B}{T}} \times \frac{B}{T^2} = -B \times \eta / T^2 \qquad (6-18)$$

其中绝对值的大小反映了黏度随温度的变化速率，因此，公式中($B \times \eta$)的值反应了同一温度下原油黏度的下降速率，此值越大，表明黏度对温度的敏感性愈大，即黏度随温度的变化速率越快。B 值随稠油的不同变化较小，所以油越稠(η 越大)，其黏度随温度的升高下降得越快,即稠油的温敏性越大,加热使稠油黏度大幅度降低,特别是超稠油和特稠油,这也是热力开采的最主要机理。稠油在凝固过程中,随着温度的降低,最后失去流动性,是一个渐变过程。由于稠油的加热降黏效果比一般原油更显著,因而稠油采用加热降黏处理是经济的。加热降黏法也存在一些问题,如能耗高,油品变差。

2. 掺稀油法降黏法

掺稀油法就是把稀油加入到高黏度的稠油中以降低稠油黏度,轻油掺入稠油后可起到降凝降黏的作用。轻质油稀释稠油不仅有好的降黏效果,且能增加产油量,并对低产、间隙油井输送更有利。在油井含水升高后,总液量增加,掺输管可改作出油管,在有稀油源的油田,轻油稀释降黏,具有更好的经济性和适应性。

一般地,当稠油和稀油的黏度指数接近时,混合油黏度符合公式(6-19):

$$\lg\lg\mu_{混} = x\lg\lg\mu_{稀} + (1 - x)\lg\lg\mu_{稠} \tag{6-19}$$

式中 $\mu_{混}$、$\mu_{稀}$、$\mu_{稠}$——分别为混合油、稀油及稠油在同一温度下的黏度,mPa·s;

x——稀油掺量的重量百分比。

轻油掺入稠油后可起到降凝降黏的作用。对于含蜡量和凝固点较低而胶质和沥青质含量较高的高黏原油,其降凝降黏作用比较显著。而对于含蜡量和凝固点都比较高的原油,其降凝降黏作用较差。所掺轻油的相对密度和黏度越小,降凝降黏效果也越好,掺入量越大,降凝降黏作用也越显著。一般地,稠油与轻油的混合温度越低,降黏效果越好。混合温度应高于混合油的凝固点350℃,等于或低于混合油凝固点时,降黏效果反而变差。在低温下,掺入轻油后可改变稠油流型,使其从屈服假塑性体或假塑性体转变为牛顿流体。

掺稀法也存在不足。首先,受到稀油资源的限制,稀油储量有限,且产量呈下降的趋势,必然面临即将无稀油可掺的情景。其次,稀原油掺入前,必须经过脱水处理,而掺入后,又变成混合含水油,需再次脱水,这就增加了能源消耗。最后,稀原油用作稀释剂掺入到稠油后,降低了稀油的物性。稠油与稀油混合共管外输时,增加了输送量,并对炼油厂工艺流程及技术设施产生不利的影响。所以,掺稀油降黏法有一定的局限性。

3. 水热裂解降黏法

在稠油注蒸汽开采过程中,由于处于高温环境,水的性质发生了很大变化,为稠油的水热裂解反应创造了条件。同时,稠油的组成发生了明显变化,主要表现在稠油中饱和烃和芳香烃的含量增加,而胶质、沥青质的含量降低,稠油的平均相对分子质量减小,从而导致稠油的黏度下降。催化剂金属硫酸盐的加入,使这种变化更加明显。

催化剂中金属离子与水分子的络合而形成的络离子造成稠油分子中C—S键断裂,使稠油中的沥青质含量降低,稠油分子变小,相对分子质量减小,稠油黏度降低。油层矿物在高温蒸汽的作用下产生了结构类似于无定形催化剂的物质,有利于稠油的水热裂解反应过程,可实现井下就地加氢水热裂解中的饱和烃、芳香烃含量的增加及胶质、沥青质含量的降低,为稠油黏度的降低提供了条件。由于稠油及沥青质相对分子质量及杂原子含量的降低,降低了稠油分子间的作用力,导致稠油黏度进一步降低。

稠油井下催化裂解降黏开采技术的关键是催化剂的选择与制备工艺。根据稠油油藏的特性和油田开发的实际情况,要求催化剂应为液相或纳米级水溶性悬浮体,以便能进入地层孔隙,同时须有较强的耐温性且对人体、环境基本无害。这就使得催化裂解降黏开采技术在短时期内难以实现大面积推广和应用。

4. 微生物降黏法

利用微生物降解技术对原油中的沥青质等重质组分进行降解,可以降低原油黏度,提高油藏采收率,该技术的理论依据是使用添加氮、磷盐、铵盐的充气水使地层微生物活化。其机理包括:(1)就地生成以增加压力来增强原油中的溶解能力;(2)生成有机酸而改善原油的性质;(3)利用降解作用将大分子的烃类转化为低分子的烃;(4)产生表面活性剂以改善原油的溶解能力;(5)产生生物聚合物将固结的原油分散成滴状。

微生物降解技术的局限性在于微生物在温度较高、盐度较大、重金属离子含量较高的油藏条件下易于遭到破坏,微生物产生的表面活性剂和生物聚合物本身有造成沉淀的危险,并且培养微生物的条件不易把握。因此,该法的发展方向是培养耐温、耐盐、耐重金属离子的易培养菌种。

5. 化学降黏法

我国稠油油藏地质条件复杂,须根据具体的油藏条件,开发相应的降黏技术以适应实际生产的需要。我国稠油储量虽然丰富,但许多油藏因区块分散、含油面积小、油层薄等原因不能经济地用蒸汽吞吐或电加热等方法开采。在沙漠和海底铺设输油管道时,传统的加热输送方法不能适应恶劣的环境要求。另外,西部新建管线长且地形复杂,人烟稀少,也不宜采用加热方法降黏。在这些情况下,化学降黏技术显示出了优势。化学降黏是指在稠油中加入某种药剂,通过药剂的作用达到降低原油黏度的方法。针对不同的原油物性和油井生产情况,采取相应的化学降黏措施。常用方法有加入油溶性降黏剂及加入乳化剂降黏技术。

6. 油溶性降黏剂降黏法

油溶性降黏剂技术是在降凝剂技术的基础上发展起来的一种新型降黏技术。其降黏机理是降黏剂分子借助强的氢键能力和渗透、分散作用进入胶质和沥青质片状分子之间,部分拆散平面重叠堆砌而成的聚集体,形成有降黏剂分子参与(形成新的氢键)的聚集体。这些聚集体具有如下特点:片状分子无规则堆砌、结构比较松散、有序程度较低、空间延伸度较小。这些聚集体最终降低了稠油的黏度。

稠油体系中因氢键缔合及配位络合物形成等作用使胶质、沥青质分子间的芳香片相互重叠聚在一起,形成沥青质粒子。在这种粒子中,以沥青质大分子为核心,胶质小分子吸附于其上,形成沥青质粒子的包覆层或溶剂化层。降黏剂分子结构中一般含有极性较强的官能团,多是具有极性的酯类聚合物,从而使降黏剂分子具有较强的渗透性以及形成键的能力,在较高温度下,稠油中胶团结构比较松散,降黏剂分子即可借助较强的形成氢键的能力和渗透、分散作用进入胶质、沥青质片状分子之间,与胶质、沥青质之间形成更强的氢键,从而拆散平面重叠堆砌而成的聚集体,使稠油中的超分子结构由较高层次向较低层次转化,同时释放出胶团结构中所包裹的液态油。这就会引起稠油体系的分散度增加,且体系中的超分子结构尺寸减小,分散相体积减少,连续相体积增加,从而大幅度降低稠油的黏度。

在稠油体系中,沥青质分子形成的超分子结构处在胶束中心,其表面吸附有大量的分子量较大、芳香性较强的分散介质。降黏剂分子结构中含有一定长度的烷基长链,当降黏剂分子中的极性酯基与胶质或沥青质芳香片侧面的—OH、—NH₂等极性基团形成氢键时,降黏剂的长酯链烷基舒展地露在芳香片外侧,形成降黏剂溶剂化层,使沥青质聚集体的外围形成一个非极性的环境,防止胶质或沥青质芳香片重新聚集。原油中其他的芳香组分物质也将在原油中均匀分布,而不会在沥青质聚集体周围堆积,粒子的空间延展度大大减小。可见,沥青质芳香片的溶剂化层由胶质分子转化为降黏剂分子时,可以防止芳香片的重新聚集,减小聚集体的尺寸,从而起到降黏的作用。

由于胶质、沥青质分子是多个芳香环稠合的强极性物质,而一般所设计的降黏剂分子结构中都含有苯环以及其他强极性基团,根据相似相溶原理,当稠油中加入降黏剂时,降黏剂分子对胶质沥青质分子聚集体能起到溶解和剥离作用。这样,参与形成沥青质聚集体的分子数目减少,粒子的体积减小,稠油体系的胶体特性减弱,因此体系黏度也会降低。

为提高降黏效果,将油溶性降黏剂与表面活性剂复配使用,将油溶性降黏剂降黏技术与其他降黏技术如掺稀油、加热等结合使用,可以提高降黏效果,降低生产成本。

油溶性降黏剂可以直接加剂降黏,还可以避免乳化降黏存在的后处理(如脱水)问题,有很大的开发前景。但目前还存在不少问题,如降黏率不高,降黏效果较好的药剂降黏率一般仅在80%左右,与乳化降黏剂相比,油溶性降黏剂价格较高,且药剂用量大,导致使用成本高单独使用很难达到生产要求,特别是对于特稠油、超稠油和油砂,由于黏度基数非常大,即使油溶性降黏剂的降黏率很高,也不能满足生产要求,必须与其他工艺配合使用,而这又会降低油溶性降黏剂的应用价值。

7. 乳化剂降黏技术

乳化降黏就是在表面活性剂作用下,使稠油的 W/O 型乳状液转变成 O/W 型乳状液,从而达到降黏的目的。乳化降黏的主要机理包括乳化降黏和润湿降阻两方面。乳化降黏中使用水溶性较好的表面活性剂作乳化剂,将一定浓度的乳化剂水溶液注入油井或管线,使原油分散而形成 O/W 型乳状液,把原油流动时油膜与油膜之间的摩擦变为水膜与水膜之间的摩擦,黏度和摩擦阻力大幅度降低;润湿降阻是破坏油管或抽油杆表面的稠油膜,使表面润湿亲油性反转变为亲水性,形成连续的水膜,减少抽吸过程中原油流动的阻力。乳化剂降黏技术依据以下两个理论基础:

1)乳状液理论

在表面活性剂的作用下,注入井下的水溶液使高黏度的稠油,即 W/O 型乳状液转变为低黏度的水包油(O/W)型乳状液,可以实现稠油的乳化降黏开采。表面活性剂的水溶液与稠油形成的 O/W 乳状液体系的黏度,主要取决于分散介质即水外相的黏度,但内相的体积分数对乳状液的黏度也有影响。

由于原油中含有天然乳化剂包括胶质、沥青质、环烷酸、叶琳族化合物等,当原油含水之后,易形成油包水型乳状液,使原油黏度急剧增加。原油乳状液的黏度可用 Richarson 公式[公式(6-20)]表示:

$$\mu = \mu_0 e^{K\phi} \qquad (6-20)$$

式中 μ——原油乳状液的黏度,mPa·s;

  μ_0——外相的黏度,mPa·s;

ϕ——内相在乳状液中所占的体积分数；

K——常数，决定于ϕ，当$\phi \leqslant 0.74$时为7.0，反之为8.0。

由上式可知，水包油乳状液的黏度只与水的黏度有关，而与油的黏度无关。水包油乳状液的黏度随油在乳状液中所占体积分数的增加而呈指数形式增加；对于油包水乳状液，其黏度与油的黏度成正比，含水越大，黏度越高。

2）最佳密堆积理论

根据立体几何的最佳密堆积原理，原油中的含水小于25.98%时应形成稳定的W/O型乳状液；含水大于74.02%时应形成稳定的O/W型乳状液；含水在25.98%~74.02%范围内，属于不稳定区域，既可形成O/W型，又可形成W/O型的乳状液。由于原油中含有天然的W/O型乳化剂，一般形成W/O乳状液，使原油黏度大幅度增加。

用透射电镜观察降黏前后胶质、沥青质的形貌，可以看到降黏前后胶质、沥青质的形貌差异，分析原油乳化降黏的可能机理为降黏剂分子借助较强的形成氢键的能力，渗透、分散进入胶质和沥青质片状分子之间，部分拆散平面重叠堆砌而成的聚集体，形成片状分子无规则堆砌，有序程度降低，聚集体中包含的胶质、沥青质分子数目也减小，原油的内聚力降低，起到降黏作用。

乳化降黏的关键是选择质优、价廉、高效的乳化降黏剂。较好的降黏剂应具有以下两个特性：一是对稠油具有较好的乳化性，能形成比较稳定的O/W乳状液，降黏效率高；二是形成的O/W乳状液不能太稳定，否则影响下一步的原油脱水。近年来，有关乳化降黏剂的配方研究十分活跃，其中有非离子型—阴离子结合型、阴离子型、阳离子型及复配型。复配型配方多是根据协同作用原理采用多元乳化剂。常用的非离子乳化剂有烷基酚聚氧乙烯醚（OP系列）、环氧乙烷环氧丙烷共聚物（PEO—PPO）及脂肪醇聚氧乙烯醚（AEO）等；阴离子乳化降黏剂中具有代表性的有烷基苯磺酸盐（ABS）和脂肪醇硫酸盐（AS）；阳离子型的多为季胺盐，由于会与地层中带负电的黏土颗粒作用造成乳化降黏剂的大量损失，用途不及前两种广泛。目前，乳化降黏技术发展比较成熟，降黏率可达99%以上，国内外在稠油开采和输送过程中已经广泛应用。

虽然乳化降黏剂的配方很多，但对稠油的选择性都很强，这是由于稠油组成存在很大的差异。稠油组成如何影响乳化降黏效果，乳化降黏剂的结构与其性能的关系如何，至今仍未得到明确的答案。目前，能够用于高温和高矿化度油藏条件下的乳化降黏剂还不多，但大都成本较高。因此，研究廉价的耐盐、耐高温的降黏剂是今后乳化降黏技术的一个重要发展方向。

二、新疆稠油和油砂的乳化降黏工艺

新疆地区稠油和油砂具有黏度高、酸值高、胶质含量高的特点，由于这些特征使得新疆油田稠油开采困难。水溶性乳化降黏技术被广泛应用于油层开采、井筒降黏和管道输送等领域，有效地提高了稠油开采的经济效益，是化学降黏开采技术中一种发展前景较好的方法。常见的稠油乳化降黏剂多为单一的离子型表面活性剂或非离子型表面活性剂。本实验首先筛选出效果较好的单一表面活性剂，后根据协同作用原理，通过对表面活性剂的复配以及添加助剂来研究其对新疆稠油的降黏效果。

1. **实验方法**

采用的实验样品为新疆风城地区特稠油,黏度33800mPa·s(50℃),含水率13.84%。非离子表面活性剂OP-10(化学纯,光复细化工研究所);阴离子—非离子复合型表面活性剂AES、阴离子表面活性剂LAS、阴离子型表面活性剂AOS、非离子表面活性剂AEO(工业级,宝洁公司);阴离子—非离子复合型表面活性剂NPES(化学纯,自制);阴离子表面活性剂SDS、NaOH,化学纯。主要仪器:NDJ-5S型旋转黏度计。原油乳状液的配制按质量7∶3将稠油和表面活性剂水溶液混合,搅拌均匀后形成乳状液。采用NDJ-5S型旋转黏度计测定原油乳状液的黏度。首先测定加入单一降黏剂后的原油乳状液的黏度,筛选出效果较好的单一降黏剂,然后利用正交实验设计优选出降黏剂的最佳配方。利用空白油样黏度与加剂后原油乳状液黏度之差与空白油样的黏度之比计算降黏率。将原油乳状液在室温下放置24h,计算脱水率,以考察其破乳性。

2. **结果与讨论**

1)黏度—温度关系

取一定量的原油样品,分别在90℃恒温水浴中加热30min,使油样温度均匀。用NDJ-5S型旋转黏度计测定黏度,新疆稠油的黏温曲线如图6-49所示。由图6-49可知,温度低于50℃时,稠油黏度随温度升高而急剧下降;温度高于50℃时,稠油黏度随温度升高而下降缓慢,黏度几乎不再受温度的影响。由此可见,高于50℃降黏不具有经济性,而50℃以下掺入降黏剂共同降黏是合理的选择。以下实验选择50℃为稠油的处理温度,该温度下的稠油黏度为33800mPa·s。

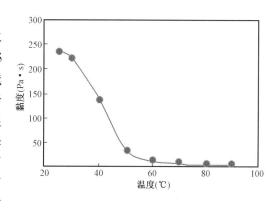

图6-49 新疆稠油黏温曲线

2)单一降黏剂的降黏效果

实验中选取了7种表面活性剂,其中两种非离子表面活性剂OP-10、AEO,两种阴离子—非离子复合型表面活性剂AES、NPES以及三种阴离子型表面活性剂AOS、SDS、LAS。

在温度50℃、油水比7∶3、表面活性剂水溶液1%(质量分数)的条件下,单一表面活性剂的降黏效果见表6-12。乳状液类型的检验方法有三种:稀释法、滤纸法以及显微镜法。实验采用稀释法,即将一滴原油乳状液滴到盛冷水的玻璃皿中观察乳状液在冷水中是否分散,若液珠分散说明乳状液是O/W型乳状液,否则为W/O型乳状液(表6-12)。由表6-12可知,加入降黏剂的稠油黏度明显比空白稠油的黏度小,但是稳定性较差,短时间内油水即分层,其中OP-10、AES和AEO的降黏效果相对较好。

表6-12 单一降黏剂的降黏效果

表面活性剂	黏度(mPa·s)	稳定性	乳状液类型
OP-10	105	较差	O/W
AES	118	较差	O/W

表面活性剂	黏度(mPa·s)	稳定性	乳状液类型
NPES	—	—	W/O
SDS	155	差	O/W
LAS	138	差	O/W
AOS	—	—	W/O
AEO	94	一般	O/W
NaOH	—	—	W/O

"—"表示无须对此性能进行鉴定,此类表面活性剂无法将稠油乳化。

3)复配降黏剂的降黏效果

原油乳化降黏剂多根据协同作用原理进行多元复配使用,适当复配不仅能提高性能,也可以降低成本。对新疆稠油降黏效果较好的 OP – 10、AES、AEO 以及助剂 NaOH 进行复配,在温度 50℃、油水比 7∶3 的条件下,根据正交实验原理,降黏率为评价指标,将 OP – 10、AES、AEO 和 NaOH 用量分别作为四个因素,每个因素对应三个水平进行正交试验,实验结果见表 6 – 13。

表 6 – 13　正交试验结果

反应组号	AEO 用量(%)	OP – 10 用量(%)	AES 用量(%)	NaOH 用量(%)	降黏率(%)
1	0.1	0.1	0.1	0.1	99.83
2	0.1	0.2	0.2	0.2	99.85
3	0.1	0.3	0.3	0.3	99.65
4	0.2	0.1	0.2	0.3	99.67
5	0.2	0.2	0.3	0.1	99.66
6	0.2	0.3	0.1	0.2	99.80
7	0.3	0.1	0.3	0.2	99.74
8	0.3	0.2	0.1	0.3	99.84
9	0.3	0.3	0.2	0.1	99.88
Ⅰ水平均和值	99.78	99.75	99.82	99.79	
Ⅱ水平均和值	99.71	99.78	99.80	99.80	
Ⅲ水平均和值	99.82	99.78	99.68	99.72	
极差 R	0.11	0.03	0.14	0.08	

由表 6 – 13 可知,降黏效果最佳的条件为:AEO 用量 0.3%、OP – 10 用量 0.2%、AES 用量 0.1%、NaOH 用量 0.2%。在此条件组合下的降黏效果最好,降黏率可达 99.8% 以上,优化后的复配降黏剂记为 XJ – 1。

性能优异的稠油乳化降黏剂不但应具有较高的降黏性能,形成的乳状液还应具有一定的稳定性及易破乳性。根据该原则以下就降黏剂 XJ – 1 乳化稠油的稳定性以及破乳难易性进行评价。

4）乳状液稳定性和破乳性能

取一定量已加入复配降黏剂 XJ－1 的新疆原油,分别在 30 数 80℃下的恒温水浴中加热 30min 使油样温度均匀,稠油乳状液的黏度随温度变化(图 6－50)。从图可以看出,加入复配降黏剂 XJ－1 后,所形成的稠油乳状液黏度随温度变化不大,在 30 数 80℃区间内温度每降低 1℃,乳状液黏度只增大 0.9mPa·s 左右,说明形成的稠油乳状液稳定性较好,可保证乳状液在油管和集输管道中始终保持以水为外相、低黏度下流动。

此外还发现,稠油乳状液静置 30min 内不破乳脱水,这也说明稠油乳状液具有一定的稳定性。对于原油乳状液要求到联合站或炼厂能较容易破乳而实现最终油水分离。实验发现由复配降黏剂 XJ－1 形成的稠油乳状液在室温下放置 24h 后可以自动脱水,脱水率达 83%以上,保证了稠油乳状液到达地面后易脱水,从而可降低稠油后续处理成本。

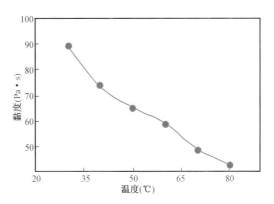

图 6－50　加入降黏剂 XJ－1 剂稠油的黏温梯度

该实验表明,(1)几种单一降黏剂在相同条件下的降黏效果为:AEO > OP－10 > AES,但其稳定性差;(2)复配降黏剂比单一降黏剂的降黏率高,通过正交实验得到优化后的最佳复配降黏剂 XJ－1:0.3% AEO + 0.2% OP－10 + 0.1% AES + 0.2% NaOH。在 50℃、油水比 7:3 的条件下,降黏率可达 99.8%以上,可使风城稠油具有良好的低温流动性,利于稠油的开采,提高油田的产量;(3)XJ－1 降黏剂对新疆稠油具有较好的稳定性且易破乳。在静置条件下,稠油乳化液 30min 内不分层,在 30 数 80℃范围内流动性良好,黏度变化不大,静置 24h 后乳状液的脱水率可达 83%以上,可降低稠油后续处理成本。

三、水平井采油工艺配套技术应用

1. 水平井注汽、生产管柱技术

前期稠油水平井均采用斜井钻机钻浅层水平井,水平井日注汽量低,均采用副管注汽、主管生产工艺,水平井用直井钻机钻成,水平井井身轨迹发生变化,且注汽锅炉采用 23t/h 炉,水平井日注汽量大幅增加,水平井区块井深差异较大,并开展 7in 井眼水平井试验。针对这些问题,需设计新的配套注汽、生产管柱工艺,在这两年的规模应用中,形成了 9in 井眼及 7in 井眼水平井的配套注汽、生产管柱技术。

1）9in 井眼水平井注汽、生产管柱

新疆油田稠油水平井主要采用 9in 井眼,设计完井管柱为 9in 技术套管,下端用密封悬挂总成下挂筛管,筛管位于水平井段,下双油管注汽采油。双油管结构为 3in 主管 + 2in 副管,主管下至技套与筛管的密封悬挂总成上部,主管可进行注汽、抽油,副管下至水平井段,副管除注汽外还可用做井下测试、井下降黏、冲砂洗井等。

完井管柱结构图(图 6－51)中 I 为套管:API9in 套管;油管 API3in 平式油管(主管);API2in 内接箍油管(副管);井口:SKR78x52－14 活动式双管热采井口。

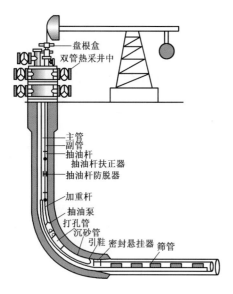

图 6 - 51 9in 井眼水平井注汽、抽油
管柱结构示意图

主管
副管
抽油杆
抽油杆扶正器
抽油杆防脱器
加重杆
抽油泵
打孔管
沉砂管
引鞋 密封悬挂器 筛管

盘根盒
双管热采井中

管柱中主、副油管均可单独提下,可选择性进行副管注汽或主、副管同时注汽,与注抽两用泵配合,可实现注汽后不动管柱、不动井口及时转抽。

(1)空心泵越泵中频电加热管柱技术。

井筒内空心泵越泵中频电加热技术具有工艺简单,施工方便,适应面广,耐高温、高压等特点,是稠油开采配套技术之一。技术应用范围为加热深度小于 1800m,耐热温度小于 280℃,油井产量 3 ~ 150t/d,由加热功率调整控制井口出油温度在 50 ~ 90℃,工艺方式采用泵上或泵下加热(全程加热)。

管柱结构是在 3in 主管中采用 $\phi70mm$ 空心泵配以空心抽油杆柱,抽油杆全部选择 $\phi34mm$ 空心抽油杆。空心抽油杆柱中下入电缆进行电加热降黏,配以扶正器、防脱器,抽油后期采用电加热降黏,并通过副管监测井下温度。注汽时采用副管注汽,该工艺于 2005 年在 HW9801 井投入应用,由于日产液和含水变化大,一般为 5% ~ 90%,与邻井窜通,后停关。该种工艺在应用中存在一些缺点,虽然井筒线型电加热降黏效果好,但电加热不能到油层,只能解决井筒降黏问题;空心泵可以下到大斜度井段,但抽油杆柱配套不够完善,因此该工艺后期未在稠油水平井上应用。

(2)空心泵配普通抽油杆管柱技术。

空心泵本设计为与空心抽油杆柱配套实施过泵电加热举升工艺,为配合稠油水平井主、副管同时注汽需要,将该泵与普通抽油杆柱配套使用,与其配套的注汽、抽油管柱仍为 3in 主管 + 2in 副管,在 3in 主管中下入普通 $\phi19$ 抽油杆柱和空心泵柱塞,空心泵泵筒与 3in 主管连接下入井中。

该工艺可用 3in 油管完井,先下泵筒注汽,可满足主、副管同时注汽工艺要求。但缺点是要在油井完全无自喷能力时才能下柱塞上抽,失去抽油最有利时机;下柱塞时井下油黏度高下入困难,常要通蒸汽降黏,每轮吞吐都要提出柱塞不能重复使用。

(3)斜抽管式泵配套注汽、生产管柱技术。

斜抽管式泵是一种较成熟的斜抽泵,在前期水平井开发中已得到应用,与其配套的注汽、抽油管柱仍为 3in 主管 + 2in 副管,在 3in 主管中下入抽油杆柱和斜抽泵柱塞,斜抽泵泵筒与油管连接下入井中。

该工艺优点是工艺成熟可靠,配套工艺已在前期斜直井中应用,但若要实现主、副管同时注汽,必须在转抽时提出主管,重新下入斜抽泵及斜抽杆柱。该工艺 2005—2006 年在新疆油田 13 口水平井上应用,效果良好。

(4)多功能长柱塞注抽两用泵配套注汽、生产管柱。

该工艺管柱结构为 3in 主管 + 2in 副管,在 3in 主管中下入 $\phi70mm$ 多功能长柱塞泵及抽油杆柱,泵筒与油管连接下入。可不动管柱实现主、副管同时注汽,注汽时下放抽油杆柱,转抽时上提抽油杆柱即可,满足了水平井的生产需要。

2)7in 井眼水平井注汽、生产管柱

(1)生产管柱设计。

新疆油田开展了 7in 井眼水平井试验,针对此类水平井,设计完井管柱为 7in 技术套管下端用密封悬挂总成下挂筛管,筛管位于水平井段;设计了几种注汽、生产管柱方案,经论证,分别采用了单、双管结构进行试验。

双管结构设计为 2in 平式 ×2in 内接箍油管结构,可以下入 $\phi56$ 管式泵,排液量能够较好满足水平井要求,油套间隙小的问题可用较小主管接箍的方式来解决。在目前条件下,这是用于水平井较好的双管管柱方案,由于保留了副管,可通过副管进行测试、降黏、注汽、冲砂等作业。

单管结构设计下入 3in 油管,注汽时从油管注入,由于无副管无法进行水平井段温度测试及冲砂等作业,这种管柱可采用斜抽管式泵或者注抽两用泵。采用斜抽管式泵时注完汽后需提出油管再重新下入泵及抽油杆;采用注抽两用泵时可直接下入多功能长柱塞泵,注汽时下放抽油杆柱,转抽时上提抽油杆柱即可。

百重 7 井区 3 口 7in 井眼水平井设计了注汽、抽油管柱结构:bHW051 和 bHW052 井采用双管结构,下入 3m 冲程的 $\phi56$ 斜抽管式泵;bHW050 井采用单管 3in 平式油管,泵采用 $\phi70$ 的斜抽管式泵。这三口井转抽后均工作正常。

(2)抽油泵在水平井内弯曲分析。

在 7in 水平井中下入 5m 冲程抽油泵进行举升试验,水平井中,抽油泵和副管并排位于套管内,套管是弯曲的,其曲率半径由造斜率决定。如抽油泵在此空间内保持笔直无需弯曲,则认为柱塞在泵筒内能自由活动,不憋泵。如泵体过长则要随井筒弯曲,泵体越长弯曲量越大,越不利于柱塞上、下运动,特别是下冲程影响更为严重。据此对不同造斜率井、不同泵的允许长度计算见表 6 – 14。

表 6 – 14　不同造斜率下稠油水平井允许下入泵长计算表

造斜率	套管外径(mm)	套管内径(mm)	副管外径(mm)	泵体外径(mm)	允许泵长(mm)
9°/30m	244.5	244.4	60.3	108	9258
9°/30m	244.5	244.4	60.3	120	8208
12°/30m	244.5	244.4	60.3	108	8017
12°/30m	244.5	244.4	60.3	120	7108
15°/30m	244.5	244.4	60.3	108	7170
15°/30m	244.5	244.4	60.3	120	6358
18°/30m	244.5	244.4	60.3	108	6546
18°/30m	244.5	244.4	60.3	120	5804
9°/30m	177.8	159.4	60.3	88.9	3948
12°/30m	177.8	159.4	60.3	88.9	3419
15°/30m	177.8	159.4	60.3	88.9	3058
18°/30m	177.8	159.4	60.3	88.9	2791

根据计算可知,在目前的 9in 双管水平井中可以下入 $\phi70$ 斜抽管式泵和 $\phi70$ 多功能长柱塞泵,但若在 7in 井眼双管水平井中下入 5m 冲程 $\phi57$ 斜抽泵(长 6.9m),则柱塞运动时易遇阻变形。

2. 配套井口

根据 9in 及 7in 井眼水平井生产需要,要求配套井口装置实现不动管柱而进行注汽、自喷、抽油、伴热、测试等连续作业,并要求配套井口装置能满足不动井口提下副管作业。针对这些要求,研制了 SKR14 - 337 - 78 × 52 及 SKR14 - 337 - 62 × 40 双管热采井口,适用于 9in 和 7in 井眼的稠油水平井。实践证明,这种井口能够满足克拉玛依油田浅层稠油、超稠油区块水平井自喷、注汽、抽油及测试等生产工艺要求。

3. 配套抽油泵

为了尽量发挥水平井段的产能,要求水平井所用的抽油泵能够下到斜井段,并保持与直井段相同的高泵效,水平井采用主、副管同时注汽工艺时,要求抽油泵下到斜井段并实现不动管柱注汽、转抽。在此基础上,分别研制了斜抽管式泵及多功能长柱塞注抽两用泵,可满足特超稠油油藏水平井的生产要求。

1)斜抽管式泵

该泵主要用倾斜角在 60° 以内的定向井、丛式井、斜直井、水平井斜井段的抽油,主要由泵筒、带扶正结构的固定凡尔总成,柱塞和带扶正结构的上、下游动凡尔总成组成。凡尔球座封在球座上,主要是靠吸入液的反向冲刷,而不是靠凡尔球的自由落下完成的。所有阀均带扶正结构,当凡尔球起落时均有扶正结构扶正,不会产生开关滞后造成漏失现象,因此在斜井中应用不影响泵效,且泵效较高。

在 20 世纪 90 年代针对新疆油田开发的斜直水平井研制了 3m 冲程的 $\phi70$ 斜抽管式泵,抽油井类型包括定向井、丛式井、斜井、水平井,斜井段最大斜角 65°。据统计,平均泵效达 40.1%,平均检泵周期达 402d,其中最长的一井次达 819d,是一个成熟、可靠的斜抽泵。2005 年完成了该泵的系列化,设计了 $\phi44$、$\phi56$ 的 3m 冲程斜抽管式泵,2006 年 $\phi56$ 斜抽管式泵应用于百重 7 井 2 口 7in 井眼双管井;$\phi70$ 斜抽管式泵在新疆油田 11 口水平井上应用,获得良好评价。

2)多功能长柱塞注抽两用泵

历年来,竖直井采用过多种注、抽两用泵,但都不很成功。水平井抽油泵要下至大斜度井段,要做到注、抽两用难度更大。它必须满足以下三个基本要求:(1)注汽时注汽通道要足够大;(2)能及时、顺利转抽,无需压井;(3)抽油泵要能下至井斜角不小于 60° 的大斜度井段。针对这些要求,开展了可置于大斜度井段的斜抽泵技术研究,研制了多功能长柱塞注抽两用泵,满足了稠油主、副管同时注汽的需要。

多功能长柱塞抽油泵注汽生产时,仅需将柱塞下推(或靠抽油杆重力),使柱塞落入泵底,泵筒上方设计的注气孔呈打开状态,此时蒸汽通过泵筒上的注汽孔由注汽导罩引导进入井底,完成注汽。在抽油生产的过程中,上提柱塞至设计高度即可关闭泵筒上的注汽孔,并且在柱塞的整个冲程范围内,柱塞的有效密封段会一直密封泵筒,并且柱塞始终有一段露在泵筒的外面,这样减少了进入柱塞和泵筒之间的沙粒,减轻了沙粒对泵筒和柱塞的磨损,因此具有一定的防砂功能。3m 冲程的 $\phi70$ 多功能长柱塞注抽两用泵现场应用多口水平井,生产效果良好,

【第六章】 新疆风城油砂矿钻井开发技术 ■

已成为新疆油田稠油水平井选用的主要抽油泵之一。

4. 防脱杆、防偏磨斜抽杆柱

由于水平井特殊的井身结构,其井身中抽油杆柱、泵的受力状况、工作状况较直井都复杂得多,抽油杆柱易发生过度磨损、断脱等情况,为此需研制能防断脱、防偏磨的适用于斜井的抽油杆柱。为适应稠油水平井开采需要,在常规抽油杆基础上研制了嵌入式防断脱抽油杆,并成功加工及投入现场应用。根据现场需求,设计研制了与防断脱抽油杆相配套的抽油杆扶正器和防脱器,实现了整个抽油杆柱的防断脱。2006 年 105 口转抽水平井均采用此种防断脱式抽油杆柱结构,应用效果较好。

5. 井下温度测试技术

在抽油过程中,通过副管检测水平井段温度,对了解水平井段的出油部位有重要作用。20世纪 90 年代后期新疆石油管理局采油工艺研究院采用泵送仪器法对斜直水平井进行了数口井的测试,由于泵送仪器法需要使用大量清水,地层温度测试失真,且近两年开发的水平井副管大多采用内接箍油管,泵送法需要的用水量更大,所以该工艺不适用于目前水平井的需求。为此,新疆石油管理局采油工艺研究院研制了抽油杆送测试仪器进入水平段进行温度、压力测试工艺,将温度测试仪接在带扶正器的抽油杆端,送至水平井段,然后上提抽油杆柱,逐段测出水平井段的温度分布。该测试工艺简单可靠,测试数据准确,适用水平井斜深不大于 1500m,最高测试压力 30MPa。

第五节　稠油—油砂 SAGD 双水平井采油工艺配套技术

对于油砂矿藏,由于原油黏度高,在油层内的流动性较差,因此为尽可能地提高原油的渗流面积,提高油井的产能,同时减少液流对防砂层的冲刷破坏,射孔工艺应采用大孔径、高孔密、深穿透的射孔枪(弹)。但研究资料表明,当孔密、孔径增加到一定程度后,油井产能不再提高,反而会使套管的机械性能遭到破坏,影响油井的产能。通过室内实验手段,开展射孔、防砂、注汽及井筒举升工艺的优化与设计,并结合现场试验,研制出一套适合新疆油砂油 SAGD双水平井高效开发的配套工艺技术,并进行技术与经济评价。

一、前期 SAGD 采油工艺

新疆风城油田自 2008 年起开展双水平井 SAGD 先导试验,2012 年进入工业化开发阶段,已完钻 SAGD 井组 120 对,转抽生产 49 对,循环预热 55 对,取得了丰富的现场实践经验,已形成基本成熟的 SAGD 采油工程技术,并规模化推广应用。前期风城 SAGD 井组采用的主体采油工艺见表 6 – 15。

表 6 – 15　风城 SAGD 井组主体采油工艺

类别	井型	要求	工艺
完井工艺	SAGD 注汽水平井	常规水平井轨迹	ϕ244.5mm 套管悬挂 ϕ177.8mm 割缝筛管完井
	SAGD 生产水平井	五段制轨迹:要求钻井时在井斜 60°处保留 20m 稳斜段,距水平段垂距 20 ~ 30m	

类别	井型	要求	工艺
循环预热工艺	平行双管结构	长管注汽,短管返液; 短管进入水平段 100m,避免跟部形成高渗带	长管:φ114×76mm 隔热油管 + φ88.9mm 内接箍油管 短管:φ60.3mm 内接箍油管
举升工艺	生产水平井	有杆泵举升	生产油管:φ114.3mm 平式油管
			抽油机:8 型立式抽油机,冲程 8m,冲次 4 次/min,变频可调
			抽油杆:φ25mm 嵌入式抽油杆 + φ48mm 加重杆
			抽油泵:8m 冲程 φ95、φ120 泵
井下动态监测工艺	生产水平井	井下布 8~12 个测点	采用热电偶测温,预置在连续油管内,下入井中导管中测试

1. 井口

SAGD 注汽水平井主体采用常规水平井双管井口 SKR14 - 337 - 78 × 52,耐压 14MPa,耐温 337℃,双管通径分别为 78mm、52mm。该注汽井井口长期高温注汽后,密封不可靠;同时平行双管结构存在井控问题,不能实现带压作业。但 SAGD 同心管井口,在现场注汽试验过程中,井口密封性良好,内接箍油管的堵塞器也基本满足热采带压作业需要。

SAGD 生产水平井和直井采用 SAGD 专用双管井口 SKR14 - 337 - 150 × 50,耐压 14MPa,耐温 337℃,双管通径分别为 150mm、50mm,满足生产及测试要求。

为解决测试管独立,避免测试管在转抽作业提下过程中造成损坏,SAGD 产能井试验采用三管结构及三管井口,三管结构下入较顺利,运行正常,但作业复杂,在井身轨迹差的情况下,可能会出现三管结构难以下入问题,因此不适宜采用该种井口及配套管柱。

2. 循环预热管柱

SAGD 试验区采用单管预热工艺时,在预热过程中发现单管结构环空面积大,滑脱现象严重,排液效率低,后来改为平行双管预热工艺,从下入水平段末端的长管注汽,短管返液(图 6 - 52)。该管柱结构特点为:预热阶段注汽水平井短管进入 A 点后 100m,可避免水平段跟部形成汽窜带,同时生产阶段可提高水平段注汽均匀性,生产阶段注汽水平井不作业,长、短管实现两点注汽,利于调控。目前,经过进一步改良,主体采用的循环预热管柱结构如图 6 - 53 所示。

3. 举升工艺

风城油田重 32、重 37 试验区前期生产水平井主要以自喷为主,后来全面转抽,采用有杆泵举升与自喷结合,至目前累计转抽 49 对井组,采用举升设备见表 6 - 16。根据已转抽 49 对 SAGD 井组生产情况,生产水平井机抽运行时,未因泵、杆柱问题而进行检泵作业,总体工作稳定,运行可靠,利于生产控制,满足 SAGD 井组生产需求。

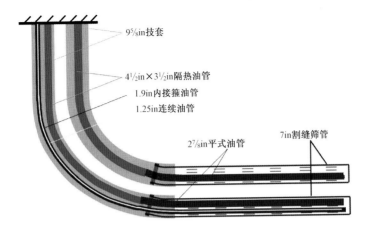

图 6-52 重 32 井区 SAGD 试验井组循环预热管柱结构图

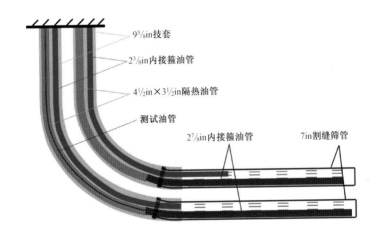

图 6-53 SAGD 水平井循环预热管柱结构图

表 6-16 SAGD 生产井有杆泵举升设备表

抽油设备	规格
生产油管	ϕ114.3mm 平式油管
抽油机	8 型皮带抽油机,冲程 8m,冲次变频可调
抽油杆	ϕ25mm 嵌入式抽油杆及 ϕ48mm 加重抽油杆
抽油泵	ϕ95mm 泵、ϕ120mm 泵,冲程 8m,下入在井斜 60°的稳斜段生产

4. 水平段均衡控液工艺

为了提高水平井段利用率,减缓汽窜对生产影响,针对 SAGD 注采井汽窜问题,研制了水平段控液管柱,包括两种结构:水平段下入衬管结构及泵下接尾管入水平段结构。

控液工艺在重 32、重 37SAGD 现场试验,取得良好效果。其中 FHW104 为典型前端汽窜井组,常规机抽阶段 570m 处温度约 50℃,下衬管控液后,目前 575m、615m 温度分别为 223℃、

212℃,水平井段动用程度显著提高。此外,下入控液管柱后,产出液温度降低,Sub cool控制难度降低。针对前端汽窜的井组,高温流体在环空和控液管内流动过程温度下降,有利于增加水平井段前端 sub – cool 及降低产出液温度。

重 32、重 37SAGD 试验区采用控液工艺井生产效果见表 6 – 17,日产油由 16.3t 上升到 26.3t,油汽比由 0.18 上升到 0.28。其中 FHW105 井组日产油由 19t 提升至 56t,油汽比从 0.2 上升到 0.51。

表 6 – 17   试验区井组实施控液工艺前后生产情况对比表

井号	措施前				措施后				水平段长度 (m)	转抽结构
	注汽量 (t/d)	产液量 (t/d)	产油量 (t/d)	油汽比	注汽量 (t/d)	产液量 (t/d)	产油量 (t/d)	油汽比		
FHW104	70	81	15	0.21	66	55	26	0.39	400	水平段悬挂衬管
FHW105	96	89	19	0.20	110	118	56	0.51	403	水平段悬挂衬管
FHW106	67	74	16	0.24	93	81	30	0.32	400	泵下接尾管
FHW200	68	57	13	0.19	66	60	14	0.21	498	泵下接尾管
FHW201	129	112	27	0.21	144	109	32	0.22	501	泵下接尾管
FHW202	103	77	11	0.11	61	51	11	0.18	450	水平段悬挂衬管
FHW203	95	68	12	0.13	88	70	17	0.19	300	水平段悬挂衬管
FHW209	97	89	17	0.18	120	93	24	0.20	450	泵下接尾管
合计			130				210			

5. SAGD 井下温压监测工艺

SAGD 开采过程中,需配套井下监测系统,用于判断井下相态、水平段动用程度、汽腔发育状况等,为生产的动态调控提供依据。新疆油田 SAGD 生产水平井循环预热前即下入测试系统,长期连续监测井下动态变化;控制井(直井观察井)也下入测试系统,以监测油藏内蒸汽腔发育情况。

重 32、重 37SAGD 试验区水平井采用热电偶测温、毛细管测压工艺,但毛细管测压工艺易发生堵塞,经过试验改良,目前产能井主体采用热电偶测温,目前已投产井组热电偶测温系统工作正常,最长稳定工作达 26 个月,满足了循环预热及生产阶段实时连续测试要求。为测取全井段温度剖面,更精确指导生产,需要开展水平井光纤温压同测试验,优选新型特种涂层光纤材料。

早期,重 32 井区 SAGD 试验区控制井(观察井)设计为测试井,采用套管外捆绑空心抽油杆完井,定向射孔,套管外空心抽油杆内下入光纤测取全井段井温剖面,套管内下入毛细管测压系统,实现全井段测温、单点测压,控制井(观察井)油藏工程设计为常规热采井完井,能够满足油藏注汽要求,不需要采用管外测试工艺。该工艺和控制井光纤移动技术相配套,使得操作更为简单。

6. SAGD 快速均匀启动工艺

快速均匀启动技术是最新用于 SAGD 循环预热前的一种工艺。该工艺利用地质力学扩容机理,通过短时间、较少量高压注水(汽)改造,在 SAGD 井间形成相对均匀、高孔隙度的垂向扩容区,能有效缩短预热周期,提前达到峰值产量,改善非均质性对水平段连通的影响。2010年在加拿大 SAGD 井组中应用,循环预热 20 ~ 30d 即可达到水平井间连通,转生产阶段后提前达到峰值产量,最高达到 600t/d,取得了较好效果。

新疆风城油田超稠油油藏非均质性强,循环预热周期长,蒸汽用量大,地面处理产出液量大,见产慢,整体开发效果受到影响,因此有必要开展工艺试验,以缩短循环预热周期。

目前风城 SAGD 开发完井管柱中,已经形成了一套适合风城油田 SAGD 采油的配套技术,工艺也基本成熟。但还存在的一些问题包括:注汽井井口长期高温注汽后,密封不可靠,存在井控问题;SAGD 作业过程中,由于井下蒸汽腔的存在,作业时间长。

二、SAGD 采油工程方案设计

1. 生产水平井段工艺

1)完井轨迹

为保证大排量有杆泵在下入及生产过程中泵筒不发生变形,同时抽油泵尽量接近水平段,提高泵沉没度及举升效率,要求生产水平井采用"直—增—稳—增—平"五段制轨迹,保证稳斜段 20m,位于井斜角 60°处,井眼曲率小于 3°/30m,距水平段垂深 20 ~ 30m;第一段增斜段井眼曲率小于 12°/30m,第二段增斜段井眼曲率小于 13°/30m;为保证注汽管柱顺利下入,要求注汽水平井井眼曲率小于 13°/30m。

2)完井套管

根据前期 SAGD 井组完井适应性分析,φ244.5mm 套管悬挂 φ177.8mm 割缝筛管完井可以满足 SAGD 管柱下入、举升要求。因此风城 1 号油砂矿仍采用风城 SAGD 井组完井套管:油层以上 φ244.5mm 套管加砂水泥固井,水平井段裸眼悬挂 φ177.8mm 割缝筛管完井。要求钻井设计中筛管引鞋至井底留有足够的热膨胀空间。

3)筛管缝宽

SAGD 生产过程不同于常规注蒸汽吞吐,在注汽井长期连续注汽、生产井连续采出的过程中,水平段压力长期维持稳定,没有压力剧烈变化过程,因此在新疆油田双水平井 SAGD 开采过程中,未发现水平段积砂,但产出液量大,携砂产出地面,在重 18 井区这类较深油藏的SAGD 井组中,出现地面管线刺漏,重 32、重 37 井区浅层油藏较少出现。

根据油砂矿取心井砂样粒径分析(表 6 - 18),齐古组砂样粒度中值 D_{50} 为 0.2mm,白垩系清水河组 1 至 3 号矿粒度中值 D_{50} 分别为 0.17mm、0.12mm、0.18mm。根据稠油井防砂理论，筛管缝宽应不大于 $1.5D_{50}$，则筛管缝宽应小于 0.18 ~ 0.3mm。

表 6 - 18 风城油砂矿区储层岩性特征分级统计表

区块	层位	砂相对含量（%）						黏土相对含量（%）		
		粗砂	中砂	细砂	极细砂	粗粉砂	合计	细粉砂		合计
		1 ~ 0.5（mm）	0.5 ~ 0.25（mm）	0.25 ~ 0.125（mm）	0.125 ~ 0.063（mm）	0.063 ~ 0.03（mm）		0.03 ~ 0.0039（mm）	<0.0039（mm）	
1 号矿	J_3q	4.14	31.64	36.53	13.3	5.78	91.39	7.46	1.15	8.61
	K_1tg	0.89	18.76	45.41	23.43	5.2	93.7	5.58	0.71	6.29
2 号矿	K_1tg		11.12	34.47	36.98	9.84	92.41	6.52	1.07	7.59
3 号矿	K_1tg		19.55	50.96	19.63	2.46	92.59	6.33	1.08	7.4

重 32、重 37SAGD 试验区筛管缝宽为 0.35mm，在 5 年多的运行时间内，井内未见明显积砂，修井作业过程中水平段无沉砂，未发现产液量受筛缝大小影响，最高产液量达 216t/d。在重 32 井区 SAGD 产能井放大缝宽试验后，产出液含砂量没有明显增加。风城 1 号油砂矿与重 37 井区 SAGD 先导试验区属同一油藏，综合考虑，筛管缝宽可高于重 32、重 37 井区筛缝宽度，但不宜过大，设计采用 0.4mm 缝宽。不同缝宽井组产液量情况见表 6 - 19。

筛管割缝具体设计如下：割缝缝长为 80 ± 3mm，纵向缝距 45mm，割缝数量为 360 条/m（45 条/圈，8 圈/m）；割缝采用平行方向平行排列（图 6 - 54），筛管每米割缝面积为 11520mm²，占筛管表面积的 2%。

若 SAGD 井水平段出现沉砂，可采用同心管负压冲砂工艺进行水平段冲砂，该工艺可有效清除水平段积砂，已广泛用于新疆稠油吞吐水平井，效果显著，成为稠油水平井常规除砂工艺。

表 6 - 19 风城 SAGD 不同缝宽井组产液量范围对比表

区块	井号	筛缝宽度（mm）	生产阶段最大产液量（t/d）
重 32 试验区	FHW103		216
	FHW104		130
	FHW105		152
	FHW106		120
重 37 试验区	FHW200	0.35	118
	FHW201		176
	FHW202		110
	FHW203		161
	FHW207		173
	FHW208		145
	FHW209		133

续表

区块	井号	筛缝宽度（mm）	生产阶段最大产液量（t/d）
重32产能区	FHW116	0.45	193
	FHW117		102
	FHW118		107

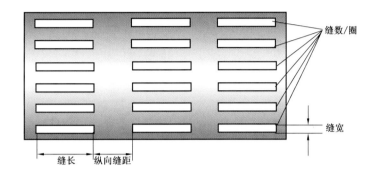

图6-54 SAGD水平井割缝筛管平面展布示意图

4）井口

注汽水平井不进行井下温、压监测，为实现带压作业，注汽水平井推荐采用新型SAGD同心管井口 KRT-14-337-162×78，与 φ244.5mm 套管配套，悬挂同心双管，井口耐压14MPa，耐温337℃，可实现带压作业（图6-55）。14MPa 为新疆油田热采最小级别井口，SAGD 井口最高压力不超过9MPa，压力级别完全满足应用要求。

生产水平井采用SAGD平行双管井口 SKR14-337-150×50，与 φ244.5mm 套管配套，悬挂平行双油管（图6-56）：φ114.3mm 平式油管 + φ60.3mm 内接箍油管，主管最大通径 φ150mm，能下入 φ120mm 抽油泵，可悬挂双连续油管，满足测试需求。

2. 循环预热阶段管柱结构

1）隔热油管

重37井区SAGD先导试验区循环预热阶段采用平行双管，注汽水平井注汽长管斜直井段为隔热管，生产水平井注汽长管斜直井段为内接箍油管，没有下入隔热管，在预热阶段注汽井与生产井返出液温度相差较大。

以 FHW207 井组为例，注汽井井口注汽与返出液温差平均66℃，而生产井的温差为36℃，表明在循环预热过程中，未下入隔热管的情况下，注入蒸汽的油管与返出液短管间存在明显换热，地面产出液温度过高，不但浪费热能，且对地面处理带来困难。为满足注汽量及隔热性能要求，采用 φ114mm×76mm N80D 级隔热油管。

2）注汽水平井

为满足注汽水平井井控安全及带压修井作业要求，方案设计注汽水平井采用同心双管井口，其管柱结构与同心管井口相对应，采用同心管结构（图6-57）。为避免注、采水平井间根部过早发生连通或汽窜，要求注汽井短管下入水平段100m，与生产水平井短管错开。

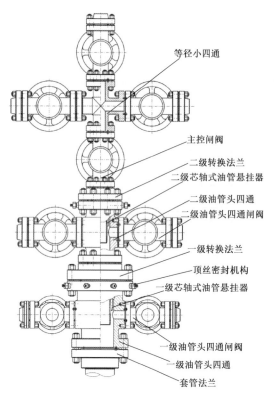

图 6 - 55　SAGD 注汽水平井同心管井口
结构示意图

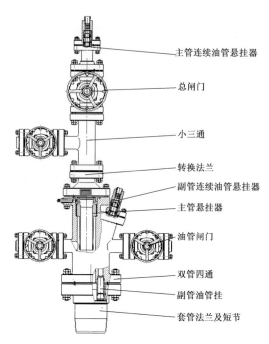

图 6 - 56　SAGD 生产水平井井口
结构示意图

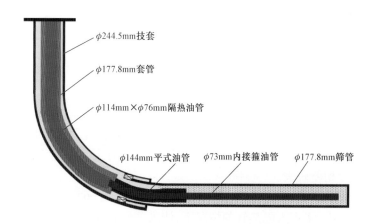

图 6 - 57　SAGD 注汽水平井循环预热同心双管结构示意图

长管:ϕ114mm×76mm 隔热油管 + ϕ73mmN80 内接箍油管,ϕ114mm×76mm 隔热油管下至距筛管悬挂器约 15m,ϕ73mm 内接箍油管下至距 B 点约 25m。

短管:ϕ177.8mmTP90H 套管 + ϕ114.3mm N80 平式油管,ϕ177.8mm 套管下至距筛管悬挂器约 10m,ϕ114.3mm 平式油管下至 A 点后 100m,ϕ114.3mm 平式油管要求接箍倒角。

预热时由 ϕ114mm × 76mm 隔热油管 + ϕ73mm 内接箍油管注汽,由油套环空返出。转生产阶段长、短管同注或分注。

根据对注汽水平井管柱结构的注汽能力计算,注汽水平井管柱结构长、短管均满足油藏方案设计的 SAGD 生产阶段最大注汽量要求,摩阻小,利于生产调控。

注汽水平井循环预热过程中压力、干度、温度变化的模拟显示如图 6 – 58 所示,采用该结构既满足水平段干度要求,而且整个水平段内为汽态,摩阻低,符合注采参数要求。

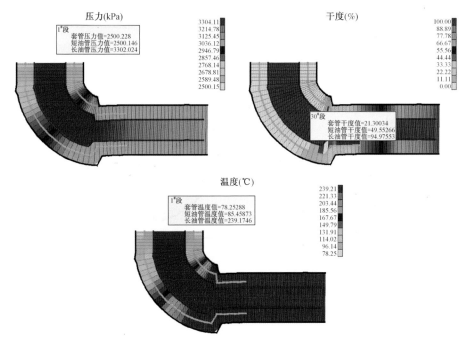

图 6 – 58　SAGD 注汽水平井循环预热阶段井筒参数变化图
（水平段 400m,井口注汽量 60t/d,注汽干度 95%,水平段压力 3MPa,环境温度 30℃）

注汽水平井循环预热过程中随着井筒周围加热升温,井筒中循环温度会发生变化(图 6 – 59)。从图中可以看出,随着注汽时间增加,井筒周围温度逐渐提高后,井筒热损失减少,返出液温度将由低于 100℃提高至 186.7℃,地面循环产出液处理工作难度将随之加大。

3) 生产水平井

根据前期 SAGD 井组预热管柱,生产水平井循环预热阶段采用平行双管结构,能够满足注汽、测试要求,SAGD 生产水平井仍采用平行双管结构,长管注汽,短管返液。

长管:ϕ114mm × 76mmN80 隔热油管 + ϕ73mm N80 内接箍油管;ϕ114mm × 76mm 隔热油管下至距筛管悬挂器约 10m,ϕ73mm 内接箍油管下至距 B 点约 10 ~ 15m;短管:ϕ60.3mmN80 内接箍油管,下至 A 点;预热时由 ϕ114mm × 76mm 隔热油管 + ϕ73mm 内接箍油管注汽,由位于筛管悬挂器后的 ϕ60.3mm 内接箍油管返出。管柱结构图如图 6 – 60 所示。

图 6 – 61 为生产水平井循环预热过程中压力、干度、温度的变化,可以看出,生产水平井管柱结构在设计循环预热注汽量下能满足水平段干度要求,水平段短管返液口均见汽,符合注采参数要求;由于长管中下入测试管,注汽摩阻高于注汽水平井。

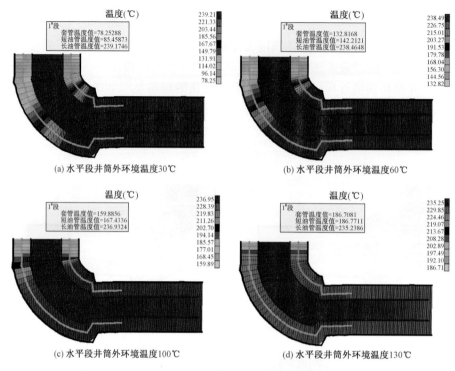

图 6-59 SAGD 注汽水平井循环预热阶段井筒温度变化图

（水平段 400m，井口注汽量 60t/d，注汽干度 95％，水平段压力 3MPa）

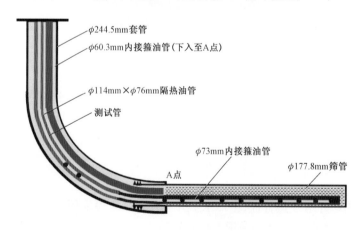

图 6-60 SAGD 生产水平井循环预热管柱结构示意图

生产水平井循环预热过程中，随着井筒周围加热升温，井筒中循环温度和干度发生变化（图 6-62）。生产水平井采用短管排液，在整个循环预热过程中，随着井筒周围温度上升，注汽管与排液管间温度差距变化不大，但返出液携汽量将逐渐增加，地面处理工作难度也将随之加大。

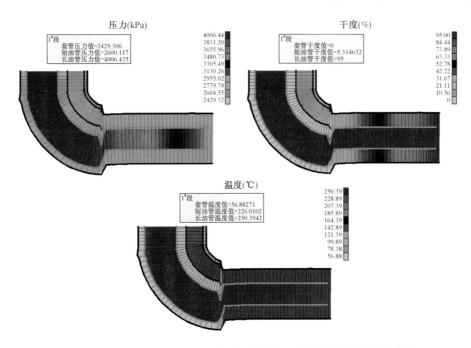

图 6-61 软件模拟的 SAGD 生产水平井循环预热阶段井筒参数变化图

（水平段 400m，井口注汽量 60t/d，注汽干度 95%，水平段压力 3MPa）

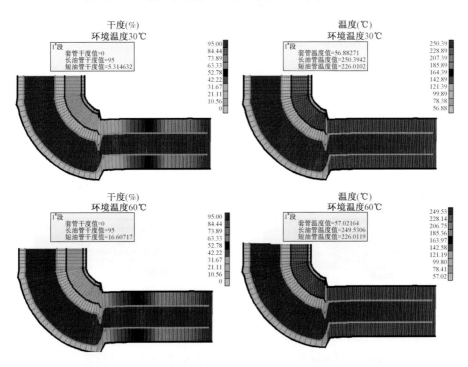

图 6-62 SAGD 生产水平井循环预热阶段井筒参数变化图

（水平段 400m，井口注汽量 60t/d，注汽干度 95%，水平段压力 3MPa）

3. SAGD 生产阶段管柱结构

1）水平井

注汽水平井转 SAGD 生产阶段不作业，根据井下测温数据分析水平段热连通状况，分别进行双管注汽、A 点注汽或者 B 点注汽。为精确进行生产调控，要求 SAGD 生产阶段对注汽水平井长、短注汽管分别单独计量汽量。

生产水平井转 SAGD 生产阶段作业，更换为有杆泵举升管柱。提出长管，下入 ϕ114.3mm 平式油管，连接抽油泵下至井斜 60° 处稳斜段（图 6 - 63），下泵深度约在 250 ~ 360m，短管更换为测试护管 ϕ60.3mm 内接箍油管，下至距 B 点 10 ~ 15m。

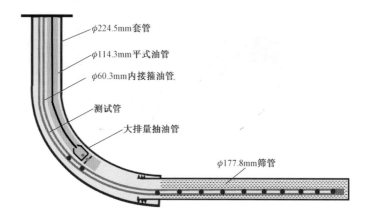

图 6 - 63　SAGD 生产水平井生产管柱结构示意图

图 6 - 64 为 SAGD 生产水平井举升过程中井筒热损失，可以看出，产出液由水平段至井口温度损失 30 ~ 60℃。

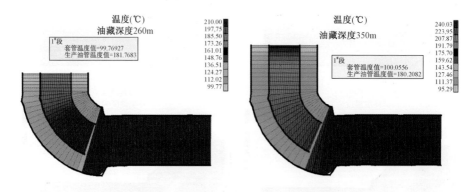

图 6 - 64　SAGD 生产水平井生产过程中井筒温度分布图

2）生产水平井举升设备选择

对 ϕ95mm、ϕ120mm、ϕ140mm 抽油泵在长冲程、低冲次条件下进行理论排量计算（表 6 - 20）。按照油藏工程指标预测，该区块部署 SAGD 井组峰值产液量范围 120 ~ 140m³/d，根据表中排量，ϕ95mm 抽油泵可以满足要求，推荐采用 8m 冲程 ϕ95mm 抽油泵。为保证泵的正常运行及泵筒位置不产生弯曲变形，要求泵必须在稳斜段工作。

表 6 - 20　抽油泵理论排量表

泵径 (mm)	冲程 (m)	冲次 (min⁻¹)	理论排量 (t/d)	泵效50%排量 (t/d)	泵效60%排量 (t/d)	泵效70%排量 (t/d)	泵效75%排量 (t/d)
95	8	2.5	204	102	122	143	153
		3	245	123	147	172	184
		3.5	286	143	172	200	215
120	8	2.5	326	163	196	228	245
		3	391	196	235	274	293
		3.5	456	228	274	319	342
140	8	2.5	443	222	266	310	332
		3	532	266	319	372	399
		3.5	621	311	373	435	466

根据水平井产能要求,需采用长冲程、低冲次抽油机。当采用 ϕ95mm 抽油泵时,不同回压下的悬点载荷计算结果见表 6 - 21。

表 6 - 21　悬点载荷计算结果表

回压 (MPa)	泵径 (mm)	泵深 (m)	冲程(m) 冲次(min⁻¹)	抽油杆 (mm)	悬点最大载荷 (t)	8 型抽油机 载荷利用率 (%)	强度校核
0.5	ϕ95	250	8,3	ϕ25D 级	3.71	46.4	满足
1.0			8,3		4.03	50.4	满足
0.5		300	8,3		4.22	52.8	满足
1.0			8,3		4.54	56.8	满足
0.5		350	8,3		4.74	59.3	满足
1.0			8,3		5.07	63.4	满足

可以看出,当采用 ϕ95mm 抽油泵时,300m 以下深度井采用 6 型抽油机即可满足要求。若采用 6 型抽油机,最大冲次将低于 3 次/min,不能满足峰值产液量或高产 SAGD 井要求,且只能适应井深 300m 以下井举升;采用 8 型抽油机可满足 180 ~ 450m 范围内 SAGD 井产液 200m³/d 以内需求,适应风城油田绝大多数油藏井深范围,产液量范围更宽,适应性更好;该抽油机运行寿命长,国内最长无故障运行时间已达 23 年,考虑到方便管理及设备可调配性,适宜采用 8 型抽油机。

该种立式抽油机维护成本低,冲次变频可调,平衡效果好,所需电机功率小,耗电量低于常规游梁抽油机,省电 30% ~ 50%。在 SAGD 生产初期几年中,由于采用高压方式,抽油系统连抽带喷,在低冲次下载荷利用率仍在 50% 以上。重 37 井区 SAGD 试验区生产水平井目前冲次低,抽油机示功图测取最大载荷约 44kN,载荷利用率 55%。对最大悬点载荷下抽油机减速箱、电机功率、皮带等关键部件进行了校核,满足 SAGD 应用要求。

对不同下泵深度范围内的抽油杆应力进行了计算,结果见表 6 - 22。根据计算结果,采用

$\phi 25mmD$ 级抽油杆即可满足使用要求。

表 6 – 22　抽油杆应力计算结果表

回压（MPa）	泵径（mm）	泵深（m）	冲程（m），冲次（min^{-1}）	抽油杆（mm）	抽油杆最大应力（MPa）	抽油杆最大许用应力（MPa）	抽油杆最大应力范围比（%）	强度校核
0.5		250	8,3		76	187	23.5	满足
1.0		250	8,3		82	187	25.1	满足
0.5	$\phi 95$	300	8,3	$\phi 25D$ 级 + $\phi 48$ 加重杆	86	189	27.1	满足
1.0		300	8,3		93	189	31.0	满足
0.5		350	8,3		97	192	38.5	满足
1.0		350	8,3		104	192	42.8	满足

从重 37 井区 SAGD 试验区生产水平井测取示功图数据来看，悬点最小载荷约在 8 ~ 20kN，满足杆柱顺利下行需求；若不加加重杆或加重杆低于 40m 时，悬点最小载荷将降至 8kN 以下，杆柱下冲程时可能会出现"光杆打架"等问题，且不利于抽油机平衡，因此在抽油杆下端加入加重杆 50 ~ 80m。

抽油杆设计为：$\phi 25mm$ D 级嵌入式抽油杆和 $\phi 48mm \times 6m$ D 级加重杆，加重杆通常配 12 根，配有防脱器、滑动式扶正器、拉杆、脱接器和 $\phi 25mm$ D 级光杆。

抽油杆扶正器：由于抽油泵下在斜井段，需配套下入抽油杆扶正器。根据软件计算，井筒中自造斜点开始至下泵深度均属于杆柱承受横向压力范围，易发生偏磨，其中偏磨严重点位置位于井眼曲率变化大的区域（图 6 – 65）。根据 SAGD 现场应用经验，从造斜点至泵挂位置，每根抽油杆加一个扶正器，约加入 20 个扶正器，可满足扶正要求，未出现偏磨发生抽油杆断情况，与软件计算结果接近；因此推荐从造斜点开始每根抽油杆加一个抽油杆扶正器。

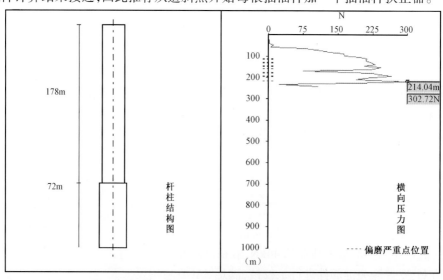

图 6 – 65　SAGD 生产水平井抽油杆柱偏磨位置计算图

抽油杆防脱器:为防止抽油杆柱发生脱扣,在易发生脱扣位置安装防脱器,目前单井通常配备 5 个防脱器,包括光杆下端 1 个、造斜点位置 1 个、泵上 1 个,另外 2 个防脱器位置根据单井实际井眼轨迹数据确定。抽油杆扶正器、防脱器均与抽油杆实现嵌入式连接。

生产一段时间后,对于水平段后段温度下降影响生产,或水平段前端出现汽窜的井,可采用均衡控液管柱工艺,改善水平段动用程度,提高井组产量。

3)控制井

根据油藏工程方案,控制井按常规热采井完井,并具备测试功能。设计控制井采用 ϕ177.8mm 套管射孔完井,采用热采双管井口 SKR14 – 337 – 52 × 52,井筒内下 ϕ60.3mm 双油管,一根油管用于测试,另一根油管在后期注汽。射孔方式采用油管传输,DP – 89 射孔枪、20孔/m、60°相位角,射孔液采用稠油脱油热水。

三、生产动态监测和油砂孔封堵方案

1. 生产动态监测

1)生产水平井

SAGD 井组采用热电偶测温,设 12 个测温点,其中稳斜段两点,水平段布 10 点。热电偶缆在地面预置进 1.25in 连续油管内,然后采用连续油管车将油管下入井中,在循环预热阶段,连续油管下入生产水平井注汽长管中(图 6 – 66);在生产阶段,连续油管下入生产水平井的测试导管 ϕ60.3mm 内接箍油管中(图 6 – 67)。连续油管在井口穿过密封悬挂装置伸出地面,与测试仪表相连接。测试仪表除了能够实时显示井下测试数据外,还配备无线远传模块,将井下测试数据实时传送至生产中控室。

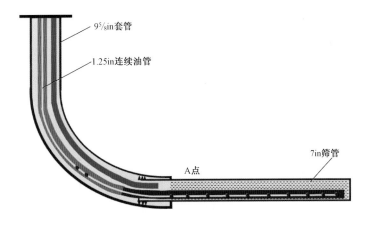

图 6 – 66　SAGD 生产水平井预热阶段测试管柱示意图

2)控制井

控制井采用移动测试方法,定期采用光纤测取全井筒温度剖面。采用该方法,可根据需要定期测试,地面不用铺设通讯光缆,不用配备固定式光端机,井内不用下入固定式测试设备,投资成本低,维护管理工作量少(图 6 – 68)。

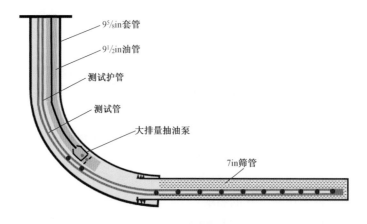

图 6-67　SAGD 生产水平井生产阶段井下测试管柱示意图

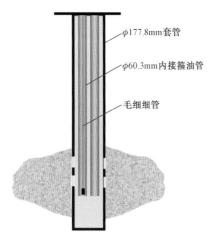

图 6-68　控制井测试管柱
结构示意图

2. 油砂孔封堵方案

风城油砂矿勘探储量过程中,在地面进行了钻孔,为防止这些孔与部署 SAGD 井组形成窜通,影响生产,要求在 SAGD 井组钻井实施前对油砂矿已钻孔进行封堵。区域 500m 以内油砂孔有 22 个(图 6-69),将全部封堵。

1)封堵方案

油砂孔为裸眼结构,孔深范围在 151.46~340.4m。在原勘查孔眼中采用扩孔至原孔深,洗井冲刷井壁泥饼,用水泥封孔的方法对钻孔进行全孔封闭。首先对将要进行扫孔及封孔的钻孔进行必要的资料准备:包括钻孔资料、岩层情况、封闭段距及地质要求等。根据原有勘查钻孔的资料认真分析,准确无误地做到三点一线对准原孔位,扫孔过程中认真观察孔内情况,确保扫孔时

能随原勘察孔扫孔到底。封孔采用泥浆泵自下而上泵入法,钻机型号 XY-5 或 DPP-100(小型钻机或车载式钻机),钻杆根据钻机型号配备。封孔前备足封孔材料 425# 硅酸盐水泥及清水。根据钻孔深度及结构计算出孔内容积,计算公式为:孔内容积 = 钻孔半径的平方 ×3.14 × 孔深 × 超径系数,超径系数取 1.1~1.3。如果孔内径不一致,可按实际孔径分段计算。

封孔所需动力、泥浆泵、水车、搅拌机等,应在封孔作业时无故障发生,保证封孔顺利进行。水泥浆必须在专门的搅拌池(或箱、桶)内按照水灰比要求搅拌均匀,根据所封孔段深度,搅拌大于计算量的 10% 水泥浆,将钻杆下至离孔底 3~5m 处,泵入清浆洗孔,至井口返上泥浆不黏手为止;然后将水泥浆用泥浆泵泵入孔底,用钻杆由孔底自下而上依次进行灌浆至孔口,泥浆灌注未到设计部位,不得停工,保持作业的连续性,次日若出现下沉必须补灌,确保封孔质量。提升钻杆前不得泵入清水,保证封闭连续性。

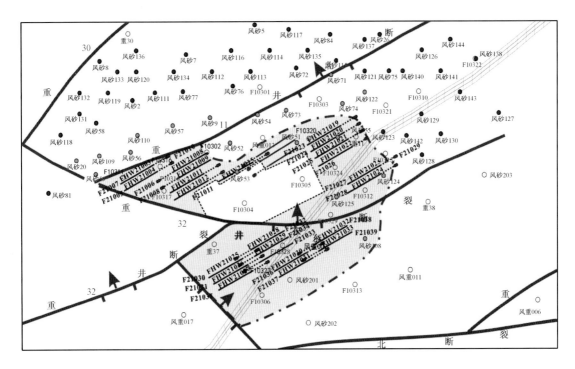

图 6 - 69 油砂矿部署区内油砂孔分布图

2）封孔检查与善后

封孔作业完成后要进行质量检查与验收,填写封孔报告书。封孔质量合格标准如下:(1)水泥浆固结后无明显下沉或下沉在允许范围内;(2)封孔作业结束 24h 后,已封堵钻孔及周围无承压自流水涌出;(3)封后钻孔及附近无气体逸出。对封孔不合格的要总结分析存在问题,完善设计,进行重新封堵。

确认封孔质量合格,经验收后制作封孔标志。用长 × 宽 × 高为 60cm × 60cm × 20cm 水泥方桩封孔,水泥方桩地下部分为 40cm,地上部分为 20cm,并标上能长期保存的钻孔号、孔深、日期。

封孔作业完成后,对现场及附近的环境进行认真清理,恢复地貌。认真遵守钻探安全操作规程,严禁违章作业,确保安全生产。

第六节　油砂矿 SAGD 地面工程实施技术

针对风城油砂矿开发难度大、地面建设成本高、能耗高的特点,开展了地面优化工艺技术研究,创新了新疆特色的稠油—油砂配套技术,在稠油集输、高温密闭脱水、高温水处理、注蒸汽系统、热能综合利用等方面的研究均取得了很好的成果,形成了 SAGD 开发地面工程配套技术。但是,由于 SAGD 采出液存在成分复杂、物性多变等因素,该技术在今后的工作中尚需进一步完善。

一、风城稠油开发集输及处理技术

目前,风城油田稠油主要采用蒸汽吞吐的方法进行热采,同时,开展了SAGD(蒸汽辅助重力泄油)先导试验,并取得了良好成果。

通过开展了地面优化简化工艺技术研究,形成了以风城油田重32井区为代表的"稠油模式"。模式主要特点为:多通阀选井集油配汽、单管注采集输、称重式油井计量、旋流除砂、掺蒸汽加热脱水处理、稠油采出水处理及回用注汽锅炉。

1. 集输系统工艺技术

为提高注汽干度、缩短集输及注汽半径、节约占地面积、减少现场操作人员,集油区采用合一建站的布站模式,将稠油生产中的集输和注汽两套系统进行了有机结合,即将计量集油管汇和注汽管汇合建,接转站和注汽站合建。同时,计量配汽管汇站的多通阀来油管道部分管段采用小管伴热,取消操作间;注汽锅炉在满足高效安全运行的前提下,仅对锅炉前端给水、给燃气,仪控系统设置操作间,实现了注汽锅炉的半露天布置。

1)稠油井单管注采工艺技术

根据稠油开发特点,在蒸汽吞吐阶段,单井注汽时不采油,采油时不注汽;在蒸汽驱阶段,注汽井只注汽,采油井只采油。因此,在单井井口和集油计量配汽站之间只建1条管道,在蒸汽吞吐阶段,注汽、集油交替使用;在汽驱阶段,通往注汽井的管道用于注汽,通往采油井的用于集油。单井集油管道和单井注汽管道合一设计,节约单井管道投资约30%。

2)稠油多通阀管汇集油计量技术

为实现单井液量计量和多井密闭集输,开发了稠油多通阀集油管汇,结合各油区布站特点,本着经济、适用的原则,开发了8井式、12井式、14井式、22井式等多种型号的多通阀集油管汇,具有远程控制、管理方便、占地面积小、投产快、可重复使用等特点。

稠油多通阀集油管汇由配汽橇和自动选通装置组成,各单井来油汇进自动选通装置,需计量的单井经计量口去计量管道,其他单井来油汇入集油外输管道。针对风城稠油油品高含砂、高温、高酸值的特性,橇内体采用特殊材质,材料耐温300℃,具有较强的抗冲刷及防腐蚀性能。

油井计量采用称重式计量装置,根据需要,1~2座管汇设置1台称重式计量装置,主要由罐体、计量翻斗、各种传感设备、PLC以及微机等控制系统组成,可精确、连续、密闭计量油井产液量。

通过采用多通阀管汇集油计量技术,实现一站多井、无人值守以及自动选井控制,提高了稠油地面集输工艺水平,减少了管理点,大大降低了工人的劳动强度。同时,管汇站采用全露天布置,减少了地面建设工程量,降低工程投资10%~15%,缩短产能建设周期20%~30%。

2. 注汽系统工艺技术

1)过热蒸汽吞吐技术

新疆油田与注汽锅炉制造企业联合攻关,在常规湿蒸汽锅炉基础上增加汽水分离器、蒸汽过热器、汽水掺混器、仪表、阀门及控制系统等,将常规注汽锅炉升级为过热注汽锅炉,并实现了高温净化水回用。锅炉出口蒸汽热度不大于34℃,锅炉用水为净化回用水,采用全自动控制,从点炉启动到锅炉出口产生过热蒸汽的全过程(点炉→饱和水→湿饱和蒸汽→汽水分离器液位建立→过热蒸汽等)实现了全自动切换及全自动运行。

风城重18井区注汽锅炉已全部采用净化水产生过热蒸汽,过热蒸汽吞吐开发已成为提高新疆油田稠油热采效果的关键技术。

2)燃煤注汽锅炉技术

新疆油田联合其他单位研发了燃煤注汽锅炉,锅炉出口蒸汽为过热蒸汽,用水以稠油采出水净化回用水为主,补充部分软化清水以稳定水质。风城稠油开发燃煤注汽锅炉试验工程已投产运行。主要创新点为:分段蒸发技术解决了燃煤注汽锅炉使用净化水的问题;低床压降循环流化床技术解决了流化床磨损和高电耗问题。燃煤注汽锅炉较好地满足了稠油热采生产需求,并具有较高的安全保障。

3. 注汽系统节水及节能技术

1)湿蒸汽计量、控制技术

将管道、阀门、检测装置、配电柜、控制柜等集成一体,可同时测量湿蒸汽的质量流量和干度,并可实现1~4口井的蒸汽计量分配。

2)钠离子软化装置节水技术

传统钠离子交换器再生过程的排水量约为其处理量的15%,改进再生工艺后的新型软化水装置可将再生排水量的94%回收,用于注汽锅炉。

3)注汽锅炉烟气余热利用技术

排烟热损失约占注汽锅炉热损失的90%,在注汽锅炉出口增设热管换热器回收烟气余热,可提高注汽锅炉热效率约2%,具有显著的经济效益。

4. 稠油处理工艺技术

1)二段热化学大罐沉降脱水

风城油田稠油采用二段热化学大罐沉降脱水为主的处理工艺。其流程为:转油站来油经管汇间计量、除砂和加药后,进入一段沉降罐进行沉降脱水;脱水后的低含水原油(含水≤30%)通过自动相变蒸汽掺热器加热,进入二段沉降罐进行沉降脱水;二次脱水后的净化原油(含水<2%)进入净化油罐储存,然后,经外输泵外输;一段沉降脱水罐脱出的采出水进入污水除油缓冲罐除油,除油后的采出水(含油≤1000mg/L)输至污水处理系统。

原油脱水全过程实现了无动力生产,减少了缓冲罐、提升泵、换热器等一系列设备,节约了投资和运行费用,具有操作简单、管理方便、运行安全可靠等优点。另外,由于减少了增压环节,可有效避免原油的二次乳化,使沉降罐脱水效果明显提高。

2)相变原油掺蒸汽加热装置

采用相变原油掺蒸汽加热装置加热原油,该装置包括掺热套管和掺热管,掺热套管装在掺热管上,管上有冷原油进口管和热原油出口管,在掺热套管内的掺热管上有蒸汽喷头,该装置从根本上解决了原油加热过程中设备的结焦、结垢、热效率低、费用高等问题。

与目前国内外原油脱水过程中使用的加热设备相比,该装置热效率提高了20%~30%、工程投资节约25%、运行成本降低5%~10%、维护费用可降低约95%。

3）单旋流除砂——旋流子除泥装置

根据风城油田稠油细粉砂含量较高的特点,在原油进站脱水流程前端设置单旋流除砂——旋流子除泥装置进行除砂,以保证原油脱水系统的高效运行。其流程为:来液进入旋流除砂装置,经水力旋流作用,将大于 $74\mu m$ 沙粒沉降在旋流器的底部,定期排出;除砂后的油和残留沙粒经出油口去二级旋流子除泥装置,经水力旋流作用进一步除砂(泥),将粒径小于 $74\mu m$、大于 $20\mu m$ 的泥、砂除去,脱砂后的原油经出油口去原油脱水装置。此技术在风城油田1号稠油联合站使用,除砂效果较好。

5. 标准化设计推广应用

自 2008 年标准化工作开展以来,新疆风城油田标准化工作已取得阶段性成果。标准化图纸广泛应用于风城油田各个稠油区块,集油区标准化图纸覆盖率达到100%,设计工期缩短30%,建设工期缩短 20%,工程投资降低 4%,累计减少现场操作人员 562 人,降低运行费用 15%。

二、SAGD 先导试验区地面工程技术

2008—2009 年,在风城油田重 32 井区、重 37 井区进行了 SAGD 先导试验。与蒸汽吞吐、蒸汽驱开发方式相比,SAGD 地面工艺存在着较大的差异,采用常规的稠油地面工程配套技术已不能满足 SAGD 开发需要。

1. 基本概况

1 号油砂矿工业化试验工程属于齐古组,与重 37 井区 SAGD 试验区邻近,距高温密闭脱水试验站、风城 1 号特稠油联合站约 3.5km,距风城 2 号联合站 4.6km(图 6 - 70)。

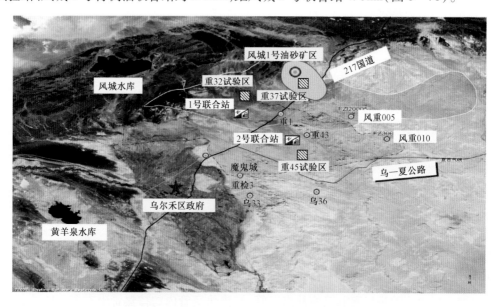

图 6 - 70　风城 1 号油砂矿区域位置图

根据风城油砂矿 2014 年开发部署(图 6 - 71),计划在 1 号油砂矿北部部署 25 对 SAGD 井组,1 号油砂矿南部部署 3 对 SAGD 井组,28 对 SAGD 井组年最大注汽量 87.89×10⁴t/a,年

最大产油量 19.98×10^4 t/a。

SGAD 水平井循环预热阶段,注汽井与生产井同时注汽。25 对 SAGD 井组最大注汽量为 2449.3t/d,最大年注汽量为 73.5×10^4 t/a,井口注汽压力预计在 5.0 ~ 7.45MPa。3 对 SAGD 井组最大注汽量为 295t/d,最大年注汽量为 8.9×10^4 t/a。

在重 32、重 37 井区 SAGD 先导试验取得成功的基础上,2012 年开始采用 SAGD 方式对风城特超稠油进行规模化开发。截至 2013 年 4 月,地面系统已配套建设了 SAGD 注采井场 64 座,8 井式多通阀管汇站 11 座,注汽站 7 座,集中换热及无盐水处理站 1 座,高温密闭脱水试验站 1 座。

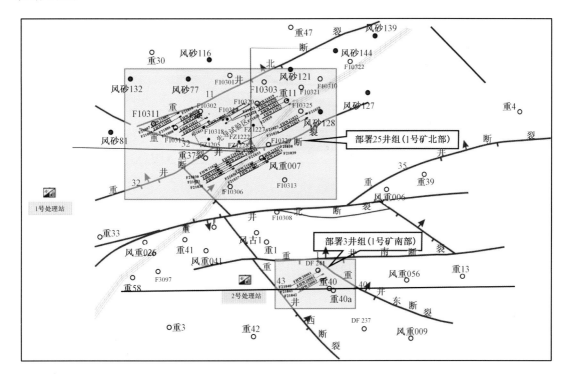

图 6 – 71　风城油砂矿 2014 年开发部署井网图

为落实油砂矿地质储量,2012 年在风城 1 号油砂矿钻 40 口控制井,图 6 – 72 表示油砂油黏度分布。

从 1 号油砂矿黏度分布可知:从北西向南东,原油黏度逐渐增大,类比已开发的重 37 井区 SAGD 实验区 [原油黏度:$(2.5 ~ 3.2) \times 10^4$ mPa·s(50℃)],油砂油黏度更高,最高黏度达到 21.1×10^4 mPa·s(50℃),给原油脱水、采出水处理造成更大难度。

根据经验,SAGD 循环预热阶段通常持续 3 ~ 6 个月,其采出液携砂量大(1% ~ 5%)、携汽量大(20% ~ 50%,最高可达 80%),含油量小(1% ~ 20%),不宜和 SAGD 正常生产阶段采出液混合处理。另外,在 SAGD 正常生产阶段前期(约 3 ~ 6 个月),SAGD 采出液含油逐渐上升,但采出液脱水机理和配套药剂体系仍和循环预热阶段类似,该阶段采出液也不宜和 SAGD 正常生产阶段采出液混合处理。

随着进入 SAGD 大规模工业化开发阶段,循环预热阶段采出液集输和处理的难度凸显出

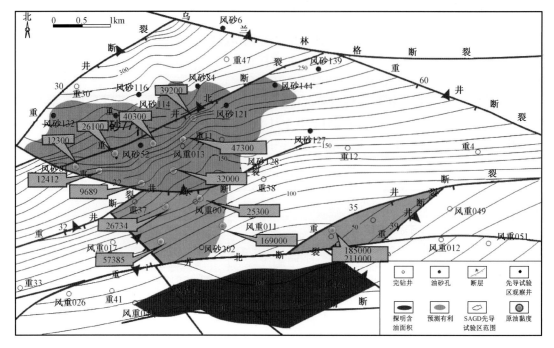

图 6 – 72　风城 1 号油砂矿齐古组油砂分布图

（从北西向南东,原油黏度逐渐增大）

来,携汽量、油水乳化程度等远超预测指标。截至目前,在地面系统采取了大量临时措施后,风城油田 6 对井组进入正产阶段,其采出液处理依托 30×10^4 t SAGD 高温密闭脱水试验站;另外 43 对 SAGD 井组仍处于循环预热阶段。

2. 集输工艺

集输工艺采用 SAGD 单井→8 井式管汇站→SAGD 采出液高温脱水试验站的密闭集输工艺流程。重 37 井区 SAGD 试验区已建有 15 口生产水平井(采油水平井 7 口,注汽水平井 7 口,单井 SAGD 井 1 口)和 2 口生产直井及 24 口观察井。试验区内已建有 2 座 8 井式集油计量管汇站,每座计量管汇站设 1 个 8 井式有线遥控选井多通阀和 1 台称重式油井计量器。

重 37 井区建有 1 条集输干线,采用 D273 × 7 螺旋焊缝管,共计 3.5km,目前日输液量 528t/d(含水率 68.4%,油汽比 0.24),管汇点压力 1.15MPa,进入 SAGD 采出液高温密闭脱水试验站压力 0.8 ~ 0.9MPa。

3. 注汽系统

重 37SAGD 试验区已建有 1 台 50t/h 和 2 台 23t/h 高干度注汽锅炉,年供汽能力为 2160t/a,工作压力 14MPa,目前 50t/h 因设备故障停用,实际供汽能力 1100t/d;注汽锅炉用水为特一联集中换热后的除盐除氧水(87℃)。注汽锅炉采用天然气为燃料。试验区内已建注汽管网长度约 2.0km,井口注汽压力 8.5MPa,注汽管线设计压力为 10MPa,管线规格 D114 × 10,管材 20G。井口注汽管线规格为 D89 × 8,管材 20G。注汽管线采用等干度分配并进行单井注蒸汽计量和手动调节。单井注蒸汽计量设置在井口附近。注汽管线采用低支架架空敷设,架空高度 0.50m。

4. 仪表自动化系统

在重 32 井区试验站内建成 SAGD 集中控制室 1 座,在风城作业区办公大楼内建成生产调控中心 1 座,已建成风城油田井区监控 SCADA 系统(IFIX V5.1),实现对部分接转注汽站锅炉、多通阀及称重计量控制器、SAGD 水平井及观察井场等的远程监控功能。重 37SAGD 区块自动化数据通过已建光缆接入仪表值班室,与 SAGD 区块自动化数据一并通过已建光通讯网络,可上传至风城作业区中心控制室 SCADA 系统服务器。图 6 – 73 为重 37 井区 SAGD 试验区自动化系统结构。

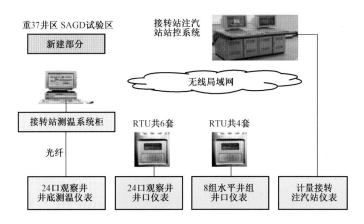

图 6 – 73　重 37 井区 SAGD 试验区自动化系统结构图

5. 供电系统

重 37 井区 SAGD 试验区电源引自重 32 井区 35kV 智能箱式变电站,引出 10kV 架空线路(重采三线)至重 37SAGD 试验区,从重 1 井区 35kV 简易智能变电所,新建 1 条 10kV 架空线路至重 37SAGD 试验区,并在末端与延伸的重采三线联络,2 条 10kV 线路相结合为整个重 32 井区、重 37SAGD 试验区供电,线路供电方式为环网供电开环运行。

根据油井布置,每 6 ~ 10 口井设 1 座杆架式变电站,容量为 125kVA,电源引自就近油区 10kV 供电线路,变压器采用节能 S11 – M 型。每座计量配气管汇点在就近 0.4kV 架空线路电杆上安装 1 只户外配电箱,向各负荷点配电。

在计量注汽接转站,设低压箱式开关站 1 座,落地式变压器 1 台,电源就近接入油区 10kV 架空线路,主变压器采用节能 S11 – M 型,容量为 800kVA,箱式变电站内设 7 面 GGD2 型固定式开关柜(1 进、1 补偿、3 面变频、2 面配电),预留备用柜位。

6. SAGD 先导试验取得的主要技术

1)SAGD 采出液单井计量技术

由于 SAGD 采出液温度高(180 ~ 220℃)、液量大(80 ~ 350t/d)、携汽量大(5% ~ 20% 蒸汽),常规计量装置不能满足需要。针对 SAGD 不同开发阶段计量精度需求,形成了两种较为成熟的 SAGD 采出液单井计量工艺。一是在试验阶段,采用换热 + 质量流量计的方式进行单井采出液计量,计量过程中,采出液已换热至 100℃ 以内,利用常规的取样阀即可完成采出液的取样工作;二是在工业化开发阶段,采用分离器 + 流量计 + 取样器(测含水)的方式,在高温条件下进行单井采出液计量及在线强制冷却方式采出液取样。

2）SAGD 开发地面集输工艺

SAGD 循环预热阶段，油井以自喷为主，采出液含水较高，同时，携带 20%～50% 蒸汽及大量的泥沙和固井液，成分极为复杂，若直进稠油处理站，易造成原油处理系统紊乱。另外，SAGD 循环预热和正常生产阶段集输系统压力控制要求不同，因此，将两阶段采出液分输至处理站并分别进行处理。此外，在重 32 井区、重 37 井区 SAGD 工业化试验的基础上，研发了大口径油井选通装置、蒸汽分离回收装置、高效换热装置、高温原油接转设备等一系列成熟的地面集输系统配套设备。图 6-74 为集输系统工艺流程。

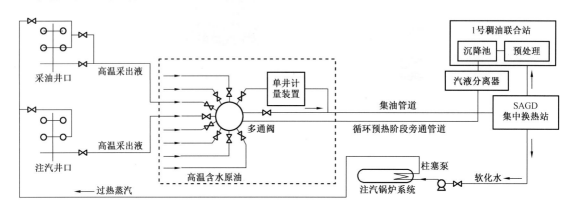

图 6-74　典型的 SAGD 开发集输系统流程

3）超稠油掺柴油辅助脱水技术

针对 SAGD 采出液脱水难度大的问题，形成了超稠油掺柴油辅助脱水技术，并进行了现场工业化试验。现场数据表明，掺柴油对特超稠油热化学沉降脱水有较好的促进作用，对缩短沉降时间、低加药量效果都比较明显。图 6-75 为掺柴油前后脱水效果对比情况。

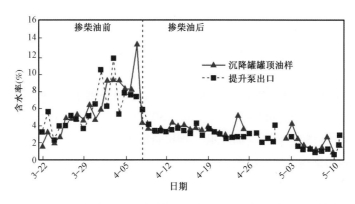

图 6-75　掺柴油前后油样含水率变化曲线

4）旋流除油装置

针对 SAGD 采出液处理后污水含油偏高的问题，研发了旋流除油装置，对采出水进行预处理。利用水力旋流原理，在离心力和重力的共同作用下，大幅度提高采出水油水分离效率，减少了反相破乳剂的用量。

5）采出液高温密闭脱水工艺边界条件

由于 SAGD 采出液存在温度高、油水密度差小、乳化严重的特点，在常规脱水条件下，SAGD 采出液油水分离效果较差。根据室内及现场试验结果，在 90～95℃温度条件下，SAGD 采出液油水分离难度较大，在加药量达到 800mg/L，分离时间达到 120h 时，净化油仍不能满足交油要求，且脱出水含油率远超设计标准；在高温密闭条件下，SAGD 采出液脱水效果有明显提升。根据 SAGD 试验区采出液室内原油脱水试验和现场模拟结果，在原油一段预处理时间为 45～90mim，原油二段热—电化学联合沉降脱水时间为 2～4h，正、反相破乳剂加药量分别为 300mg/L 和 150mg/L，脱水温度 140℃条件下，基本可以满足净化油中含水小于 2% 的脱水要求。

根据室内和现场试验结果，确定了 SAGD 采出液高温密闭脱水工艺边界条件。目前，已基本完成了 $30 \times 10^4 t/a$ 规模的 SAGD 采出液高温密闭脱水工业化试验站设计，图 6－76 为 SAGD 高温密闭脱水试验站流程。

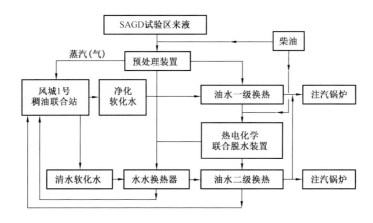

图 6－76　SAGD 高温密闭脱水试验站流程

三、风城油砂 SAGD 工业化总体布局

1. 风城油砂矿开发面临的问题

风城 SAGD"稠油模式"主要特点为：短半径分散供热、多通阀选井集油配汽、单管注采集输、称重式油井计量、旋流除砂、掺蒸汽加热脱水处理、稠油采出水处理及回用注汽锅炉。油砂矿 SAGD 可以借鉴风城油田特稠油 SAGD 开发已取得的成果，但同时也面临风城超稠油开发时所面临的地面集输、采出水处理及热能平衡问题。除此之外，风城油砂矿 SAGD 开发还面临以下问题。

SAGD 开发时，注入的蒸汽中只有潜热部分用于油层的加热，而饱和水部分则几乎以相同的温度从生产井中采出，对地层的加热不起作用，要求注入井底的干度大于 75%，因此，地面工程需配套高干度或过热注汽锅炉。双水平井组 SAGD 开发的技术特点决定了循环预热阶段和正常生产阶段采出液有一定的相似性（高温、180～230℃，均质乳化），同时又具有明显的阶段特征（蒸汽携带量不同、含砂量不同），地面工程需配套兼容的集输系统和不同的处理流程。

SAGD 开发的精细调控要求,决定了地面工程需配套精确的蒸汽分配与计量装置和温压测控装置,SAGD 循环预热采出液具有高温(＞180℃)、高蒸汽量、均质乳化的特点。SAGD 循环液温度高(160～180℃,最高可达到220℃)、携汽量大(20%～50%,最高可达80%)、携砂严重,汽液两相混输情况下集输系统回压高,段塞流冲击严重。距离处理站较远(≥3.5km)的 SAGD 开发区块采出液必须增设相关分汽、冷凝措施,以保证集输管道的正常运行。

图 6-77　SAGD 循环
预热采出液样品图

循环预热初期,采出液呈黄泥浆状(图 6-77),具有稳定的 W/O 型、O/W 型混合乳化状态。该状态下常规药剂不能达到预期效果,需采用复合净水剂＋絮凝剂药剂体系,才能实现采出水的回收。但随着净水药剂的加入,油、水、砂混合物会在油水界面上大量沉积,大量黏土成分充当乳化剂作用,浮油(浮渣)回收难度很大。

SAGD 循环预热采出液携带大量蒸汽(湿蒸汽含量80%、干度30%～60%),以每年 50 个井组投产核算:蒸汽 3000t/d,换热需要的清水量为 25000t/d。目前风城可调配提供的清水为 6500t/d,冷源仍存在较大的缺口,需在流程中设计一定量的空冷器或增设其他余热回收设备,以解决携汽采出液冷源不足的问题。

因油砂与超稠油开发的层位不同(主要分布于油区上层白垩系,埋深 80～220m),两者原油物性存在较大的差异,岩心室内初步分析,油砂油含有较高比例的黏土(5%～8%),油砂油的黏度更高,根据 1 号油砂取心分析,油砂油黏度已达到 $(3～26.6)×10^4$ mPa·s(50℃)。

2. 工业化总体布局

为解决 1 号油砂矿工业化开发试验中地面存在的各类问题,需开展油砂矿工业开采地面配套工艺技术研究。通过对油砂油与超稠油 SAGD 采出液物性分析、对比,找出差异性,掌握油砂 SAGD 采出液基本物性及脱水机理随开发时间变化规律,为集输、处理技术适应性评价奠定基础。通过开展 SAGD 集输、处理工艺技术适应性评价,确定了适宜的油砂 SAGD 采出液地面集输、处理技术;通过开展风城油田地面各系统能力分析,提出了技术可行、经济可行的解决方案,避免了风城油砂与超稠油开发因地面系统不协调的问题。同时,也为油砂油 SAGD 开发积累了经验,提供了技术支撑。

根据 1 号油砂矿 2014 年开发部署及周边已建地面设施现状,1 号油砂矿北部 25 井组需新建油区换热接转站用于采出液换热及升压,采出液和采出水处理依托风城 1 号稠油处理站。在 1 号处理站附近新建循环采出液处理站,以满足前期 SAGD 循环采出液处理需要。1 号油砂矿南部 3 井组采出液和采出水处理依托风城 2 号稠油处理站。在重 1 井区 2 号站原有两座锅炉房旁新建 1 座 22.5t/h 过热注汽锅炉为其注汽,新建锅炉合用原有配套系统。循环采出液处理依托拟建风城稠油 SAGD 循环采出液处理站。总体布局如图 7-78 所示。

四、风城油砂 SAGD 集输、处理工艺

1. 循环预热阶段

1)集输方案

风城油砂矿 1 号矿北部部署 25 井组循环采出液量 3000m³/d,为解决 SAGD 循环预热与

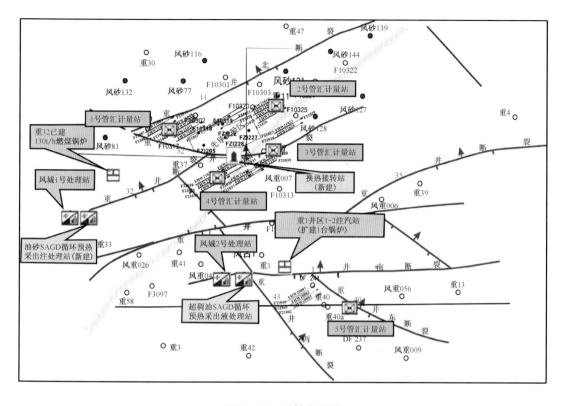

图 6 – 78 总体布局图

正常生产不同步的问题,集油区采用双线集输流程。考虑井区距拟建油砂 SAGD 循环采出液
处理站较远(集输半径 > 3.5km,井口回压 > 1.6MPa),因此循环采出液采用换热后增压输送
(图 6 – 79)。

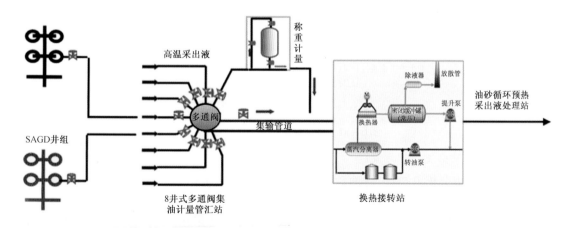

图 6 – 79 1 号矿北部(25 井组)集输流程

风城油砂矿1号矿南部部署3井组循环采出液量360m³/d,为解决SAGD循环预热与正常生产不同步的问题,集油区采用单线集输流程。集输流程采用SAGD单井出油→8井式集油计量管汇站→风城SAGD循环采出液处理站的二级布站密闭集输流程(图6-80)。

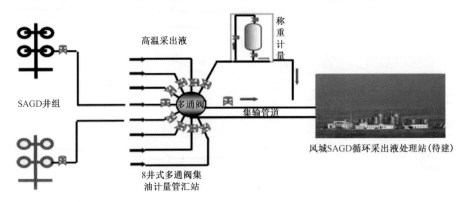

图6-80 1号矿南部(3井组)集输流程

2)换热接转站

为减小循环预热阶段循环液中逸出的蒸汽所携带的油颗粒对周边环境的污染,需考虑将循环液中的蒸汽分离出来,将蒸汽冷凝成液相。因此本方案设计蒸汽采用空冷器换热,采出液与锅炉用水换热后增压输送(图6-81),平面布置如图6-82所示。

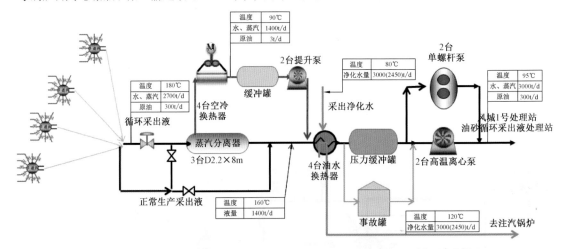

图6-81 换热接转站工艺流程简图

3)循环预热采出液处理方案

根据系统能力分析可知:风城油砂矿1号矿北部部署25井组循环采出液处理无系统依托。因此,需要考虑新建油砂SAGD循环采出液处理站。

风城油砂矿2014年部署开发25对SAGD井组,循环采出液量3000m³/d(单井组按120m³/d考虑)。借鉴风城油田重18井区SAGD井组循环预热生产周期,为保证风城油砂2014年部署25井组满足循环预热采出液处理需求,油砂SAGD循环采出液处理站的建设规模按3000m³/d设计(满足25对SAGD井组同时循环预热)。

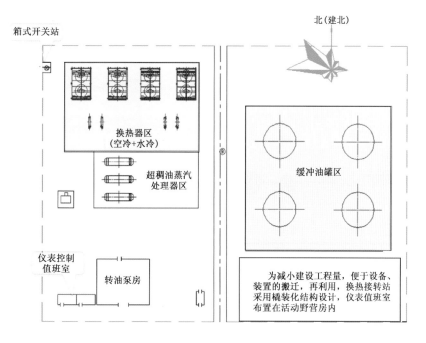

图 6-82 换热接转站平面布置图

根据风城 1 号油砂矿区域位置,为最大程度的利用风城 1 号稠油联合站拟建的原油和采出水、污泥处理系统以及导热油伴热系统等相关设施,密闭脱水试验站侧面、前面因考虑后期预留扩建位置,因此宜将油砂 SAGD 循环预热采出液处理站建在 1 号处理站东侧(图 6-83)。

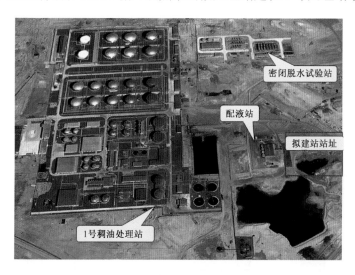

图 6-83 油砂 SAGD 循环采出液处理站站址

采出液处理拟采用两段加净水剂除油 + 助凝剂处理工艺,同时使用热化学沉降处理采出原油,即对 SAGD 循环预热采出液分离换热后,投加一定量复合净水剂,除去大部分污水中的含油和黏土物质,采出的原油进入风城 1 号处理站原油处理系统,采出水再加入适量复合净水剂和助凝剂进行二段沉降处理,从而完成 SAGD 循环预热采出液的处理(图 6-84)。

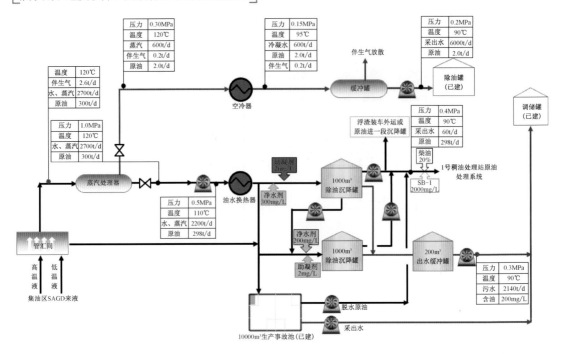

图 6-84　油砂 SAGD 循环采出液处理工艺流程简图

油砂 SAGD 循环预热采出液处理站设计规模 3000m³/d,站内建有蒸汽处理器区、换热器区、储油罐区以及各类泵房,站场长 95m,宽 80m,占地面积 7600m²(图 6-85)。

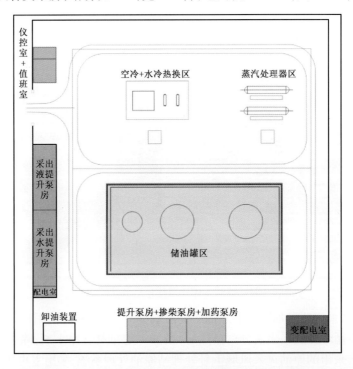

图 6-85　油砂 SAGD 循环采出液处理站平面布置图

2. 正常生产阶段集输方案

对于 1 号矿北部(25 井组),正常生产阶段油气集输需考虑新建地面设施,采出液的处理依托风城 1 号稠油处理站(处理规模 180×10^4 t/a)。集输流程采用 SAGD 单井出油→8 井式集油计量管汇站→换热接转站→风城 1 号稠油处理站三级布站密闭集输流程(图 6 – 86)。在换热接转站内将采出液换热至 100℃ 后增压输送至风城 1 号稠油处理站常规处理。

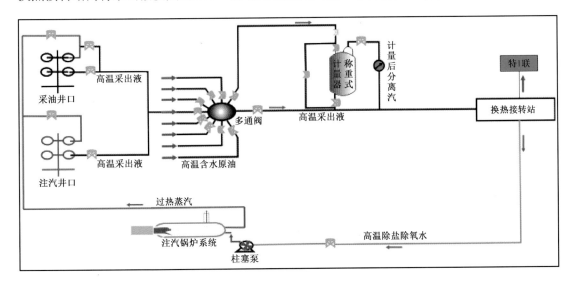

图 6 – 86　1 号矿北部正常生产阶段集输流程图

对于 1 号矿南部(3 井组),正常生产阶段油汽集输需考虑新建地面设施,采出液处理依托风城 2 号稠油处理站(常规处理规模 150×10^4 t/a)。集输流程采用 SAGD 单井出油→8 井式集油计量管汇站→风城 2 号稠油处理站二级布站密闭集输流程(图 6 – 87)。

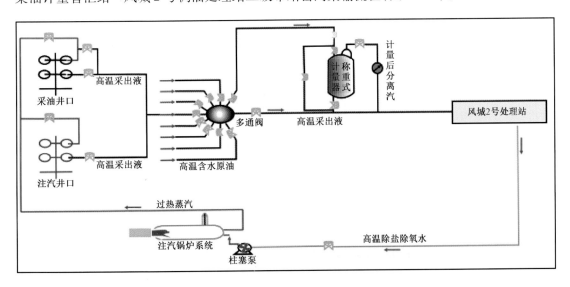

图 6 – 87　1 号矿南部正常生产阶段集输流程图

风城油砂矿 2014 年地面建设工程部署 SAGD 双水平井 28 对,配 8 型立式抽油机。为了保证 SAGD 各开发阶段注汽参数和采油参数的精细调控,在井口设双线注汽管道(D76×8/20G),设电动调节阀和锥形孔板流量计 1 套;循环预热阶段 2 条注汽管道分别给采油井和注汽井的主管注汽,副管采液;正常生产阶段 2 条注汽管道分别给注汽井的主管和副管注汽。采油井口出液管道设置可调式节流阀,实现井口压力精确控制。

根据风城油砂矿 2014 年开发部署方案,需新建 5 座集油计量管汇站。管汇站由 8 井式多通阀管汇及称重计量装置组成。选用耐磨蚀的大孔径管汇橇和自动计量装置。取样选用高温密闭装置,计量选用 SAGD 称重分离装置,实现采出液液量和汽量的同步计量。

新建 28 对 SAGD 井场,5 座管汇计量站,1 座换热接转站,注汽则依托风城油田作业区已建注汽系统,配套集油、注汽、供水管道设计(图 6-88)。

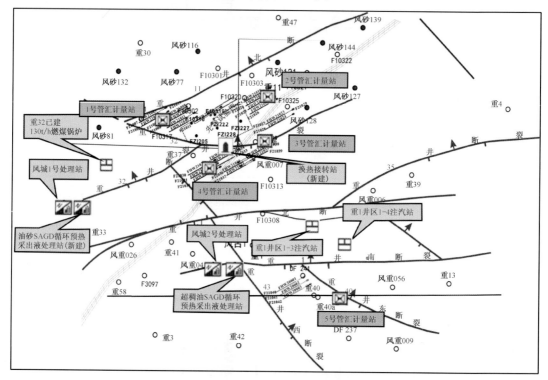

图 6-88　集油区平面站址位置图

单井出油管道采用 D114×5/20 无缝钢管,地面架空,随地形、道路与注汽线并行敷设,管底距自然地坪不小于 0.35m。

集油支线和干线管道分别采用 D219×6/20 和 D325×8/20 无缝钢管,埋地敷设,埋深 1.8m;管道热补偿方式采用"Π"膨胀弯消除管道应力,膨胀弯处管沟采用砖砌,使用复合硅酸盐珍珠岩进行回填,最后用盖板封顶。

五、风城油砂 SAGD 注汽工艺方案

1. 站内注汽设施部署

根据 2014 年开发部署,1 号油砂矿北部部署 25 对 SAGD 井组,南部部署 3 对,共计 28 对,

最大注汽量 $82.3 \times 10^4 t/a$，年最大产油量 $20 \times 10^4 t/a$。

井口注汽参数如下：循环预热阶段单井组注汽量为 $120 \sim 140 t/d$，生产阶段单井组注汽量为 $100 \sim 120 t/d$，井口注汽压力 $5 \sim 7.45 MPa$，井口蒸汽干度和温度分别为不小于 90% 和 $290℃$。

25 对 SAGD 井组最大年注汽量为 $73.5 \times 10^4 t/a$，重 32 井区 130t/h 循环流化床燃煤过热注汽锅炉可提供蒸汽 $80 \times 10^4 t/a$，可满足 25 对井组注汽需求。

重 32 井区 130t/h 流化床燃煤过热注汽锅炉至北部 25 对 SAGD 井组注汽干线采用 $D325 \times 24/20G$，干线至井场，支线采用 $D133 \times 11/20G$ 至各单井井口计量装置。

因为 1 号油砂矿南部部署 3 对 SAGD 井组无现有汽量依托，需新建 1 座 22.5t/h 过热注汽锅炉，这 3 对 SAGD 井组距离重 1 井区 2 号站较近，直线距离 900m，所以可在重 1 井区 2 号站原有 2 座锅炉房旁新建 1 座 22.5t/h 过热注汽锅炉，新建锅炉合用原有配套系统。

新建锅炉用水以 1 号、2 号稠油联合站提供的净化软化水为主，清水软化除氧水为补充。净化软化水进入各注汽站，由柱塞泵直接打入过热注汽锅炉，锅炉产生的高压高热蒸汽经注汽管网去各计量管汇点。注汽锅炉排放水通过节流孔板组减压后进入排污扩容器，然后进入重 1 井区 2 号站 35m³ 卧式缓冲罐，锅炉排水由缓冲罐上的液下泵直接输送至 100m³ 原油缓冲罐内。图 6 - 89 为注汽站工艺流程。

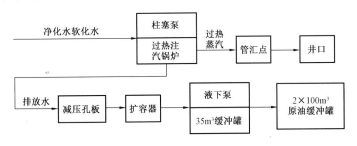

图 6 - 89　注汽站注汽系统流程框图

为了节约投资，便于搬迁和调整，站区的过热注汽锅炉房采用半露天布置，除锅炉前段的柱塞泵、燃烧器、鼓风机、控制柜室内布置外，其余均在室外布置（图 6 - 90）。

图 6 - 90　半露天布置注汽锅炉房

在每座注汽站内设 1 台空压机 LUD11 - 10 型螺杆式可移动空气压缩机，用于过热注汽锅炉的管线吹扫。新建锅炉房依托原有空压机进行吹扫。

每台注汽锅炉配备 1 台排污扩容器,用于锅炉点炉及停炉时锅炉的排放。每座注汽站设 1 座 35m³ 卧式缓冲罐(带液下泵),用于回收锅炉及站区排水,35m³ 卧式缓冲罐设液位计,控制液下泵启停。新建锅炉依托该站 35m³ 卧式缓冲罐排污。

重 1 井区 2 号站过热注汽锅炉运行压力为 10MPa,为了保证注汽系统的安全运行,要求过热注汽锅炉配备的一个安全阀整定值为 10.5MPa 和 10.8MPa 的两个安全阀,同时将 PLC 报警停炉压力整定值设定在 10.1MPa,可实施相应保护程序。

2. 站外管道设计

1)1 号矿北部 25 对 SAGD 井组

SAGD 试验区井口压力 5.0~7.45MPa,目前风城 130t/h 流化床燃煤过热注汽锅炉额定压力 9.81MPa。通过分析,D250 管线压损为 1.296MPa,压力损失较大;DN300 管线压损为 0.657MPa,可满足拟建区块注汽需求(图 6 – 91)。注汽干管采用 DN300 无缝钢管,管材材质为 20G。由图 6 – 92 可知:采用 DN300 管线送气,锅炉出口压力最小 8.15MPa 才能满足 SAGD 井口压力,管线设计压力为 9.4MPa,并且为与 130t/h 流化床燃煤注汽锅炉压力进行匹配,注汽管线按照 10MPa 设计,注汽干管采用 D325×24 无缝钢管,材质为 20G。

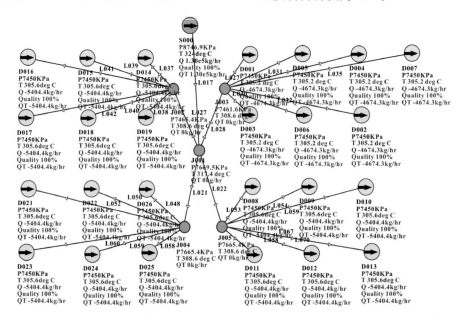

图 6 – 91　DN250 管线注汽模拟

2)1 号矿南部 3 对 SAGD 井组

由图 6 – 93 可知:采用 DN125 管线送汽,锅炉出口压力最小 8.14MPa 才能满足 SAGD 井口压力,由规范知管线设计压力为 9.3MPa,重 1 井区区块管线设计压力为 10MPa。为与该区块统一便于后期掺汽,新建注汽管线按照 10MPa 设计,注汽干管采用 D133×11 无缝钢管,材质为 20G。

注汽管道采用保温型低支架架空敷设,架空高度 0.50m,D133×11 管道保温采用 2 层 8mm 钛钠硅 +50mm 复合硅酸盐管壳,分层错缝保温,管道外保护层采用 δ = 0.5mm 镀锌铁

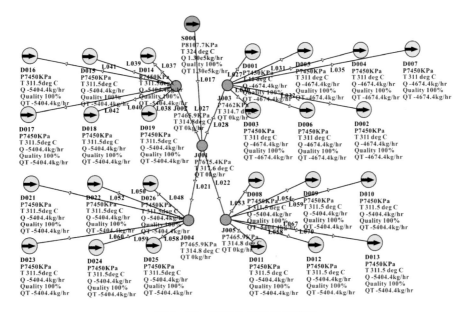

图 6－92　DN300 管线注汽模拟

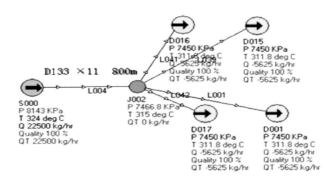

图 6－93　1 号油砂矿南部注汽管道模拟计算图

皮;D325×24 管道采用 3 层 8mm 钛钠硅＋50mm 复合硅酸盐管壳,管道外保护层采用 δ ＝
0.5mm 镀锌铁皮。注汽管道以补偿器进行热补偿为主,自然补偿为辅。

油砂矿 SAGD 每口井设蒸汽计量调节装置(图 6－94),信号接至 SAGD 试验区值班室,实
现远程调控。燃煤注汽锅炉至北部 SAGD 井组 DN300 干线处设流量计,1 号油砂矿北部
SAGD 井场设过热蒸汽计量分配控制装置。

六、风城油砂 SAGD 开发地面工艺技术发展方向

目前,新疆油田在稠油—油砂集输、高温密闭脱水、高温水处理、注蒸汽系统、热能综合利
用等方面的研究均取得了一定成果,初步形成了 SAGD 开发地面工程配套技术。但是,由于
SAGD 采出液存在成分复杂、物性多变等因素,该技术在今后的工作中尚需进一步完善。

随着原油黏度增加,常规的吞吐、汽驱开发方式已经不能满足开发需要,SAGD、火驱等开
发方式将逐渐成为特、超稠油开发的核心技术。为了适应新的开发方式,地面工艺需进行相应
的技术研究和攻关:集输方面,将采用高温密闭集输工艺,充分利用高温采出液热能,增加原油

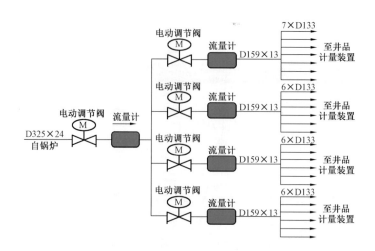

图 6-94　过热蒸汽计量分配控制装置图

接转系统规模,提高地面集输设备利用率;注汽方面,采用大型燃煤、燃气注汽锅炉;原油处理方面,将逐步实现由常规热化学脱水向高温密闭脱水工艺的转变,进一步提高热能的利用率,达到降低投资,提高能效的目的。

针对新疆油田天然气资源紧缺问题,为降低稠油—油砂开采成本,自 2013 年起,风城油田将逐步采用大型燃煤锅炉代替燃气锅炉。另外,要开展高含盐水处理技术研究,做到污水零外排,缓解环保压力。

进一步开展风城油田地面系统分析,针对地面系统无法平衡的问题,提出技术、经济均可行的工程解决方案。针对风城油田原油处理、SAGD 循环预热采出液处理、采出水处理、注汽、软化水处理、集中换热、供水、供配气、供电系统进行能力核算并与油砂开发系统配套规模进行平衡分析,针对无法平衡的系统,提出可行的技术解决方案。尤其是要加快风城超稠油—油砂SAGD 开发地面配套技术研究攻关,加快高温密闭脱水和高温采出水处理工业化试验进度及配套技术的科研工作。开展高含盐水处理及回用技术研究和加快风城超稠油开发燃料结构调整关键设备的定型,实现低成本开发目标和风城地区热能梯级利用。

第七节　SAGD 油砂经济评价方法及安全、环保方案

风城稠油—油砂属环烷基原油,资源丰富,其下游产品具有不可替代性。稠油—油砂开发生产成本高,开发生产经济效益基本处于临界状态,且上下游业务发展相互依托,密不可分。按现行油气勘探开发建设项目经济评估方法与价税体系,不能客观评价未动用稠油—油砂区块经济效益,不利于稠油产能建设的发展。基于克拉玛依稠油上下游业务地缘因素,对新疆稠油—油砂一体化评价模型进行了探讨,以利于更加全面评价稠油—油砂未动用储量经济价值。

一、稠油—油砂开发一体化经济评价方法

油气勘探开发与炼油化工业务属于资金投入相当大的经济活动,对这些领域所从事的建设项目必须经过经济评价,主要包括财务分析与经济费用效益分析。财务分析就是在国家现行

财税制度与价格体系下,从项目角度出发,计算项目产品的收入、投资、成本以及相关税费,通过计算项目各年产生的现金流量来评估项目在评价期内的经济效益,并以此来判断项目的可行性。

现金流量法(图 6 - 95)是目前国内外通用的项目经济评价方法,是一种动态经济评价方法。现金流量是企业在一定期间的现金净流入量(包括营业收入、回收固定资产余值、回收流动资金)与净流出量(包括投资、经营成本、营业税金及附加所得税)的差额。现金流量是财务资金运转最直接的表现过程,贯穿于财务管理的各个环节和过程,对企业偿债能力、营运能力和盈利能力有着直接的影响,而经济费用效益分析,是以财务分析

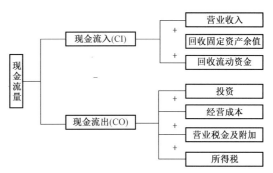

图 6 - 95　现金流量基本模型

为基础,从国家经济整体利益角度来评价分析项目在宏观经济上的合理性(刘如等,2012)。

稠油—油砂开发一体化项目经济评价是以稠油开发生产与加工炼制为价值实现的纽带,将上下游业务视为一个厂的两个重要车间,在财务效益分析中,其产品收入指炼油加工业务的收入,而成本则包含上游成本与下游业务成本;由于上游不按销售原油来实践价值,故相关税费亦不纳入估算内容;当上游业务产量超过下游的炼油加工能力一定规模时,一体化项目投资不仅要包括上游项目的投资,而且还包括要达到与上游业务产量匹配的炼油装置投资。因此,一体化项目评价范围比单纯的上、下游项目要大,它不仅包括对上游业务以资金投入为重点的写实性测算,而且包括对下游业务以产品收入的合理计算。由于一体化项目可以描述为从产能建设到原油炼化加工生产的全过程,因此一体化项目应结合上、下游业务投入与产出的各自特点进行评价。

1. 现金流入

1)营业收入

与油气田开发项目营业收入估算方法不同,在上下游一体化项目评价中,营业收入所包含的内容更为复杂,主要包括燃料油各类润滑油及其他产品收入,按现阶段稠油炼化水平分析,营业收入计算方法有两种,可用:

$$SI = \sum_{i=1}^{k} Q_i \times P_i \qquad (6 - 21)$$

式中　K——取值范围为 8～10,表示稠油—油砂炼化出来的产品种类;

　　　SI——稠油—油砂加工年度营业收入,万元;

　　　Q_i——各类产品年产量,10^4 t;

　　　P_i——各类产品价格,元/t。

也可用:

$$SI = Q_0 \times \Delta P \qquad (6 - 22)$$

式中　SI——稠油—油砂加工年度营业收入,万元;

Q_0——年稠油加工量,$10^4 t$;

ΔP——加工每吨稠油产品综合销售收入,元/t。

按公式(6-21)计算稠油一体化项目营业收入时,需要熟练掌握稠油下游业务各类产品结构数量及各类产品价格,其结果较准确,但计算繁琐,另外,也不便于计算相关税金,在进行项目敏感性分析时,价格因素也较多;按公式(6-22)计算稠油一体化项目营业收入,简单方便,但要求稠油加工产品构成必须固定不变。

2)回收固定资产余值与流动资金

稠油上下游一体化项目,一般不需要计算固定资产余值,当上游项目评价期小于6年时,应该考虑回收地面工程固定资产余值,其回收额为直接地面工程投资净值,计算公式为:

$$I_{gr} = I_g - D_g \qquad (6-23)$$

式中 I_{gr}——地面投资回收额,万元;

I_g——地面工程建设投资,万元;

D_g——地面固定资产累计折旧,万元。

当下游业务因稠油加工规模增加而需新增投资时,可以按下游投资额3%计提余值。对于流动资金而言,如果上游稠油产能规模的增加,能使油田总产量上升,需要计算产量增量部分应增加的流动资金,一般按经营成本的25%计算,并在评价期内予以回收;属稳产型产能建设,则不需要计算流动资金。

2. 现金流出

1)投资

油砂上下游一体化项目投资一般包括油砂开发项目的建设投资、勘探资本化投资、流动资金投资、维护运营投资及弃置费等,其投资方法仍然按现行办法执行;一旦油砂油产量超过石化稠油加工规模一定程度,并造成石化为此新增加稠油炼化装置规模,此时计算油砂上下游一体化项目投资时,不仅包括上游投资,还应计算下游业务新增装置投资,其计算方法参照下游规定执行。

2)经营成本

稠油一体化项目的经营成本包括两大部分,即上游业务经营成本(含稠油管输费用)与下游业务经营成本;在上游项目经济评价中,经营成本主要包括原油操作费、矿产资源补偿费、特别收益金、其他管理费、营业费用及管输费用,对于一体化项目而言,由于稠油开发不直接产生收入,所以经营成本中不再计算特别收益金;下游业务经营成本一般包括扣除原材料费与折旧的制造成本、管理费用、销售费用及其他费用。计算公式为:

$$C_{er} = C_{ep} \times C_{rp} \qquad (6-24)$$

式中 C_{er}——一体化项目年经营成本,万元;

C_{ep}——稠油开发年经营成本,万元;

C_{rp}——稠油炼制年经济成本,万元。

油砂一体化项目经营成本计算比较复杂,目前上下游业务不属统一板块,所以在具体评价一体化项目时,可采用上游业务经营成本加下游综合指标进行估算。

3)营业税金及附加与所得税

在评价油砂一体化项目时,不计算上游业务的各类税金,只计算下游营业税金及附加。按

国家规定炼油化工税金及附加包括消费税、城市维护建设税、教育费附加,可表示为:

$$年营业税金及附加 = 年消费税 + 城市维护建设税 + 教育费附加 \qquad (6-25)$$

石油炼化行业产品不同,其消费税率也不尽相同,克拉玛依环烷基稠油炼化产品丰富,按所有产品构成计算消费税,繁琐复杂,因此依据经验以及统计数据,按不同油价条件下加工每吨稠油所需支付的综合税率指标进行估算,简单易行。所得税按税前利润的15%计算。

4)敏感性分析

敏感性分析是通过分析不确定因素发生增减变化时,对财务分析指标的影响,并计算敏感度系数,找到敏感因素。

敏感度系数(S_{AF})是指项目效益指标变化率与不确定性因素变化率之比,计算公式为:

$$S_{AF} = \frac{\Delta A/A}{\Delta F/F} \qquad (6-26)$$

式中　S_{AF}——评价指标 A 对于不确定性因素 F 的敏感系数;

　　　$\Delta A/A$——不确定性因素 F 发生变化时,评价指标 A 的相应变化率;

　　　$\Delta F/F$——不确定性因素 F 的变化率。

敏感性分析包括单因素和多因素分析:单因素分析是指每次变化一个因素,估算单个因素的变化对项目效益产生的影响;多因素分析则是同时改变两个或两个以上相互独立的因素,估算多因素同时发生变化的影响,对于稠油一体化项目来说,通常只进行单因素敏感性分析。

根据油砂油开发一体化经济项目的特点,选择油气销售价格、油气产量、经营成本、投资作为对一体化项目效益影响较大的不确定的因素,变化的百分率分别为 ±5%、±10% 和 ±15% 等,敏感性分析结果可通过方案敏感性分析图表示(图6-96)。可以看出,方案内部收益率受油价和产量变化最为敏感,其次是固定资产投资和经营成本。

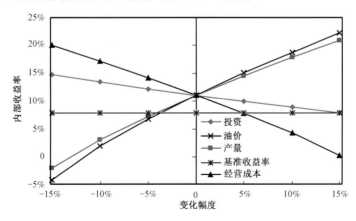

图6-96　方案敏感性分析图(90美元/bbl)

从表6-23可知,当新增固定资产投资上升15%,或单位经营成本增加5%,或累计产油量减少4%,或油价降低4%时,方案内部收益率仍能达到8%的基准值。表明在油价为90美元时,方案具有一定的抗风险能力。为确保方案高效开发,在实施过程中进一步优化方案设计,严格控制投资,提高产量。

表 6-23　全部贷款方案敏感性分析表

不确定性因素	变化率（％）	内部收益率（％）	敏感度系数	临界点（％）	临界值	方案值	增减
固定资产投资（万元）	-20	16.37	0.26	1.15	77368	67276	10091
	-10	13.58	0.24				
	10	8.99	0.22				
	20	7.07	0.20				
累计产量（10⁴t）	-20	-8.76	1.00	0.96	153.70	160.44	-6.74
	-10	3.16	0.80				
	10	17.92	0.68				
	20	24.00	0.64				
经营成本（元/t）	-20	22.95	0.59	1.05	1963	1873	90
	-10	17.20	0.61				
	10	4.36	0.68				
	20	-4.47	0.78				
油价（元/t）	-20	—		0.96	2687	2790	-103
	-10	1.97	0.92				
	10	18.79	0.76				
	20	25.59	0.72				

　　结合敏感度系数计算结果，不确定因素的敏感性分析有如下特征。

　　（1）油气销售价格因素。

　　上游效益受国际原油价格波动影响较大，而油砂油加工的主要产品为各类润滑油以及高等级交通沥青，这些特色产品的价格有别于燃料油价格，受国际原油价格影响程度低。当国际原油价格走低时，稠油加工特色产品利润较高，间接地弥补了上游业务利润，新疆油田和克拉玛依石化有限责任公司都属中国石油，具有上下游一体化优势。

　　（2）油气产量因素。

　　一体化项目的产量因素主要指不同品质燃料油、各类润滑油及其他相关油品的产量变化对项目经济效益的影响程度。克拉玛依稠油炼化产品为燃料油、各类润滑油、高等级交通沥青及其他产品，每吨原油炼出各类产品的收率分别为燃料油 44.4%、各类润滑油 23.4%、高等级交通沥青 19.2%、其他产品 13%。当不同产品价格波动较大时，可以通过改变产量结构来规避价格因素带来的经营风险。

　　（3）投资因素。

　　上下游一体化项目投资因素主要包括上游业务的建设投资和炼化业务建设投资两部分，炼化业务的建设投资具有相对稳定性和一次投入长期使用的特性。而稠油生产上游业务的建设投资有效期短，自然递减率一般都在 15% 左右，因此投资风险因素主要集中在上游，从国内稠油开发实际状况考察，上游业务建设投资对上下游一体化项目影响程度不是很大。

(4)经营成本因素。

由于经营成本中上游业务成本所占比例较大,对经济效益影响程度也较大,下游业务成本所占比例小,对经济效益影响程度较小。

二、项目主要 HSE 风险

鉴于风城油砂矿位于国家 4A 级风景区"世界魔鬼城",油田开发建设中兼顾对周边环境的保护尤为重要。本节充分考虑了风城油砂矿开发的工艺特点以及其所处的特殊环境特点,分析了开发过程中存在的各类风险,评估油田开发可能对景观生态带来的影响,并依据国家有关法律法规以及技术规范的要求,提出为减轻不利环境影响应采取的措施,为风城油砂矿项目的总体开发建设、生产、HSE 管理和环境污染防治提供科学依据。

1. 自然和社会环境存在的主要风险

风城油砂矿部署区地理位置详见图 6 – 97。由于部署区临近"世界魔鬼城"风景区和 217 国道,且位于其上风向位置,该区域地形起伏较大,容易形成窝风。在油田建设和运营过程中,产生的废气及硫化氢等有毒有害污染物,在窝风条件下不利于扩散,增加了空气污染及人员中毒风险。

部署区域为戈壁荒漠,植被覆盖在 5% 以下,南部临近"世界魔鬼城"主风景区,环境敏感,生态脆弱。在油田开发过程中,地面工程建设扰动原有地貌可能破坏地表植被,使地表保护结构发生变化,从而加剧水土流失。与此同时增加了环境污染和生态破坏的风险,甚至影响"世界魔鬼城"的景观保护。

SAGD 开采需要大量能耗,若热能综合利用考虑不周全,特别是 SAGD 开采采用的是双水平井模式,需经历循环预热,但由于风城油砂矿自身条件差,循环预热可能需要较长的周期(3 ~ 6 个月),其采出液的携汽量大(30% ~ 60%)。这部分蒸汽综合利用中,如蒸汽分离、热能交换及配套工艺不适当,或是流程密闭未做好,那么就可能造成蒸汽损耗较大,蒸汽挥发携带出的油气可能造成油区及景区污染,对空气及人员健康有一定的影响。目前乌尔禾区空气质量呈逐年下降趋势,特别是晚上经常会闻到油气味。

部署区临近"世界魔鬼城"风景区、217 国道、和什托洛盖道路收费站,与试验无关的人员、车辆等可能进到部署区域,存在不法分子盗窃油田物资,甚至引发火灾、油气泄漏污染环境等事故的风险。

部署区气象最大特点是四季多风。据统计,每年大小风要刮 300 多次,占年度天数的 86.5%。春、夏多大风,7 ~ 8 级以上的大风每年不少于 40 次,平均风速 3.5m/s,定时最大风速 30.3m/s,大风可能造成工程设施和电力线路损坏,增大了人员高空坠落的危险。

部署区冬夏季年温差为 – 40℃ ~ 40℃,高温天气易造成原油轻质组分及有毒有害物质挥发,压力器具内压增大,增加火灾爆炸、人员中毒风险;工作人员长时间于高温环境作业,可能存在因缺乏防暑措施造成人员中暑的风险;严寒气候可能导致管阀凝堵和冻裂、人员冻伤等事故。

2. 工程主要风险

1)钻井工程存在的主要风险

(1)钻井作业使用的钻井液由于含有低毒性的化学药剂,存在因防护措施不完善而导致

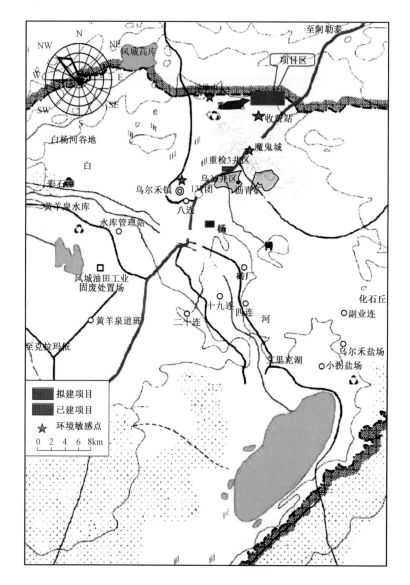

图 6-97　风城油砂先导部署区地理位置及环境敏感点分布图

对人员造成粉尘、化学灼伤等健康危害;如果随意排放,存在污染环境的风险。

（2）钻井使用的燃料柴油,闪点为 45～65℃,为乙 B 类火灾危险物质,遇明火可能引发火灾;且有低毒性,其蒸汽会对人员健康和环境产生危害。

（3）钻遇目的层时,含油泥浆泄漏、包装袋及生活垃圾随意丢弃,会污染环境。

（4）钻进操作中使用各类机泵,存在设备防护不完善、机泵连轴节松动、柴油发电机飞车、机件甩出可能伤害作业人员的风险。

（5）上卸钻具、套管、油管及短节的螺纹等操作过程中,存在吊卡、管钳、毛头绳伤人的风险,顿钻或留钻时存在游动滑车和钻具击伤人员的风险;钻井设备搬迁操作过程中,存在设备损坏、人员伤亡的风险。

（6）人员在二层平台上作业,存在被钻具挤伤或挤死的风险,同时二层平台作业人员存在发生高处坠落导致伤亡的风险。

（7）存在电器及电气线路漏电、漏电保护设施失效而造成人员触电伤亡和电弧灼伤的风险;存在高压管线固定不当致管线的摆动可能造成人员伤亡的风险;存在防雷措施不完善而发生雷电事故的风险。

（8）钻井动力机组、泥浆泵、振动筛等设备会产生机械噪声,存在对操作者听力造成损害的风险。

2）SAGD 采油工程存在的主要风险

按照《危险化学品重大危险源辨识》（GB 18218—2009）、《工作场所有害因素职业接触限值 第 1 部分 化学有害因素》（GBZ 2.1—2007））、《工作场所有害因素职业接触限值 第 2 部分 物理因素》（GBZ 2.2—2007）等标准规范,主要针对入井流体和各种井下作业过程中存在的风险进行分析预测。

（1）硫化氢中毒:SAGD 先导试验区生产期间,井口曾监测到 H_2S 气体,浓度在 $10 \sim 50 \mu g/g$,因此在修井作业过程中,存在硫化氢中毒危险。

（2）高温烫伤:SAGD 现场采用过热蒸汽,注汽及产出液温度非常高,井口及地面管线温度也很高,在日常管理及作业过程中存在高温烫伤风险。本区射孔液、修井液采用脱油污水,温度为 $60 \sim 70 ℃$,若防护、操作不当,存在作业人员烫伤的风险。

（3）井喷风险:采用 SAGD 工艺,井底压力约 $2.5 \sim 4MPa$,油藏中存在蒸汽腔,风城油砂矿井深浅（$260 \sim 350m$）,修井作业时存在蒸汽腔蒸汽上返及井喷风险。

（4）地面蒸汽汽窜风险:SAGD 部署区附近有完钻油砂孔,钻至齐古组,有蒸汽窜至地面的风险。

（5）邻近 SAGD 生产区风险:部署区邻近重 37 井区 SAGD 试验区,该试验区 2009 年投产,至今已生产 5 年,蒸汽腔具备一定规模,修井作业有一定风险。

（6）磨蚀、刺漏:SAGD 循环预热阶段采出液成分复杂,携汽量高,同时还含有一定量的粉砂,产生套损、井口磨蚀、刺漏的可能性较高,若管理不善,或采取措施不力,可能造成环境污染事件。

（7）交叉作业带来安全风险:在工程建设中,存在交叉作业,可能存在安全、环境因素的相互影响。

（8）机械伤害:生产及施工过程中,存在抽油机及施工设备伤人风险。

（9）触电风险:抽油机、修井作业过程中使用电器设备、用电等,存在作业人员触电风险。

（10）爆炸危害:控制井射孔作业中,防爆及应急措施不完善或不落实,存在爆炸伤人等事故风险。

（11）环境污染:井下作业产生的修井液废液排放不达标或作业过程泄漏,存在作业环境污染风险。SAGD 生产水平井举升设备发生故障,存在井口喷油污染风险。

3）地面工程存在的主要风险

（1）冲刷磨蚀:由于 SAGD 循环预热阶段采出液成分复杂、携汽严重（$30\% \sim 60\%$）,采出液含有一定量粉砂,性质不稳定,管线振动大,增加了管线、设备磨蚀、刺漏、拉断的风险,采用同种工艺的风城重 37 井区已多次发生管线弯头等部位刺穿、泄露、拉断现象,可能造成环境污染事件及人员伤害等风险。

（2）环境污染：SAGD 开发相关配套技术尤其是地面配套技术部分尚在试验阶段，仍需进一步研究，特别需要重视的是 SAGD 开采循环预热液以及锅炉排放的含盐污水处理相对较难。若地面工程设计无法满足新井投产需求，或处理工艺不能满足处理要求，可能造成污水难以回收，存在污染环境的风险。注汽若采用燃煤注汽锅炉，存在硫化物、氮氧化物等废气污染物排放影响局部空气质量的风险，若对煤尘危害缺乏认识或防尘措施缺乏或不落实，存在人员粉尘危害的风险。

（3）注汽管道爆炸 SAGD 循环预热阶段注汽速度 120~140t/d，生产阶段注汽速度为 80~110t/d，存在管道发生爆炸的风险。

（4）高温烫伤：SAGD 产出液温度达到 180℃ 左右，在高温系统环境，作业人员存在烫伤风险。

（5）中毒窒息：油砂生产过程中有硫化氢，在地面集输、处理过程中，存在硫化氢中毒的风险。

（6）雷电危害：原油储罐、建筑物等设备设施缺乏有效完善的防雷接地措施，存在雷击、火灾爆炸事故风险。

（7）生态、景观破坏：地面工程需要铺设集输处理管线，建造循环预热液处理站，修筑道路等作业，如果选址、布线方案缺乏对雅丹地貌等环境目标的保护，存在景观、生态破坏风险。

（8）火灾：工程中的电气事故、雷电危害、高温原油和燃料油泄漏等因素都可能引发火灾事故。

（9）噪声危害：地面系统中的机泵、管道震动过大，大排量气流撞击，均可能导致噪声危害。

（10）起重伤害、机械伤害、高处坠落、触电等其他风险：地面工程建设设备、设施吊运存在起重伤害；设备设施安装调试、运行管理、检维修过程中存在机械伤害；高于 2m 作业缺乏防坠落措施，存在高处坠落风险；生产用电、电工作业等过程，存在触电、电气火灾等事故风险。

三、钻井、注采、地面工艺及录取资料等实施要求

1. 钻井要求

（1）钻井顺序要求先实施控制井，再实施 SAGD 水平井，具体实施顺序见布井实施意见。

（2）部署区内存在 SAGD 水平井、控制井（观察井）以及邻近完钻的直井，钻井轨迹设计均要加强防碰设计。

（3）控制井（观察井）预应力完井，采用耐高温加砂水泥固井，水泥返高至地面，固井候凝 48h 后及时测声幅，检查固井质量，要求固井质量合格。

（4）控制井（观察井）钻井时，周围 500m 内老井停止注汽；水平井钻井时，距水平井井口和水平段 500m 范围内的注汽井停止注汽，以免发生事故。

（5）为了保证 SAGD 阶段蒸汽腔的稳定均匀扩展，垂向上水平段轨迹必须保证水平，轨迹距靶心垂向误差不超过 ±0.5m，平面上水平段轨迹距靶心误差不超过 ±1.0m，要求钻井轨迹和尺寸满足采油工艺要求。

（6）完井工艺必须满足 SAGD 要求，表套、技套固井水泥必须返至地面，并确保大斜度段

固井合格。

(7)控制井按照稠油热采开发井钻井、完井,钻穿 SAGD 目的层底界后再留 30m 口袋完钻,要求具备温度、压力测试功能;测井按稠油开发井常规测井系列执行,综合测井从井底测至表层套管鞋,比例尺为 1∶200,不进行标准测井;水平井均要求完井电测,测井项目为电阻率、密度、自然伽马、井径、连续井斜、方位。

(8)要求加强钻井监督,采用有效的方法检测水平井轨迹,钻井工艺具体要求按照钻井工程设计执行。

2. 注采工艺和地面工艺要求

注采工艺和地面工艺需要达到以下要求:

(1)注汽井采用双管结构,井口设备满足单管注汽和双管同时注汽方式。

(2)生产井采用双管结构,全部安装井下温度、压力监测系统;转 SAGD 生产阶段,下泵机抽;为解决生产井脚跟容易发生汽窜的问题,生产中后期要求采用泵下接尾管或悬挂衬管生产方式。

(3)要求注汽井和生产井循环预热阶段、注汽井 SAGD 生产阶段,注汽长管采用隔热管柱,隔热管柱耐温 300℃、耐压 15MPa,使用寿命 5 年以上。

(4)井下温度、压力监测设备运行良好,使用寿命确保达到 2 年以上,且温度监测值偏差小于 ±2℃,压力监测值偏差小于 ±0.2MPa。

(5)要求注汽井、生产井采用割缝筛管完井。

(6)举升系统要满足高温、高排液量需求。

(7)注汽系统设计要求满足井口蒸汽干度不小于 95%,注汽井要严格等干度分配,单井蒸汽计量准确。

(8)要求单井产出液计量准确,含水取样准确。

(9)要求地面温压监测设备、各类阀门运行良好。

3. 投产作业、修井作业和生产过程要求

1)投产作业要求

(1)部署区及附近有已完钻油砂孔,要求钻井实施前采取有效封固;

(2)油井压井、射孔、井下作业施工安全按 SY 5225《石油与天然气钻井、开发、储运、防火防爆安全生产管理规定》及《新疆油田石油与天然气井下作业井控实施细则》、SY/T 5325《射孔施工及质量监控规范》执行;

(3)稠油注汽生产按 SY 6354《稠油注汽热力开采安全规范》执行。

2)修井作业要求

(1)施工作业队安全管理、施工场地、作业设备、井场照明设施、消防器材及施工作业按 SY 5727《井下作业安全规程》及 SY/T 6228《油气井钻井及修井作业职业安全的推荐作法》、Q/SY 1553《井下作业井控技术规范》等执行;

(2)修井作业按照 SY/T 5587《油水井常规修井作业》、Q/SY 1119《油水井带压修井作业安全操作规程》、SY/T 6120《油井井下作业防喷技术规程》等执行;

(3)作业过程中严格执行设计,及时发现溢流,利用井控装置、工具,采取相应技术措施,

快速安全控制井口；

（4）不具备安装防喷器的双管井做好防喷防范准备；

（5）采用稠油脱油污水作射孔液和修井液时，做好防高温安全防护，所有入井流体要求采用低毒或无毒物料；

（6）SAGD生产井修井作业前，要求首先停止注汽井注汽，生产井继续生产，逐渐降低井下压力及温度，然后进行相应作业，作业过程中要防止高温蒸汽上返，造成人员伤害。

3）生产过程要求

（1）加强生产现场管理，如有井口漏油现象，及时清理，避免原油落地；

（2）现场生产管理及操作严格执行《风城油田作业区 SAGD 操作规程》；

（3）该区域油藏埋深浅，现场管理过程中应严格执行油藏方案设计要求，确保注采参数符合设计，避免发生层内或层间汽窜；

（4）针对 SAGD 工艺中地面管线、井口等存在磨蚀、刺漏风险，在生产管理中要防止井下压力急剧变化，避免产出液携大量砂对地面设施造成伤害。

4. 录取资料要求

对循环预热进行监测，是为了随时掌握油层的温度、压力，了解油层的热连通情况。具体监测内容如下：

（1）自循环预热开始，实时监测各水平井内的温度；

（2）每4小时记录各井注入蒸汽的流量、温度、压力；

（3）每4小时记录环空或返回流体温度、压力，每日对产出流体取样进行化验分析。

在 SAGD 生产阶段，监测目的是确定蒸汽腔的发育状况（包括流体外溢情况），确定 Sub-cool 和汽液界面位置。具体监测内容如下：

（1）水平井井底温度采用实时监测，每4个小时记录井口温度、压力；

（2）注汽水平井每4小时记录实际流量和蒸汽干度；

（3）温度、压力直井观察井的监测数据采用地面采集系统实时监测；

（4）选取部分观察井每半年进行一次 C/O 测试；

（5）产出液计量要以单井为基础每日两次，含水率每日分析，每半月测一次含砂量；

（6）产出水的矿化度，要求半年化验分析一次。

采油工程要求取准以下资料，为采油工艺技术评价提供可靠资料。

在水平井循环预热过程中，监测是为了随时掌握油层的温度、压力，了解油层的热连通情况。具体监测内容如下：

（1）在循环预热开始，需随时记录水平井内的温度、压力，特别是脚尖位置的温度、压力，以判断蒸汽是否到达脚尖位置，蒸汽到达脚尖位置是 SAGD 有效启动的一个关键因素；

（2）记录各井注入蒸汽的流量、干度、温度、压力；

（3）记录返回流体温度、压力，对产出流体取样进行化验分析。

SAGD 生产阶段资料录取要求：

（1）注汽水平井实时记录实际注入流量、干度、温度、压力；

（2）每天监测生产水平井井口的温度和压力，井底温度、压力采用实时监测；

(3)录取泵径、冲程、冲次及抽油机载荷;

(4)温度、压力观察井的监测数据采用地面采集系统实时监测,随时了解蒸汽腔的发育及压力变化情况;

(5)产出液温度每天进行监测,产出液计量要以单井为基础每天两次,含水每周分析,每月测一次含砂量。

四、HSE 要求

在油砂矿先导试验过程中,存在着硫化氢中毒、磨(腐)蚀穿孔刺漏、地面地裂汽窜冒油、高温烫伤、植被破坏和空气污染等主要健康、安全与环境(HSE)风险。采取的主要 HSE 对策措施及要求如下:

(1)工程从设计、建设施工到生产运行的各个阶段,都要严格按照相关的 HSE 标准、规范和规定进行,严格执行"三同时"制度,杜绝未批先建。

(2)工程各阶段都要进行有效的风险识别分析,对主要危害因素采取相应的消除、控制措施,将风险降低到"合理、实际并尽可能低的水平上"。

(3)工程应严格执行 HSE 管理体系要求,防止"魔鬼城"周边环境的安全、健康事故和环境事件发生,避免影响 HSE 绩效和产生不良社会影响。

(4)工程建设、投产运行管理单位,应针对工程建设、生产运行可能出现的事故性质和危害大小,编制完善好有关事故的应急处置预案和响应预案,并做好与公司总体预案及周边场外预案对接,加强演练、培训,保障突发事件能够得到及时、有效处置和救援。

(5)鉴于 SAGD 地面工程等配套设施工艺部分尚处于试验研究阶段,存在一定的 HSE 事故风险,根据国家相关规定,在项目建设的相应阶段,建设单位要组织有评价资质的中介机构做好相关安评、环评、水文地质评价等工作,用以指导工程建设、生产等管理工作。

(6)在采取上述 HSE 风险削减措施要求的同时,还应依据风城油砂矿具体特点采取以下针对特殊风险的削减措施。

① 由于 SAGD 油砂工业区临近"世界魔鬼城",应考虑油田作业对景观生态和水土保持的影响。在作业过程中,除考虑工程本身高质高效外,也必须考虑减少对环境的影响原则。尤其是针对雅丹地貌,要尽量缩小影响范围,减少损失,降低工程对景观的破坏。在施工期间和施工后要按照相关要求,根据实际情况落实好工程防治措施和生态恢复措施。

② 严禁"三废"违规排放;应采取切实有效措施防止机泵、管线、容器以及各种施工作业的跑冒滴漏;对发生的环境影响,应及时采取恢复生态环境措施,防止发生环境破坏和污染事件。机械设备噪声和运煤车辆噪声应采取合理的综合降噪措施,降低声源强度,确保达标。

③ 项目区位于"世界魔鬼城"上风向,应做好集输、处理等各环节的油气密闭工艺,防止大气污染。

④ 该区域油藏埋深浅,易发生地表窜汽地裂。油藏地质设计单位应与部署区所属单位密切结合,制定合理的方案,科学提出相关开发参数,实现源头控制,确保不发生地表窜漏。

⑤ 针对 SAGD 工艺中注汽管线、井口等存在磨蚀、刺漏、拉断的风险,在前期方案研究设计中应充分考虑抗磨蚀、抗气蚀性能好的设备设施,并考虑 SAGD 修井作业的特殊性,以满足 SAGD 技术对井控、集输等工艺的要求。

⑥ SAGD 生产过程中可能产生较高浓度的硫化氢气体,能够在瞬间对生命构成威胁,应做好相关硫化氢安全防护措施,如采取个体防护、区域监测等。

⑦ 做好 SGAD 工艺开采各阶段蒸汽热能的综合利用,密闭流程,开展相关攻关,做好高温采出液汽(气)液分离、密闭集输、分离蒸汽再利用、使用高效高温换热器等。同时应充分做好相关地质和热力学分析,缩短预热周期、优化蒸汽注入量、减少污染、节约能源。特别是蒸汽分离、热能交换工艺,应成熟有效。

根据单井特性及措施类型优化入井流体用量。作业过程中产生的废液及返排液使用专用罐车收集运到污泥处理厂处理。井下作业时按照"铺设作业,带罐上岗"的作业模式,及时回收落地油等废物,在油管管桥下等部位铺塑料布,防止原油落地,同时辅以人工收油方式,减少进入环境的落地油数量。如有入井流体、原油落地,应第一时间处理,消除污染。采用"绿色修井技术和配套设备",以原油不出井筒为目标,达到"三不沾油",即井场不沾油、设备不沾油、操作工人身上不沾油。

参 考 文 献

拜文华,刘人和.2009.中国斜坡逸散型油砂成矿模式及有利区预测.地质调查与研究,33(3):230-232.

Cassa F,高育文.1989.委内瑞拉重油的有机地球化学特征.渤海石油地质情报,(2):51-63.

曹鹏,邹伟宏,戴传瑞,等.2012.油砂研究概述.新疆石油地质,33(6):747-750.

陈伟峰.2014.新疆油田致密油小井眼水平井钻井技术研究.长江大学硕士学位论文.04.

单玄龙.2007.国内外油砂资源研究现状.世界地质,26(4):459-464.

单玄龙,车长波,李剑,等.2007.国内外油砂资源研究现状.中外地质,26(4):459-464.

单玄龙,罗洪浩.2010.四川盆地厚坝侏罗系大型油砂矿藏的成藏主控因素.吉林大学学报,40(4):897.

顿铁军.1995.加拿大的稠油和天然沥青资源.西北地质,16(3):37-39.

法贵方,康永尚,等.2010.东委内瑞拉盆地油砂成矿条件和成矿模式研究.特种油气藏,17(6):42-45.

法贵方,康永尚,等.2012.全球油砂资源富集特征和成矿模式.世界地质,31(1):120-126.

方朝合,刘人和,王红岩.2008.新疆风城地区油砂地质特征及成因浅析.成都:天然气工业,28(11):127-130.

胡黎明.2014.风城超稠油SAGP双水平井钻完井技术研究与应用.西南石油大学硕士学位论文,12.

黄文华,谢宗瑞,牛伟,等.2014.准噶尔盆地风城油砂矿有效厚度下限确定.新疆石油地质,35(4):399-402.

黄强,蒋旭,刘国良,等.2013.风城油田稠油开发地面集输与处理工艺技术.石油规划设计.24(1):24-27.

贾承造.2007.油砂资源状况与储量.北京:石油工业出版社

梁峰,刘人和,拜文华.2010.风城地区白垩系沉积特征及油砂成矿富集规律.大庆石油学院学报,34(4):37-39.

刘如,孙光光,王金罡,等.2012.克拉玛依稠油开发一体化经济评价方法探讨.西南石油大学学报(自然科学版),14(5):7-11.

刘虹强,孙燕,王祝彬.2008.准噶尔盆地风城油砂矿床储层特征及成因分析.中国地质.

刘文章.1983.关于我国稠油分类标准的研究.石油钻采工艺,12(1):65-66.

刘修善.2010.二维井身剖面的通用设计方法.石油学报,31(6):1004-1008.

吕鸣岗,程永才,袁自学,等.石油天然气储量计算规范.2005.中华人民共和国地质矿产行业标准DZ/T 0217—2005.北京:中国标准出版社,4-9.

孙新革,程中疆,李海燕,等.2014.风城油田重32井区SAGD试验区储层构型研究.石油天然气学报,36(3):15-23.

孙新革.2012.浅层超稠油双水平井SAGD技术油藏工程优化研究与应用.西南石油大学博士学位论文.12.

田耀文.2007.定向井井身轨迹最优化方法研究.中国地质大学(北京)硕士学位论文.58-61.

陶涛.2011.复杂结构井井轨道设计系统研究与开发.西安石油大学硕士学位论文.17-24.

陶莹,于雷,童凯军.2009.新疆乌尔禾白垩系油砂矿地质特征及资源评价.石油地质与工程,23(2):38-39.

瓦尔特·吕尔.1986.焦油(超重油)砂和油页岩.周明鉴,牟相欣,译.北京:地质出版社.

王祝彬,肖渊甫,孙燕,等.2010.准噶尔风城油砂矿床成矿模式及主控因素分析.金属矿山.

薛成,冯乔,田华.2011.中国油砂资源分布及勘探开发前景.新疆石油地质,32(4):348-350.

徐洵,汪树军,刘红研,等.2014.新疆稠油的乳化降黏.油田化学,31(2):236-239.

游红娟,潘竟军,黄晓东.2007.新疆油田浅层稠油水平井采油工艺配套技术应用.新疆石油科技,17(3):24-27.

赵群,王红岩.2008.挤压型盆地油砂富集条件及成矿模式.成都:天然气工业,28(4):121-125.

张方礼,张丽萍,鲍君刚,等.2007.蒸汽辅助重力泄油技术在超稠油开发中的应用.特种油气藏,14(2):70-72.

张明玉,何爱东,单守会,等.2009.准噶尔盆地西北缘油砂资源潜力及开采方式探讨.新疆石油地质,30(4):543-545.

郑德温,方朝和,李剑,等.2008.油砂开采技术和方法综述.西南石油大学学报(自然科学版),30(6):105-108.

周文,于雷,张银德,等. 2008. 准噶尔盆地乌尔禾地区油砂成矿的因素. 新疆石油地质,.

周明,等. 2013. SAGD 水平井井眼轨道优化设计方法. 河南科技,8:24 - 15.

Abramov O,Abramov V,MyasnikovS,et al. 2009. Extraction of bitumen,crude oil and its products from tar sand and contaminated sandy soil under effect of ultrasound. UltrasonicsSonochemistry,16(3):408 - 416.

Alberta Chamber ofResoueces. 2004. Oil sands technology roadmap. Unlocking The Potential,45(2):1 - 92.

Azad A,Chalaturnyk R J. 2012. An Improved SAGD Analytical Simulator:Circular Steam Chamber Geometry. Journal of Petroleum Science and Engineering,82 - 83:27 - 37.

Bersak A F,Kadak A C. 2007. Integration of nuclear energy with oil sands projects for reduced greenhouse gas emissions and natural gas consumption. Massachusetts Institute of Technology,23(5):1 - 83.

Butler RM,Stephens D J. 1981. The Gravity Drainage of Steam Heated to Parallel Horizontal Wells. Journal of Canadian Petroleum Technology,90 - 96.

Butler RM,Stephens D J. 1981. The Gravity Drainage of Steam Heated Heavy Oil to Parallel Horizontal Wells. Journal of Canadian Petroleum echnology.

Butler RM,Mcnab G S,LoH Y. 1981. Theoretical Studies on the Gravity Drainage of Heavy Oil during In Situ Steam Heating. Canadian Journal Chemical Engineering,59(4):455.

Butler R M. 1994. Steam - Assisted Gravity Drainage. Concept,Development,Performance and Future,JCPT:44 - 55.

Collins P M. 2005. Geomechanical Effects on the SAGD Process. SPE97905.

DongbaoF,Woods J R,Kung J,et al. 2010. Residual organic matter associated with toluene-extracted oil sands solids and its potential role in bitumen recovery via adsorption onto clay minerals[J]. Energy & Fuels,24(8):2249 - 2256.

Dusseault M B. 2001. Comparing venezuelan and canadian heavy oil and tar sands. Petroleum Society,(61):1 - 19.

Finan A. 2006. Integration of nuclear power with oil sands extraction projects in Canada. Massachusetts:Massachusetts Institute of Technology.

Francisco J,Gutierrez,Enrique Vasquez,et al. 1977. Formation and crude oil characteristics of oil reservoirs in the Orinoco petroleum belt as related to the geology[C]//The oil sands of Canada - Venezuela. [S. l.]:CIM,17:69 - 79.

Guy PA,Paul J,Mccarthy,et al. 2001. Non - marine sequence stratigraphy:Updip expression of sequence boundaries and systems tracts in a highresolutionframework,CenomanianDunvegan Formation,Alberta foreland basin,Canada. AAPG Bulletin,85(11):1967 - 2001.

Hein F J. 2006. Heavy oil and oil(tar) sands in North America:anoverview & summary of contributions. Natural Resources Research,15(2):67 - 84.

Shin H,Polikar M,Alberta U. 2005. Optimizing the SAGD Process in Three Major Canadian Oil - Sands Areas,SPE 95754.

Humphries M. 2008. North American oil sands:history of development,prospects for the future. Members and Committees of Congress.

Ito Y,Lpek G. 2005. Steam - Fingering Phenomenon During SAGD Process,SPE97729.

James DP,Oliver T A. 1977. The sedimentology of the mcmurrayformation,east Athabasca//The oil sands of Canada - Venezuela. [S. l.]:CIM,17:17 - 26.

Kraemer D,BajpayeeA,MutoA,et al. 2009. Solar assisted method for recovery of bitumen from oil sand. Applied Energy,86(5):1437 - 1441.

Langenber C W. 2003. Seismic modeling of fluvial estuarine deposits in the Athabasca oil sands using raytracing techniques,Steepbank River area,northeastern Alberta. Bulletin of Canadian petroleum geology,51(3):354 - 366.

LuoPeng,YangChaodong,Tharanivasan A K,GuYongan. 2007. In Situ Upgrading of Heavy Oil in A Solvent - Based Heavy Oil Recovery Process. Journal of Canadian Petroleum Technology,46(9):37 - 43.

Mani F. 2010. Remediation of bitumen contaminated sand grains:development of a protocol for washing performance evaluation[D]. Edmonton:University of Alberta.

Mandl G, Volek C W. 1969. Heat and Mass Transport in Steam – Drive Processes. SPEJ,9(1):59 – 79.

Pakdel H, Roy C. 2003. Recovery of bitumen by vacuum pyrolysis of Alberta tar sands. Energy & Fuels,17(3): 1145 – 1152.

Rivero J A, Mamora D D, Texas A&M U. 2002. Production acceleration and injectivity enhancement using steam – propane injection for hanaca extra – heavy oil. Society of Petroleum Engineers,44(2):13 – 17.

Schramm LL, Stasiuk E N, Yarranton H, et al. 2002. Temperature effects in the conditioning and flotation of bitumen from oil sands in terms of oil recovery and physical properties. Canadian Institute of Mining, Metallurgy & Petroleum,12(3):1 – 13.

SteveLarter, Haiping Huang, Jennifer Adams, et al. 2006. The controls on the composition of biodegraded oils in the deep subsurface:Part II – Geological controls on subsurface biodegradation fluxes and constraints on reservoir – fluid property prediction. AAPG Bulletin,90(6):921 – 938.

WangShaojun, HuangYanzhang, CivanFaruk. 2006. Experimental and theoretical investigation of the Zaoyuan Field Heavy Oil Flow through Porous Media. Journal of Petroleum Science and engineering,50(1):83 – 101.

Williams P, Lupinsky A, Painter P. 2010. Recovery of bitumenfrom low – grade oil sands using ionic liquids. Energy &Fuels,24(3):2172 – 2173.

XieXiaoting, Shan Xuanlong, Fu Yongchang, et al. 2013. A Comprehensive Method for Exploring in Situ Oil Sands. Petroleum Science and Technology,31(19):2022 – 2030.